普通高等教育应用型本科系列教材
机械工业出版社精品教材

工程制图与 AutoCAD

第 3 版

主　编　胡建生
副主编　刘胜永　黄　艳
参　编　马英强　肖玉东
主　审　史彦敏

机械工业出版社

本书针对应用型本科、职业本科、高职高专教育的特点，强化应用性、实用性技能的训练。本次修订进一步拓展和完善了教辅资源，配有《（本科）工程制图与 CAD 教学软件（AutoCAD 版）》和《（本科）工程制图与 CAD 教学软件（CAXA 版）》，其内容与纸质教材无缝对接，可人机互动，完全可以替代教学模型和挂图；配套习题集配置教师备课、讲解习题和学生参考用三种答案；教师掌控所有习题答案的二维码；配有《电子教案》；3 套 Word 格式的《模拟试卷》《试卷答案》及《评分标准》等，使本书成为名副其实的立体化制图教材。本书全面采用在 2022 年 10 月之前颁布实施的制图国家标准和相关标准，并采用双色印刷。

凡使用本书作教材的教师，可登录机械工业出版社教育服务网（http://www.cmpedu.com）免费下载本书的配套资源。咨询电话：010-88379375。

本书可作为应用型本科、职业本科和高职院校非机械类专业及成人高等院校的工程制图教材，也可供各类工程制图培训班及工程技术人员使用或参考。

图书在版编目（CIP）数据

工程制图与 AutoCAD／胡建生主编. --3 版.

北京：机械工业出版社，2024.9（2025.9 重印）. --（普通高等教育应用型本科系列教材）（机械工业出版社精品教材）.

ISBN 978-7-111-76470-0

Ⅰ．TB237

中国国家版本馆 CIP 数据核字第 2024EB8137 号

机械工业出版社（北京市百万庄大街 22 号　邮政编码 100037）

策划编辑：王英杰　　　　　　责任编辑：王英杰
责任校对：龚思文　陈　越　　封面设计：鞠　杨
责任印制：单爱军
保定市中画美凯印刷有限公司印刷
2025 年 9 月第 3 版第 4 次印刷
184mm×260mm · 18.25 印张 · 448 千字
标准书号：ISBN 978-7-111-76470-0
定价：54.90 元

电话服务　　　　　　　　　网络服务
客服电话：010-88361066　　机 工 官 网：www.cmpbook.com
　　　　　010-88379833　　机 工 官 博：weibo.com/cmp1952
　　　　　010-68326294　　金 书 网：www.golden-book.com
封底无防伪标均为盗版　机工教育服务网：www.cmpedu.com

前　言

为深入实施科教兴国战略，推进职普融通，形成定位清晰、结构合理的教育层次，培养高素质技术技能型人才，根据应用型本科和职业本科的教育要求，教材体系的确立和教学内容的取舍与毕业生就业岗位的技术应用、知识面较宽的要求相适应。本书按 60~80 学时编写，可作为应用型本科、职业本科院校非机械类专业及成人高等院校的制图教材，也可供各类工程制图培训班及工程技术人员使用或参考。本次修订具有以下特点：

（1）教材体系和教学内容基本没有变动　主要对教材中的部分内容和配套资源，进一步修改、更新、补充和完善。依旧注重基本内容的介绍，尽量降低学生学习"工程制图"的难度，突出读图能力的训练。

（2）融入素养提升元素　以扎实推进习近平新时代中国特色社会主义思想为指导，落实党的二十大精神进教材、进课堂、进头脑，用社会主义核心价值观铸魂育人，在每章首以二维码的形式添加"素养提升"内容，提升教材铸魂育人的功能。

（3）更新国家标准　《技术制图》和《机械制图》《建筑制图》《电气制图》国家标准是绘制工程图样和制订制图教学内容的根本依据。凡在 2022 年 10 月之前发布实施的制图国家标准和相关标准，全部予以更新，充分体现了本套教材的先进性。

（4）进一步提高插图质量　"图"是制图教材的"魂"。在修订过程中，本书插图中的各种线型、符号画法等严格按照国家标准的规定绘制；所有线条图、轴测图全部重新处理或重新润饰，确保图例规范、清晰，进一步提高教材版面的质量和美感。

（5）书中配置微课二维码　对书中不易理解的一些例题或图例，配置了 124 个三维实体模型，设计制作了 63 节微课。通过扫描书中的二维码，学生即可看到微课的全部内容，有利于学生预习和理解教师在课堂上讲授的内容，使二维码成为助学工具。

（6）配套习题集配置三种答案　即教师备课用、讲解习题用和学生参考用习题答案。

① 教师备课用习题答案。为便于教师备课，提供一整套 PDF 格式、只有结果的"习题答案"。

② 教师讲解习题用答案。根据不同题型，将每道习题的答案，处理成单独答案、包含解题步骤的答案、配置三维模型、轴测图、动画演示等不同形式，教师在课堂教学中可随机打开某道题的答案，结合三维模型进行讲解、答疑。

③ 学生参考用习题答案。每道题都至少对应一个二维码，共配有 592 个二维码，其中243 个类似微课讲解的二维码（即一题双码）。将二维码交由任课教师掌控。教师可根据教学的实际状况，将某道题的二维码发送给任课班级的群或某个学生，学生扫描二维码即可看到解题步骤或答案。

（7）增加有关国家标准基本规定的问答题　为避免一般制图考试偏重补视图、补漏线，忽视制图国家标准基本规定的导向，在习题集中增加了 52 道填空题和选择题，既可作为学生的练习题，也为教师出考题提供了方便。

（8）进一步拓展了教辅资源　共配置有：两个版本的教学软件，即《（本科）工程制图与 CAD 教学软件（AutoCAD 版）》和《（本科）工程制图与 CAD 教学软件（CAXA 版）》；PDF 格式的《习题答案》；所有习题答案的《二维码》；PDF 格式的《电子教案》；3 套 Word 格式的《模拟试卷》《试卷答案》及《评分标准》等。配套资源丰富实用，使本套教材成为名副其实的立体化制图教材。《（本科）工程制图与 CAD 教学软件》是助教工具，是按照讲课思路为任课教师设计的，软件中的内容与教材无缝对接，完全可以取代教学模型和挂图。教学软件具备以下主要功能：

① "死图"变"活图"。将书中的平面图形，按 1∶1 的比例建立精确的三维实体模型。通过 eDrawings 公共平台，可实现三维实体模型不同角度的观看，六个基本视图和轴测图之间的转换，三维实体模型的剖切，三维实体模型和线条图之间的转换，装配体的爆炸、装配、运动仿真等功能，将书中的"死图"变成了可由人工控制的"活图"。

② 调用绘图软件边讲边画，实现师生互动。任课教师可根据自己的实际情况，选择不同版本的教学软件，针对书中需要讲解的例题，边讲、边画，进行正确与错误的对比分析等，彻底摆脱画板图的烦恼。

③ 讲解习题。习题集中的所有答案包括解题步骤、配置的三维实体模型等，方便教师在课堂上任选某道题讲解、答疑，减轻任课教师的教学负担。

④ 调阅教材附录。将书中需查阅的附录逐项分解，分别链接在教学软件的相关部位，任课教师可直观地带领学生查阅教材附录。

参加本书编写的有：胡建生（编写绪论、第一章、第二章、第三章、第四章）、黄艳（编写第五章、第六章）、马英强（编写第七章、第八章）、肖玉东（编写第九章、第十章、第十一章）、刘胜永（编写第十二章及附录）。全书由胡建生教授统稿。《（本科）工程制图与 CAD 教学软件》由胡建生、刘胜永、马英强、黄艳、肖玉东设计制作。

本书由史彦敏教授主审，参加审稿的还有武海滨教授、贾芸教授、张玉成副教授。参加审稿的各位老师对初稿进行了认真、细致的审查，提出了许多宝贵意见和建议，在此表示衷心感谢。

欢迎任课教师和广大读者批评指正，并将意见或建议反馈给我们（主编 QQ：1075185975；责任编辑 QQ：365891703）。

编　者

目　录

绪　　论

一、图样及其在生产中的作用

根据投影原理、标准或有关规定，表示工程对象，并有必要的技术说明的图，称为图样。

图样与文字、语言一样，是人类表达和交流技术思想的工具。在现代生产中，无论是机器设备的设计、制造、安装、维修，还是土木工程施工，都要根据图样进行。因此，图样是传递和交流技术信息与技术思想的媒介和工具，是工程界通用的技术语言，所有从事工程技术工作的人员都必须学习和掌握这门语言。

工程制图与 AutoCAD 是应用型本科、职业本科、高职高专院校工科专业学生必修的技术基础课，是研究工程图样的绘制和识读规律的一门学科，旨在培养学生的空间思维能力，掌握手工绘图和计算机绘图绘图的基本技能，是学习后续课程必不可少的基础。

二、本课程的主要内容和基本要求

本课程的主要任务是培养学生具有阅读工程图样和手工画图、计算机绘图的能力。通过本课程的学习，应达到如下基本要求：

1）掌握正投影法的基本原理及其应用，培养空间想象能力和思维能力。

2）学习制图国家标准及相关的行业标准，掌握并正确运用各种表示法，具备绘制和识读简单的工程图样的能力。初步具备查阅标准和技术资料的能力。

3）通过教学实践环节，读者对本课程的基本知识、原理和技能得到综合运用和全面训练，掌握手工绘图的基本技能和 AutoCAD 软件的基本操作，初步具备计算机绘图技能。

4）通过本课程的学习，培养认真负责的工作态度和一丝不苟的工作作风。

三、学习本课程的注意事项

工程制图与 AutoCAD 是一门既有理论又注重实践的技术基础课程，学习时应注意以下几点：

1）本课程的核心内容是学习如何用二维平面图形来表达三维空间物体（画图），以及由二维平面图形想象三维空间物体的形状（读图）。在学习过程中，要重点掌握正投影法的基本理论和基本方法，不断地"照物画图"和"依图想物"，切忌死记硬背。只有通过循序渐进的练习，才能不断提高空间思维能力和表达能力。

2）本课程的实践性较强，课后及时完成相应的练习或作业是学好本课程的重要环节。只有通过大量的实践，才能不断提高画图与读图能力，提高绘图的技巧。

3）要重视实践，树立理论联系实际的学风。在测绘、上机操作等实践环节，既要用理论指导画图，又要通过画图实践加深对基础理论和作图方法的理解，以利于工程素质的培养。

4）要重视学习并严格遵守《技术制图》和《机械制图》《建筑制图》《电气制图》等国家标准的相关内容，对常用的标准应该牢记并能熟练地运用。

第一章　制图的基本知识和技能

第一节　制图国家标准简介

工程图样是表达工程技术人员的设计意图、交流技术思想、组织和指导生产的重要工具，是现代工业生产中必不可少的技术文件。工程图样作为技术交流的共同语言，必须有统一的规范，否则会给生产和技术交流带来混乱和障碍。为了便于管理和交流，国家标准化管理委员会发布了《技术制图》和《机械制图》《建筑制图》《电气制图》等一系列国家标准，对工程图样的内容、表示法等做了统一规定。《技术制图》国家标准是一项基础技术标准，在内容上具有统一性和通用性，在制图标准体系中处于最高层次；《机械制图》《建筑制图》《电气制图》等国家标准是不同专业的制图标准。《技术制图》和《机械制图》《建筑制图》《电气制图》等国家标准是绘制工程图样的根本依据，工程技术人员必须严格遵守其有关规定。标准全称的书写格式如下：

标准编号　　　　　　　　　　标准名称

GB/T 4459.7—2017　机械制图　滚动轴承表示法

标准编号"GB/T 4459.7—2017"中，"GB/T"表示"推荐性国家标准"，简称"国标"；G 是"国家"一词汉语拼音的第一个字母，B 是"标准"一词汉语拼音的第一个字母，T 是"推"字汉语拼音的第一个字母；"4459.7"中 4459 为标准发布顺序号，后面的 7 表示本标准的第 7 部分；"2017"是该标准发布的年号。

一、图纸幅面和格式（GB/T 14689—2008）

1. 图纸幅面

图纸宽度与长度组成的图面，称为图纸幅面。机械图样的基本幅面共有五种，其代号由"A"和相应的幅面号组成，见表 1-1。基本幅面的尺寸关系如图 1-1 所示，绘图时优先采用表 1-1 中的基本幅面。

表 1-1　基本幅面（摘自 GB/T 14689—2008）　　　　　（单位：mm）

幅面代号	A0	A1	A2	A3	A4
（短边×长边）$B×L$	841×1189	594×841	420×594	297×420	210×297
（无装订边的留边宽度）e	20			10	
（有装订边的留边宽度）c	10			5	
（装订边的宽度）a	25				

> **提示：** 国家标准规定，机械图样中的尺寸以 mm（毫米）为单位时，不需标注单位符号（或名称）。如采用其他单位，则必须注明相应的单位符号。本书正文叙述中，尺寸单位为 mm 时，为简洁起见，有些地方也未加单位符号。

图纸幅面代号的几何含义，实际上就是对 0 号幅面的裁切次数。例如，A1 中的"1"，表示将整张纸（A0 幅面）的长边对裁一次所得的幅面，如图 1-1b 所示；A4 中的"4"，表示将整张纸的长边对裁四次所得的幅面，如图 1-1e 所示。

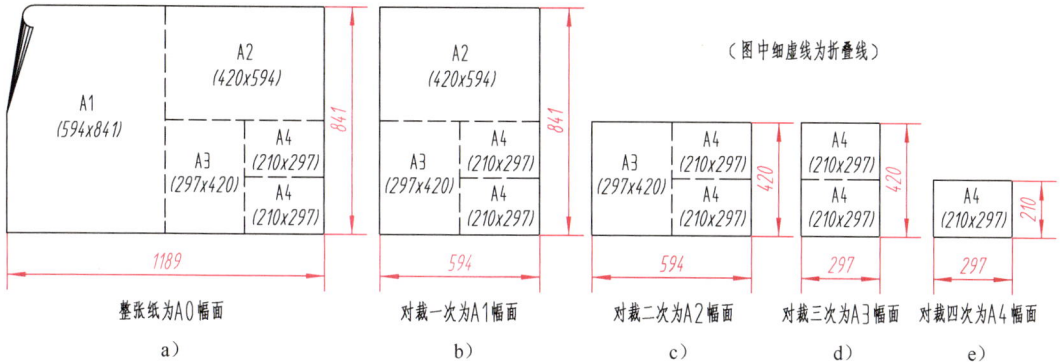

图 1-1　基本幅面的尺寸关系

> 提示：必要时，也允许选用加长幅面。加长幅面的尺寸是由基本幅面的短边成整数倍增加后得出。

2. 图框格式

图框是图纸上限定绘图区域的线框，如图 1-2、图 1-3 所示。在图纸上必须用粗实线画出图框，其格式分为不留装订边和留装订边两种，但同一产品的图样只能采用一种格式。

不留装订边的图纸，其图框格式如图 1-2 所示。留装订边的图纸，其图框格式如图 1-3 所示。基本幅面的图框及留边宽度等，按表 1-1 中的规定绘制。优先采用不留装订边的格式。

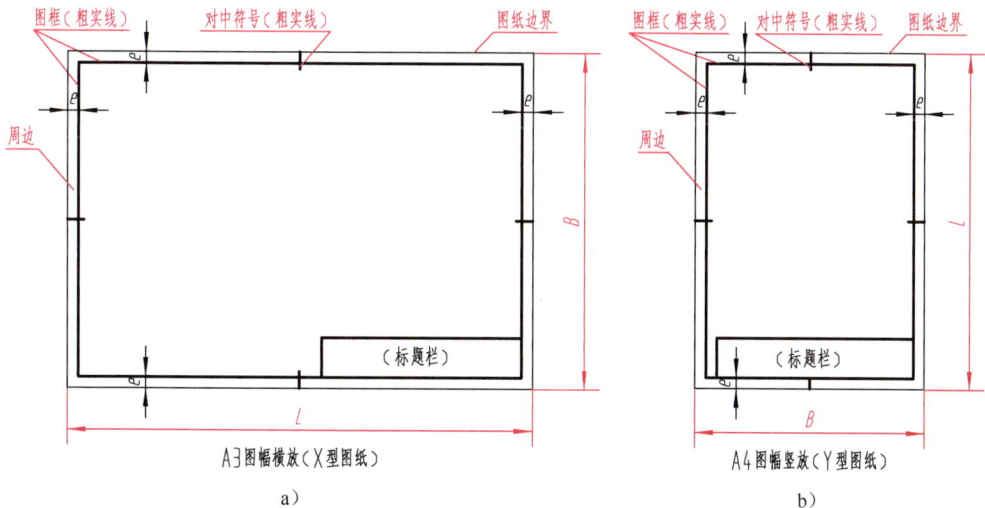

图 1-2　不留装订边的图框格式

3. 标题栏及方位

在技术图样中必须画出标题栏。标题栏的内容、格式和尺寸应按 GB/T 10609.1—2008《技术制图　标题栏》的规定绘制，如图 1-4 所示。在学生的制图作业中，为了简化作图，建议采用图 1-5 所示的简化标题栏和明细栏。

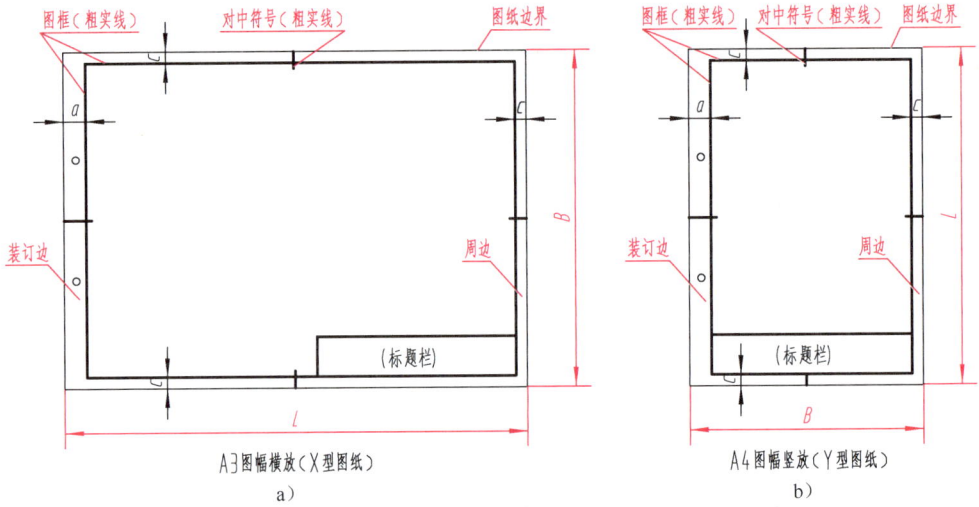

图 1-3　留装订边的图框格式

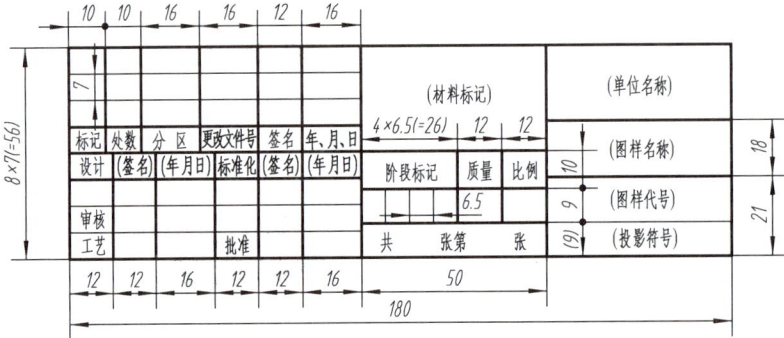

图 1-4　国家标准规定的标题栏格式

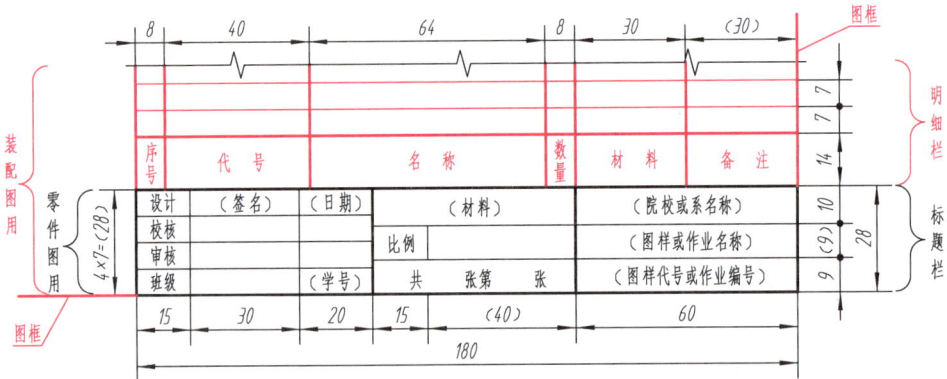

图 1-5　简化标题栏和明细栏的格式

提示：简化标题栏的格线粗细，应参照图 1-4 绘制。标题栏的外框是粗实线，其右侧和下方与图框重叠在一起；明细栏中除表头外的横格线是细实线，竖格线是粗实线。

基本幅面的看图方向规定之一　若标题栏的长边置于水平方向并与图纸的长边平行，则构成 X 型图纸，如图 1-2a、图 1-3a 所示；若标题栏的长边与图纸的长边垂直，则构成 Y 型图纸，如图 1-2b、图 1-3b 所示。在此情况下，标题栏一般应置于图样的右下角，标题栏中的文字方向为看图方向。

基本幅面的看图方向规定之二 为了利用预先印制的图纸，允许将 X 型图纸逆时针旋转 90°，其短边置于水平位置使用，如图 1-6a 所示；或将 Y 型图纸逆时针旋转 90°，其长边置于水平位置使用，如图 1-6b 所示。当 A4 图纸（Y 型）横放，其他基本幅面（A3～A0）的图纸（X 型）竖放时，标题栏均位于图纸的右上角，标题栏中的长边均置于铅垂方向（字头向左），画有方向符号的装订边均位于图纸下方。此时，按方向符号指示的方向看图。

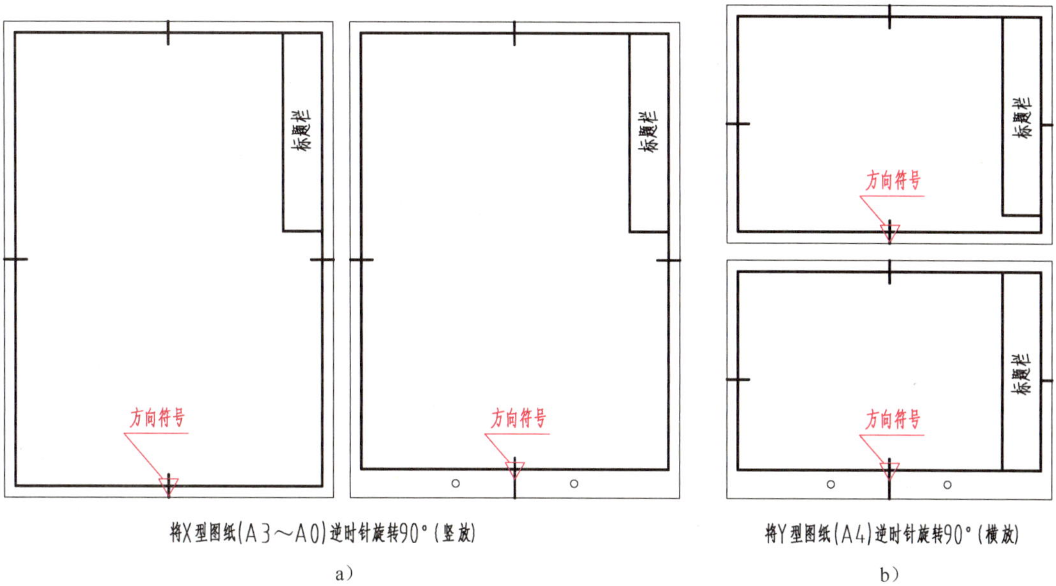

将X型图纸（A3～A0）逆时针旋转90°（竖放）
a）

将Y型图纸（A4）逆时针旋转90°（横放）
b）

图 1-6 对中符号与方向符号

4. 附加符号

（1）对中符号 对中符号是从图纸四边的中点画入图框内约 5mm 的粗实线段，通常作为图样缩微摄影和复制的定位基准标记。对中符号用粗实线绘制，线宽不小于 0.5mm，如图 1-2、图 1-3 和图 1-6 所示。当对中符号处在标题栏范围内时，则伸入标题栏部分省略不画。

（2）方向符号 若采用 X 型图纸竖放（或 Y 型图纸横放）时，应在图纸下边的对中符号处画出一个方向符号，以表明绘图与看图时的方向，如图 1-6 所示。方向符号是用细实线绘制的等边三角形，其大小和所处的位置如图 1-7 所示。

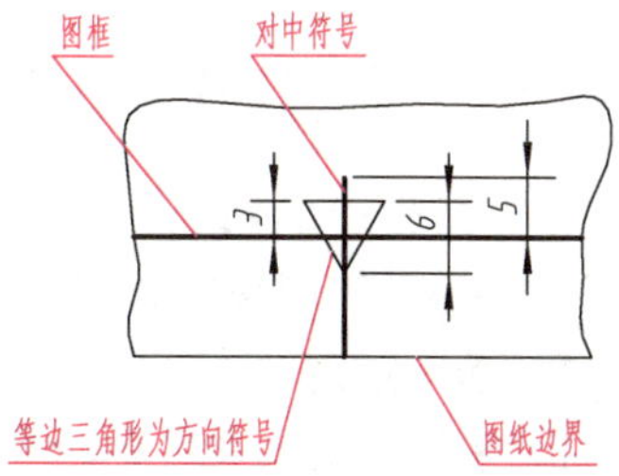

图 1-7 方向符号的画法

二、比例（GB/T 14690—1993）

图中图形与其实物相应要素的线性尺寸之比，称为比例。简单说来，就是"图：物"。

绘制图样时，应由表 1-2"优先选择系列"中选取适当的绘图比例。必要时，也允许从表 1-2"允许选择系列"中选取。

为了在图样上直接反映实物的大小，绘图时应尽量采用原值比例。因各种实物的大小与结构千差万别，绘图时，应根据实际需要选取放大比例或缩小比例。绘图比例一般应填写在标题栏中的"比例"一栏内。

表 1-2　比例系列（摘自 GB/T 14690—1993）

种类	定义	优先选择系列			允许选择系列	
原值比例	比值为 1 的比例	1∶1			—	
放大比例	比值大于 1 的比例	5∶1 5×10^n∶1	2∶1 2×10^n∶1	1×10^n∶1	4∶1 4×10^n∶1	2.5∶1 2.5×10^n∶1
缩小比例	比值小于 1 的比例	1∶2 1∶2×10^n	1∶5 1∶5×10^n	1∶10 1∶1×10^n	1∶1.5　　　1∶2.5　　　1∶3 1∶1.5×10^n　1∶2.5×10^n　1∶3×10^n 1∶4　　　　1∶6 1∶4×10^n　　1∶6×10^n	

注：n 为正整数。

图样中所标注的尺寸数值必须是实物的实际大小，与绘制图形所采用的比例无关，如图 1-8 所示。

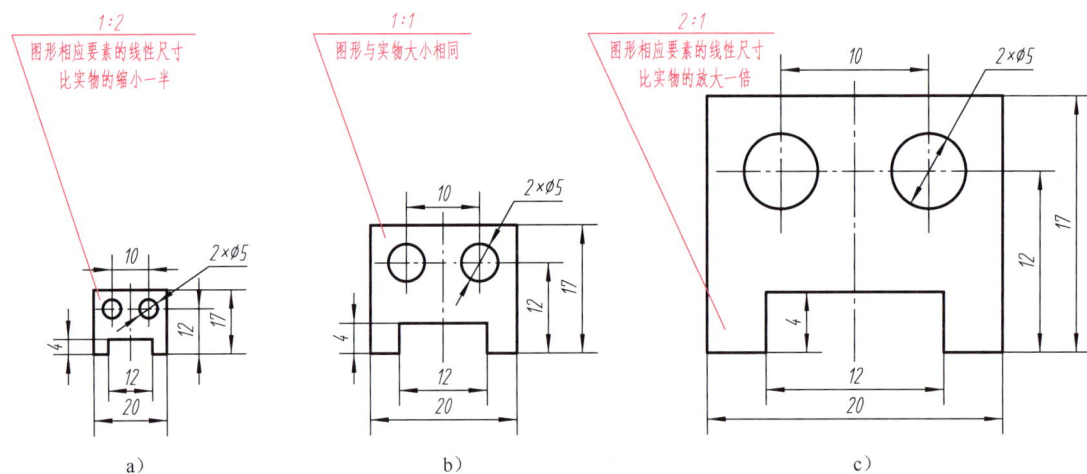

图 1-8　图形比例与尺寸数字

三、字体（GB/T 14691—1993）

字体是指图中文字、字母、数字的书写形式。在图样上除了要用图形来表达零件的结构形状外，还必须用文字、字母及数字来说明它的大小和技术要求等其他内容。

1. 基本规定

1）字体高度代表字体的号数，用 h 表示。字体高度的公称尺寸系列为：1.8mm、2.5mm、3.5mm、5mm、7mm、10mm、14mm、20mm。如需要书写更大的字，其字体高度应按 $\sqrt{2}$ 的比率递增。

2）汉字应写成长仿宋体字，并应采用国家正式公布的简化字。汉字的高度 h 应不小于3.5mm，字宽为 $h/\sqrt{2}$。

3）字母和数字分 A 型和 B 型两种。A 型字体的笔画宽度 $d=h/14$，B 型字体的笔画宽度$d=h/10$。在同一张图样上，只允许选用一种类型的字体。

4）字母和数字可写成直体（正体）或斜体。斜体字字头向右倾斜，与水平基准线成 75°。

提示：用计算机绘制机械图样时，汉字、数字、字母（除表示变量外）一般应以直体输出。

2．字体示例

汉字、数字和字母的示例，见表 1-3。

表 1-3　字体示例

字　体		示　　　例
长仿宋体汉字	5 号	学好工程制图，培养和发展空间想象能力
	3.5 号	计算机绘图是工程技术人员必须具备的技能之一
拉丁字母	大写	ABCDEFGHIJKLMNOPQRSTUVWXYZ　*ABCDEFGHIJKLMNOPQRSTUVWXYZ*
	小写	abcdefghijklmnopqrstuvwxyz　*abcdefghijklmnopqrstuvwxyz*
阿拉伯数字	直体	0123456789
	斜体	*0123456789*
字体应用示例		*10JS5(±0.003) M24-6h ⌀35 R8 10³ S⁻¹ 5% D₁ T_d 380 kPa m/kg* $\varnothing20^{+0.010}_{-0.023}$ $\varnothing25\frac{H6}{f5}$ $\frac{II}{1:2}$ $\frac{3}{5}$ $\frac{A}{5:1}$ $\sqrt{}$ Ra 6.3 460r/min 220V l/mm

四、图线（GB/T 4457.4—2002）

图中所采用各种型式的线，称为图线。国家标准 GB/T 4457.4—2002《机械制图　图样画法　图线》规定了在机械图样中使用的九种图线，其名称、线型、线宽及一般应用见表 1-4。

图线的应用示例，如图 1-9 所示。

表 1-4　图线的名称、线型、线宽及一般应用（摘自 GB/T 4457.4—2002）

名　称	线　　型	线宽	一　般　应　用
粗实线		d	可见棱边线、可见轮廓线、相贯线、螺纹牙顶线、螺纹终止线、齿顶圆（线）、表格图和流程图中的主要表示线、系统结构线（金属结构工程）、模样分型线、剖切符号用线
细实线		$d/2$	过渡线、尺寸线、尺寸界线、指引线和基准线、剖面线、重合断面的轮廓线、短中心线、螺纹牙底线、尺寸线的起止线、表示平面的对角线、零件成形前的弯折线、范围线及分界线、重复要素表示线、锥形结构的基面位置线、叠片结构位置线、辅助线、不连续同一表面连线、成规律分布的相同要素连线、投射线、网格线
细虚线	12d　3d	$d/2$	不可见棱边线、不可见轮廓线

（续）

名　称	线　型	线宽	一　般　应　用
细点画线	6d ⊢ 24d	$d/2$	轴线、对称中心线、分度圆（线）、孔系分布的中心线、剖切线
波浪线	～～～～	$d/2$	
双折线	(7.5d) 14d 30°	$d/2$	断裂处边界线、视图与剖视图的分界线
粗虚线	▬ ▬ ▬ ▬	d	允许表面处理的表示线
粗点画线	▬ ▪ ▬ ▪ ▬	d	限定范围表示线
细双点画线	9d ⊢ 24d	$d/2$	相邻辅助零件的轮廓线、可动零件的极限位置的轮廓线、重心线、成形前轮廓线、剖切面前的结构轮廓线、轨迹线、毛坯图中制成品的轮廓线、特定区域线、工艺用结构的轮廓线、中断线

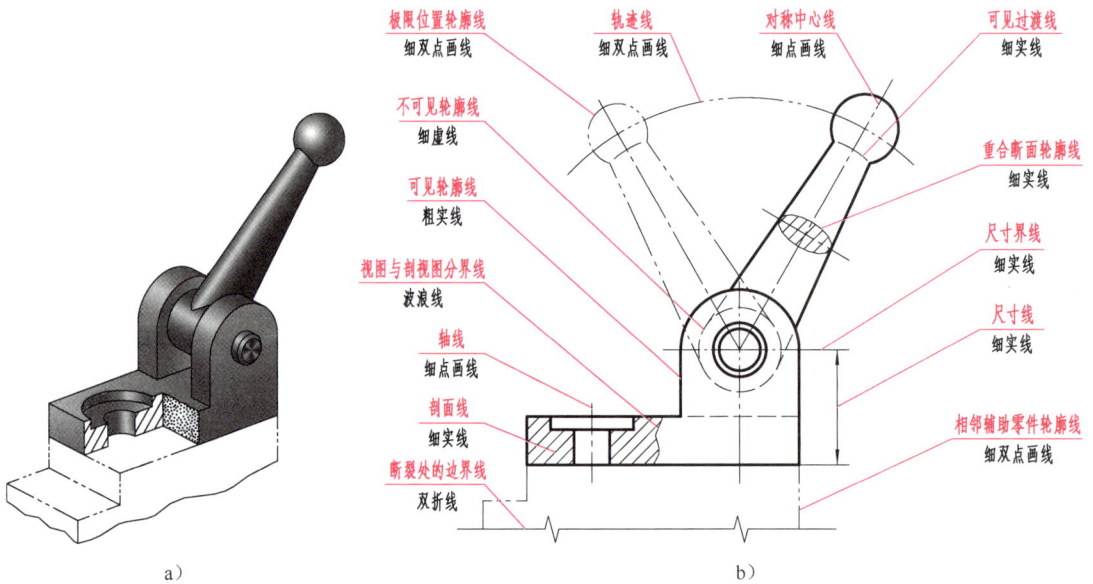

图 1-9　图线的应用示例

　　机械图样中采用粗、细两种线宽，线宽的比例关系为 2：1。图线的宽度应按图样的类型和大小，在下列数系中选取：0.13mm、0.18mm、0.25mm、0.35mm、0.5mm、0.7mm、1.0mm、1.4mm、2mm。

　　粗实线（包括粗虚线、粗点画线）的宽度通常采用 0.7mm，与之对应的细实线（包括波浪线、双折线、细虚线、细点画线、细双点画线）的宽度为 0.35mm。

　　在同一图样中，同类图线的宽度应基本一致。细（粗）虚线、细（粗）点画线及细双点画线的线段长度和间隔应各自大致相等。

第二节　尺 寸 注 法

在机械图样中，图形只能表达零件的结构形状，若要表达它的大小，则必须在图形中标注尺寸。尺寸是加工制造零件的主要依据，不允许出现错误。如果尺寸标注错误、不完整或不合理，将给机械加工带来困难，甚至会生产出废品而造成经济损失。

一、标注尺寸的基本规则（GB/T 4458.4—2003）

尺寸是用特定长度或角度单位表示的数值，并在技术图样上用图线、符号和技术要求表示出来。标注尺寸的基本规则如下：

1）零件的真实大小应以图样上所注的尺寸数值为依据，与图形的大小及绘图的准确度无关。

2）零件的每一尺寸，一般只标注一次，并应标注在反映该结构最清晰的图形上。

3）标注尺寸时，应尽可能使用符号或缩写词。常用的符号或缩写词见表1-5。

表 1-5　常用的符号或缩写词（摘自 GB/T 4458.4—2003）

名　　称	符号或缩写词	名　　称	符号或缩写词	名　　称	符号或缩写词
直　径	ϕ	厚　度	t	沉孔或锪平	⊔
半　径	R	正方形	□	埋头孔	∨
球直径	$S\phi$	45°倒角	C	均　布	EQS
球半径	SR	深　度	↧	弧　长	⌒

注：正方形符号、深度符号、沉孔或锪平符号、埋头孔符号、弧长符号的线宽为 $h/10$，符号高度为 h（h 为图样中字体高度）。

二、尺寸的组成

每个完整的尺寸一般由尺寸数字、尺寸线和尺寸界线组成，通常称为尺寸三要素，如图1-10所示。在机械图样中，尺寸线终端一般采用箭头的形式，如图1-11所示。

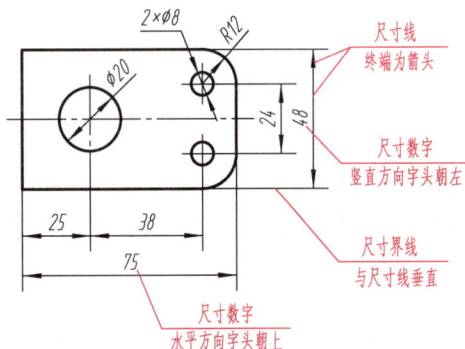

图 1-10　尺寸的标注示例

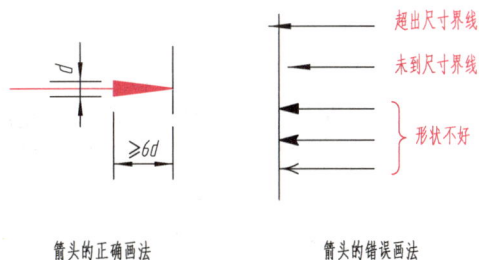

图 1-11　箭头的形式和画法

1. 尺寸数字

尺寸数字表示尺寸度量的大小。

线性尺寸的尺寸数字，一般注在尺寸线的上方或左方，如图1-10所示。线性尺寸数字的方向：水平方向字头朝上，竖直方向字头朝左，倾斜方向字头保持朝上的趋势，并尽量避免在图 1-12a 所示的 30°范围内标注尺寸。当无法避免时，可按图 1-12b 的形式标注。

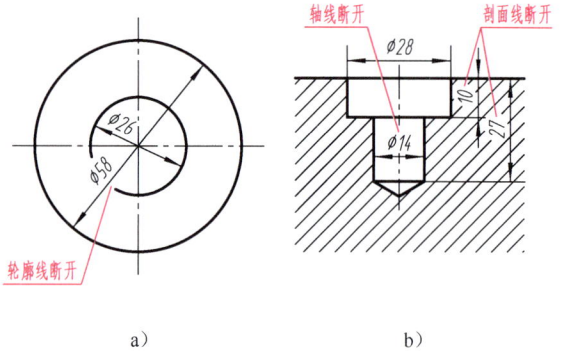

尺寸数字不可被任何图线所通过，当不可避免时，图线必须断开，如图 1-13 所示。

图 1-12 线性尺寸的注写　　　　　　图 1-13 尺寸数字不可被任何图线通过

标注角度的尺寸界线应沿径向引出，尺寸线画成圆弧，其圆心为该角的顶点，半径取适当大小，标注角度的数字，一律水平方向书写，角度数字写在尺寸线的中断处，如图 1-14a 所示。必要时，允许注写在尺寸线的上方或外面（或引出标注），如图 1-14b 所示。

图 1-14 角度尺寸的注写

2．尺寸线

尺寸线表示尺寸度量的方向。

尺寸线必须用细实线单独画出，不能用其他图线代替，也不得与其他图线重合或画在其延长线上。标注线性尺寸时，尺寸线必须与所标注的线段平行，如图 1-15a 所示。图 1-15b 是尺寸线错误画法的示例。

3．尺寸界线

尺寸界线表示尺寸的度量范围。

尺寸界线一般用细实线单独绘制，并自图形的轮廓线、轴线或对称中心线引出。也可以利用轮廓线、轴线或对称中心线作尺寸界线，如图 1-16a 所示。

尺寸界线一般应与尺寸线垂直，必要时允许倾斜。在光滑过渡处标注尺寸时，必须用细实线将轮廓线延长，从它们的交点处引出尺寸界线，如图 1-16b、c 所示。

图 1-15　尺寸线的画法

图 1-16　尺寸界线的画法

三、常用的尺寸注法

1. 圆、圆弧及球面尺寸的注法

1）标注整圆的直径尺寸时，以圆周为尺寸界线，尺寸线通过圆心，并在尺寸数字前加注直径符号"ϕ"，如图 1-17a 所示。

2）标注大于半圆的圆弧直径，其尺寸线应画至略超过圆心，只在尺寸线一端画箭头指向圆弧，如图 1-17b 所示。标注小于或等于半圆的圆弧半径时，尺寸线应从圆心出发引向圆弧，只画一个箭头，并在尺寸数字前加注半径符号"R"，如图 1-17c 所示。

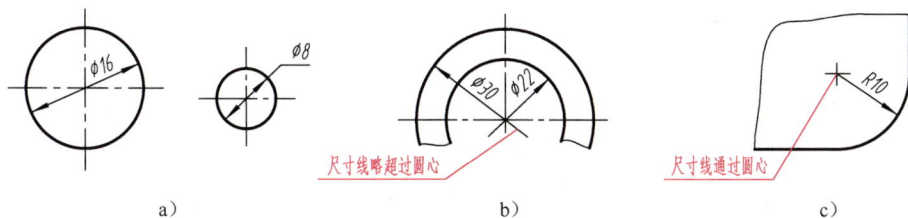

图 1-17　直径和半径的注法

3）当圆弧的半径过大或在图纸范围内无法标出圆心位置时，可采用折线的形式标注，如图 1-18a 所示。当不需标出圆心位置时，则尺寸线只画靠近箭头的一段，如图 1-18b 所示。

11

标注球面的直径或半径时，应在尺寸数字前加注球直径符号"Sϕ"或球半径符号"SR"，如图 1-18c、d 所示。

图 1-18 大圆弧和球面的注法

2．小尺寸的注法

对于尺寸界线之间没有足够位置画箭头或注写尺寸数字的小尺寸，可按图 1-19 所示的形式进行标注。标注一连串的小尺寸时，可用小圆点代替箭头（代替箭头的圆点大小应与箭头尾部宽度相同），但最外两端箭头仍应画出。当直径或半径尺寸较小时，箭头和数字都可以布置在圆弧外面。

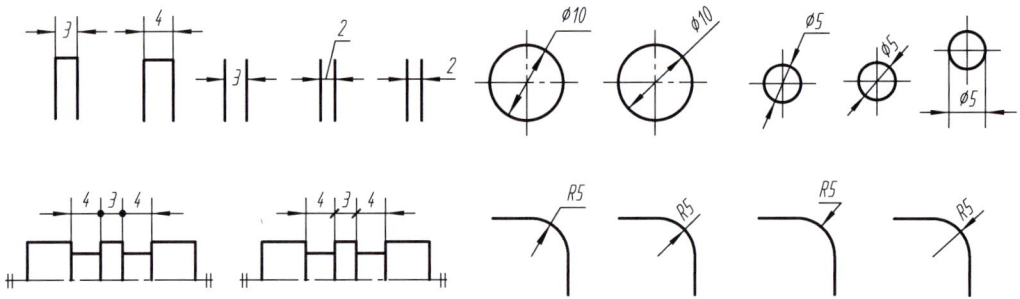

图 1-19 小尺寸的注法

四、简化注法（GB/T 16675.2—2012）

1）在同一图形中，对于尺寸相同的孔、槽等组成要素，可仅在一个要素上注出其尺寸和数量，并用缩写词"EQS"表示"均匀分布"，如图 1-20a 所示。当组成要素的定位和分布情况在图形中已明确时，可不标注其角度，并省略"EQS"，如图 1-20b 所示。

2）标注板状零件的厚度时，可在尺寸数字前加注厚度符号"t"，如图 1-21 所示。

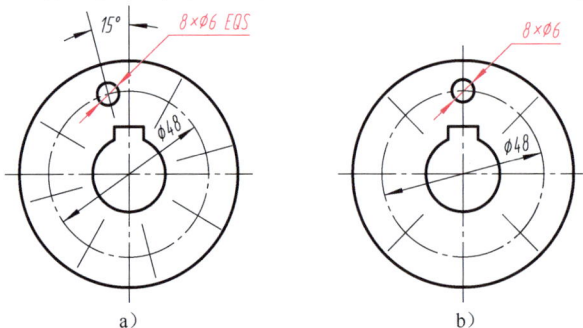

图 1-20 尺寸的简化注法

图 1-21 板状零件厚度的注法

第三节　几何作图

零件的轮廓形状基本上是由直线、圆弧及其他平面曲线所组成的几何图形。熟练掌握常见几何图形正确的作图方法，是提高手工绘图速度、保证绘图质量的重要技能之一。

一、直线的等分

【例1-1】　试将直线 AB（图1-22a）七等分。

作图

① 过点 A，作任意直线 AM，以适当长度为单位，在 AM 上量取七个等分点，得1、2、3、4、5、6、7点，如图1-22b 所示。

② 连接 B7，过1、2、3、4、5、6各点，作 B7 的平行线与 AB 相交，即可将 AB 直线七等分，如图1-22c 所示。

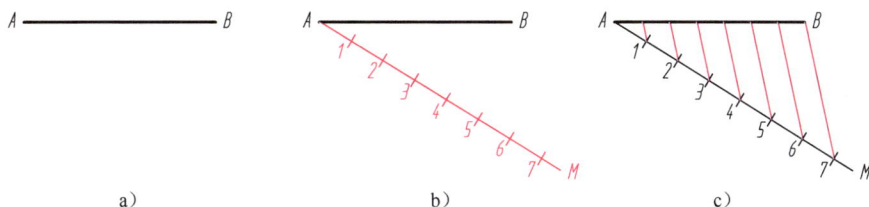

图1-22　直线的等分

二、圆的等分及作正多边形

1. 三角板与丁字尺配合作正三（六）边形

【例1-2】　用30°（60°）三角板和丁字尺配合，作圆的内接正三边形。

作图

① 过点 B，用60°三角板画出斜边 AB，如图1-23a 所示。

② 翻转三角板，过点 B 画出斜边 BC，如图1-23b 所示。

③ 用丁字尺连接水平边 AC，即得圆的内接正三边形，如图1-23c、d 所示。

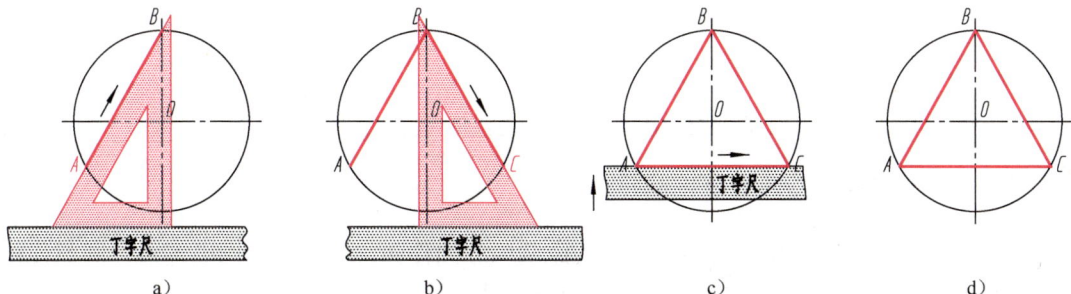

图1-23　作已知圆的内接正三边形

【例1-3】　用30°（60°）三角板和丁字尺配合，作圆的内接正六边形。

作图

① 过点 A，用60°三角板画出斜边 AB；向右平移三角板，过点 D 画出斜边 DE，如图

13

1-24a 所示。

② 翻转三角板,过点 *D* 画出斜边 *CD*;向左平移三角板,过点 *A* 画出斜边 *AF*,如图 1-24b 所示。

③ 用丁字尺连接两水平边 *BC*、*FE*,即得圆的内接正六边形,如图 1-24c、d 所示。

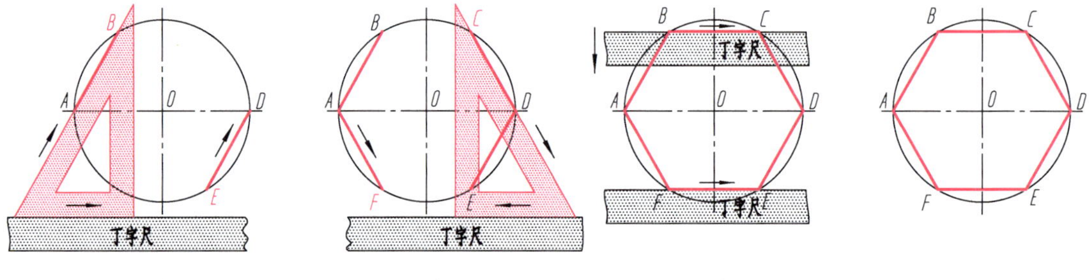

图 1-24 作已知圆的内接正六边形

2. 用圆规作圆的内接正三（六）边形

【例 1-4】 作已知圆的内接正三（六）边形。

作图

① 以圆的直径端点 *B* 为圆心,已知圆的半径 *R* 为半径画弧,与圆相交于点 *E*、*F*,如图 1-25a 所示。

② 依次连接点 *D*、*E*、*F*、*D*,即得到圆的内接正三边形,如图 1-25b 所示。

③ 再以圆的直径端点 *D* 为圆心,已知圆的半径 *R* 为半径画弧,与圆相交于点 *H*、*G*,如图 1-25c 所示。

④ 依次连接点点 *H*、*E*、*B*、*F*、*G*、*D*、*H*,即得到圆的内接正六边形,如图 1-25d 所示。

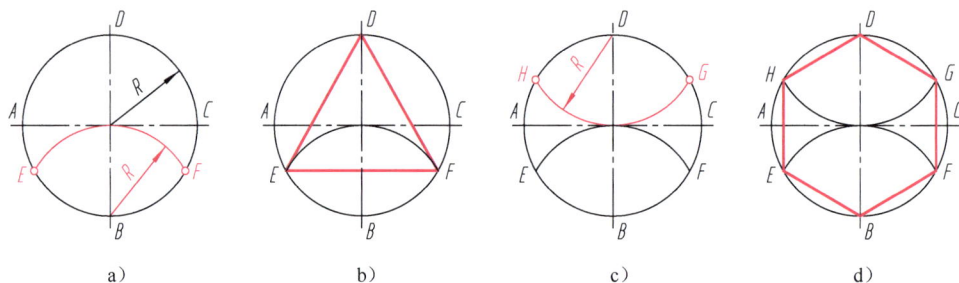

图 1-25 用圆规作圆的内接正三(六)边形

三、圆弧连接

用一圆弧光滑地连接相邻两线段（直线或圆弧）的作图方法,称为圆弧连接。圆弧连接在零件轮廓图中很常见,图 1-26a 所示为扳手的轴测图。

从图 1-26b 中可以看出,圆弧连接实质上就是圆弧与直线、圆弧与圆弧相切。因此,作图时必须先求出连接弧的圆心,确定连接点（切点）的位置。

1. 圆弧连接的作图原理

圆弧连接的作图原理见表 1-6。

a）

b）

图 1-26　圆弧连接示例

表 1-6　圆弧连接的作图原理

类别	圆弧与直线连接（相切）	圆弧与圆弧连接（外切）	圆弧与圆弧连接（内切）
图例			
作图原理	① 连接弧的圆心轨迹是已知直线的平行线，两平行线之间的距离等于连接弧的半径 R ② 由圆心向已知直线作垂线，垂足即为切点	① 连接弧的圆心轨迹是已知圆弧的同心圆，该同心圆的半径等于两圆弧半径之和（R_1+R） ② 两圆心的连线与已知圆弧的交点即为切点	① 连接弧的圆心轨迹是已知圆弧的同心圆，该同心圆的半径等于两圆弧半径之差 $\lvert R_1-R \rvert$ ② 两圆心连线的延长线与已知圆弧的交点即为切点

2. 圆弧连接的作图示例

【例 1-5】　用圆弧连接钝角的两边（图 1-27a）。

作图

① 作与已知角两边分别相距为 R 的平行线，交点 O 即连接弧圆心，如图 1-27b 所示。

② 自点 O 分别向已知角两边作垂线，垂足 M、N 即为切点，如图 1-27c 所示。

③ 以点 O 为圆心、R 为半径，在两切点 M、N 之间画连接圆弧，即完成作图，如图 1-27d 所示。

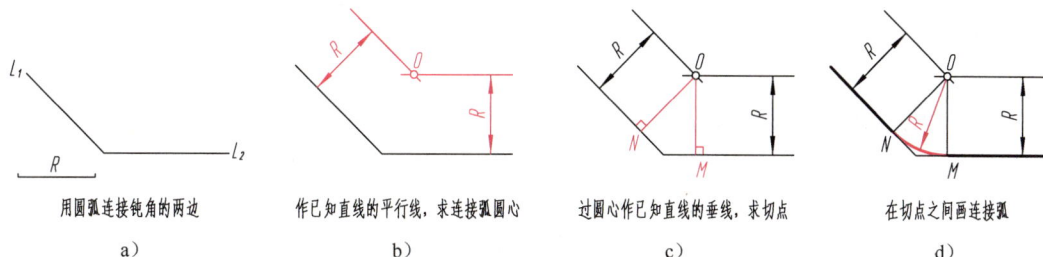

用圆弧连接钝角的两边

a）

作已知直线的平行线，求连接弧圆心

b）

过圆心作已知直线的垂线，求切点

c）

在切点之间画连接弧

d）

图 1-27　圆弧连接钝角的两边

【例 1-6】　用圆弧连接直角的两边（图 1-28a）。

作图

① 以角顶为圆心、R 为半径画弧，交直角两边于 M、N，如图 1-28b 所示。

② 再分别以 M、N 为圆心、R 为半径画弧，两圆弧的交点 O 即为连接弧圆心，如图 1-28c 所示。

③ 以点 O 为圆心、R 为半径，在两切点 M、N 之间画连接圆弧，即完成作图，如图 1-28d 所示。

用圆弧连接直角的两边　　直接用连接弧半径求切点　　再用连接弧半径求连接弧圆心　　在切点之间画连接弧
a)　　　　　　　　b)　　　　　　　　c)　　　　　　　　d)

图 1-28　圆弧连接直角的两边

【例 1-7】　用半径为 R 的圆弧连接直线和圆弧（图 1-29a）。

作图

① 作直线 L_2 平行于直线 L_1（其间距为 R）；再作已知圆弧的同心圆（半径为 R_1+R）与直线 L_2 相交于点 O，点 O 即连接弧圆心，如图 1-29b 所示。

② 作 OM 垂直直线 L_1 于点 M；连 OO_1 与已知圆弧交于点 N，M、N 即为切点，如图 1-29c 所示。

③ 以点 O 为圆心、R 为半径画圆弧，连接直线 L_1 和圆弧 O_1 于 M、N，即完成作图，如图 1-29d 所示。

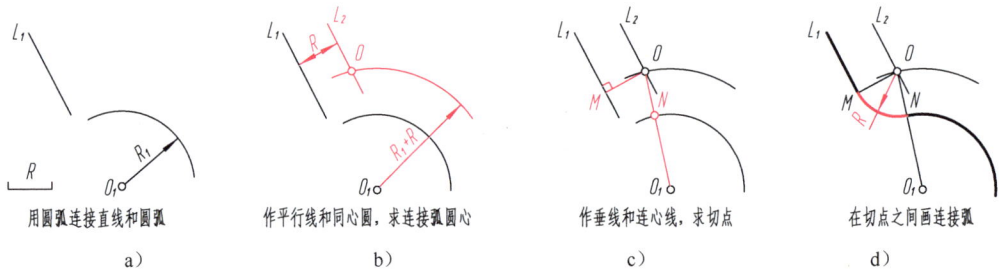

用圆弧连接直线和圆弧　　作平行线和同心圆，求连接弧圆心　　作垂线和连心线，求切点　　在切点之间画连接弧
a)　　　　　　　　b)　　　　　　　　c)　　　　　　　　d)

图 1-29　直线与圆弧连接

【例 1-8】　用半径为 R 的圆弧与两已知圆弧外切（图 1-30a）。

作图

① 分别以（R_1+R）及（R_2+R）为半径，O_1、O_2 为圆心，画弧交于点 O（即连接弧圆心），如图 1-30b 所示。

② 连 OO_1 与已知弧交于 M，连 OO_2 与已知弧交于 N（M、N 即切点），如图 1-30c 所示。

③ 以点 O 为圆心，R 为半径画圆弧，连接两已知圆弧于 M、N，即完成作图，如图 1-30d 所示。

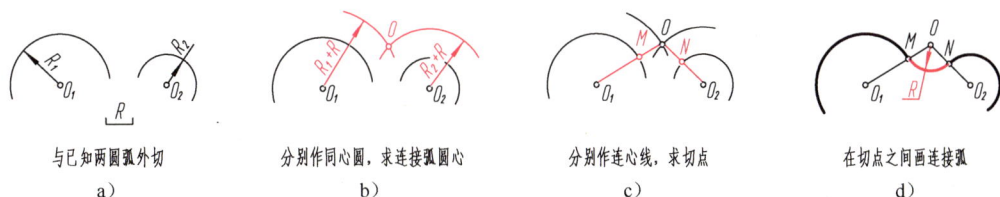

图 1-30　圆弧与圆弧外切

【例 1-9】　用半径为 R 的圆弧与两已知圆弧内切（图 1-31a）。

作图

① 分别以（$R-R_1$）和（$R-R_2$）为半径，O_1 和 O_2 为圆心，画弧交于点 O（即连接弧圆心），如图 1-31b 所示。

② 连 OO_1、OO_2 并延长，分别与已知弧交于 M、N（M、N 即切点），如图 1-31c 所示。

③ 以点 O 为圆心，R 为半径画圆弧，连接两已知圆弧于 M、N，即完成作图，如图 1-31d 所示。

图 1-31　圆弧与圆弧内切

【例 1-10】　用半径为 R 的圆弧与两已知圆弧混合连接（图 1-32a）。

作图

① 分别以（R_1+R）和（R_2-R）为半径，O_1 和 O_2 为圆心，画弧交于点 O（即连接弧圆心），如图 1-32b 所示。

② 连接 OO_1、连接 OO_2 并延长，分别与已知弧交于 M、N（M、N 即切点），如图 1-32c 所示。

③ 以点 O 为圆心，R 为半径画圆弧，连接两已知圆弧于 M、N，即完成作图，如图 1-32d 所示。

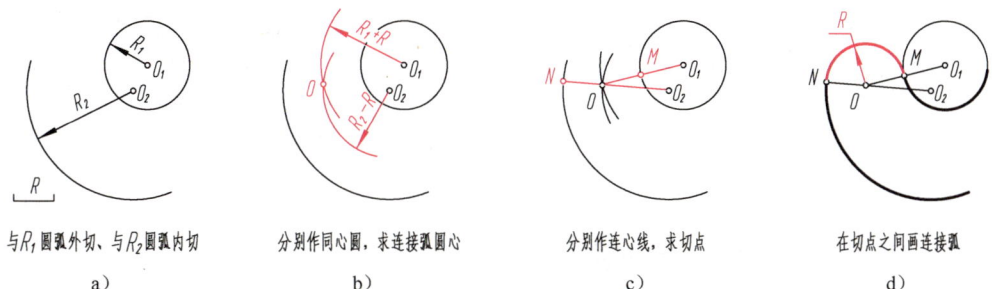

图 1-32　圆弧与圆弧混合连接

17

四、用三角板作圆弧的切线

零件的平面轮廓常有直线光滑地与圆弧相切。作直线与圆弧相切时，通常借助三角板作图，求出其切点。

【例 1-11】 用三角板作两圆的外公切线（图 1-33）。

作图

① 将一块三角板的直角边调整到与两圆相切，另一块三角板紧靠在第一块三角板的斜边上，如图 1-33a 所示。

② 推移第一块三角板，使其另一直角边分别过圆心 O_1、O_2，作直线 O_1A、O_2B 分别与两圆相交，求得切点 A、B，如图 1-33b、c 所示。

③ 连接 A、B 两点，AB 即为所求，如图 1-33d 所示。

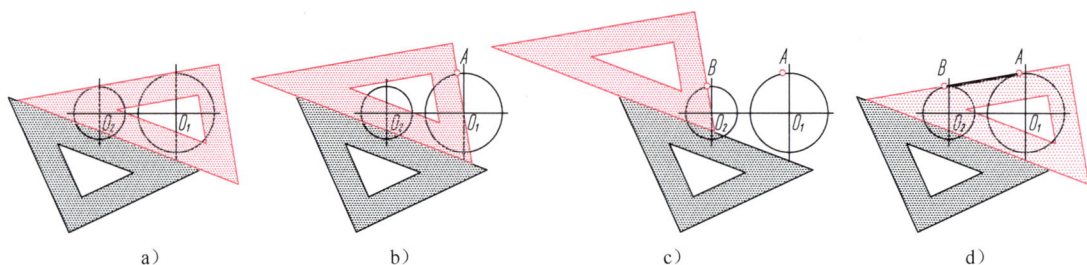

a)   b)   c)   d)

图 1-33 用三角板作两圆的（同侧）公切线

五、斜度和锥度

1. 斜度（GB/T 4096.1—2022、GB/T 4458.4—2003）

两指定楔体截面相对于任一楔体平面的高度 H 和 h 之差与其之间的投影距离 L 之比，称为斜度（图 1-34），代号为 "S"。可以把斜度简单理解为一个平面（或直线）对另一个平面（或直线）倾斜的程度。用关系式表示为：

$$S = \frac{H-h}{L} = \tan\beta$$

通常把比例的前项化为 1，以简单分数 $1:n$ 的形式来表示斜度。

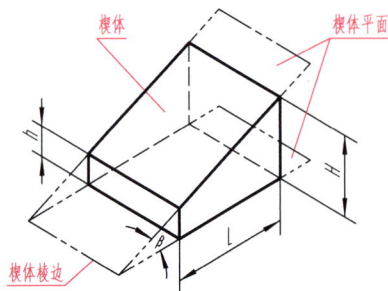

图 1-34 斜度的概念

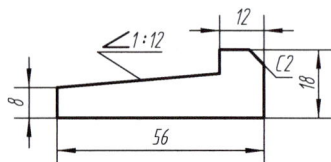

图 1-35 楔键

【例 1-12】 画出图 1-35 所示楔键的图形。

作图

① 根据图中的尺寸，画出已知的直线部分。

② 过点 A，按 1：12 的斜度画出直角三角形，求出斜边 AC，如图 1-36a 所示。

③ 过已知点 D，作 AC 的平行线，如图 1-36b 所示。

④ 描深加粗楔键图形，标注斜度符号，如图 1-36c 所示。

斜度符号的底线应与基准面（线）平行，符号的尖端方向应与斜面的倾斜方向一致。斜度符号的大小及画法，如图 1-36d 所示。

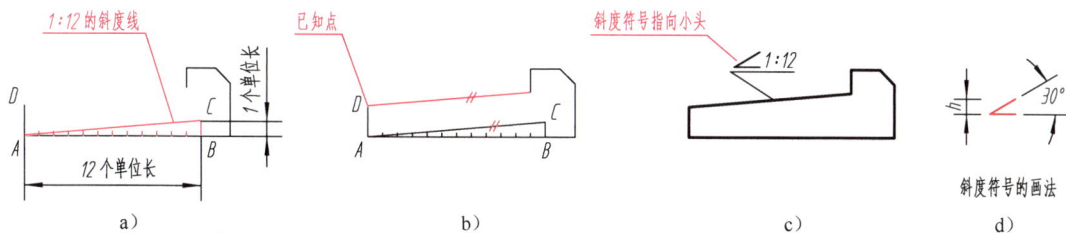

图 1-36 楔键的画法

2. 锥度（GB/T 157—2001、GB/T 4458.4—2003）

两个垂直圆锥轴线截面的圆锥直径 D 和 d 之差与该两截面之间的轴向距离 L 之比，称为锥度，代号为"C"。可以把锥度简单理解为圆锥底圆直径与锥高之比。

由图 1-37 可知，a 为圆锥角，D 为最大端圆锥直径，d 为最小端圆锥直径，L 为圆锥长度，即

$$C = \frac{D-d}{L} = 2\tan\frac{\alpha}{2}$$

与斜度的表示方法一样，通常也把锥度的比例前项化为 1，写成 1：n 的形式。

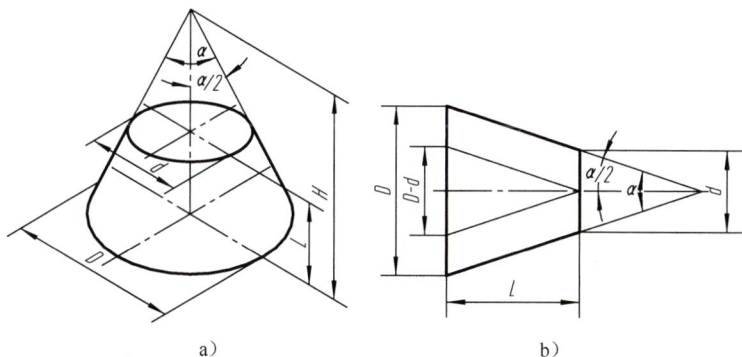

图 1-37 锥度的定义　　　　图 1-38 具有 1：5 锥度的图例

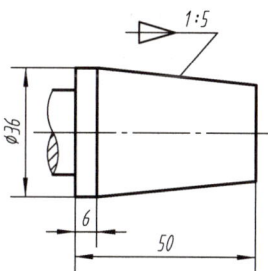

【例 1-13】 画出图 1-38 所示具有 1：5 锥度的图形。

作图

① 根据图中的尺寸，画出已知的直线部分。

② 任意确定等腰三角形的底边 AB 为 1 个单位长度，高为 5 个单位长度，画出等腰三角形 ABC，如图 1-39a 所示。

③ 分别过已知点 D、E，作 AC 和 BC 的平行线，如图 1-39b 所示。

④ 描深加粗图形，标注锥度代号，如图 1-39c 所示。

标注锥度时用引出线从锥面的轮廓线上引出，锥度符号的尖端指向锥度的小头方向。锥

度符号的大小及画法，如图 1-39d 所示。

图 1-39　锥度的画法

提示：斜度符号和锥度符号的线宽为 $h/10$（h 为图样中字体高度）。

六、椭圆的画法

椭圆是常见的非圆曲线。已知椭圆的长轴和短轴，可采用不同的画法近似地画出椭圆。

1．辅助同心圆法

【例 1-14】　已知椭圆长轴 AB 和短轴 CD，用辅助同心圆法画椭圆。

作图

① 以椭圆中心为圆心，分别以长轴、短轴长度为直径，作两个同心圆，如图 1-40a 所示。
② 作圆的十二等分，过圆心作放射线，分别求出与两圆的交点，如图 1-40b 所示。
③ 过大圆上的等分点作竖直线，过小圆上的等分点作水平线，竖直线与水平线的交点即为椭圆上的点，如图 1-40c 所示。
④ 用曲线板光滑连接求出的椭圆上的各点即得椭圆，如图 1-40d 所示。

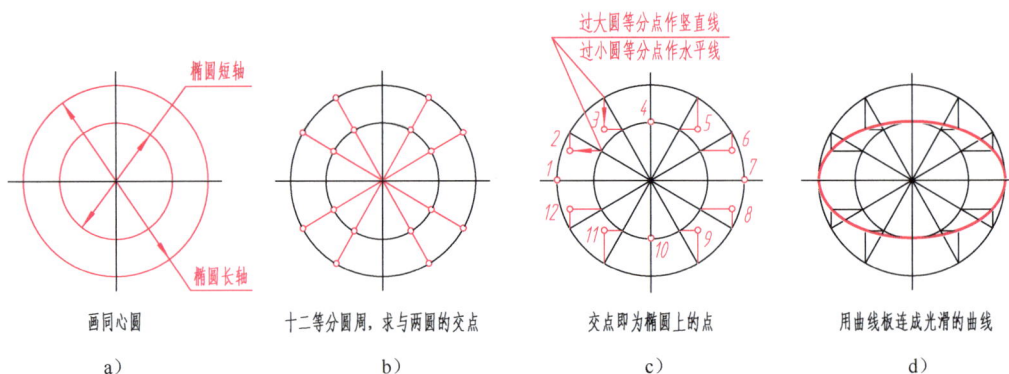

图 1-40　用辅助同心圆法画椭圆

2．四心近似画法

【例 1-15】　已知椭圆长轴 AB 和短轴 CD，用四心近似画法画椭圆。

作图

① 连接 AC，以点 O 为圆心、OA 为半径画弧得点 E，再以点 C 为圆心、CE 为半径画弧

得点 F，如图 1-41a 所示。

② 作 AF 的垂直平分线，与 AB 交于点 1，与 CD 交于点 2。取 1、2 两点的对称点 3 和点 4（1、2、3、4 点即圆心），如图 1-41b 所示。

③ 连接点 21、点 23、点 34、点 41 并延长，得到一菱形，如图 1-41c 所示。

④ 分别以点 2、点 4 为圆心，R（$R=2C=4D$）为半径画弧，与菱形的延长线相交，即得两段大圆弧；分别以点 1、点 3 为圆心，r（$r=1A=3B$）为半径画弧，与所画的大圆弧连接，即得到椭圆，如图 1-41d 所示。

图 1-41　用四心近似画法画椭圆

第四节　平面图形分析及作图方法

平面图形是由许多线段连接而成的，这些线段之间的相对位置和连接关系靠给定的尺寸来确定。画平面图形时，只有通过分析尺寸，确定线段性质，明确作图顺序，才能正确地画出图形。

一、尺寸分析

平面图形中的尺寸，按其作用可分为两类。

1. 定形尺寸

确定平面图形上几何元素形状大小的尺寸称为定形尺寸。

例如，线段长度、圆及圆弧的直径和半径、角度大小等。图 1-42 中的 $\phi16$、$R17$、$\phi30$、$R26$、$R128$、$R148$ 等（黑色）尺寸，均为定形尺寸。

2. 定位尺寸

确定几何元素位置的尺寸称为定位尺寸。

在图 1-42 中，150（红色尺寸）确定了左端线的位置，150 为定位尺寸；27、$R56$ 确定了 $\phi16$ 的圆心位置，27、$R56$ 为定位尺

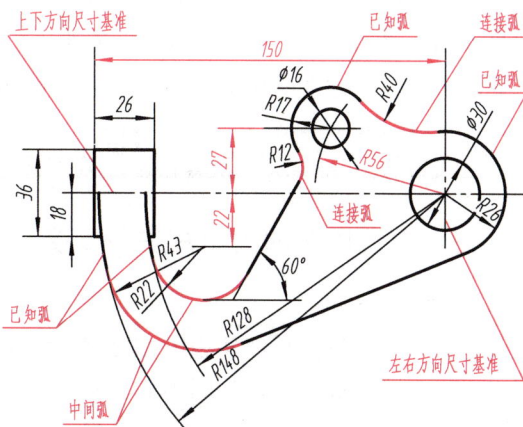

图 1-42　平面图形分析

寸；22 确定了 R22、R43 圆心的一个坐标值，22 为定位尺寸。

标注定位尺寸时，必须有个起点，这个起点称为尺寸基准。图 1-42 所示的平面图形有长和高两个方向，每个方向至少应有一个尺寸基准。定位尺寸通常以图形的对称中心线、较长的底线或边线作为尺寸基准。图 1-42 中，水平方向的细点画线为上下方向的尺寸基准；右侧竖直方向的细点画线为左右方向的尺寸基准。

二、线段分析

在平面图形中，有些线段具有完整的定形和定位尺寸，绘图时，可根据标注的尺寸直接绘出；而有些线段的定位尺寸并未完全注出，要根据已注出的尺寸及该线段与相邻线段的连接关系，通过几何作图才能画出。因此，按线段的尺寸是否标注齐全，将线段分为已知线段、中间线段和连接线段三类。

1. 已知弧

给出半径大小及圆心两个方向定位尺寸的圆弧，称为已知弧。

图 1-42 中的 R17、R26、R128、R148 圆弧及 $\phi 16$、 $\phi 30$ 圆即为已知弧，此类圆弧（圆）可直接画出（参见图 1-43c）。

2. 中间弧

给出半径大小及圆心一个方向定位尺寸的圆弧，称为中间弧。

如图 1-42 中的 R22、R43 两圆弧，圆心的上下位置由定位尺寸 22 确定，但缺少确定圆心左右位置的定位尺寸，是中间弧。画图时，必须根据 R128 与 R22 内切、R148 与 R43 内切的几何条件（R=128-22、R=148-43），分别求出其圆心位置，才能画出 R22、R43 圆弧（参见图 1-43d）。

3. 连接弧

已知圆弧半径，而缺少两个方向定位尺寸的圆弧，称为连接弧。

如图 1-42 中的 R40 圆弧，其圆心没有定位尺寸，是连接弧。画图时，必须根据 R40 圆弧与 R17、R26 两圆弧同时外切的几何条件（R=17+40、R=26+40）分别画弧，求出其圆心位置，才能画出 R40 圆弧。R12 圆弧的圆心也没有定位尺寸。画图时，必须根据 R12 圆弧与 R17 圆弧外切、且与 60°直线相切的几何条件（R=17+12、作与 60°直线距离为 12 的平行线）求出其圆心位置，才能画出 R12 圆弧（参见图 1-43e）。

提示：画图时，应先画已知弧，再画中间弧，最后画连接弧。

三、平面图形的绘图方法和步骤

1. 准备工作

分析平面图形的尺寸及线段，拟订作图步骤→确定比例→选择图幅→固定图纸→画出图框、对中符号和标题栏，如图 1-43a 所示。

2. 绘制底稿

合理、匀称地布图，（用 2H 或 H 铅笔）画出基准线→画已知弧和直线→画中间弧→画连接弧，如图 1-43b～e 所示。

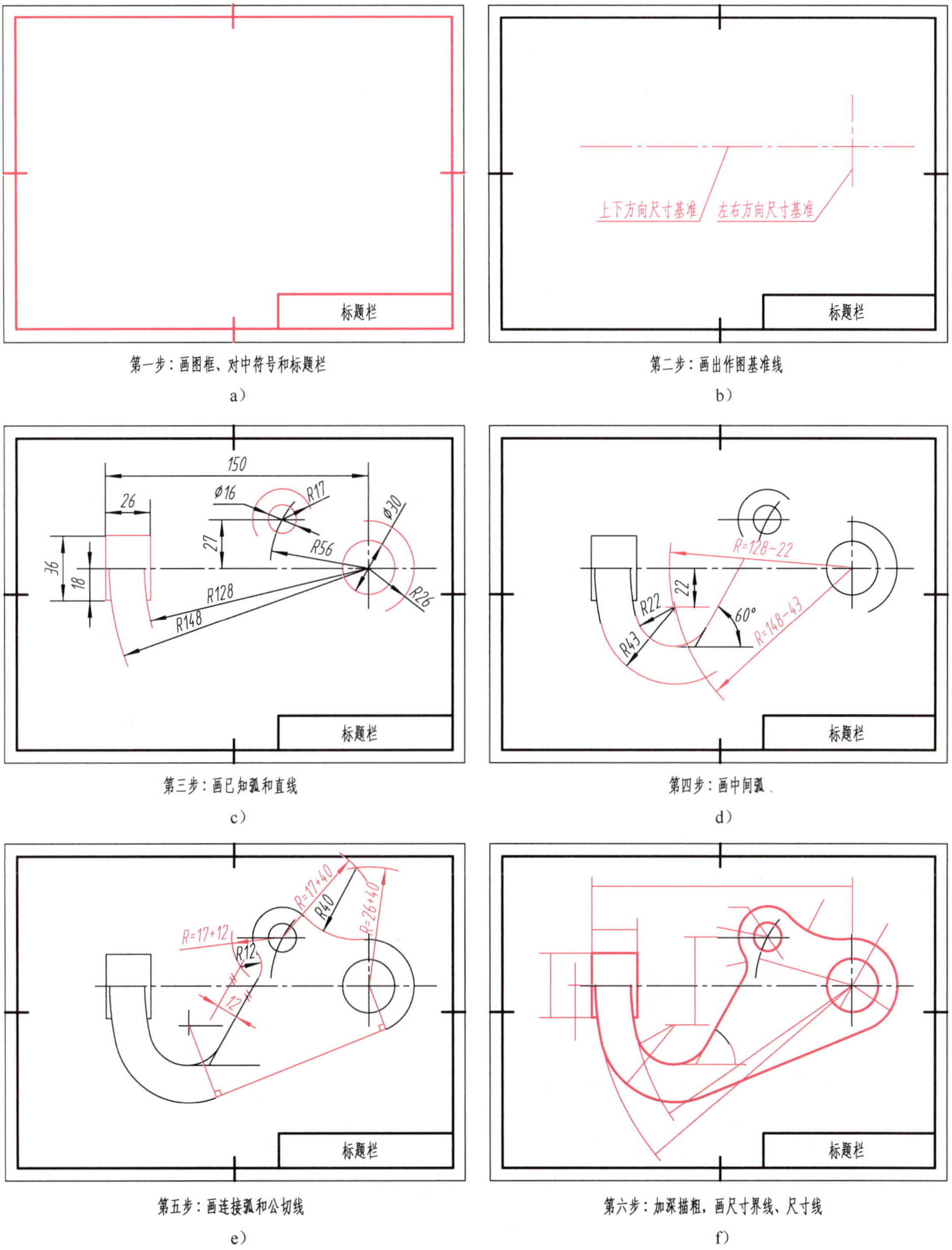
标题栏
第一步：画图框、对中符号和标题栏
a）
上下方向尺寸基准
左右方向尺寸基准
标题栏
第二步：画出作图基准线
b）
150
26
φ16
R17
φ30
27
36
18
R56
R128
R148
R26
标题栏
第三步：画已知弧和直线
c）
R=128−22
22
R22
60°
R43
R=148−43
标题栏
第四步：画中间弧
d）
R=17+40
R40
R=26+40
R=17+12
R12
12
标题栏
第五步：画连接弧和公切线
e）
标题栏
第六步：加深描粗，画尺寸界线、尺寸线
f）

图 1-43　平面图形的画图步骤

绘制底稿时，图线要尽量清淡，准确，并保持图面整洁。

3．加深描粗

加深描粗前，要全面检查底稿，修正错误，擦去画错的线条及作图辅助线。加深描粗后，画出尺寸界线和尺寸线,如图 1-43f 所示。

加深描粗时要注意以下几点:

（1）先粗后细 先（用 B 或 2B 铅笔）加深全部粗实线,再（用 HB 铅笔）加深全部细虚线、细点画线及细实线等。

（2）先曲后直 在加深同一种线（特别是粗实线）时,应先画圆弧或圆,后画直线。

（3）先水平,后垂斜 先用丁字尺自上而下画出水平线,再用三角板自左向右画出垂直线,最后画倾斜的直线。

加深描粗时,应尽量做到同类图线粗细、浓淡一致,圆弧连接光滑,图面整洁。

4. 画箭头、标注尺寸、填写标题栏

此时,可将图纸从图板上取下来,（用 HB 铅笔）先画箭头,再标注尺寸数字,最后填写标题栏。

第五节　常用绘图工具的使用方法

正确地使用和维护绘图工具,对提高手工绘图质量和绘图速度是十分重要的。本节介绍几种常用的绘图工具和绘图仪器的使用方法。

一、图板、丁字尺和三角板

图板是用来铺放、固定图纸的,一般用胶合板制成,板面比较平整光滑,图板左侧为丁字尺的导边。丁字尺由尺头和尺身构成,尺身的上边为工作边,主要用来画水平线。使用丁字尺时,尺头内侧必须靠紧图板的导边,用左手推动丁字尺上、下移动,沿尺身的上边自左向右画出一系列水平线,如图 1-44a 所示。

三角板由 45° 和 30°（60°）各一块组成一副。三角板与丁字尺配合使用时,可画垂直线,也可画 30°、45°、60° 以及 15°、75° 的斜线,如图 1-44b 所示。

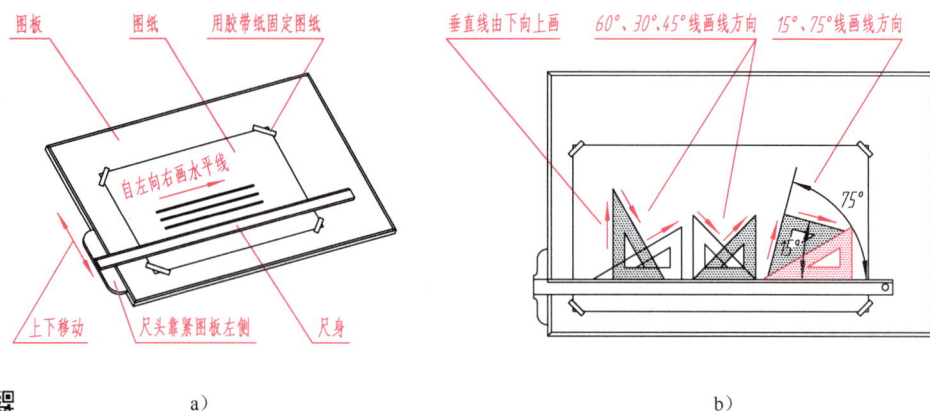

图 1-44　丁字尺和三角板的使用方法

如将两块三角板配合使用,还可以画出任意方向已知直线的平行线和垂直线,如图 1-45 所示。

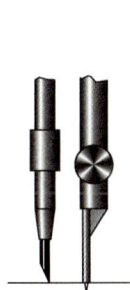

图 1-45　用三角板作任意方向直线的平行线和垂直线

二、圆规和分规

圆规是用来画圆或圆弧的工具。圆规的一条腿上装有钢针，另一条腿上除具有肘形关节外，还可以根据作图需要装上不同的附件。圆规的附件有钢针插脚、铅芯插脚、鸭嘴插脚和延伸插杆等。

圆规的钢针一端为圆锥形，另一端为带有肩台的针尖。画图时应使用有肩台的一端，以防止圆心针孔扩大。同时还应使肩台与铅芯尖平齐，针尖及铅芯与纸面垂直，如图 1-46 所示。为了画出各种图线，应备有各种不同硬度和形状的铅芯。加深圆弧时用的铅芯，一般要比画粗实线的铅芯软一些，圆规铅芯的削法如图 1-47 所示。画圆时，先将圆规两腿分开至所需的半径尺寸，借左手食指把针尖放在圆心位置，将钢针扎入图纸和图板，按顺时针方向稍微倾斜地转动圆规，转动速度和用力要均匀，如图 1-48 所示。

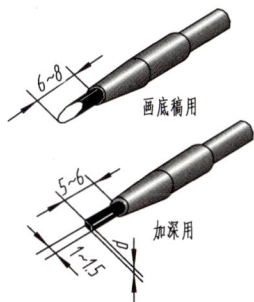

图 1-46　钢针与铅芯　　图 1-47　铅芯的削法　　　　图 1-48　圆规的用法

分规是用来量取尺寸和等分线段或圆周的工具。分规的两条腿均安有钢针，当两条腿并拢时，分规的两个针尖应对齐，如图 1-49a 所示。调整分规两脚间距离的手法，如图 1-49b

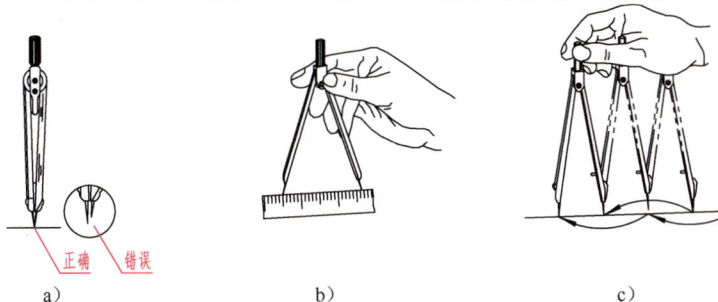

图 1-49　分规的用法

所示。分规的使用方法，如图 1-49c 所示。

三、铅笔

绘图铅笔的铅芯有软硬之分，用代号 H、B 和 HB 来表示。B 前的数字越大，表示铅芯越软，绘出的图线颜色越深；H 前的数字越大，表示铅芯越硬；HB 表示铅芯软硬适中。

画粗实线常用 2B 或 B 的铅笔；画细实线、细虚线、细点画线和写字时，常用 H 或 HB 的铅笔；画底稿线常用 2H 的铅笔。铅笔应从没有标号的一端开始使用，以便保留铅芯软硬的标号。画粗实线时，应将铅芯磨成铲形（扁平四棱柱），如图 1-50a 所示。画其余的线型时应将铅芯磨成圆锥形，如图 1-50b 所示。

除上述常用工具外，绘图时还要备有削修铅笔的小刀、固定图纸的胶带纸、清理图纸的小刷子，以及橡皮、擦图片等工具和用品。

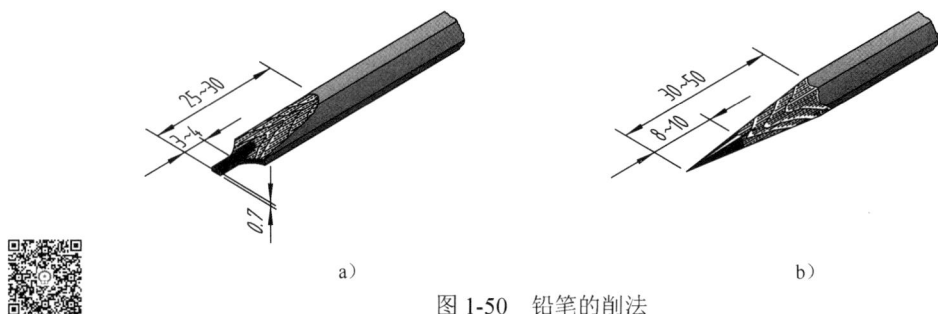

图 1-50　铅笔的削法

第二章 投 影 基 础

第一节 投影法和视图的基本概念

在日常生活中，常见到物体被阳光或灯光照射后，会在地面或墙壁上留下一个灰黑的影子，如图 2-1a 所示。这个影子只能反映物体的轮廓，却无法表达物体的形状和大小。人们将这种现象进行科学的抽象，总结出了影子与物体之间的几何关系，进而形成了投影法，使在图纸上表达物体形状和大小的要求得以实现。

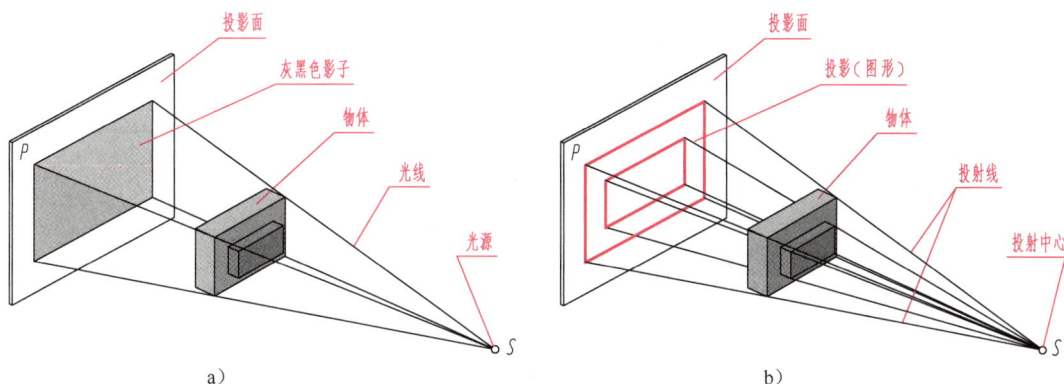

图 2-1 投影的形成

一、投影法

投影法中，得到投影的面称为投影面。所有投射线的起源点，称为投射中心。发自投射中心且通过被表示物体上各点的直线，称为投射线。如图 2-1b 所示，平面 P 为投影面，S 为投射中心。将物体放在投影面 P 和投射中心 S 之间，自 S 分别引投射线并延长，使之与投影面 P 相交，即得到物体的投影。

投射线通过物体，向选定的面投射，并在该面上得到图形的方法称为投影法。根据投影法所得到的图形，称为投影。

由此可以看出，要获得投影，必须具备投射线、物体、投影面这三个基本条件。根据投射线的类型（平行或汇交），投影法可分为以下两类：

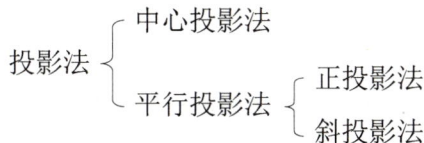

$$\text{投影法} \begin{cases} \text{中心投影法} \\ \text{平行投影法} \begin{cases} \text{正投影法} \\ \text{斜投影法} \end{cases} \end{cases}$$

1. 中心投影法

投射线汇交一点的投影法，称为中心投影法，如图 2-1b 所示。

用中心投影法所得的投影大小，随着投影面、物体、投射中心三者之间距离的变化而变化。建筑工程上常用中心投影法绘制建筑物的透视图，如图 2-2 所示。用中心投影法绘制的图样具有较强的立体感，但不能反映物体的真实形状和大小，且度量性差，作图比较复杂，在机械图样中很少采用。

2. 平行投影法

假设将投射中心 S 移至无限远处，则投射线相互平行，如图 2-3 所示。这种投射线相互平行的投影法，称为平行投影法。

根据投射线与投影面是否垂直，又可将平行投影法分为正投影法和斜投影法两种。

（1）正投影法 投射线与投影面相垂直的平行投影法，称为正投影法。根据正投影法所得到的图形，称为正投影（正投影图），如图 2-3、图 2-4a 所示。

图 2-2 建筑物的透视图

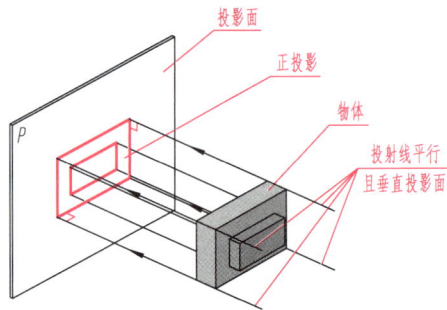

图 2-3 投射线垂直投影面的平行投影法

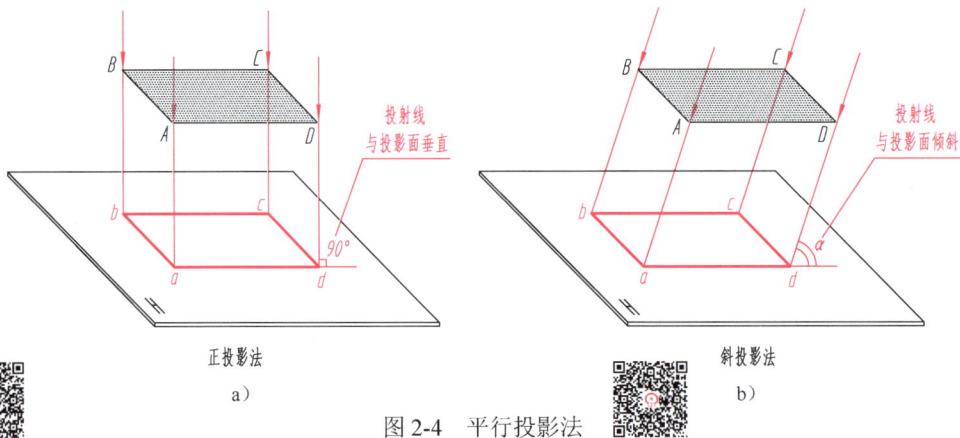

正投影法
a）

斜投影法
b）

图 2-4 平行投影法

（2）斜投影法 投射线与投影面相倾斜的平行投影法，称为斜投影法。根据斜投影法所得到的图形，称为斜投影（斜投影图），如图 2-4b 所示。

由于正投影法能反映物体的真实形状和大小，度量性好，作图简便，所以在工程上的应用十分广泛。工程图样都是采用正投影法绘制的，正投影法是工程制图的理论基础。

二、正投影的基本性质

（1）真实性 平面（直线）平行于投影面，投影反映实形（实长），正投影的这种性质称为真实性，如图 2-5a 所示。

（2）积聚性 平面（直线）垂直于投影面，投影积聚成直线（一点），正投影的这种性质称为积聚性,如图 2-5b 所示。

(3)类似性 平面(直线)倾斜于投影面,投影变小(短),正投影的这种性质称为类似性,如图 2-5c 所示。

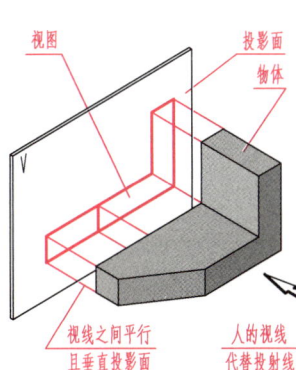

真实性:投影反映实长或实形　　　　　积聚性:投影积聚成一点或直线　　　　　类似性:投影变短或变小
a)　　　　　　　　　　　　　　　b)　　　　　　　　　　　　　　　c)

图 2-5　正投影的基本性质

三、视图的基本概念

用正投影法绘制物体的图形时,可把人的视线假想成相互平行且垂直于投影面的一组投射线。根据有关标准和规定,用正投影法所绘制出物体的图形称为视图,如图 2-6 所示。

提示:绘制视图时,可见的棱线和轮廓线用粗实线绘制,不可见的棱线和轮廓线用细虚线绘制。

一般情况下,一个视图不能完整地表达物体的形状。由图 2-6 可以看出,这个视图只反映物体的长度和高度,而没有反映物体的宽度。如图 2-7 所示,两个不同的物体,在同一投影面上的投影却相同。因此,要反映物体的完整形状,常需要从几个不同方向进行投射,获得多面正投影,以表示物体各个方向的形状,综合起来反映物体的完整形状。

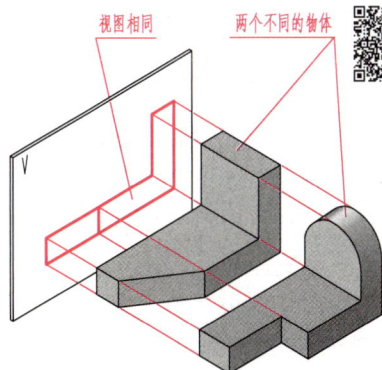

图 2-6　视图的概念

图 2-7　一个视图不能确定物体的形状

第二节　三视图的形成及其对应关系

一、三投影面体系的建立

在多面正投影中,相互垂直的三个投影面构成三投影面体系,分别称为正立投影面(简

称正面或 V 面）、水平投影面（简称水平面或 H 面）和侧立投影面（简称侧面或 W 面），如图 2-8 所示。

投影法中，相互垂直的投影面之间的交线，称为投影轴，它们分别是：

OX 轴（简称 X 轴），是 V 面与 H 面的交线，代表左右即长度方向。

OY 轴（简称 Y 轴），是 H 面与 W 面的交线，代表前后即宽度方向。

OZ 轴（简称 Z 轴），是 V 面与 W 面的交线，代表上下即高度方向。

三条投影轴相互垂直，其交点称为原点，用 O 表示。

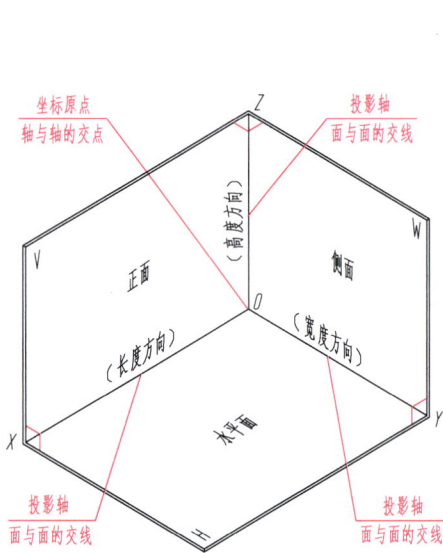

图 2-8　三投影面体系　　　　　　图 2-9　三视图的形成

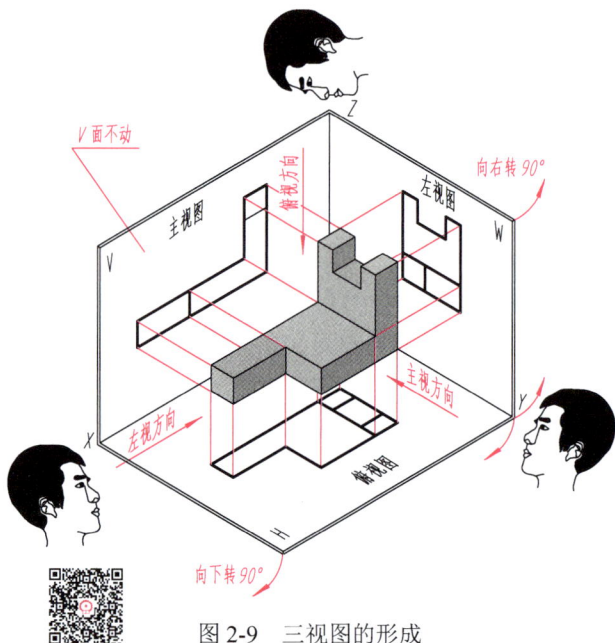

二、三视图的形成

将物体置于三投影面体系内，然后从物体的三个方向进行观察，就可以在三个投影面上得到三个视图，如图 2-9 所示。规定的三个视图名称是：

主视图——由前向后投射所得的视图。

左视图——由左向右投射所得的视图。

俯视图——由上向下投射所得的视图。

这三个视图统称为三视图。

为把三个视图画在同一张图纸上，必须将相互垂直的三个投影面展开在同一个平面上。展开方法如图 2-9 所示，规定：V 面保持不动，将 H 面绕 OX 轴向下旋转 90°，将 W 面绕 OZ 轴向右旋转 90°，就得到展开后的三视图，如图 2-10a 所示。实际绘图时，应去掉投影面边框和投影轴，如图 2-10b 所示。

三、三视图之间的对应关系及投影规律

由三视图的形成过程可以总结出三视图之间的位置关系、投影规律及方位关系。

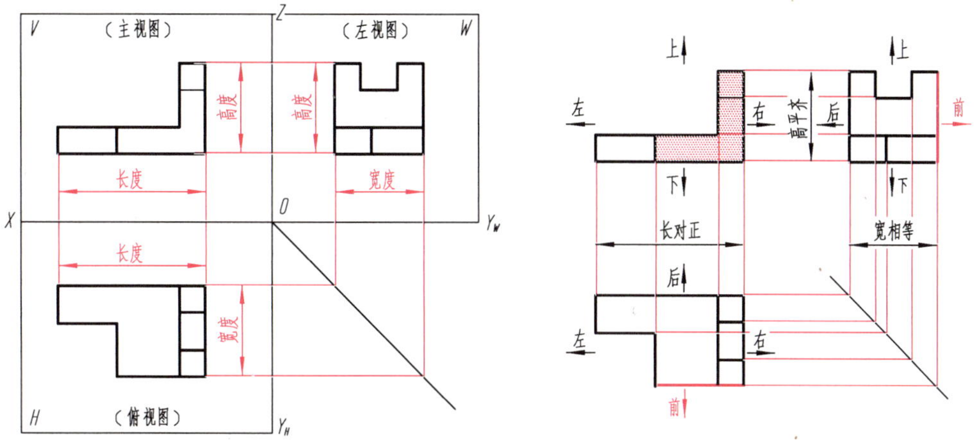

a)   b)

图 2-10 展开后的三视图

1. 位置关系

由三视图的展开过程可知，三视图之间的相对位置是固定的，即主视图定位后，左视图在主视图的右方，俯视图在主视图的下方。各视图的名称不需标注。

2. 投影规律

规定：物体左右之间的距离（X 轴方向）为长度；物体前后之间的距离（Y 轴方向）为宽度；物体上下之间的距离（Z 轴方向）为高度。从图 2-10a 中可以看出，每一个视图只能反映物体两个方向的尺度，即

主视图——反映物体的长度（X）和高度（Z）。

左视图——反映物体的高度（Z）和宽度（Y）。

俯视图——反映物体的长度（X）和宽度（Y）。

由此可得出三视图之间的投影规律，即

$$\left.\begin{array}{l} 主俯长对正；\\ 主左高平齐；\\ 左俯宽相等。\end{array}\right\} （简称"三等"规律）$$

三视图之间的三等规律，不仅反映在物体的整体上，也反映在物体的任意一个局部结构上，如图 2-10b 所示。这一规律是画图和看图的依据，必须深刻理解和熟练运用。

3. 方位关系

物体有左右、前后、上下六个方位，搞清楚三视图的六个方位关系，对画图、看图是十分重要的。从图 2-10b 中可以看出，每一个视图只能反映物体两个方向的位置关系，即

主视图反映物体的左、右和上、下位置关系（前、后重叠）；

左视图反映物体的上、下和前、后位置关系（左、右重叠）；

俯视图反映物体的左、右和前、后位置关系（上、下重叠）。

四、三视图的画图步骤

> 提示：画图与看图时，要特别注意左视图和俯视图的前、后对应关系。在三个投影面的展开过程中，由于水平面向下旋转，俯视图的下方表示物体的前面，俯视图的上方表示物体的后面；当侧面向右旋转后，左视图的右方表示物体的前面，左视图的左方表示物体的后面。即左、俯视图远离主视图的一边，表示物体的前面；靠近主视图的一边，表示物体的后面。物体的左、俯视图不仅宽相等，还应保持前、后位置的对应关系。

根据物体（或轴测图）画三视图时，应先选定主视图的投射方向，然后将物体摆正，使物体的主要表面平行于正面（V 面）。

【例 2-1】 根据支座的轴测图（图 2-11a）画出其三视图。

分析

图 2-11a 所示支座的下方为一长方形底板，底板后部有一块立板，立板前方中间有一块三角形肋板。根据支座的形状特征，使支座的后壁与正面平行，底面与水平面平行，由前向后为主视图投射方向。

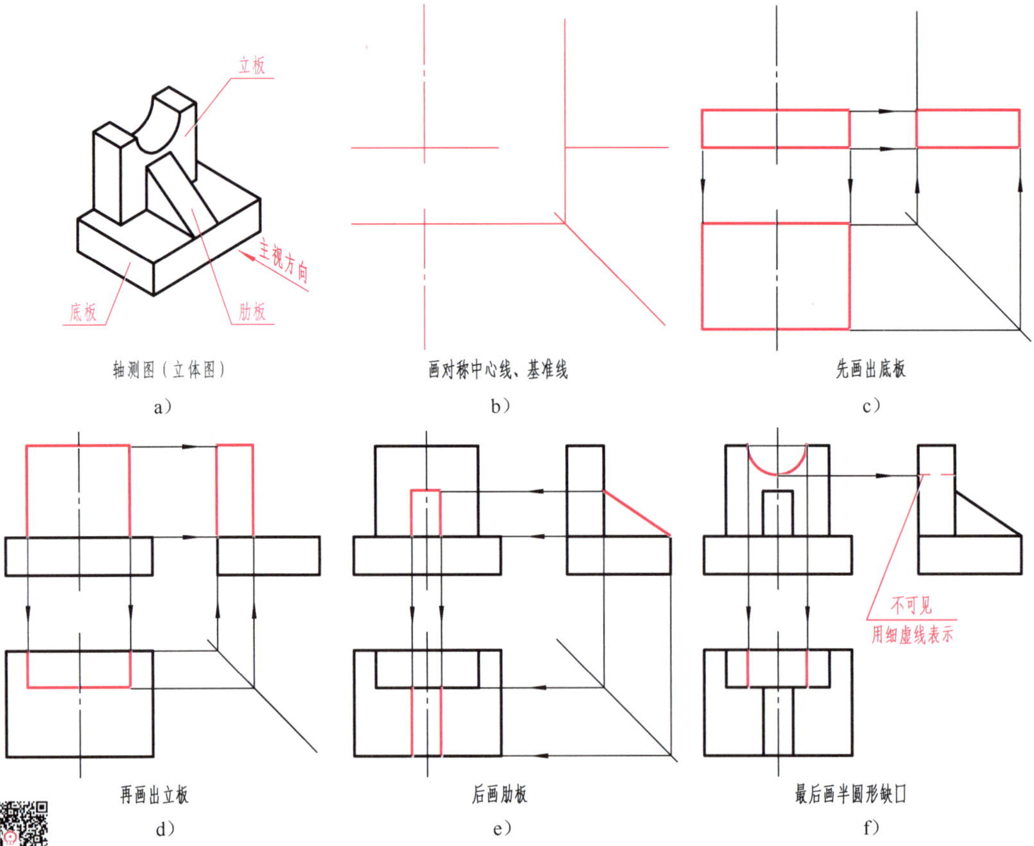

图 2-11 画支座三视图的步骤

作图

① 先画出对称中心线、基准线，确定三视图的位置，如图 2-11b 所示。

② 该物体由三部分组成，应分部分画出。先画出长方形底板，如图 2-11c 所示。

③ 画出后侧立板，如图 2-11d 所示。

④ 最后画出后立板前面的三角形肋板及立板上的半圆形缺口，然后加粗描深，如图 2-11e、f 所示。

> 提示：画三视图时，物体的每一组成部分，最好是三个视图配合着画。不要先把一个视图画完后，再画另一个视图。这样，不但可以提高绘图速度，还能避免漏线、多线。画物体某一部分的三视图时，应先画反映形状特征的视图，再按投影关系画出其他视图。

第三节　点的投影

点、直线、平面是构成物体表面的最基本的几何元素。图 2-12 所示的三棱锥，就是由四个平面、六条棱线、四个顶点构成的。画出三棱锥的三视图，实际上就是画出构成三棱锥表面的这些点、直线和平面的投影。为了迅速、正确地画出物体的三视图，必须首先掌握这些几何元素的投影规律和作图方法。

> 提示：为了叙述方便，以后将正投影简称为投影。

图 2-12　三棱锥

一、点的投影规律

如图 2-13a 所示，将空间点 A 置于三个相互垂直的投影面体系中，分别作垂直于 V 面、H 面、W 面的投射线，得到点 A 的正面投影 a'、水平投影 a 和侧面投影 a''。

> 提示：空间点用大写拉丁字母表示，如 A、B、C⋯；点的水平投影用相应的小写字母表示，如 a、b、c⋯；点的正面投影用相应的小写字母加一撇表示，如 a'、b'、c'⋯；点的侧面投影用相应的小写字母加两撇表示，如 a''、b''、c''⋯。

将投影面按箭头所指的方向摊平在一个平面上（图 2-13b），去掉投影面边框，便得到点 A 的三面投影，如图 2-13c 所示。图中 a_X、a_Y、a_Z 分别为点的投影连线与投影轴 X、Y、Z 的交点。点的三面投影具有以下两条投影规律：

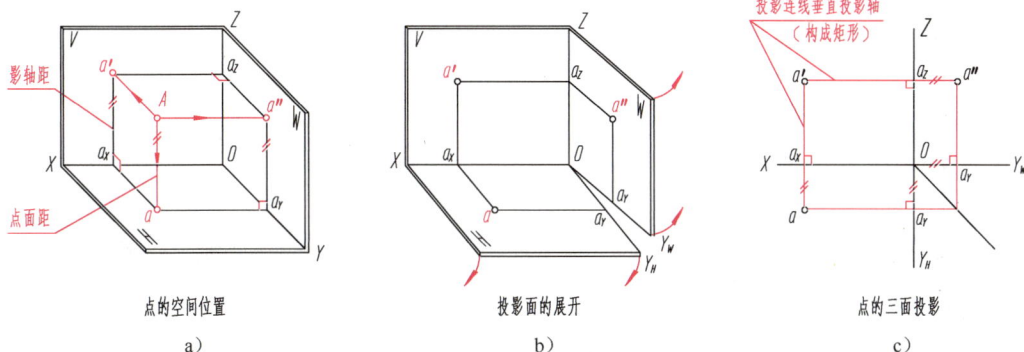

图 2-13　点的投影规律

1）点的两面投影连线，必定垂直于相应的投影轴，即

$aa'\perp X$ 轴，$a'a''\perp Z$ 轴，$aa_Y\perp Y_H$ 轴，$a''a_Y\perp Y_W$ 轴。

2）点的投影到投影轴的距离，等于空间点到相应的投影面的距离，即

$$a'a_X=a''a_Y=A \text{ 点到 } H \text{ 面的距离 } Aa$$
$$aa_X=a''a_Z=A \text{ 点到 } V \text{ 面的距离 } Aa'$$
$$aa_Y=a'a_Z=A \text{ 点到 } W \text{ 面的距离 } Aa''$$

影轴距＝点面距

根据点的投影规律，在点的三面投影中，只要知道其中任意两个面的投影，即可求出第三面投影。

【例 2-2】　已知点 A 的两面投影（图 2-14a），求作第三面投影。

分析

根据点的投影规律可知，$a'a''\perp Z$ 轴，a'' 必在 $a'a_Z$ 的延长线上；由 $a''a_Z=aa_X$，可确定 a'' 的位置。

作图

① 过 a' 作 $a'a_Z\perp Z$ 轴并延长，如图 2-14b 所示。

② 过 a 作 $aa_Y\perp Y_H$ 轴并与 45°（等宽）线相交，向上作垂线得到 a''，如图 2-14c 所示。

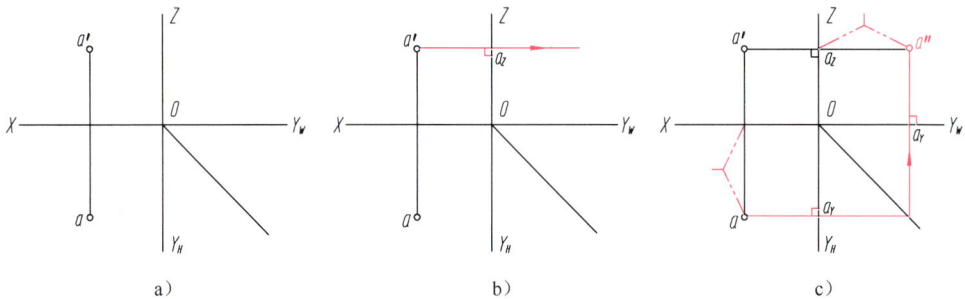

图 2-14　已知点的两面投影求作第三面投影

二、点的投影与直角坐标的关系

三投影面体系可以看成是空间直角坐标系，即把投影面作为坐标面，投影轴作为坐标轴，三条轴的交点 O 为坐标原点。

如图 2-15a 所示，点 A 在空间的位置可由点 A 到三个投影面的距离来确定，即点的三面投影与点的三个坐标有以下对应关系：

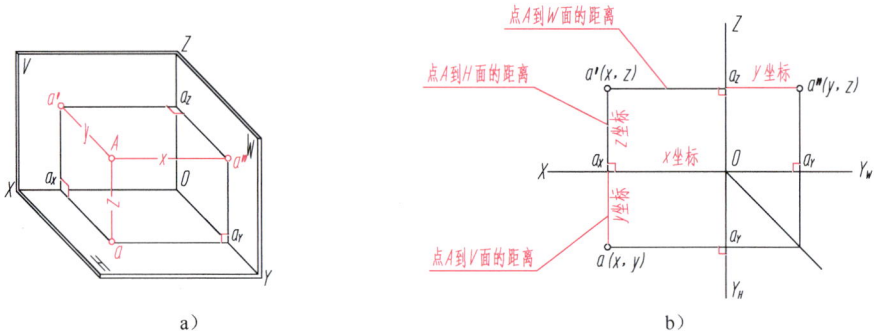

图 2-15　点的投影与直角坐标的关系

点 A 的 x 坐标=点 A 到 W 面的距离（Aa''）。

点 A 的 y 坐标=点 A 到 V 面的距离（Aa'）。

点 A 的 z 坐标=点 A 到 H 面的距离（Aa）。

由此可见，空间点的位置可由该点的坐标（x，y，z）确定。如图 2-15b 所示，点 A 三面投影的坐标分别为 a（x，y）、a'（x，z）、a''（y，z）。<u>任一投影都包含两个坐标，所以一个点的两面投影就包含了点的三个坐标，即确定了点的空间位置。</u>

【例 2-3】　已知点 A（15，10，12），求作它的三面投影。

分析

已知空间点的三个坐标，便可作出该点的两面投影，进而求出第三面投影。

作图

① 画出投影轴，在 X 轴上由点 O 向左量取 x 坐标 15mm，得 a_X，如图 2-16a 所示。

② 过 a_X 作 X 轴垂线，自 a_X 向下量取 y 坐标 10mm 得 a、向上量取 z 坐标 12mm 得 a'，如图 2-16b 所示。

③ 根据点的投影规律，由 a、a' 求出 a''，如图 2-16c 所示。

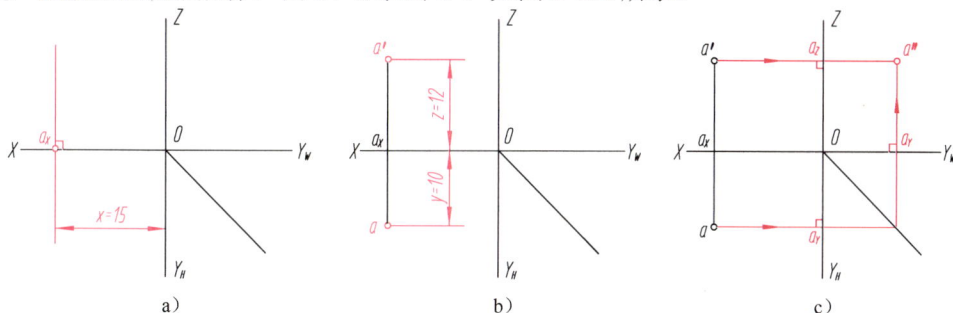

图 2-16　根据点的坐标求作投影

三、两点的相对位置

两点在空间的相对位置，可以由两点的坐标来确定：

两点的左、右相对位置由 x 坐标确定，<u>x 坐标值大者在左。</u>

两点的前、后相对位置由 y 坐标确定，<u>y 坐标值大者在前。</u>

两点的上、下相对位置由 z 坐标确定，<u>z 坐标值大者在上。</u>

由此可知，若已知两点的三面投影，判断它们的相对位置时，<u>可根据正面投影或水平面投影判断左、右关系；根据水平面投影或侧面投影判断前、后关系；根据正面投影或侧面投影判断上、下关系。</u>

如图 2-17 所示，由于 $x_A > x_B$，故点 A 在点 B 的左方；由于 $y_A < y_B$，故点 A 在点 B 的后方；由于 $z_A < z_B$，故点 A 在点 B 的下方，即点 A 在点 B 的左、后、下方。

在图 2-18 所示 E、F 两点的投影中，$x_E = x_F$、$z_E = z_F$，说明 E、F 两点的 x、z 坐标相同，即 E、F 两点处于对正面的同一条投射线上，其正面投影 e' 和 f' 重合，称为正面的<u>重影点</u>。虽然 e'、f' 重合，但水平投影和侧面投影不重合，且 e 在前，f 在后，即 $y_E > y_F$。所以对正面来说，E 可见，F 不可见。<u>对不可见的点，需加圆括号表示</u>，F 点的正面投影表示为（f'）。

重影点的可见性，需根据这两点不重影的投影的坐标大小来判别，即

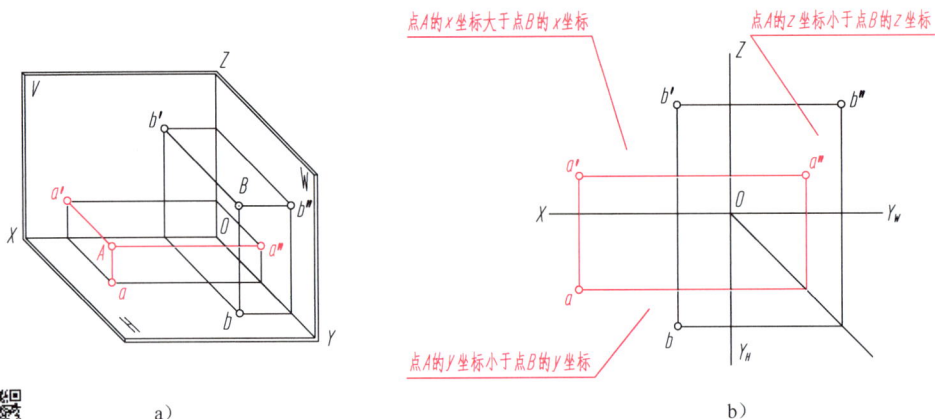

点A的X坐标大于点B的X坐标

点A的Z坐标小于点B的Z坐标

点A的Y坐标小于点B的Y坐标

a)　　　　　　　　　　　　　　　　　　　　b)

图 2-17　两点的相对位置

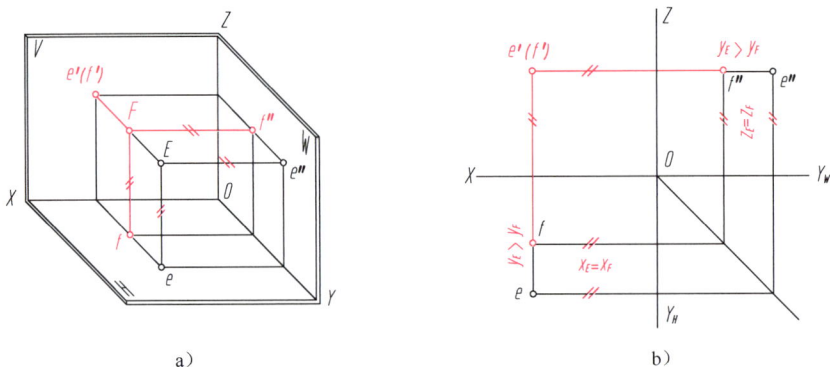

a)　　　　　　　　　　　　　　　　　　　　b)

图 2-18　重影点和可见性

当两点在 V 面的投影重合时，需判别其 H 面或 W 面投影，其 y 坐标大者在前（可见）。

当两点在 H 面的投影重合时，需判别其 V 面或 W 面投影，其 z 坐标大者在上（可见）。

若两点在 W 面的投影重合时，需判别其 H 面或 V 面投影，其 x 坐标大者在左（可见）。

【例 2-4】　在点 A 的三面投影（图 2-19a）中，作出点 B（16，8，0）的三面投影，并判断两点在空间的相对位置。

分析

点 B 的 $z=0$，说明点 B 在 H 面上，点 B 的正面投影 b' 一定在 X 轴上，侧面投影 b'' 一定在 Y_W 轴上。

作图

①　在 X 轴上向左量取 x 坐标 16mm，得 b'，如图 2-19b 所示；由 b' 向下作垂线并量取 y 坐标 8mm，得 b。根据 b、b' 求得 b''，如图 2-19c 所示。

> 提示：b'' 一定在 W 面的 Y_W 轴上，而不在 H 面的 Y_H 轴上。

②　判别 A、B 两点在空间的相对位置。

因为 $x_B>x_A$，故点 A 在点 B 的右方；因为 $y_A>y_B$，故点 A 在点 B 的前方；因为 $z_A>z_B$，故点 A 在点 B 的上方。即点 A 在点 B 的右、前、上方。反之，点 B 在点 A 的左、后、下方。

图 2-19 求点的三面投影并判别两点的相对位置

第四节 直线的投影

一、直线的三面投影

一般情况下，直线的投影仍是直线。特殊情况下，直线的投影积聚成一点。如图 2-20a 所示，直线 AB 在 H 面上的投影为 ab。直线 CD 垂直于 H 面，它在 H 面上的投影积聚成一点 c（d）。

求作直线的三面投影时，可分别作出直线两端点的三面投影，如图 2-20b 所示，然后将同一投影面上的投影（简称同面投影）连接起来，即得到直线的三面投影，如图 2-20c 所示。

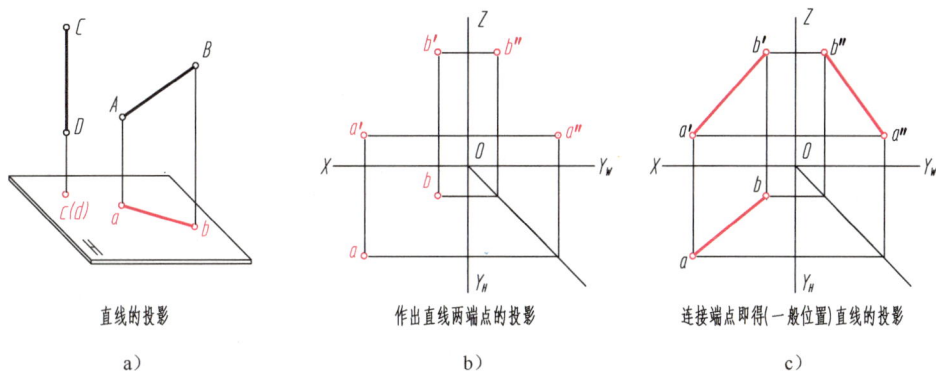

直线的投影　　　作出直线两端点的投影　　　连接端点即得(一般位置)直线的投影

a)　　　　　　　　　b)　　　　　　　　　c)

图 2-20 直线的投影

二、各种位置直线的投影特性

在三投影面体系中，按与投影面的相对位置，直线可分为以下三种：

（1）投影面平行线（特殊位置直线） 与一个基本投影面平行，与另外两个基本投影面成倾斜位置的直线。

（2）投影面垂直线（特殊位置直线） 垂直于一个基本投影面的直线。

（3）一般位置直线 与三个基本投影面均成倾斜位置的直线。

1. 投影面平行线

投影面平行线共有三种：

水平线——平行于 H 面，与 V 面、W 面倾斜的直线。

正平线——平行于 V 面，与 H 面、W 面倾斜的直线。

侧平线——平行于 W 面，与 V 面、H 面倾斜的直线。

投影面平行线的投影特性，列于表 2-1 中。

表 2-1　投影面平行线的投影特性

名称	水平线（//H 面）	正平线（//V 面）	侧平线（//W 面）
实例			
轴测图			
投影			
投影特性	① 水平投影 $ab=AB$（实长） ② 正面投影 $a'b'$//X 轴，侧面投影 $a''b''$//Y_W 轴，且均不反映实长 ③ ab 与 X 和 Y_H 轴的夹角 β、γ 等于 AB 对 V、W 面的倾角	① 正面投影 $c'd'=CD$（实长） ② 水平投影 cd//X 轴，侧面投影 $c''d''$//Z 轴，且均不反映实长 ③ $c'd'$ 与 X 和 Z 轴的夹角 α、γ 等于 CD 对 H、W 面的倾角	① 侧面投影 $e''f''=EF$（实长） ② 水平投影 ef//Y_H 轴，正面投影 $e'f'$//Z 轴，且均不反映实长 ③ $e''f''$ 与 Y_W 和 Z 轴的夹角 α、β 等于 EF 对 H、V 面的倾角
	1）直线在所平行的投影面上的投影，均反映实长 2）其他两面投影平行于相应的投影轴 3）反映实长的投影与投影轴所夹的角度，等于空间直线对相应投影面的倾角		

注：在三投影面体系中，直线与 H、V、W 面的倾角分别用 α、β、γ 表示。

2. 投影面垂直线

投影面垂直线也有三种：

铅垂线——垂直于 H 面的直线。

正垂线——垂直于 V 面的直线。

侧垂线——垂直于 W 面的直线。

投影面垂直线的投影特性，列于表 2-2 中。

表 2-2　投影面垂直线的投影特性

名称	铅垂线（⊥H 面）	正垂线（⊥V 面）	侧垂线（⊥W 面）
实例	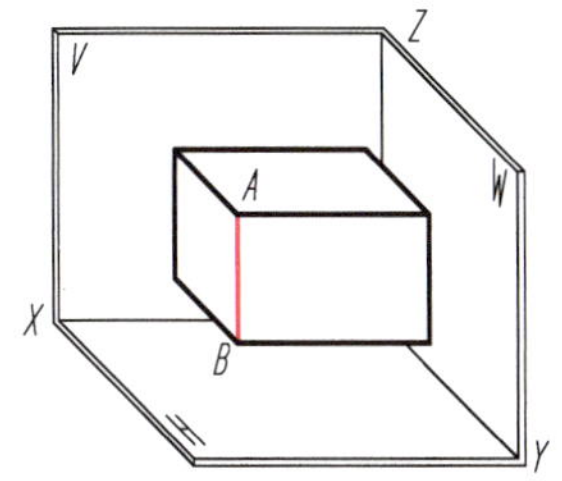	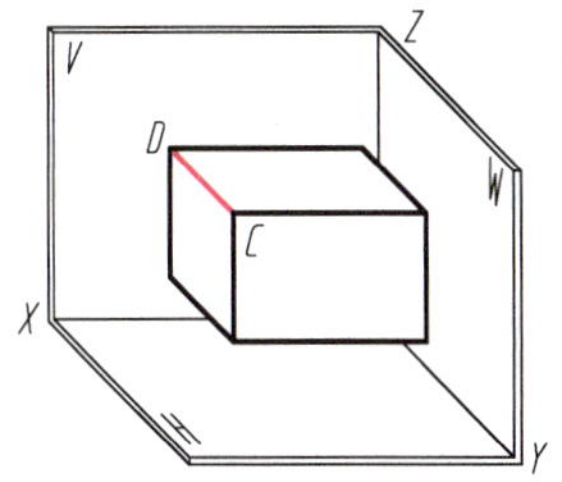	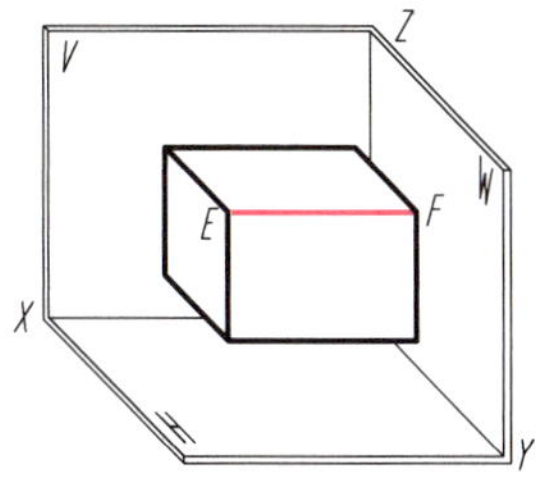
轴测图	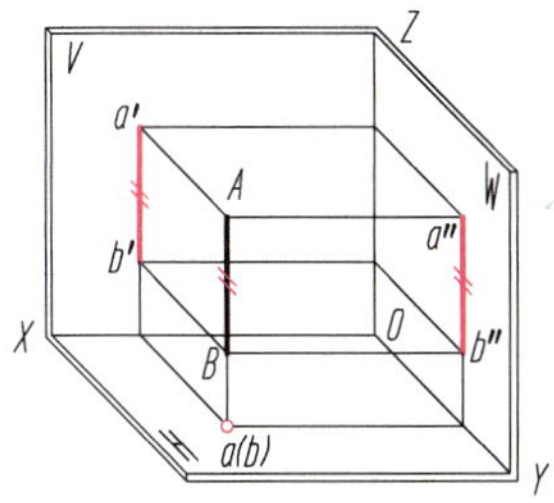	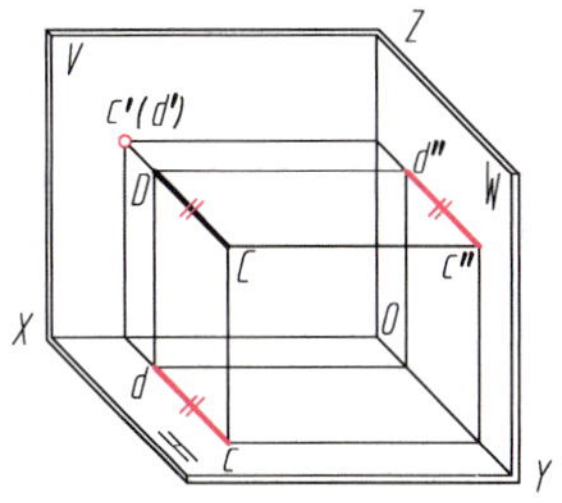	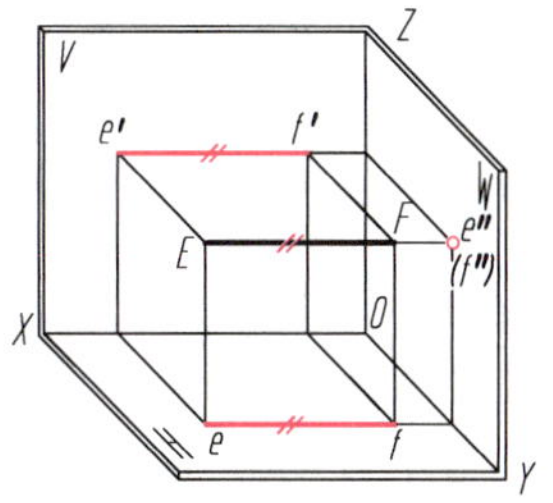
投影	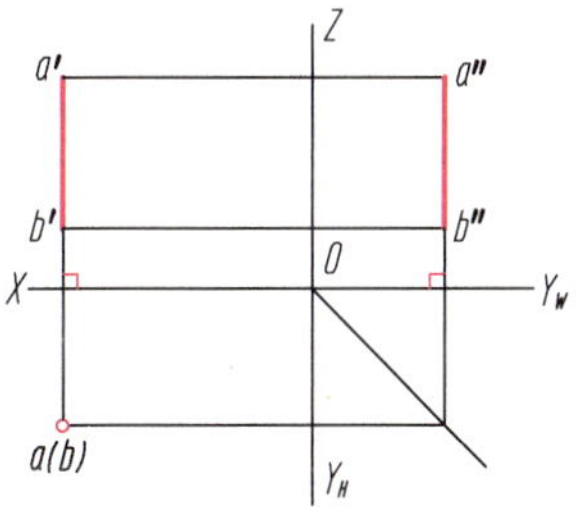	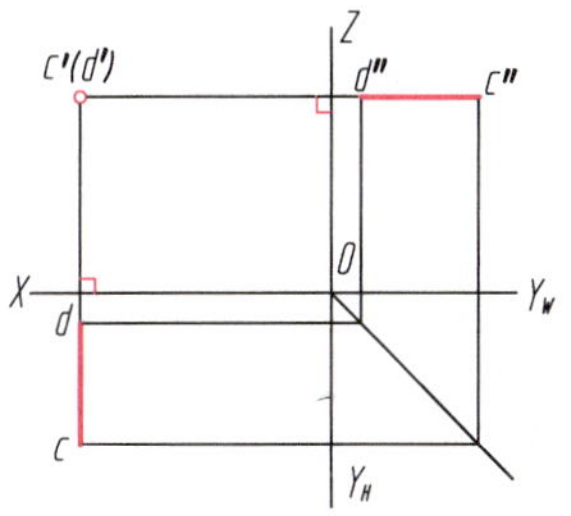	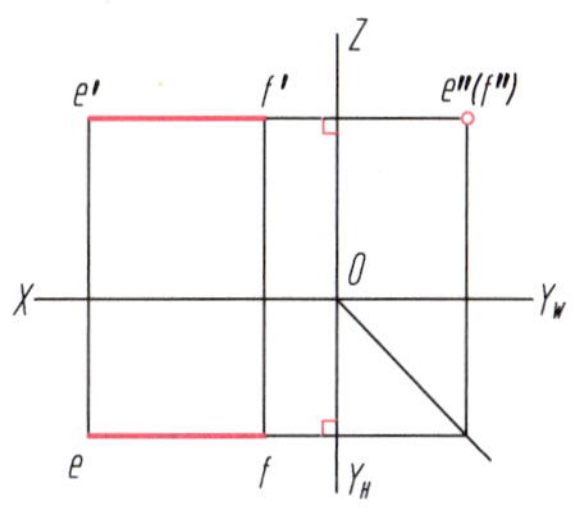
投影特性	① 水平投影积聚成一点 a（b） ② $a'b'=a''b''=AB$（实长），且 $a'b'⊥X$ 轴、$a''b''⊥Y_W$ 轴	① 正面投影积聚成一点 c'（d'） ② $cd=c''d''=CD$（实长），且 $cd⊥X$ 轴、$c''d''⊥Z$ 轴	① 侧面投影积聚成一点 e''（f''） ② $ef=e'f'=EF$（实长），且 $ef⊥Y_H$ 轴、$e'f'⊥Z$ 轴
投影特性	1）直线在所垂直的投影面上的投影，积聚成一点 2）其他两面投影反映该直线的实长，且分别垂直于相应的投影轴		

3. 一般位置直线

与三个基本投影面均成倾斜位置的直线，称为一般位置直线。如图 2-21 中的直线 AB，在空间与三个基本投影面都倾斜，和三个基本投影面的夹角 α、β、γ 都不等于零，所以直线的三个投影都小于实长。此时，它们与各投影轴的夹角，也不反映直线 AB 与基本投影面的真实倾角。由此可知一般位置直线的投影特性为：

1）直线的三个投影都倾斜于投影轴，且都小于直线的实长。

2）直线的各投影与投影轴的夹角，均不反映空间直线与各基本投影面的倾角。

【例 2-5】　分析图 2-22 所示正三棱锥的三条棱线 SA、SB、AC 与投影面的相对位置。

a)

b)

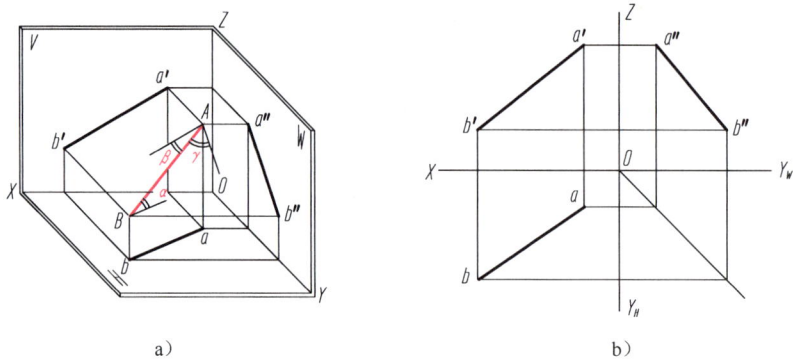

图 2-21 一般位置直线的投影

分析

1）棱线 SA。SA 的三个投影 sa、s'a'、s"a" 与投影轴都倾斜，可确定为一般位置直线，其三个投影均小于实长，如图 2-22a 所示。

2）棱线 SB。sb 平行于 Y_H 轴，s'b'平行于 Z 轴，可确定 SB 为侧平线，其侧面投影 s"b" 等于实长，如图 2-22b 所示。

3）棱线 AC。侧面投影 a"（c"）重影，可确定 AC 为侧垂线，其正面投影 a'c'和水平投影 ac 等于实长，如图 2-22c 所示。

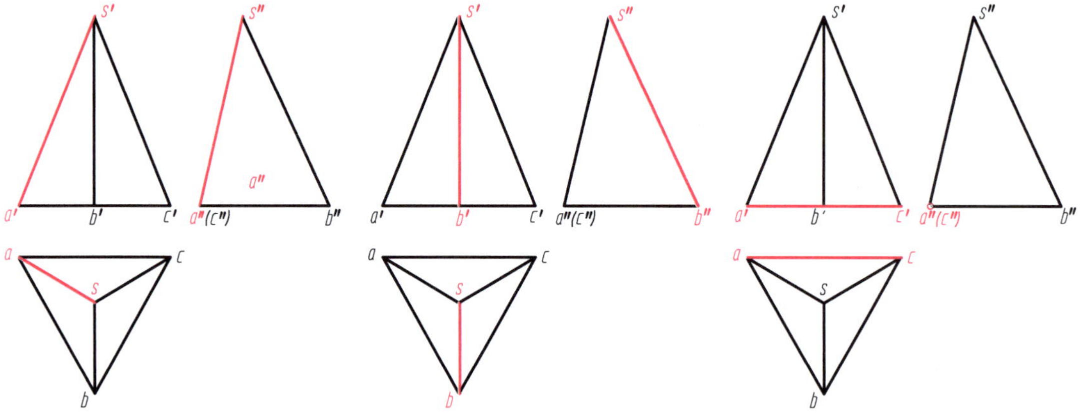

a)   b)   c)

图 2-22 分析棱线与投影面的相对位置

三、属于直线的点

直线上点的投影有下列从属关系：

如果一个点在直线上，则此点的各个投影必在该直线的同面投影上。反之，如果点的各个投影都在直线的同面投影上，则该点一定在该直线上。

如图 2-23 所示，点 K 在直线 AB 上，则 k 在 ab 上，k'在 a'b'上，k"在 a"b"上。

> 提示：若点的一个投影不在直线的同面投影上，则可判定该点不在该直线上。

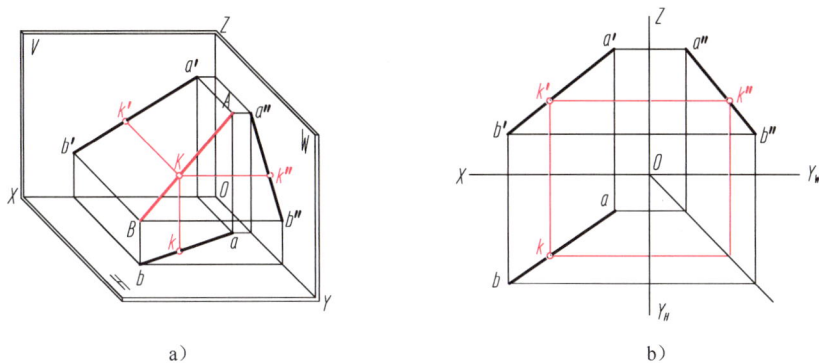

a)　　　　　　　　　　b)

图 2-23　直线上点的投影

【例 2-6】　已知点 M 在直线 AB 上，求作它们的第三面投影（图 2-24a）。

分析

由于点 M 在直线 AB 上，所以点 M 的另两面投影必在 AB 的同面投影上。

作图

① 首先求出直线 AB 的水平投影 ab，如图 2-24b 所示。

② 过 m'作 X、Z 轴垂线，分别与 ab、a″b″相交，求得 m 和 m″，如图 2-24c 所示。

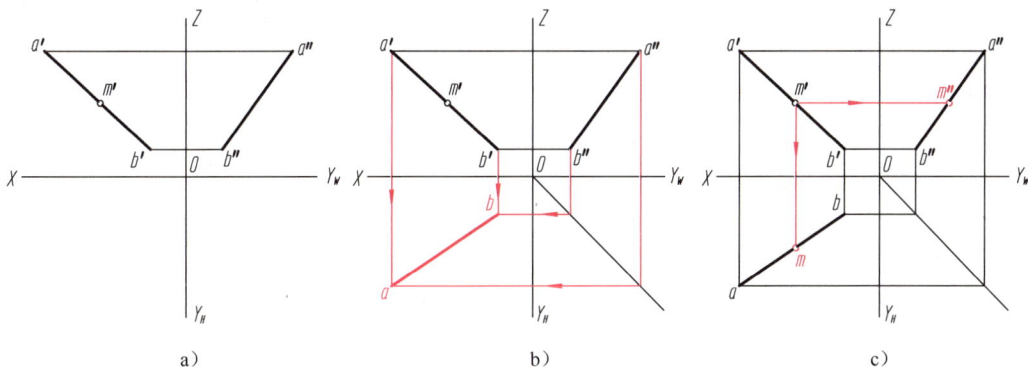

a)　　　　　　　　b)　　　　　　　　c)

图 2-24　求直线上点的投影

第五节　平面的投影

一、平面的表示法

不属于同一直线的三点可确定一平面。因此，平面可以用图 2-25 中任何一组几何要素的投影来表示。在投影图中，常用平面图形来表示空间的平面。

二、各种位置平面的投影

在三投影面体系中，按与投影面的相对位置，平面可分为三种：

（1）投影面平行面（特殊位置平面）　平行于一个基本投影面的平面，如图 2-26 中的 A 面、B 面和 C 面。

不在同一直线上的三点   一直线和直线外一点   相交两直线   平行两直线   任意平面图形

a)   b)   c)   d)   e)

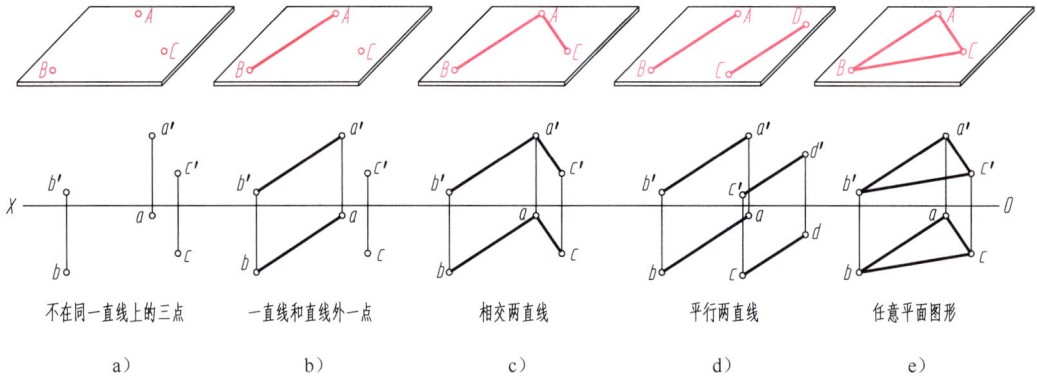

图 2-25 平面的表示法

（2）投影面垂直面（特殊位置平面） 与一个基本投影面垂直，与另两个基本投影面成倾斜位置的平面，如图 2-26 中的 D 面、E 面和 F 面。

（3）一般位置平面 与三个基本投影面均成倾斜位置的平面，如图 2-26 中的 G 面。

1. 投影面平行面

投影面平行面共有三种：

水平面——平行于 H 面的平面（图 2-26 中的 A 面）。

正平面——平行于 V 面的平面（图 2-26 中的 B 面）。

侧平面——平行于 W 面的平面（图 2-26 中的 C 面）。

投影面平行面的投影特性，列于表 2-3 中。

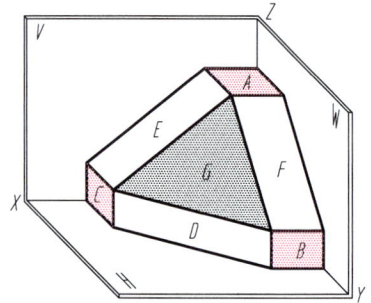

图 2-26 各种位置平面的投影

表 2-3 投影面平行面的投影特性

名称	水平面（∥H 面）	正平面（∥V 面）	侧平面（∥W 面）
轴测图			
投影			

（续）

名称	水平面（//H 面）	正平面（//V 面）	侧平面（//W 面）
投影特性	① 水平投影反映实形 ② 正面投影积聚成直线，且平行于 X 轴 ③ 侧面投影积聚成直线，且平行于 Y_W 轴	① 正面投影反映实形 ② 水平投影积聚成直线，且平行于 X 轴 ③ 侧面投影积聚成直线，且平行于 Z 轴	① 侧面投影反映实形 ② 正面投影积聚成直线，且平行于 Z 轴 ③ 水平投影积聚成直线，且平行于 Y_H 轴
	① 平面在所平行的投影面上的投影反映实形 ② 其他两面投影积聚成直线，且平行于相应的投影轴			

2. 投影面垂直面

投影面垂直面也有三种：

铅垂面——垂直于 H 面，与 V 面、W 面倾斜的平面（图 2-26 中的 D 面）。

正垂面——垂直于 V 面，与 H 面、W 面倾斜的平面（图 2-26 中的 E 面）。

侧垂面——垂直于 W 面，与 V 面、H 面倾斜的平面（图 2-26 中的 F 面）。

投影面垂直面的投影特性，列于表 2-4 中。

表 2-4 投影面垂直面的投影特性

名称	铅垂面（⊥H 面）	正垂面（⊥V 面）	侧垂面（⊥W 面）
轴测图			
投影			
投影特性	① 水平投影积聚成直线，该直线与 X、Y_H 轴的夹角 β、γ，等于平面对 V、W 面的倾角 ② 正面投影和侧面投影为原形的类似形	① 正面投影积聚成直线，该直线与 X、Z 轴的夹角 α、γ，等于平面对 H、W 面的倾角 ② 水平面投影和侧面投影为原形的类似形	① 侧面投影积聚成直线，该直线与 Y_W、Z 轴的夹角 α、β，等于平面对 H、V 面的倾角 ② 正面投影和水平面投影为原形的类似形
	① 平面在所垂直的投影面上的投影，积聚成与投影轴倾斜的直线，该直线与投影轴的夹角等于平面对相应投影面的倾角 ② 其他两面投影均为原形的类似形			

3. 一般位置平面

由于一般位置平面与三个基本投影面都倾斜,其三面投影均不反映实形,都是小于原平面的类似形。

如图 2-27a 所示,图中的 G 面对三个投影面都倾斜,其水平投影、正面投影和侧面投影都没有积聚性,均为小于实形的三角形,如图 2-27b 所示。

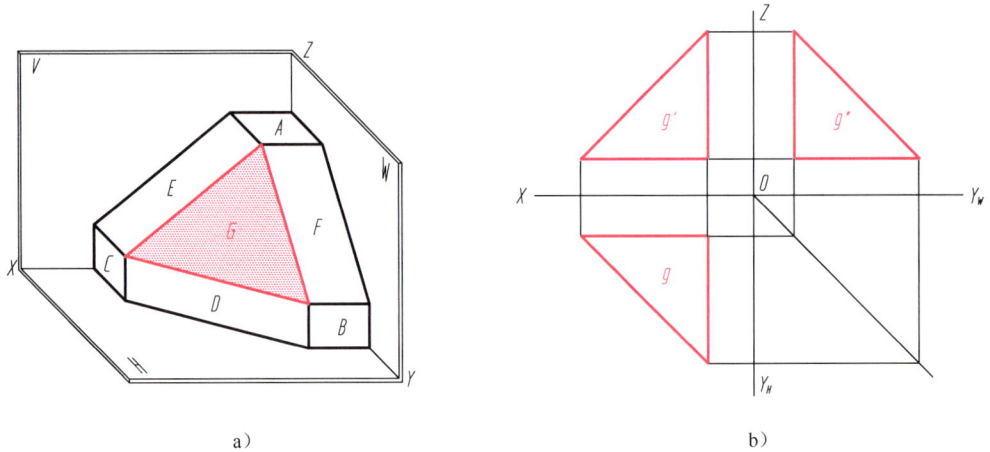

a)   b)

图 2-27 一般位置平面的投影特性

【例 2-7】 分析图 2-28 中正三棱锥的三个面(底面 ABC、后面 SAC、左前面 SAB)与投影面的相对位置。

分析

1)底面 ABC。如图 2-28a 所示,其 V 面和 W 面的投影积聚成水平线,分别平行于 X 轴和 Y 轴,可确定底面 ABC 是水平面,水平投影反映实形。

2)后面 SAC。如图 2-28b 所示,从其 W 面投影中的重影点 $a''(c'')$ 可知,AC 边是侧垂线。根据几何定理,平面内的任一直线垂直于另一平面,则两平面相互垂直。由此可判断后面 SAC 是侧垂面,侧面投影积聚成一直线。

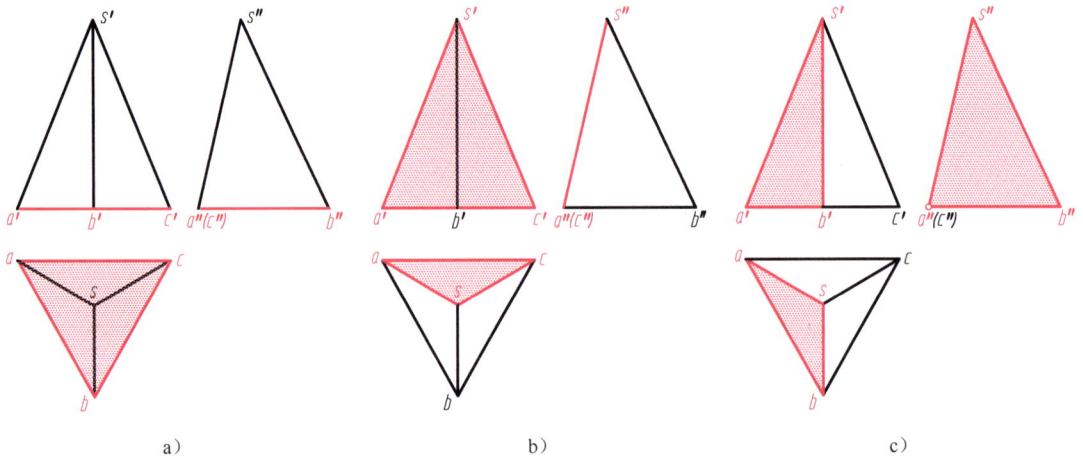

a)   b)   c)

图 2-28 分析平面与投影面的相对位置

3）左前面 *SAB*。如图 2-28c 所示，棱面 *SAB* 的三个投影 *sab*、*s'a'b'*、*s"a"b"* 都没有积聚性，均为类似形（三角形），由此可判断左前面 *SAB* 是一般位置平面。

三、平面内直线和点的投影

1. 平面内的直线

直线从属于平面的几何条件是：

一直线经过平面内的任意两点；或一直线经过平面内的一点，且平行于平面内的另一已知直线。

【例 2-8】 已知△*ABC* 所在平面内的直线 *EF* 的正面投影 *e'f'*，求水平投影 *ef*（图 2-29a）。

分析

如图 2-29b 所示，直线 *EF* 在△*ABC* 所在平面内，延长 *EF*，可与△*ABC* 的边线交于 *M*、*N*，则直线 *EF* 是△*ABC* 平面内直线 *MN* 的一部分，它的投影必属于直线 *MN* 的同面投影。

作图

① 延长 *e'f'*，交 *a'b'* 于 *m'*、交 *b'c'* 于 *n'*，由 *m'*、*n'* 求得 *m*、*n* 并作连线，如图 2-29c 所示。

② 过 *e'f'* 作 *X* 轴的垂线，在 *mn* 线上求得 *ef*，则 *ef* 即为所求，如图 2-29d 所示。

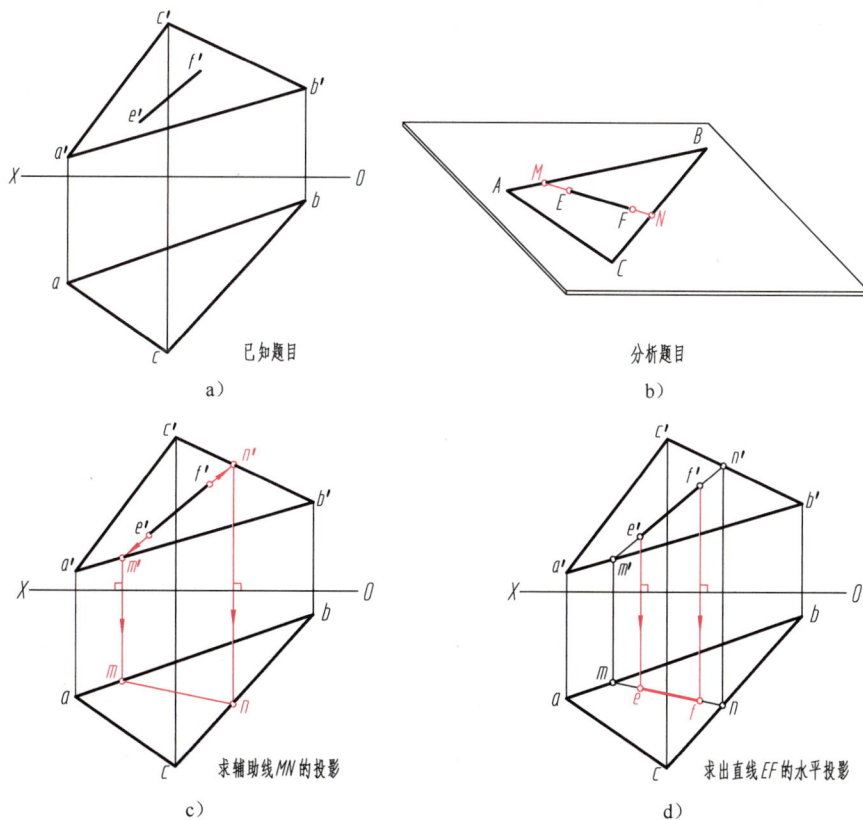

a）已知题目   b）分析题目

c）求辅助线 *MN* 的投影   d）求出直线 *EF* 的水平投影

图 2-29 求平面内直线的投影

2. 平面内的点

点从属于平面的几何条件是：

若一点在平面内的任一直线上，则此点必定在该平面内。

因此，在平面内取点时，应先在平面内取直线，再在该直线上取点。

【例 2-9】 已知△ABC 所在平面内点 E 的正面投影 e'和点 F 的水平投影 f，求作它们的另一面投影（图 2-30a）。

分析

因为点 E、F 在△ABC 所在平面上，故过点 E、F 在△ABC 平面上各作一条辅助直线，则点 E、F 的两个投影必定在相应的辅助直线的同面投影上。

作图

① 过 e'任作一条辅助直线 a'1'，求出水平投影 a1，如图 2-30b 所示。

② 过 e'作 X 轴的垂线与 a1 相交，交点 e 即为所求，如图 2-30c 所示。

③ 连接 fa 作为辅助直线，fa 与 bc 相交于 2，如图 2-30d 所示。

④ 过 2 作 X 轴的垂线与 b'c'相交，求出正面投影 2'，如图 2-30e 所示。

⑤ 过 f 作 X 轴的垂线，与 a'2'的延长线相交，交点 f' 即为所求，如图 2-30f 所示。

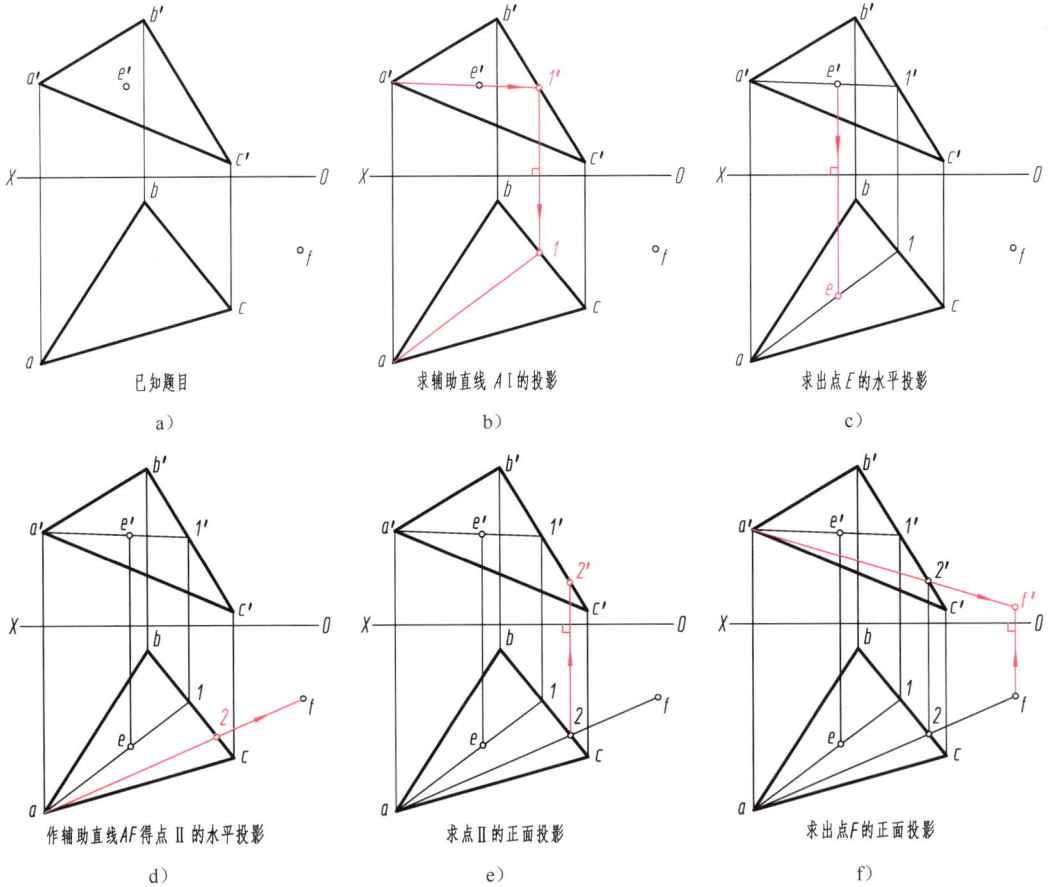

图 2-30 求平面内点的投影

【例 2-10】 在△ABC 所在平面上取一点 K，距离 V 面 14mm，距离 H 面 16mm（图 2-31a）。

分析

按题目要求，点 K 是已知平面上距离 V 面 14mm 的点，它一定位于该面上的一条距离 V 面为 14mm 的正平线上。同时，点 K 距离 H 面 16mm，它也一定位于该面上的一条距离 H 面为 16mm 的水平线上。因此，点 K 必然是该面上的上述两投影面平行线的交点。

作图

① 先在平面上作距离 V 面为 14mm 的正平线（12→1'2'）；再在该面上作距离 H 为 16mm 的水平线（3'4'→34），如图 2-31b 所示。

② 正平线与水平线同面投影的交点 k 和 k'，即为所求点 K 的投影，如图 2-31c 所示。

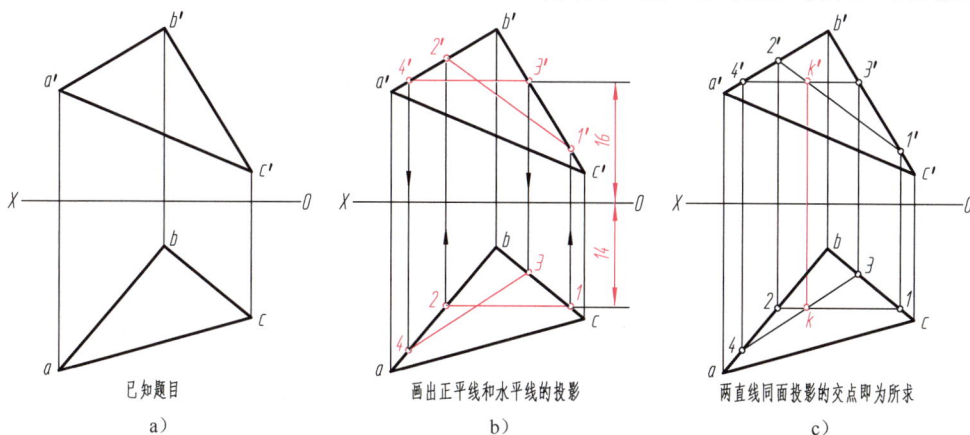

图 2-31 在一般位置平面内取点

第六节 几何体的投影

几何体分为平面立体和曲面立体两大类。表面均为平面的立体，称为平面立体；表面由曲面或曲面与平面组成的立体，称为曲面立体。

一、平面立体

1. 棱柱

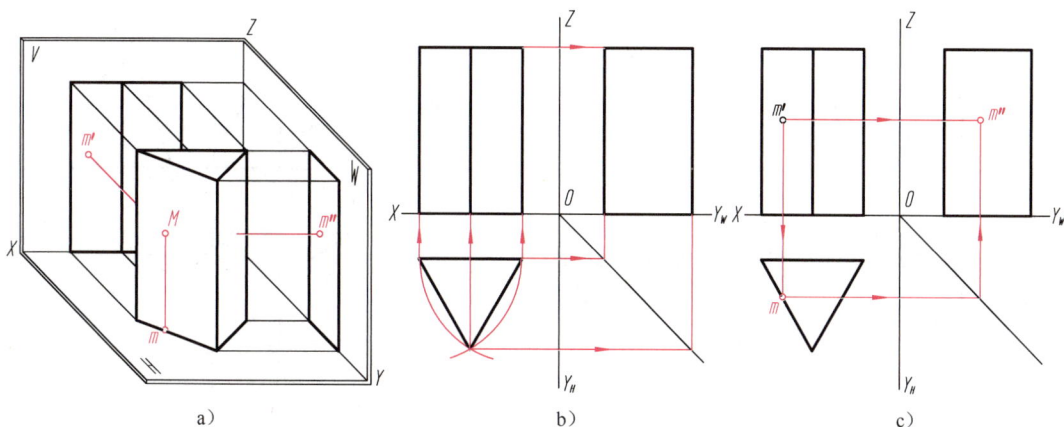

图 2-32 正三棱柱的三视图及其表面上点的求法

（1）棱柱的三视图 图 2-32a 表示一个正三棱柱的投影。它的顶面和底面为水平面；三个矩形侧面中，后面是正平面，左右两面为铅垂面；三条侧棱为铅垂线。

画三视图时，先画顶面和底面的投影。在水平投影中，它们均反映实形（等边三角形）且重影；其正面和侧面投影都有积聚性，分别为平行于 X 轴和 Y 轴的直线。三条侧棱的水平投影都有积聚性，为等边三角形的三个顶点，它们的正面和侧面投影，均平行于 Z 轴且反映了棱柱的高。画出这些面和棱线的投影，即得到三棱柱的三视图，如图 2-32b 所示。

（2）棱柱表面上的点 求平面立体表面上点的投影，应依据在平面上取点的方法作图。但需判别点的投影的可见性：若点所在表面的投影可见，则点的同面投影也可见；反之为不可见。对不可见的点的投影，需加圆括号表示。

如图 2-32c 所示，已知三棱柱上一点 M 的正面投影 m'，求 m 和 m'' 的方法是：按 m' 的位置和可见性，可判定点 M 在三棱柱的左侧面上。因点 M 所在平面为铅垂面，因此，其水平投影 m 必落在该平面有积聚性的水平投影上。于是，根据 m' 和 m 即可求出侧面投影 m''。由于点 M 在三棱柱的左侧面上，该棱面的侧面投影可见，故 m'' 可见（不加圆括号）。

2. 棱锥

（1）棱锥的三视图 图 2-33a 表示一个正三棱锥的投影。它由底面和三个棱面所组成。底面为水平面，其水平投影反映实形，正面和侧面投影积聚成一直线；棱面 $\triangle SAC$ 为侧垂面，侧面投影积聚成一直线，水平投影和正面投影都是类似形；棱面 $\triangle SAB$ 和 $\triangle SBC$ 为一般位置

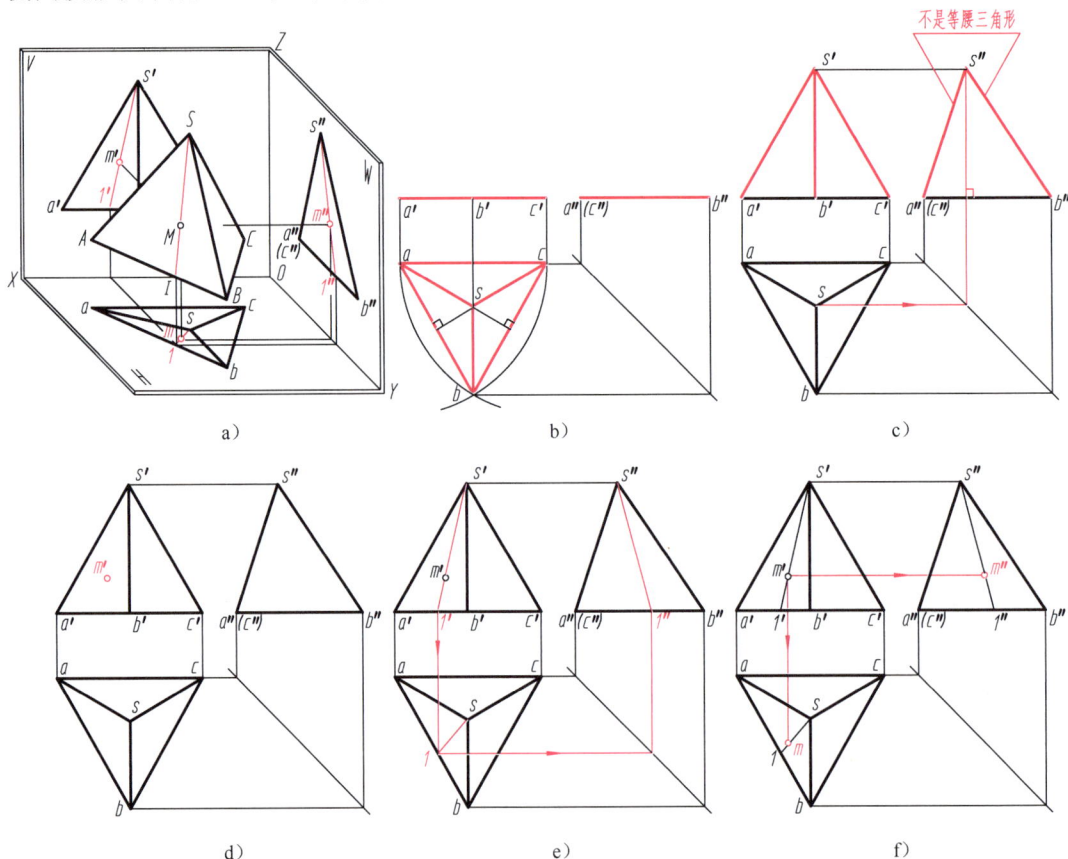

图 2-33 正三棱锥的三视图及其表面上点的求法

平面，其三面投影均为类似形；棱线 SB 为侧平线，棱线 SA、SC 为一般位置直线，棱线 AC 为侧垂线，棱线 AB、BC 为水平线。

画正三棱锥的三视图时，应先画出底面△ABC 的各面投影，如图 2-33b 所示；再画出锥顶 S 的各面投影，连接各顶点的同面投影，即为正三棱锥的三视图，如图 2-33c 所示。

提示：正三棱锥的侧面投影不是等腰三角形，如图 2-33c 所示。

（2）棱锥表面上的点　正三棱锥的表面有特殊位置平面，也有一般位置平面。特殊位置平面上的点的投影，可利用该平面投影的积聚性直接作图；一般位置平面上点的投影，可通过在平面上作辅助线的方法求得。

如图 2-33d 所示，已知棱面△SAB 上点 M 的正面投影 m'，求点 M 的其他两面投影。棱面△SAB 是一般位置平面，先过锥顶 S 及点 M 作一辅助线，求出辅助线的其他两面投影 s1 和 s''1''，如图 2-33e 所示；然后根据点在直线上的投影特性，由 m' 求出其水平投影 m 和侧面投影 m''，如图 2-33f 所示。

二、曲面立体

1．圆柱

（1）圆柱面的形成　如图 2-34a 所示，圆柱面可看作一条直线 AB 围绕与它平行的轴线 OO 回转而成。OO 称为回转轴，直线 AB 称为母线，母线转至任一位置时称为素线。这种由一条母线绕轴回转而形成的表面称为回转面；由回转面构成的立体称为回转体。

（2）圆柱的三视图　由图 2-34b 可以看出，圆柱的主视图为一个矩形线框，其中左、右两轮廓线是两组由投射线组成（和圆柱面相切）的平面与 V 面的交线。这两条交线也正是圆柱面上最左、最右素线的投影，它们把圆柱面分为前后两部分，圆柱面投影前半部分可见，后半部分不可见，而这两条素线是可见与不可见的分界线。最左、最右素线的侧面投影和轴线的侧面投影重合（不需画出其投影），水平投影在横向中心线与圆周的交点处。矩形线框的上、下两边分别为圆柱顶面、底面的积聚性投影。

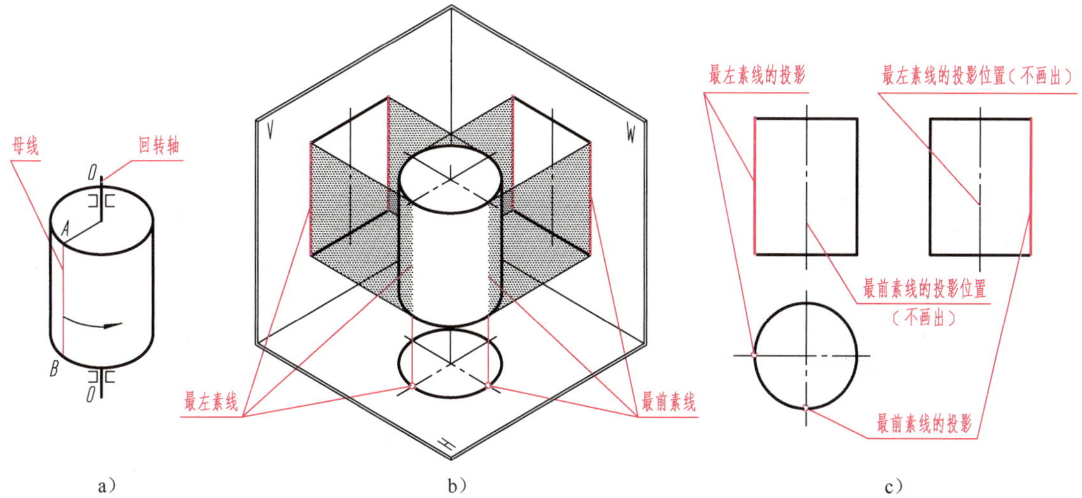

图 2-34　圆柱的形成及三视图

　　图 2-34c 为圆柱的三视图。俯视图为一圆线框。由于圆柱轴线是铅垂线，圆柱表面所有素线都是铅垂线，因此，圆柱面的水平投影积聚成一个圆。同时，圆柱顶面、底面的投影（反映实形），也与该圆相重合。画圆柱的三视图时，一般先画投影具有积聚性的圆，再根据投影规律和圆柱的高度完成其他两视图。

　　（3）圆柱表面上的点　如图 2-35a 所示，已知圆柱面上点 M 的正面投影 m′和点 N 的侧面投影 n″，求它们的另两面投影。根据给定的 m′的位置，可判定点 M 在前半圆柱面的左半部分；因圆柱面的水平投影有积聚性，故 m 必在前半圆周的左部，m″可根据 m′和 m 直接求得，如图 2-35b 所示；n″在圆柱面的最后素线上，其正面投影 n′在轴线上（不可见），水平投影 n 在圆的最上方，如图 2-35c 所示。

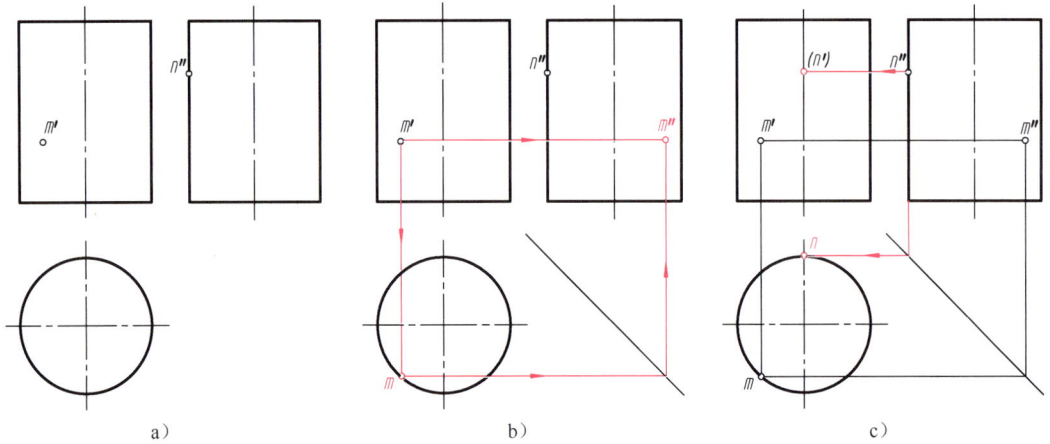

图 2-35　圆柱表面上点的求法

2．圆锥

　　（1）圆锥面的形成　圆锥面可看作由一条直母线 SE 围绕与它相交的轴线回转而成，如图 2-36a 所示。

　　（2）圆锥的三视图　图 2-36b 为圆锥的三视图。俯视图的圆形，反映圆锥底面的实形，

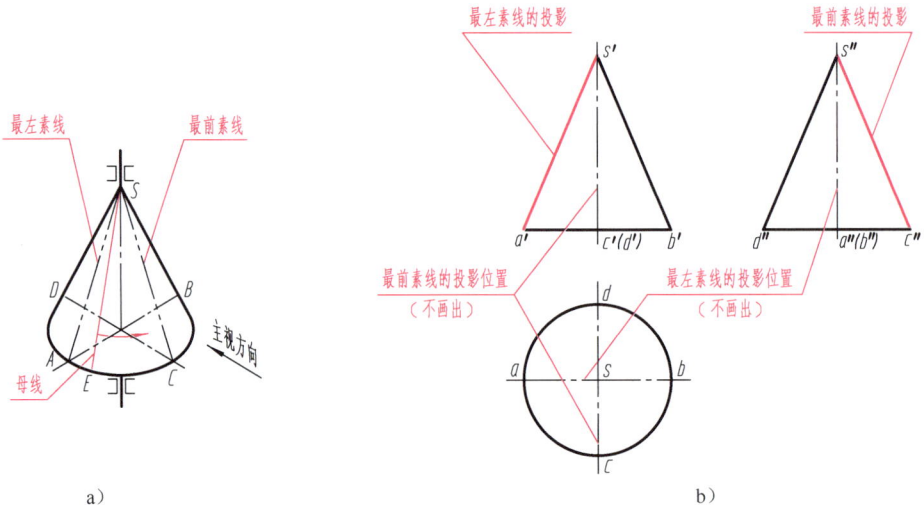

图 2-36　圆锥的形成及三视图

同时也表示圆锥面的投影。主、左视图的等腰三角形线框，其底边为圆锥底面的积聚性投影。

主视图中三角形的左、右两边，分别表示圆锥面最左、最右素线 SA、SB（反映实长）的投影，它们是圆锥面正面投影可见与不可见部分的分界线。左视图中三角形的两边，分别表示圆锥面最前、最后素线 SC、SD 的投影（反映实长），它们是圆锥面侧面投影可见与不可见部分的分界线。上述四条线的其他两面投影不画出。

画圆锥的三视图时，先画出圆锥底面的投影，再画出圆锥顶点的投影，然后分别画出特殊位置素线的投影，即完成圆锥的三视图。

（3）圆锥表面上的点　如图 2-37a 所示，已知圆锥面上的点 M 的正面投影 m'，求 m 和 m''。根据点 M 的位置和可见性，可判定点 M 在前、左圆锥面上，因此，点 M 的三面投影均可见。作图可采用如下两种方法：

第一种方法——辅助素线法

① 过锥顶 S 和点 M 作一辅助素线 SⅠ，即连接 $s'm'$ 并延长，与底面的正面投影相交于 $1'$，求得 $s1$ 和 $s''1''$，如图 2-37b 所示。

② 根据点在直线上的投影规律，再由 m' 直接作出 m 和 m''，如图 2-37c 所示。

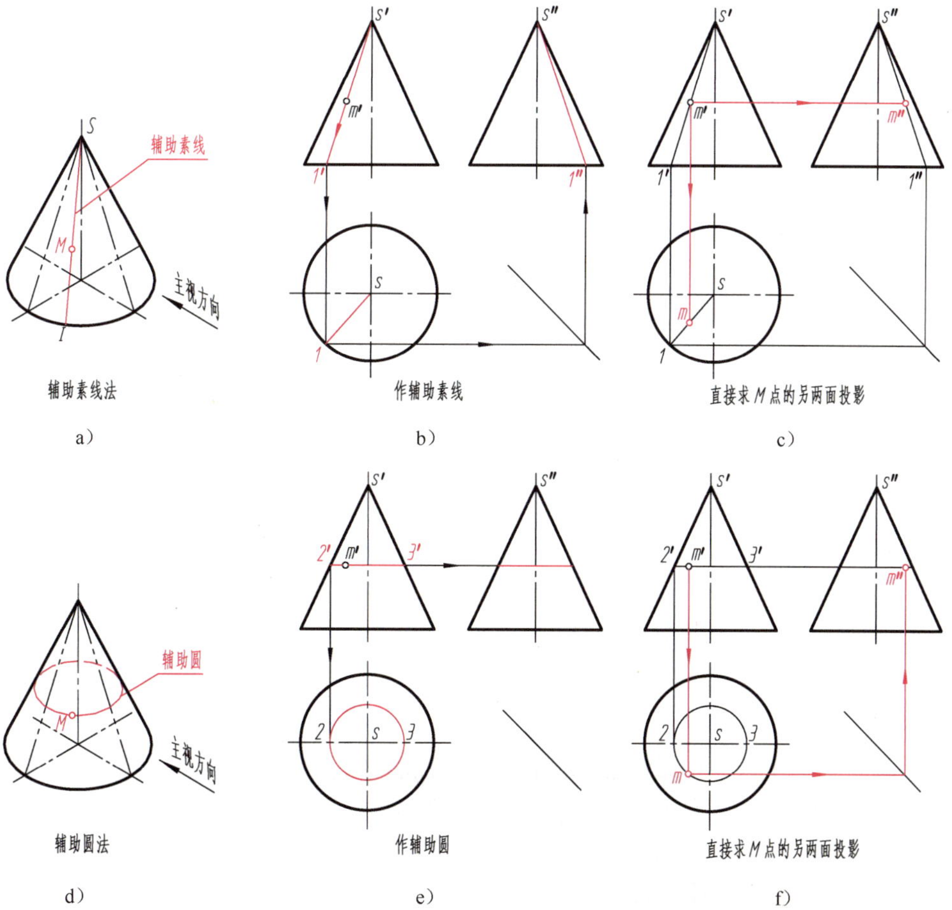

辅助素线法

a）

作辅助素线

b）

直接求 M 点的另两面投影

c）

辅助圆法

d）

作辅助圆

e）

直接求 M 点的另两面投影

f）

图 2-37　圆锥表面上点的求法

第二种方法——辅助圆法

① 如图 2-37d 所示，过点 M 在圆锥面上作垂直于圆锥轴线的水平辅助圆。该圆的正面投影积聚成一直线，即过 m' 所作的 $2'3'$。它的水平投影为一直径等于 $2'3'$ 的圆，圆心为 s，如图 2-37e 所示。

② 过 m' 作 X 轴的垂线，与辅助圆的交点即为 m，再根据 m' 和 m 求出 m''，如图 2-37f 所示。

3. 圆球

（1）圆球面的形成　如图 2-38a 所示，圆球面可看作一圆（母线），围绕它的直径回转而成。

（2）圆球的三视图　图 2-38b 为圆球的三视图。它们都是与圆球直径相等的圆，均表示圆球面的投影。球的各个投影虽然都是圆形，但各个圆的意义不同。

正面投影　是平行于 V 面的圆素线的投影（前、后半球的分界线，圆球面在正面投影中可见与不可见的分界线）。

水平投影　是平行于 H 面的圆素线的投影（上、下半球的分界线，圆球面在水平投影中可见与不可见的分界线）。

侧面投影　是平行于 W 面的圆素线的投影（左、右半球的分界线，圆球面在侧面投影中可见与不可见的分界线）。

这三条圆素线的其他两面投影，都与圆的相应对称中心线重合，不需画出。

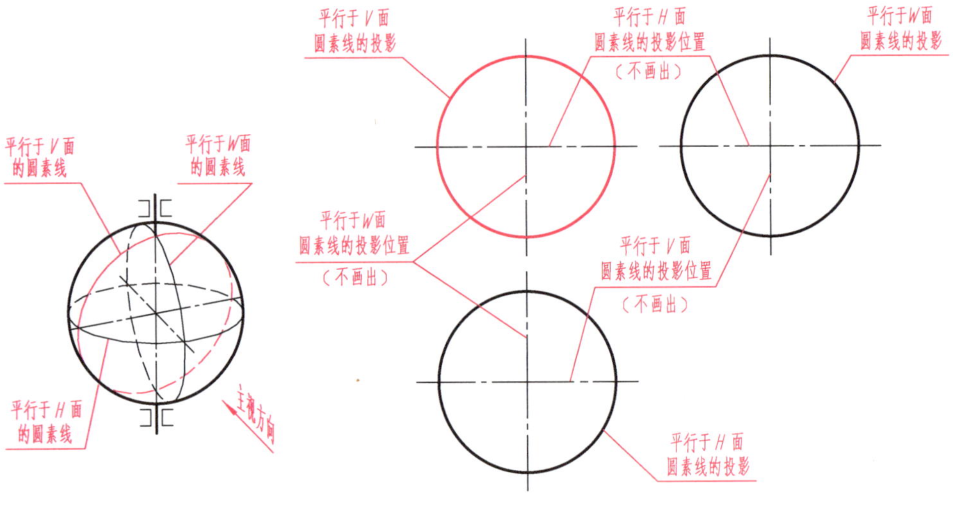

图 2-38　圆球的形成及三视图

（3）圆球表面上的点　如图 2-39a 所示，已知圆球面上点 M 的水平投影 m 和点 N 的正面投影 n'，求它们的另两面投影。根据点的位置和可见性，可判定：

① 点 N 在前、后两半球的分界线上，n 和 n'' 可直接求出。因为点 N 在右半球，其侧面投影 n'' 不可见，需加圆括号，如图 2-39b 所示。

② 点 M 在前、左、上半球（点 M 的三面投影均为可见），需采用辅助圆法求 m' 和 m''。过点 m 在球面上作一平行于正面的辅助圆（也可作平行于水平面或侧面的圆）。因点在辅助

圆上，故点的投影必在辅助圆的同面投影上。作图时，先在水平投影中过 m 作 X 轴的平行线 ef （ef 为辅助圆在水平投影面上的积聚性投影），其正面投影为直径等于 ef 的圆，由 m 作 X 轴的垂线，与辅助圆正面投影的交点即为 m'，再由 m 和 m' 求得 m''，如图 2-39c 所示。

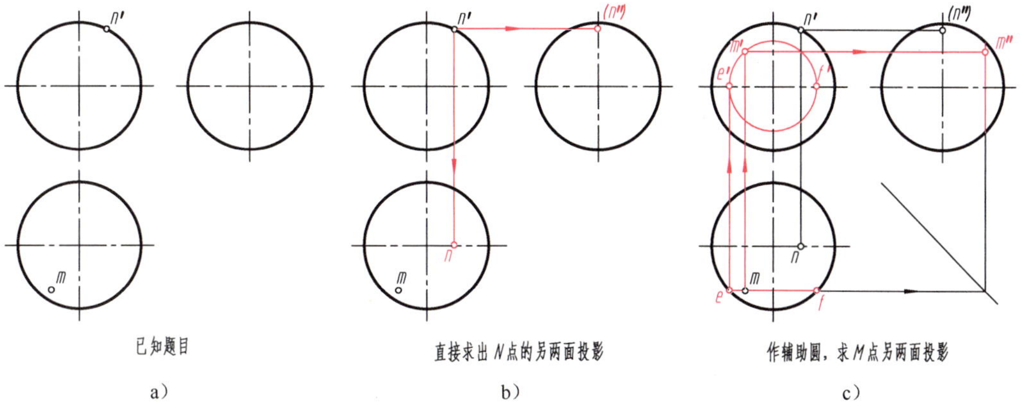

a)　已知题目

b)　直接求出 N 点的另两面投影

c)　作辅助圆，求 M 点另两面投影

图 2-39　圆球表面上点的求法

53

第三章 组 合 体

第一节 组合体的组合形式

任何复杂的机器零件，从形体的角度来分析，都可以看成是由若干基本形体（圆柱、圆锥、圆球等），按一定的方式（叠加、切割或穿孔等）组合而成的。由两个或两个以上的基本形体组合构成的整体，称为组合体。

一、组合体的构成

组合体按其构成的方式，可分为叠加和切割两种。叠加型组合体是由若干基本形体叠加而成的，切割型组合体是由基本形体经过切割或穿孔后形成的，多数组合体则是既有叠加又有切割的综合型。

图 3-1a 中的支座，可看成是由一块长方形底板（穿孔，即切去一个圆柱体）、两块尺寸相同的梯形立板、一块半圆形立板（穿孔，即切去一个圆柱体）叠加起来组成的综合型组合体，如图 3-1b 所示。

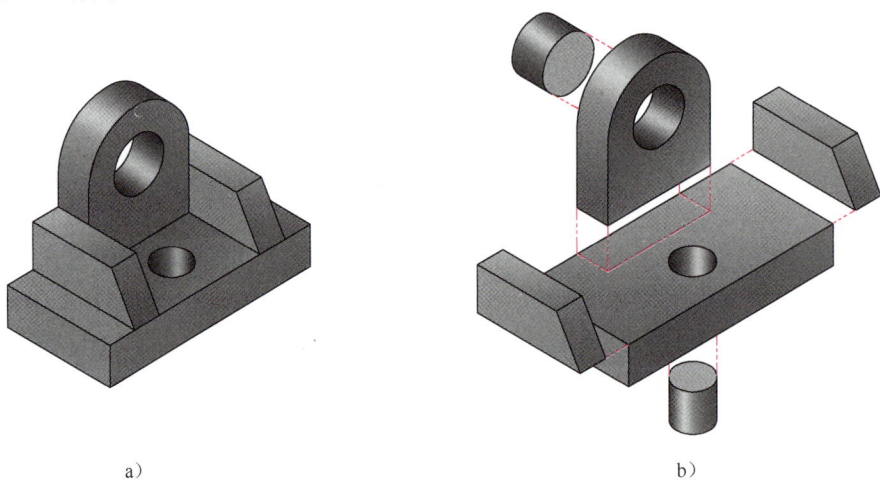

a)   b)

图 3-1 支座的形体分析

画组合体的三视图时，可采用"先分后合"的方法。即假想将组合体分解成若干个基本形体，然后按其相对位置逐个画出各基本形体的投影，综合起来，即得到整个组合体的视图。这样，就可把一个比较复杂的问题分解成几个简单的问题加以解决。

为了便于画图，通过分析，将组合体分解成若干个基本形体，并搞清它们之间相对位置和组合形式的方法，称为形体分析法。

二、组合体相邻表面之间的连接关系及画法

讨论相邻两形体间的连接形式，以利于分析接合处两形体分界线的投影。

1. 共面

如图 3-2a 所示，当两形体的邻接表面共面时，在共面处没有交线，如图 3-2b 所示。图 3-2c 所示是多画线的错误图例。

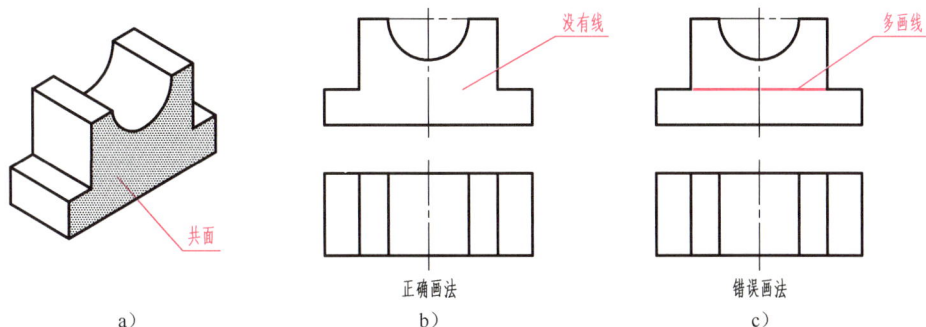

图 3-2　两形体共面的画法

如图 3-3a 所示，当两形体的邻接表面不共面时，在两形体的连接处应画出交线，如图 3-3b 所示。图 3-3c 所示是漏画线的错误图例。

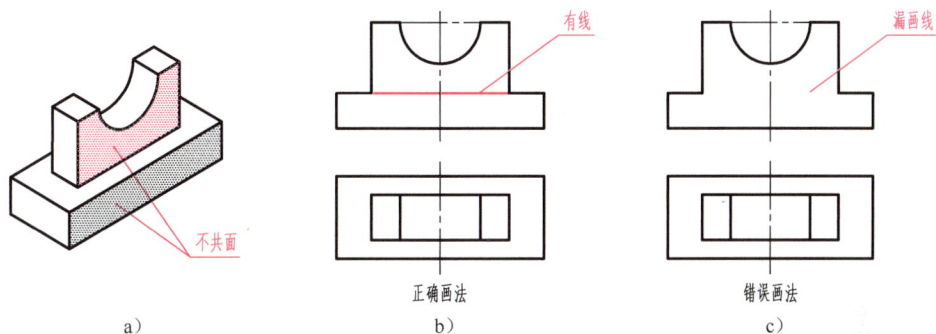

图 3-3　两形体不共面的画法

2. 相切

图 3-4a 中的组合体由耳板和圆筒组成。耳板前后两平面与右侧圆柱面光滑连接，即相切。在水平投影中，表现为直线和圆弧相切。在其正面和侧面投影中，相切处不画线，耳板上表

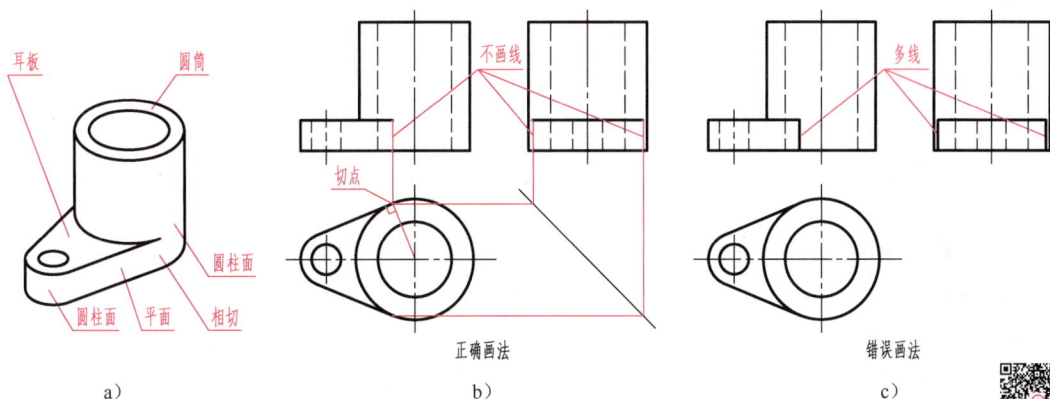

图 3-4　两形体表面相切的画法

面的投影只画至切点处，如图 3-4b 所示。图 3-4c 所示是在相切处画线的错误图例。

3．相交

图 3-5a 中的组合体也是由耳板和圆筒组成，但耳板前后两平面平行，与右侧圆柱面相交。在水平投影中，相交处表现为直线和圆弧相交。在其正面和侧面投影中，相交处应画出交线，如图 3-5b 所示。图 3-5c 所示为在相交处漏画线的错误图例。

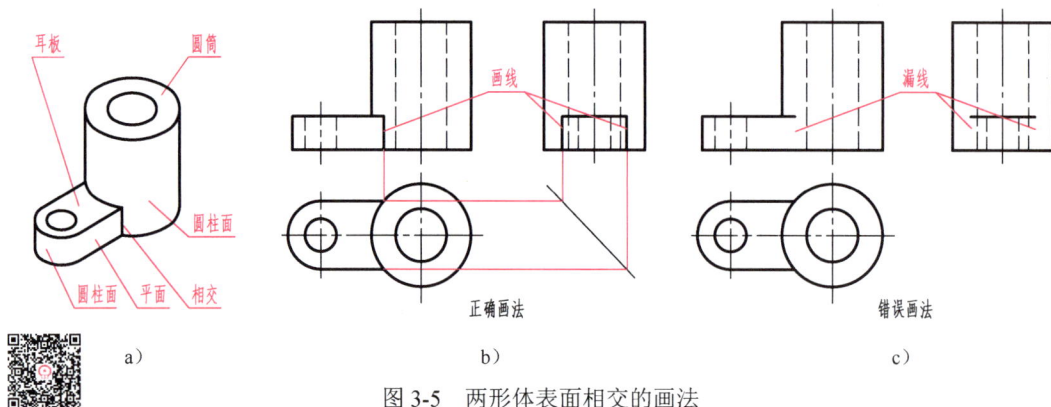

图 3-5　两形体表面相交的画法

第二节　截　交　线

当立体被平面截断成两部分时，其中任何一部分均称为截断体，用来截切立体的平面称为截平面，截平面与立体表面的交线称为截交线。截交线有以下两个基本性质：

（1）共有性　截交线是截平面与立体表面的共有线。

（2）封闭性　由于任何立体都有一定的范围，所以截交线一定是闭合的平面图形。

一、平面截切平面立体

平面截切平面立体时，其截交线为一平面多边形。

【例 3-1】　正六棱锥被正垂面 P 截切，求截切后正六棱锥截交线的投影。

分析

由图 3-6a 中可见，正六棱锥被正垂面 P 截切，截交线是六边形，六个顶点分别是截平面与六条侧棱的交点。由此可见，平面立体的截交线是一个平面多边形；多边形的每一条边，是截平面与平面立体各棱面的交线；多边形的各个顶点就是截平面与平面立体棱线的交点。求平面立体的截交线，实质上就是求截平面与各条棱线交点的投影。

作图

① 利用截平面的积聚性投影，先找出截交线各顶点的正面投影 a'、b'、c'、d'（B、C 各为前后对称的两个点）；再依据直线上点的投影特性，求出各顶点的水平投影 a、b、c、d 及侧面投影 a''、b''、c''、d''，如图 3-6b 所示。

② 擦去作图线，依次连接各顶点的同面投影，即为截交线的投影，如图 3-6c 所示。

> 提示：正六棱锥右边棱线的侧面投影中有一段不可见，应画成细虚线。

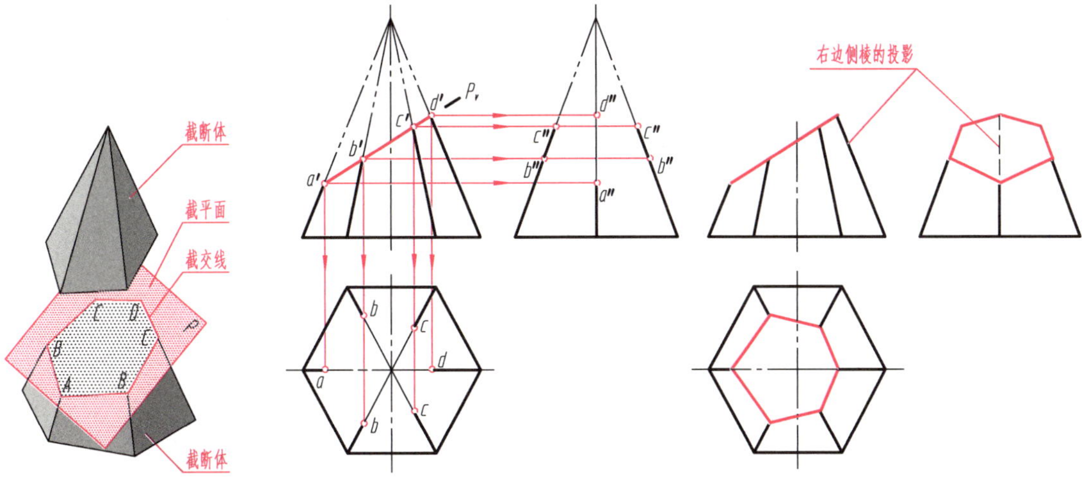

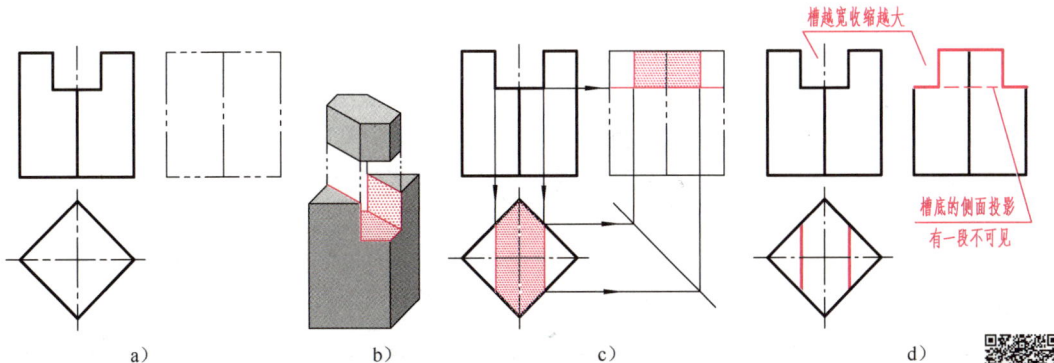

图 3-6 正六棱锥截交线的画法

【例 3-2】 如图 3-7a 所示,在四棱柱上方截切一个矩形通槽,试完成四棱柱矩形通槽的水平投影和侧面投影。

分析

如图 3-7b 所示,四棱柱上方的矩形通槽是由三个特殊位置平面截切而成的。槽底是水平面,其正面投影和侧面投影均积聚成水平方向的直线,水平投影反映实形。两侧壁是侧平面,其正面投影和水平投影均积聚成竖直方向的直线,侧面投影反映实形且重合在一起。可利用积聚性求出通槽的水平投影和侧面投影。

作图

① 根据通槽的主视图,先在俯视图中作出两侧壁的积聚性投影;再按"高平齐、宽相等"的投影规律,作出通槽的侧面投影,如图 3-7c 所示。

② 擦去作图线,校核截切后的图形轮廓,加深描粗,如图 3-7d 所示。

图 3-7 四棱柱开槽的画法

提示: ① 因四棱柱最前、最后两条侧棱在开槽部位被切掉,故左视图中的左右轮廓线,在开槽部位向内"收缩"。其收缩程度与槽宽有关,槽越宽收缩越大。② 注意区分槽底侧面投影的可见性,即槽底的侧面投影积聚成直线,中间一段不可见,应画成细虚线。

二、平面截切曲面立体

平面截切曲面立体时，截交线的形状取决于曲面立体的表面形状，以及截平面与曲面立体的相对位置。

1. 平面截切圆柱

圆柱截交线的形状，因截平面相对于圆柱轴线的位置不同而有三种情况，见表 3-1。

表 3-1　圆柱的三种截交线

截平面的位置	与轴线平行	与轴线垂直	与轴线倾斜
轴测图	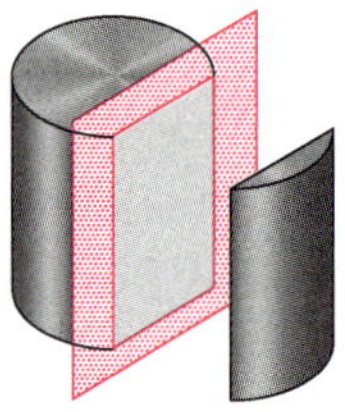	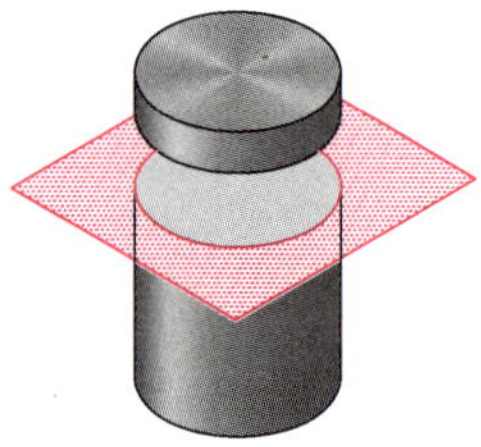	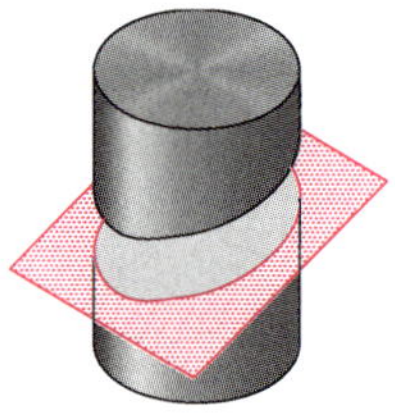
投影	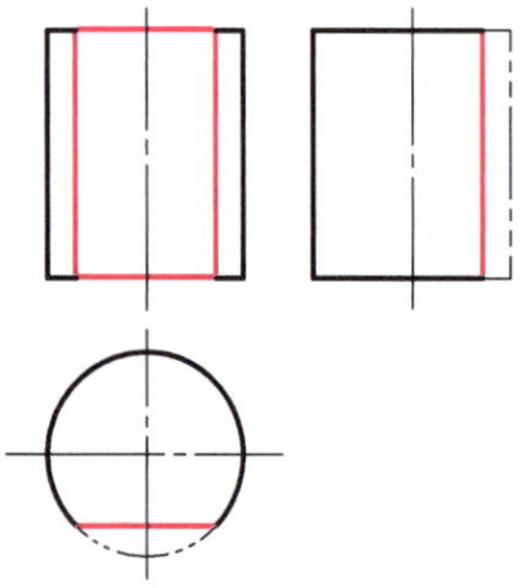	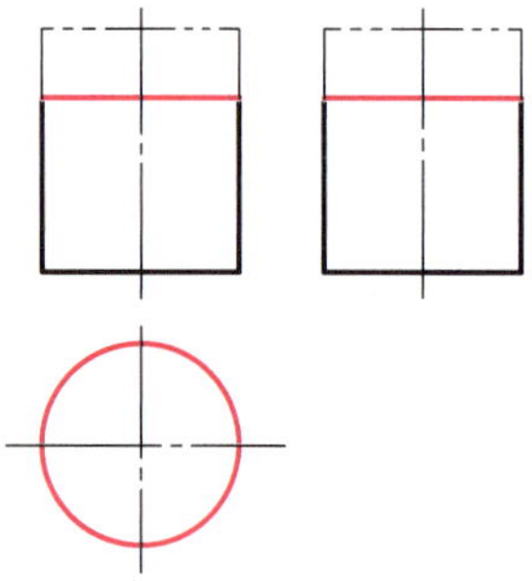	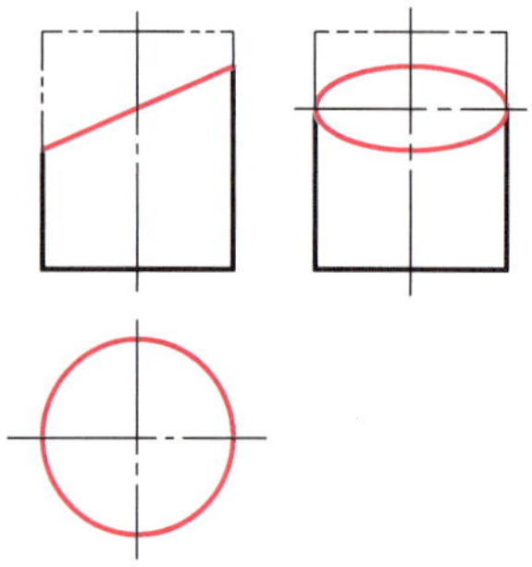
截交线的形状	矩 形	圆	椭 圆

【例 3-3】　求作圆柱被正垂面截切时截交线的投影。

分析

由图 3-8a 可见，圆柱被平面斜截，其截交线为椭圆。椭圆的正面投影积聚为一斜线，水平投影与圆柱面投影重合，仅需求出侧面投影。由于已知截交线的正面投影和水平投影，所以根据"高平齐、宽相等"的投影规律，便可直接求出截交线的侧面投影。

作图

① 求特殊点。由截交线的正面投影，直接作出截交线上的特殊点（即最高、最前、最后、最低点）的侧面投影，如图 3-8b 所示。

② 求中间点。作图时，在投影为圆的视图上任意取两点（或取等分点）。根据水平投影1、2（Ⅰ、Ⅱ点各为前后对称的两个点），利用投影关系求出正面投影 1′、2′ 和侧面投影 1″、2″，如图 3-8c 所示。

③ 连点成线。将各点光滑地连接起来，即为截交线的侧面投影。

在图 3-8c 中，截交线——椭圆的长轴是正平线，它的两个端点在最左和最右素线上；短轴与长轴相互垂直平分，是一条正垂线，两个端点在最前和最后素线上。这两条轴的侧面投影仍然相互垂直平分，它们是截交线侧面投影椭圆的长轴和短轴。确定了长、短轴，就可以用近似画法作出椭圆。

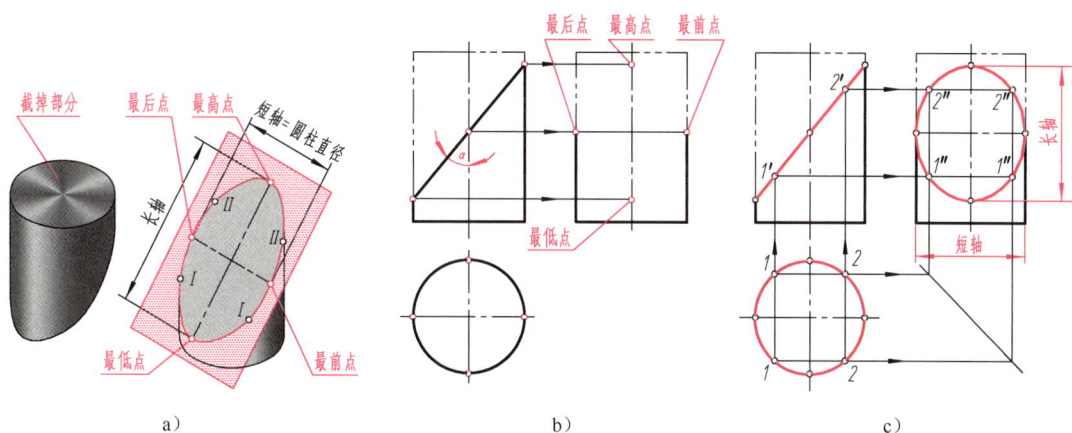

图 3-8　平面斜截圆柱时截交线的画法

【例 3-4】　试完成开槽圆柱的水平投影和侧面投影（图 3-9a）。

分析

如图 3-9b 所示，开槽部分的侧壁是由两个侧平面、槽底是由一个水平面截切而成的，圆柱面上的截交线分别位于被切出槽的各个平面上。由于这些面均为投影面平行面，其投影具有积聚性或真实性，因此，截交线的投影应依附于这些面的投影，不需另行求出。

作图

① 根据开槽圆柱的主视图，先在俯视图中作出两侧壁的积聚性投影；再按"高平齐、宽相等"的投影规律，作出通槽的侧面投影，如图 3-9c 所示。

② 擦去作图线，校核截切后的图形轮廓，加深描粗，如图 3-9d 所示。

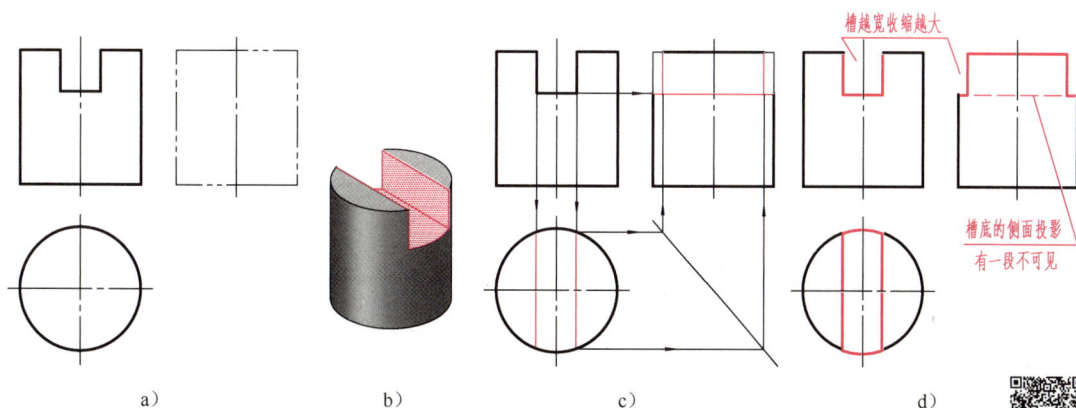

图 3-9　圆柱开槽的画法

提示：① 因圆柱的最前、最后两条素线均在开槽部位被切去，故左视图中的左右轮廓线，在开槽部位向内"收缩"。其收缩程度与槽宽有关，槽越宽收缩越大。② 注意区分槽底侧面投影的可见性，即槽底的侧面投影积聚成直线，中间一段不可见，应画成细虚线。

2. 平面截切圆锥

圆锥截交线的形状，因截平面相对于圆锥轴线的位置不同而有五种情况，见表 3-2。

表 3-2 圆锥的五种截交线

截平面的位置	与轴线垂直	通过锥顶	与轴线倾斜	平行于任一素线	与轴线平行
轴测图	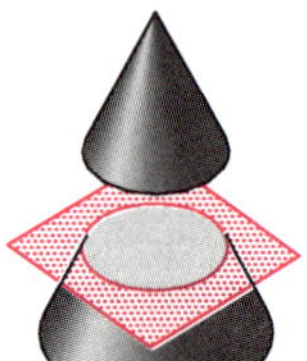	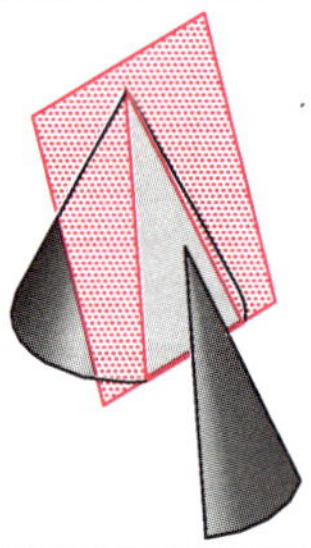		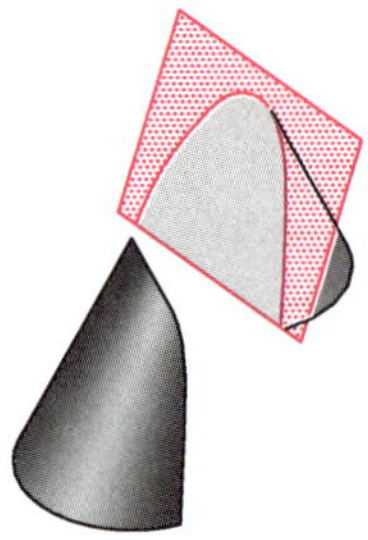	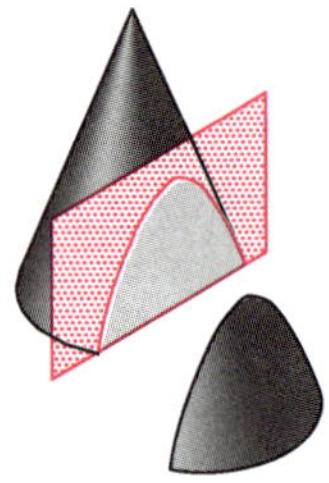
投影	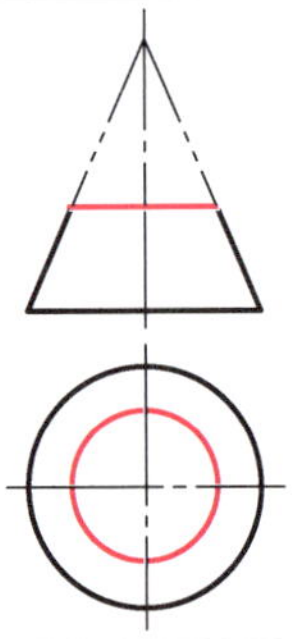	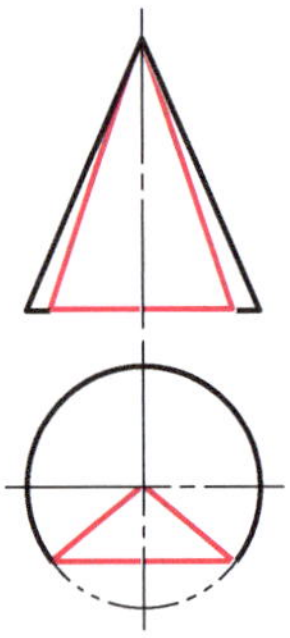	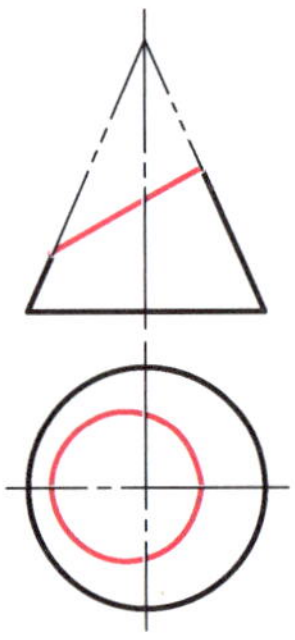	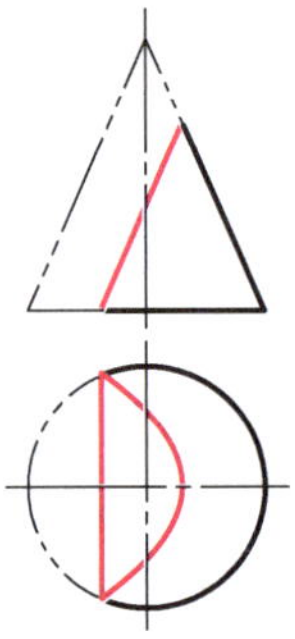	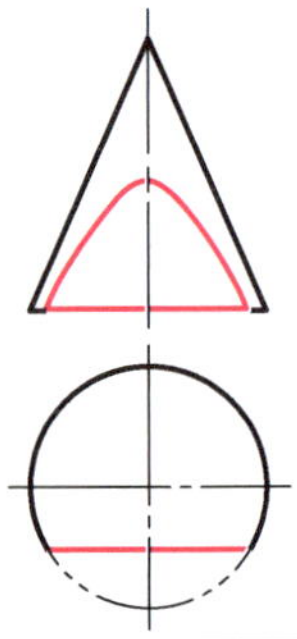
截交线的形状	圆	等腰三角形	椭圆	封闭的抛物线	封闭的双曲线

【例 3-5】 如图 3-10a 所示，圆锥被倾斜于轴线的平面截切，用辅助线法补全圆锥的水平投影和侧面投影。

分析

如图 3-10b 所示，截交线上任一点 M，可看成是圆锥表面某一素线 SI 与截平面 P 的交点。因 M 点在素线 SI 上，故 M 点的三面投影分别在该素线的同面投影上。由于截平面 P 为正垂面，截交线的正面投影积聚为一直线，故需求作截交线的水平投影和侧面投影。

作图

① 求特殊点。C 为截交线的最高点，根据 c'，求出 c 及 c''；A 为截交线的最低点，根据 a'，求出 a 及 a''；$a'c'$ 的中点 d' 为椭圆短轴 DD 的正面投影，也是截交线的最前、最后点，过 d' 作辅助线 $s'1'$，求出 $s1$、$s''1''$，进而求出 d 和 d''；B 为圆锥前后转向素线上的点，根据 b'，求出 b''，进而求出 b，如图 3-10c 所示。

② 用辅助线法求中间点。过锥顶作辅助线 $s'2'$ 与截交线的正面投影相交，得 m'，求出辅助线的其余两投影 $s2$ 及 $s''2''$，进而求出 m 和 m''，如图 3-10d 所示。

> 提示：若在 b' 和 c' 之间再作一条辅助线，又可求出两个中间点。中间点越多，求得的截交线越准确。

③ 连点成线。去掉多余图线，将各点依次连成光滑的曲线，即为截交线的投影，如图 3-10e 所示。

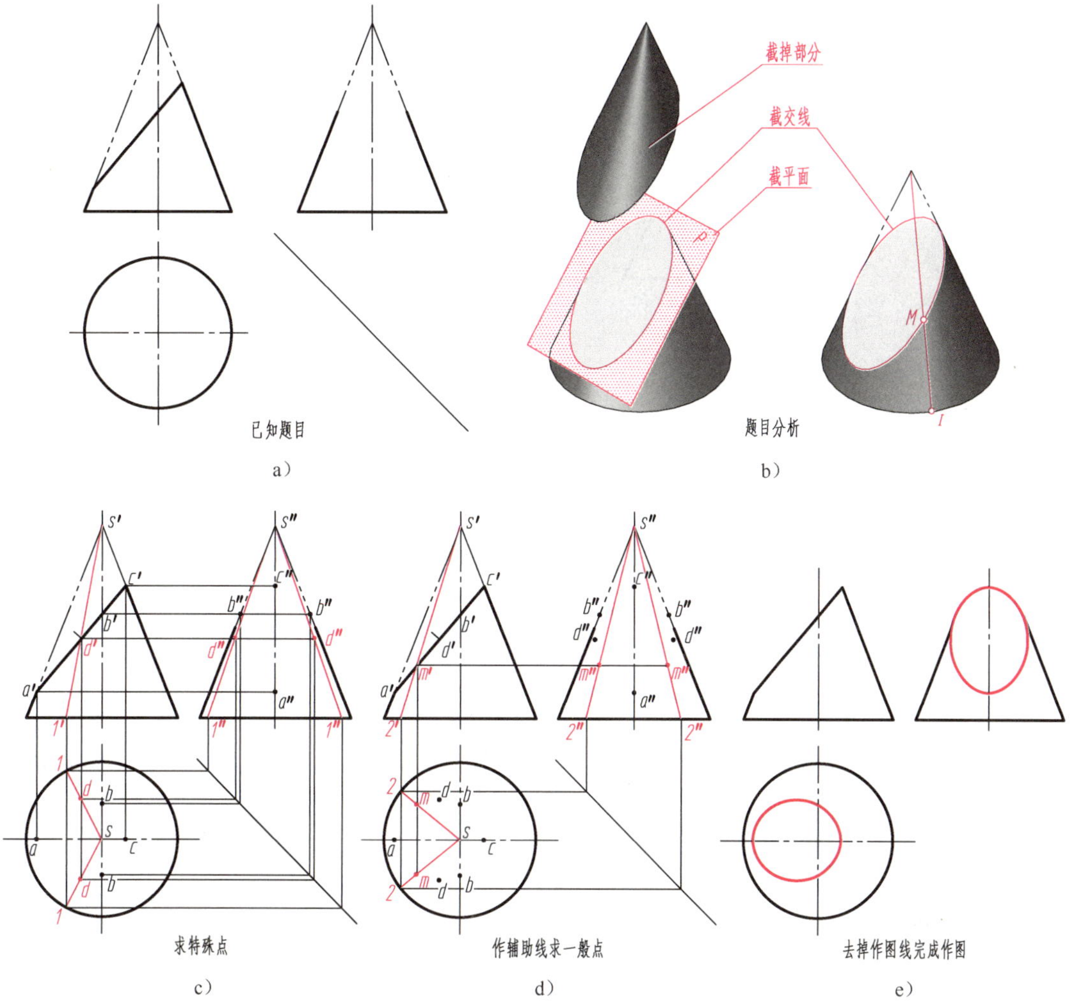

图 3-10　用辅助线法求圆锥的截交线

【例 3-6】　圆锥被平行于轴线的平面截切，试补全圆锥的正面投影（图 3-11a、b）。

分析

如图 3-11c 所示，作垂直于圆锥轴线的辅助平面 Q 与圆锥面相交，其交线为圆。此圆与截平面 P 相交得 Ⅱ、Ⅳ 两点，这两个点是圆锥面、截平面 P 和辅助平面 Q 三个面的共有点，当然也是截交线上的点。由于截平面 P 为正平面，截交线的水平投影和侧面投影分别积聚为一直线，故只需作出其正面投影。

作图

① 求特殊点。Ⅲ 为截交线的最高点，根据侧面投影 $3''$，可作出 3 及 $3'$；Ⅰ、Ⅴ 为截交线的最低点，根据水平投影 1 和 5，可作出 $1'$、$5'$ 及 $1''$（$5''$），如图 3-11d 所示。

② 利用辅助平面法求中间点。作辅助平面 Q 与圆锥相交，交线是圆（称为辅助圆）。辅助圆的水平投影与截平面的水平投影相交于 2 和 4，即为所求共有点的水平投影。根据 2 和 4，再求出 $2'$、$4'$，如图 3-11e 所示。

③ 连点成线。将 $1'$、$2'$、$3'$、$4'$、$5'$连成光滑的曲线，即为所求截交线的正面投影，如图

3-11f 所示。

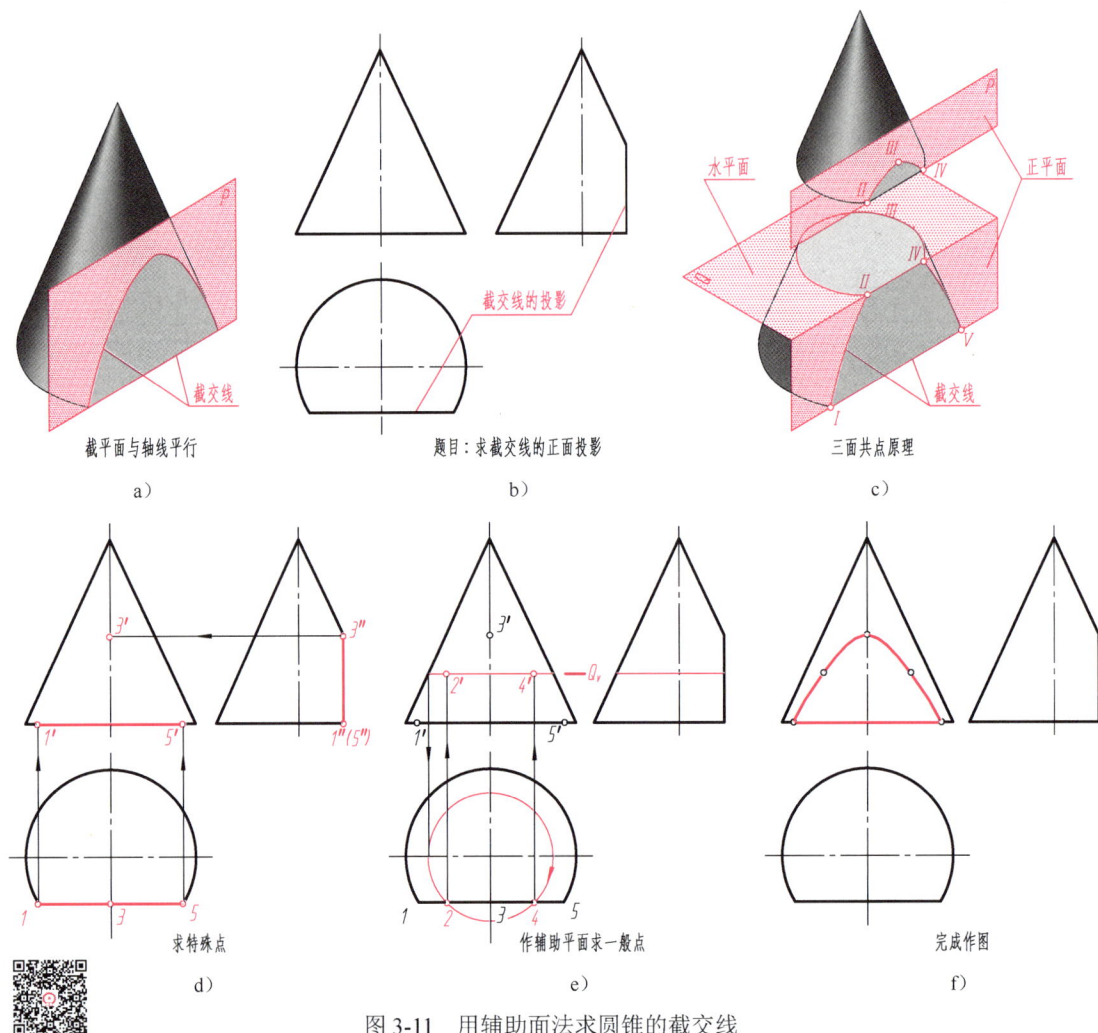

图 3-11　用辅助面法求圆锥的截交线

3. 平面截切圆球

圆球被任意方向的平面截切，其截交线都是圆。当截平面为投影面平行面时，截交线在所平行的投影面上的投影为一圆，其余两面投影积聚为直线。该直线的长度等于切口圆的直径，其直径的大小与截平面至球心的距离 B 有关，如图 3-12 所示。

【例 3-7】　试完成开槽半圆球的水平投影和侧面投影。

分析

如图 3-13a 所示，由于半圆球被两个对称的侧平面和一个水平面截切，所以两个（侧壁）侧平面与球面的截交线各为一段平行于侧面的圆弧，而水平面与球面的截交线为两段水平圆弧。

作图

① 沿槽底作一辅助平面，确定辅助圆弧半径 R_1（R_1 小于半圆球的半径 R），画出辅助圆弧的水平投影，再根据槽宽画出槽底的水平投影，如图 3-13b 所示。

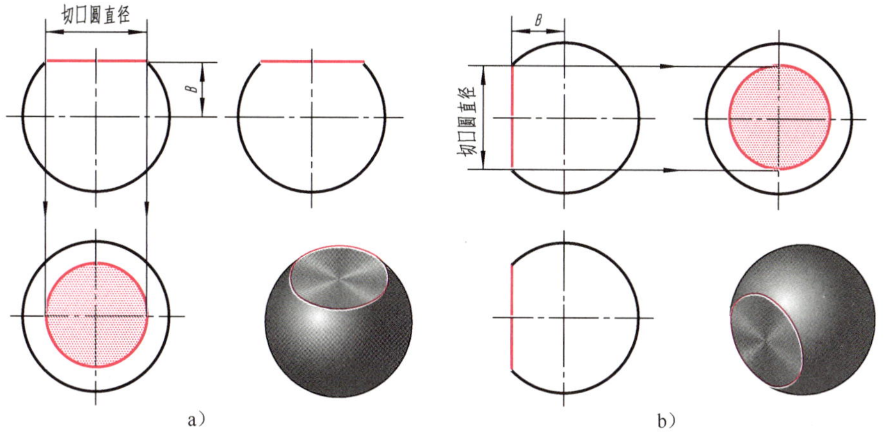

a）　　b）

图 3-12　圆球被平面截切的画法

② 沿侧壁作一辅助平面，确定辅助圆弧半径 R_2（R_2 小于半圆球的半径 R），画出辅助圆弧的侧面投影，如图 3-13c 所示。

③ 去掉多余图线再描深，完成作图，如图 3-13d 所示。

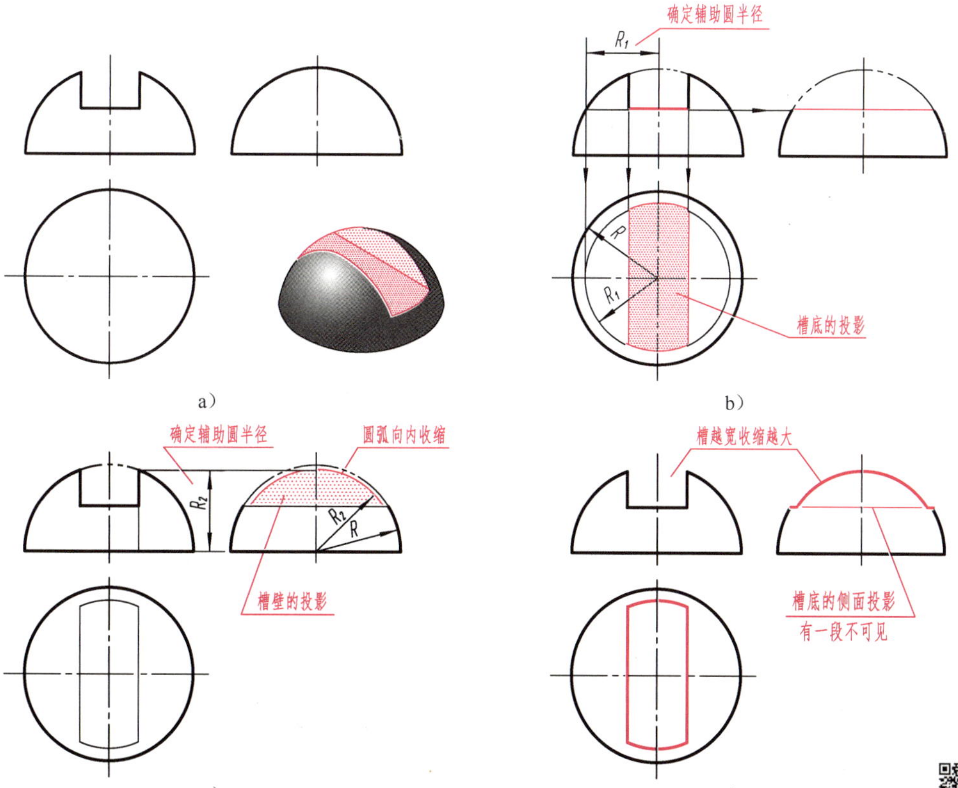

a）　　b）　　c）　　d）

图 3-13　半圆球开槽的画法

提示：① 因圆球的最高处在开槽后被切掉，故左视图上方的轮廓线向内"收缩"，其收缩程度与槽宽有关，槽愈宽、收缩愈大。② 注意区分槽底侧面投影的可见性，槽底的中间部分是不可见的，应画成细虚线。

第三节　相　贯　线

两立体表面相交时产生的交线，称为相贯线。相贯线具有下列基本性质：

（1）共有性　相贯线是两立体表面上的共有线，也是两立体表面的分界线，所以相贯线上的所有点，都是两立体表面上的共有点。

（2）封闭性　一般情况下，相贯线是闭合的空间曲线或折线，在特殊情况下是平面曲线或直线。

由于两相交立体的形状、大小和相对位置不同，相贯线的形状也比较复杂。本节仅以常见的两回转体（圆柱与圆柱）正交为例，介绍求两回转体相贯线的一般方法及简化画法。

一、圆柱与圆柱正交

1．利用投影的积聚性求相贯线

【例 3-8】　圆柱与圆柱异径正交，补画相贯线的正面投影。

分析

如图 3-14a 所示，小圆柱的轴线垂直于水平面，相贯线的水平投影为圆（与小圆柱面的积聚性投影重合），大圆柱的轴线垂直于侧面，相贯线的侧面投影为一段圆弧（与大圆柱面的部分积聚性投影重合），只需补画相贯线的正面投影。

作图

① 求特殊点。由水平投影 1、5 看出，其对应的两点既是相贯线上最左、最右点，也是最高点，同时也是两圆柱正面投影外形轮廓线的交点，可由 1、5 对应求出 1″（5″）及 1′、5′；由侧面投影看出，小圆柱与大圆柱的交点 3″、7″，既是相贯线最低点的投影，也是最前、最后点的投影，由 3″、7″可直接对应求出 3、7 及 3′（7′），如图 3-14b 所示。

② 求中间点。中间点决定曲线的趋势。在侧面投影中，任取对称点 2″（4″）及 8″（6″），按点的投影规律，求出水平投影 2、4、6、8 和正面投影 2′（8′）及 4′（6′），如图 3-14c 所示。

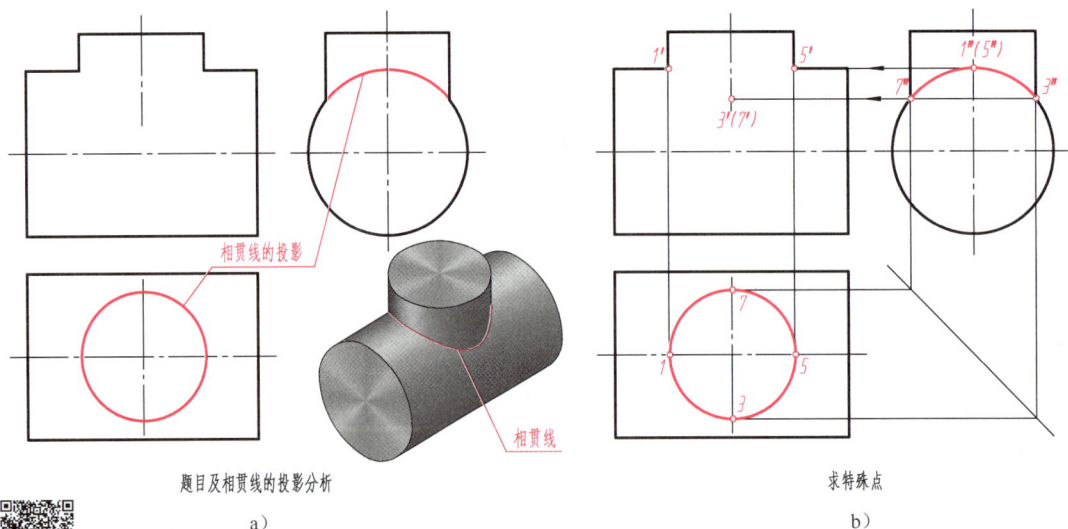

题目及相贯线的投影分析

a)

求特殊点

b)

图 3-14　两圆柱异径正交的相贯线画法

求中间点
c)

连点完成相贯线
d)

图 3-14 两圆柱异径正交的相贯线画法（续）

③ 连点成线。按顺序光滑地连接 1'、2'、3'、4'、5'各点，即得到相贯线的正面投影，如图 3-14d 所示。

2. 两圆柱正交时相贯线投影的简化画法

为了简化作图，国家标准规定，允许采用简化画法作出相贯线的投影，即用圆弧代替非圆曲线。当两圆柱异径正交，且不需要准确地求出相贯线时，可采用简化画法作出相贯线的投影，作图方法如图 3-15 所示。

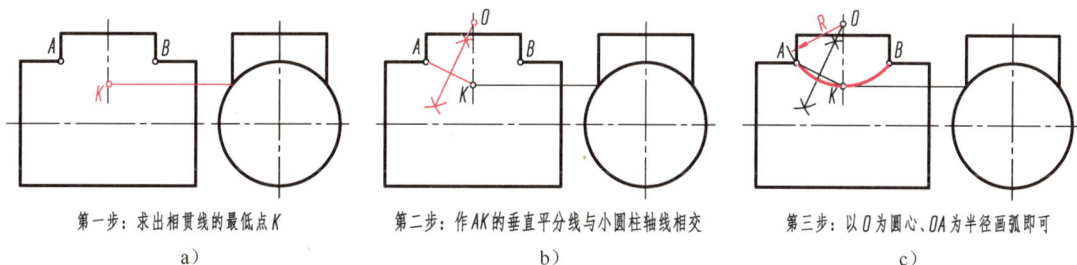

第一步：求出相贯线的最低点 K
a)

第二步：作 AK 的垂直平分线与小圆柱轴线相交
b)

第三步：以 O 为圆心、OA 为半径画弧即可
c)

图 3-15 两圆柱正交时相贯线投影的简化画法

二、内相贯线投影的画法

当圆筒上钻有圆孔时，则孔与圆筒外表面及内表面均有相贯线，如图 3-16a 所示。在内表面产生的交线，称为内相贯线。内相贯线和外相贯线的画法相同，内相贯线的投影由于不可见而画成细虚线，如图 3-16b 所示。

三、相贯线的特殊情况

两回转体相交，在一般情况下相贯线为空间曲线。但在特殊情况下，相贯线为平面曲线或直线。

1）两个同轴回转体相交时，相贯线一定是垂直于轴线的圆。当回转体轴线平行于某一投影面时，这个圆在该投影面上的投影为垂直于轴线的直线，如图 3-17 中的红色图线所示。

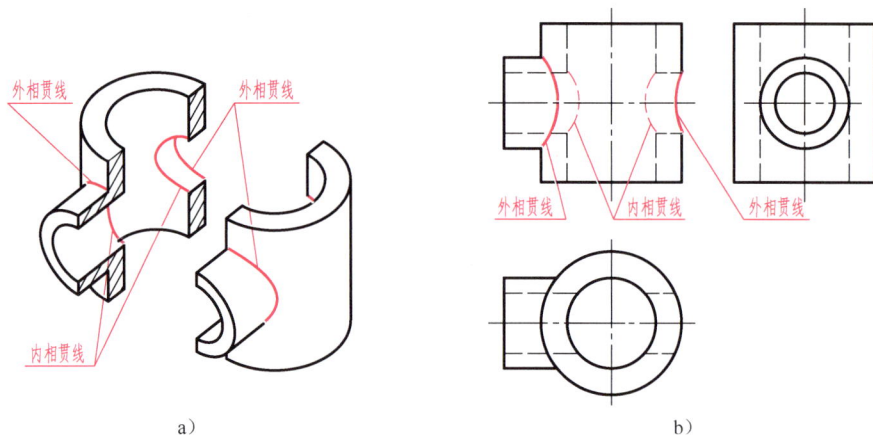

图 3-16　圆孔与圆孔相交时相贯线投影的画法

圆柱与圆球同轴相交
a）

圆锥与圆球同轴相交
b）

图 3-17　同轴回转体的相贯线——圆

2）当轴线相交的两圆柱（或圆柱与圆锥）公切于同一球面时，相贯线一定是平面曲线，即两个相交的椭圆，如图 3-18 中的红色图线所示。

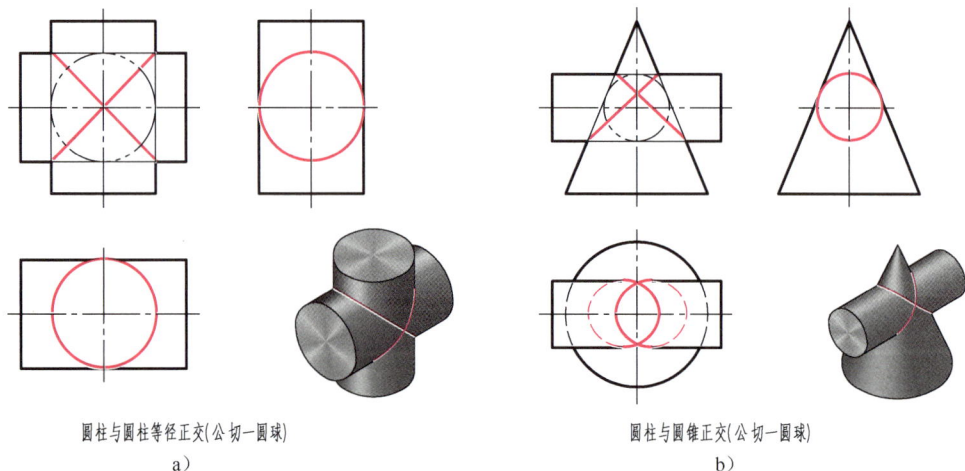

圆柱与圆柱等径正交(公切一圆球)
a）

圆柱与圆锥正交(公切一圆球)
b）

图 3-18　两回转体公切于同一球面的相贯线——椭圆

第四节 组合体三视图的画法

形体分析法是将复杂形体简单化的一种思维方法。画组合体视图,一般采用形体分析法,将组合体分解为若干基本形体,分析它们的相对位置和组合形式,逐个画出各基本形体的三视图。

一、形体分析

看到组合体实物(或轴测图)后,首先应对它进行形体分析。要搞清楚它的前后、左右和上下六个面的形状,并根据其结构特点,想一想大致可以分成几个组成部分,它们之间的相对位置关系如何,是什么样的组合形式等。

如图 3-19a 所示,支座按它的结构特点可分为直立圆筒、水平圆筒、底板和肋板四个部分,如图 3-19b 所示。水平圆筒和直立圆筒垂直相贯,且两孔贯通;底板的前后两侧面和直立圆筒外表面相切;肋板与底板叠加,与直立圆筒相贯。

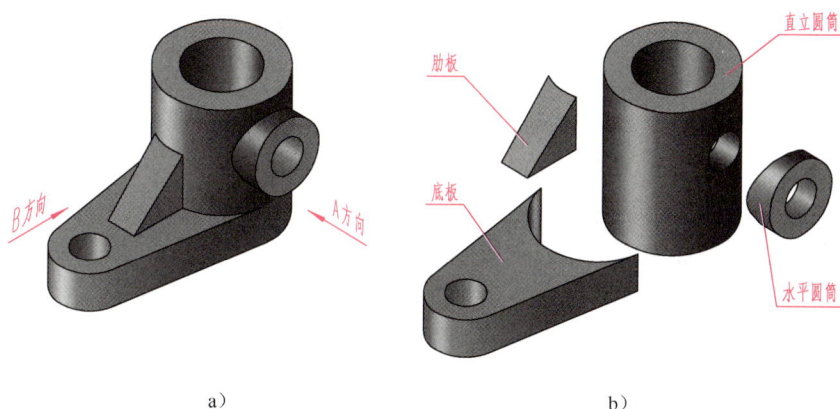

图 3-19 支座的形体分析

二、视图选择

视图选择的内容包含主视图的选择和视图数量的确定。

1. 主视图的选择

主视图是表达组合体的一组视图中最主要的视图。当主视图的投射方向确定之后,俯、左视图投射方向随之确定。选择主视图应符合以下三条要求:

1)反映组合体的结构特征。一般应把反映组合体各部分形状和相对位置较多的一面作为主视图的投射方向。

2)符合组合体的自然安放位置,主要面应平行于基本投影面。

3)尽量避免其他视图产生细虚线。

如图 3-19a 所示,将支座按自然位置安放后,按箭头所示的 A、B 两个投射方向,可得到两组不同的三视图,如图 3-20 所示。

从两组不同的三视图可以看出,A 方向作为主视图的投射方向,显然比 B 方向好。因为组成支座的基本形体以及它们之间的相对位置关系等，在 A 方向上表达得比较清晰，能反映支座的整体结构形状特征，且细虚线相对较少，如图 3-20a 所示。

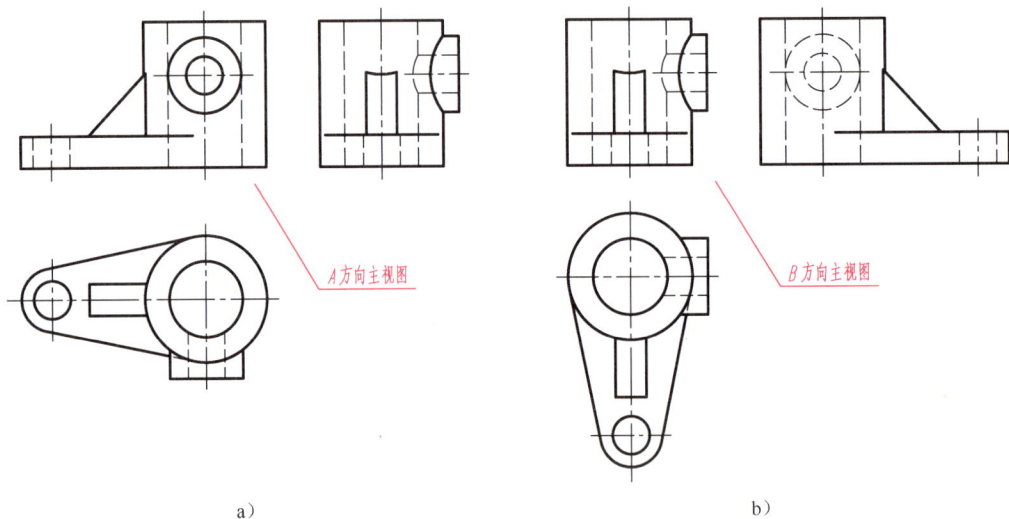

图 3-20　主视图的选择

2．视图数量的确定

在组合体形状表达完整、清晰的前提下，其视图数量越少越好。支座的主视图按 A 方向确定后，还要画出俯视图，表达底板的形状和两孔的中心位置，并用左视图表达水平圆筒的形状和位置。因此，要完整表达出该支座的形状，需要画出主、俯、左三个视图。

三、画图的方法与步骤

1．选择比例，确定图幅

视图确定以后，便要根据组合体的大小和复杂程度，选定作图比例和图幅。应注意，所选的幅面要比绘制视图所需的面积大一些，以便标注尺寸和画标题栏。

2．布置视图

布图时，应将视图匀称地布置在图纸幅面上，视图间的空档应保证能注全所需的尺寸。

3．绘制底稿

支座的画图步骤如图 3-21 所示。为了迅速而正确地画出组合体的三视图，画底稿时，应注意以下两点：

1）画图的先后顺序，一般应从形状特征明显的视图入手。先画主要部分，后画次要部分；先画可见部分，后画不可见部分；先画圆或圆弧，后画直线。

2）画图时，组合体的每一组成部分，最好是三个视图配合着画。就是说，不要先把一个视图画完再画另一个视图。这样，不但可以提高绘图速度，还能避免多线或漏线。

4．检查描深

底稿完成后，应在三视图中认真核对各组成部分的投影关系正确与否；分析清楚相邻两形体衔接处的画法有无错误，是否多线、漏线；再以实物（或轴测图）与三视图对照，确认无误后，描深图线，完成全图。

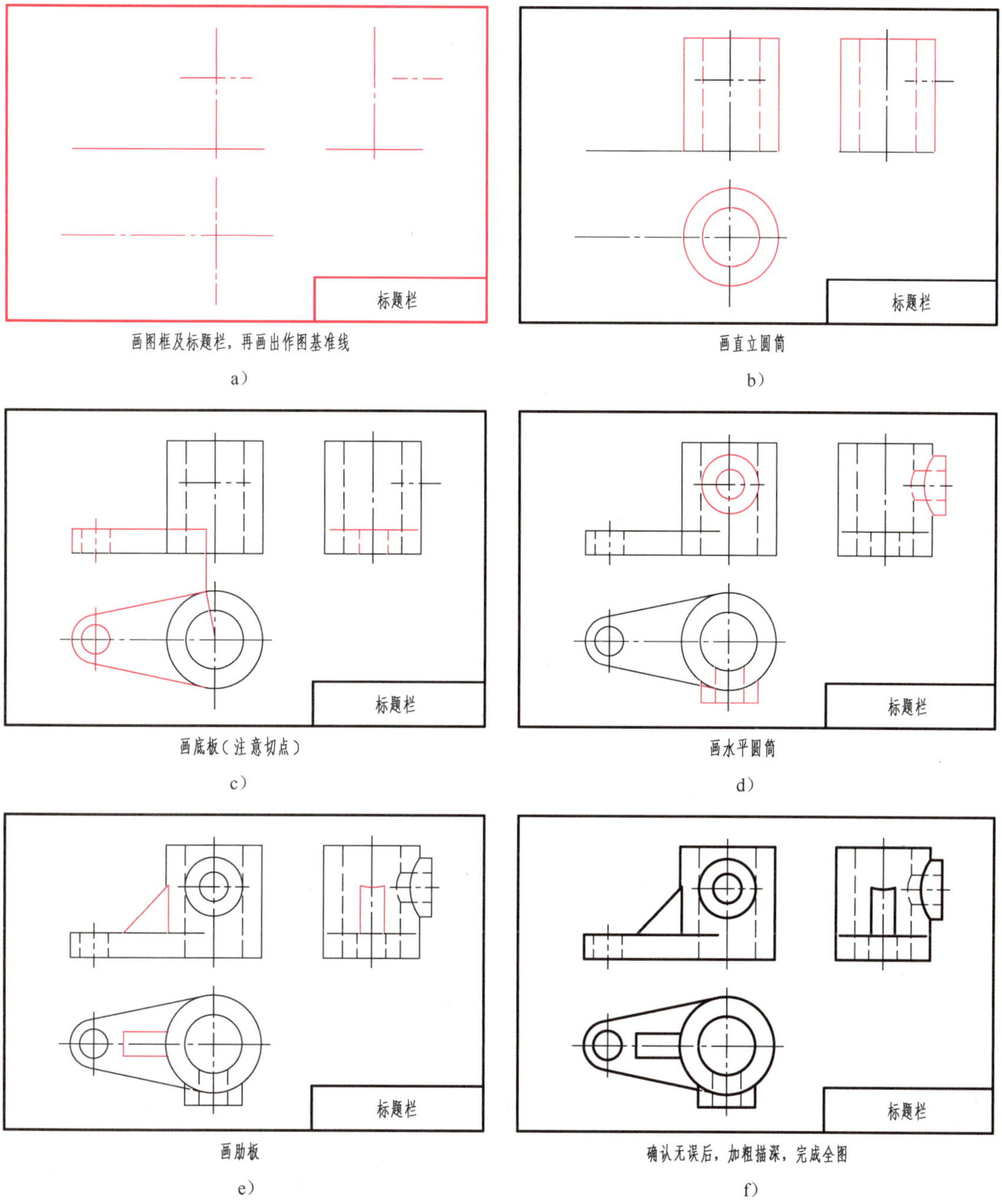
标题栏
画图框及标题栏，再画出作图基准线
a）
标题栏
画直立圆筒
b）
标题栏
画底板（注意切点）
c）
标题栏
画水平圆筒
d）
标题栏
画肋板
e）
标题栏
确认无误后，加粗描深，完成全图
f）

图 3-21　支座的画图步骤

第五节　组合体的尺寸注法

视图只能表达组合体的结构和形状，要表示它的大小，则需在图中标注尺寸。组合体尺寸标注的基本要求是：正确、完整、清晰。正确是指所注尺寸符合国家标准的规定；完整是指所注尺寸既不遗漏，也不重复；清晰是指尺寸注写布局整齐、清楚，便于看图。

一、基本几何体的尺寸注法

基本几何体的尺寸注法，是组合体尺寸标注的基础。基本几何体的大小通常是由长、宽、高三个方向的尺寸来确定的。

1．平面立体的尺寸注法

棱柱、棱锥及棱台，除了标注确定其顶面和底面形状大小的尺寸外，还要标注高度尺寸。为了便于看图，确定顶面和底面形状大小的尺寸，宜标注在反映其实形的视图上，如图 3-22所示。标注正方形尺寸时，在正方形边长尺寸数字前，加注正方形符号"□"，如图 3-22b 所示的正四棱台。

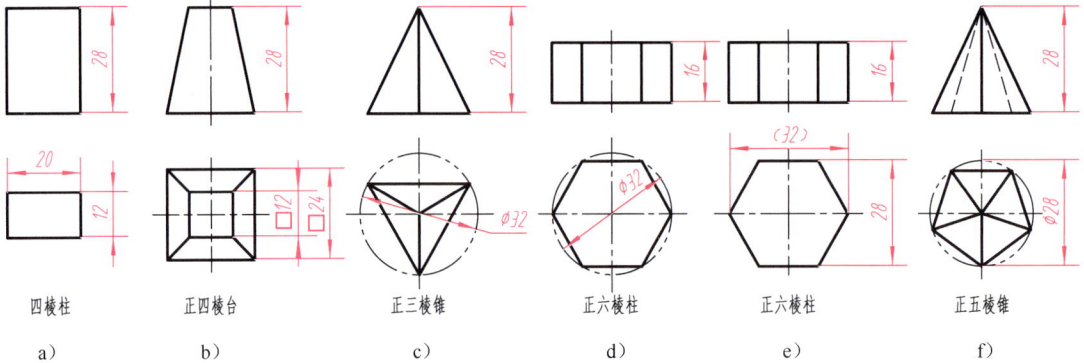

图 3-22　平面立体的尺寸注法

2．曲面立体的尺寸注法

圆柱、圆锥、圆台和圆环，应标注圆的直径和高度（中心距）尺寸，并在直径数字前加注直径符号"ϕ"，如图3-23a～d所示。标注圆球尺寸时，在直径数字前加注球直径符号"$S\phi$"或球半直径符号"SR"，如图3-23e、f所示。直径尺寸一般标注在非圆视图上。

当尺寸集中标注在一个非圆视图上时，一个视图即可表达清楚它们的形状和大小。如图3-23 所示，各基本几何体均用一个视图即可。

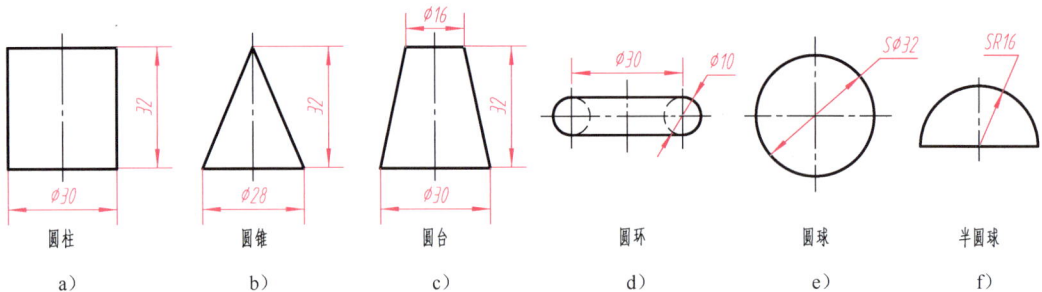

图 3-23　曲面立体的尺寸注法

3．带切口几何体的尺寸注法

对带切口的几何体，除标注基本几何体的尺寸外，还要注出确定截平面位置的尺寸。但要注意，由于几何体与截平面的相对位置确定后，切口的交线即完全确定，因此，不应在切口的交线上标注尺寸。图 3-24 中画"×"的红色尺寸为多余尺寸。

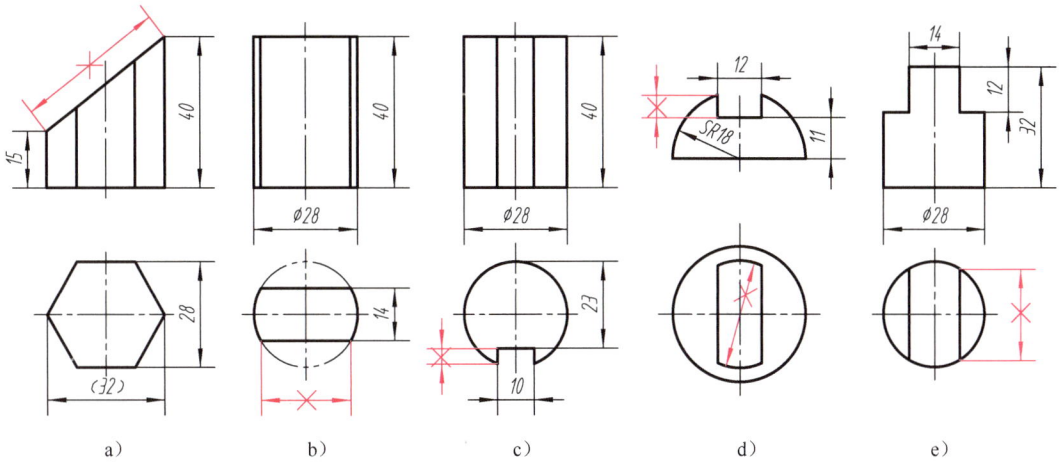

图 3-24　带切口几何体的尺寸注法

二、尺寸标注的基本要求

1. 正确性

应确保尺寸数值正确无误，所注的尺寸（包括尺寸数字、符号、箭头、尺寸线和尺寸界线等）要符合国家标准的有关规定。

2. 完整性

为了将尺寸注得完整，应先按形体分析法注出确定各基本形体的定形尺寸，再标注确定它们之间相对位置的定位尺寸，最后根据组合体的结构特点，注出总体尺寸。

（1）定形尺寸　确定组合体中各基本形体的形状和大小的尺寸，称为定形尺寸。

如图 3-25a 所示，底板的定形尺寸有长 70、宽 40、高 12，圆孔直径 2×ϕ10，圆角半径 R10；立板的定形尺寸有长 32、宽 12、高 38，圆孔直径 ϕ16。

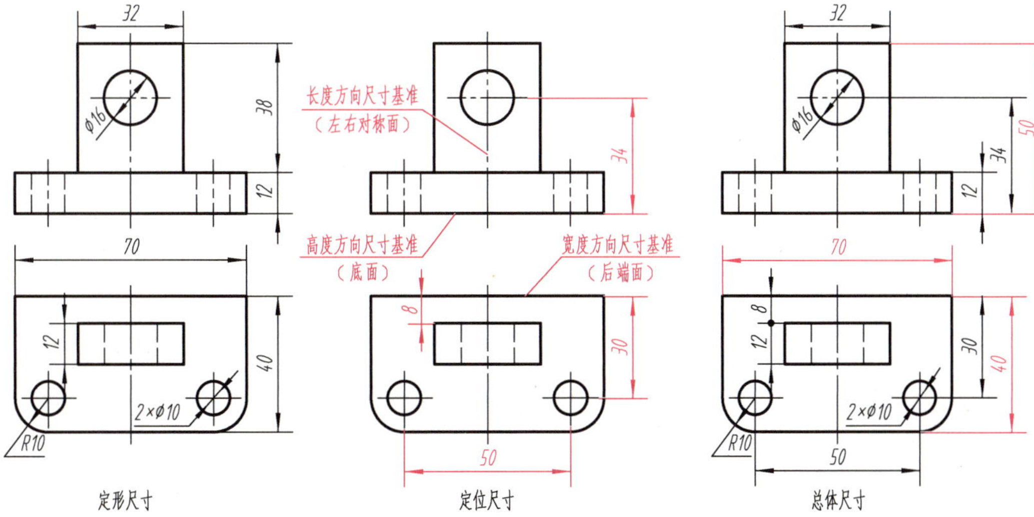

图 3-25　组合体的尺寸注法

提示：相同的圆孔要标注孔的数量（如 2×φ10），但相同的圆角不需标注数量。两者都不要重复标注。

（2）定位尺寸 确定组合体中各基本形体之间相对位置的尺寸，称为定位尺寸。

标注定位尺寸时，应先选择尺寸基准。尺寸基准是指标注或测量尺寸的起点。由于组合体具有长、宽、高三个方向的尺寸，每个方向都应有尺寸基准，以便从基准出发，确定基本形体在各方向上的相对位置。选择尺寸基准必须体现组合体的结构特点，并便于尺寸度量。通常以组合体的底面、端面、对称面、回转体轴线等作为尺寸基准。

如图 3-25b 所示，组合体左右对称面为长度方向的尺寸基准，由此注出底板上两圆孔的定位尺寸 50；后端面为宽度方向的尺寸基准，由此注出底板上圆孔的定位尺寸 30，立板与后端面的定位尺寸 8；底面为高度方向的尺寸基准，由此注出立板上圆孔与底面的定位尺寸 34。

（3）总体尺寸 确定组合体外形的总长、总宽、总高尺寸，称为总体尺寸。

如图 3-25c 所示，该组合体总长和总宽尺寸即底板的长 70、宽 40，不再重复标注。总高尺寸 50 从高度方向的尺寸基准注出。总高尺寸标注之后，要去掉立板的高度尺寸 38，否则会出现多余尺寸。

提示：当组合体的一端或两端为回转体时，总体尺寸是不能直接注出的，否则会出现重复尺寸。如图 3-26a 所示，组合体的总长尺寸（76=52+R12×2）和总高尺寸（42=28+R14）是间接确定的，因此，图 3-26b 所示标注总长 76、总高 42 是错误的。

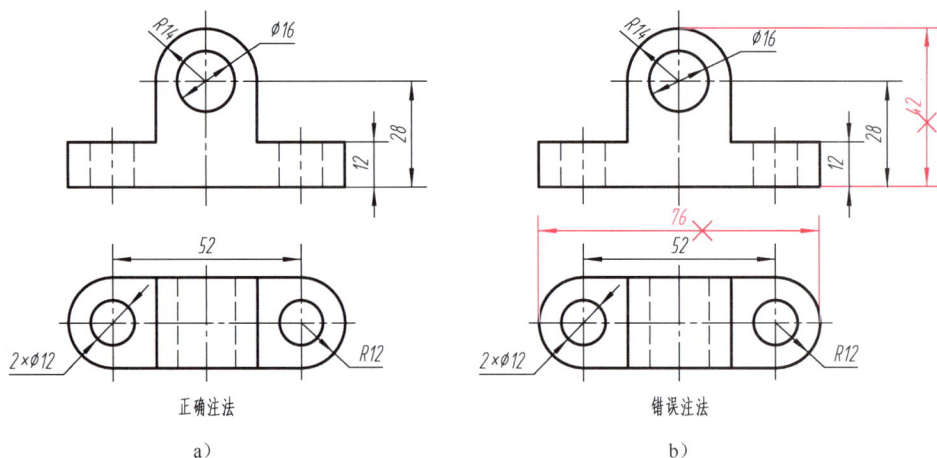

图 3-26 不注总体尺寸的情况

综上所述，定形尺寸、定位尺寸、总体尺寸可以相互转化。实际标注尺寸时，应认真分析，避免多注或漏注尺寸。

3．清晰性

尺寸标注除要求完整外，还要求标得清晰、明显，以方便看图。为此，标注尺寸时应注意以下几个问题：

1）定形尺寸尽可能标注在表示形体特征明显的视图上，定位尺寸尽可能标注在位置特征清楚的视图上。如图 3-27a 所示，将五棱柱的五边形尺寸标注在主视图上，比分开标注（图

3-27b）要好。如图 3-27c 所示，腰形板的俯视图形体特征明显，半径 R4、R7 等尺寸标注在俯视图上是正确的，而图 3-27d 的标注是错误的。如图 3-25b 所示，底板上两圆孔的定位尺寸 50、30 注在俯视图上，则两圆孔的相对位置比较明显。

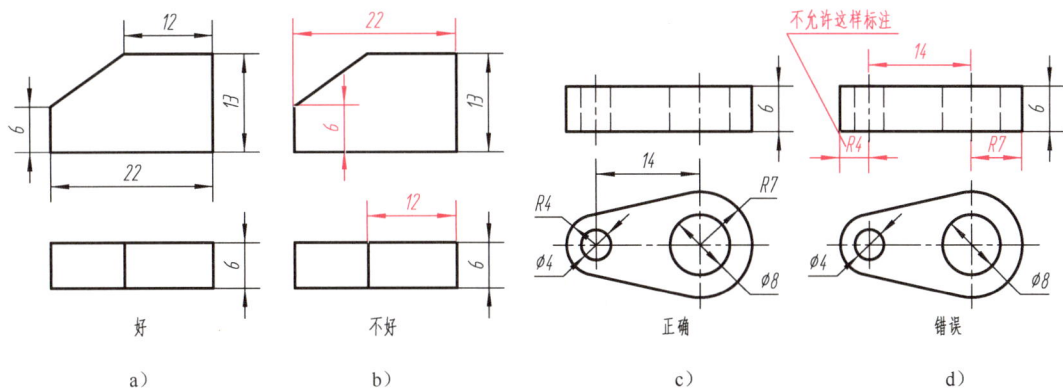

图 3-27　定形尺寸标注在形体特征明显的视图上

2）同一形体的尺寸应尽量集中标注。如图 3-25c 所示，底板的长度 70、宽度 40、两圆孔直径 2×φ10、圆角半径 R10、两圆孔定位尺寸 50、30 都集中注在俯视图上，便于看图时查找。圆柱开槽后表面产生截交线，其尺寸集中标注在主视图上比较好，如图 3-28a 所示。两圆柱相交表面产生相贯线，其尺寸的正确注法如图 3-28c 所示。相贯线本身不需标注尺寸，图 3-28d 的注法是错误的。

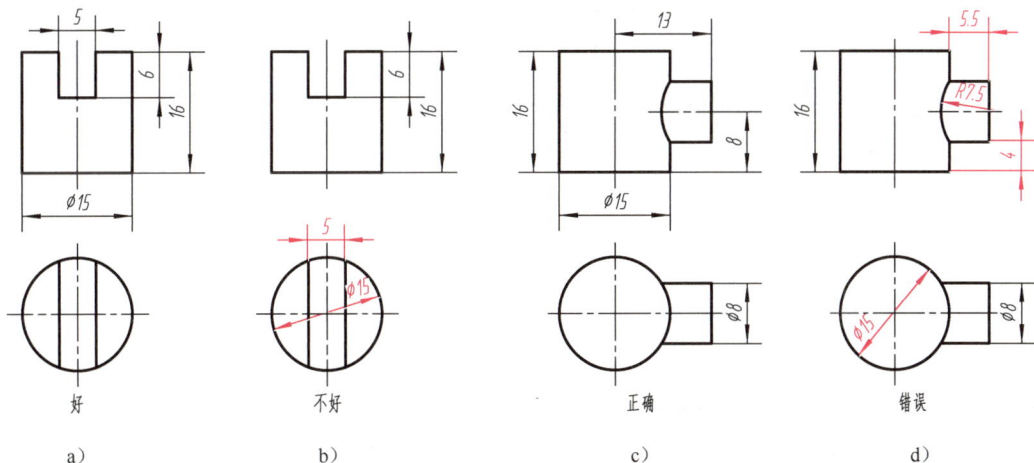

图 3-28　截断体和相贯体的尺寸注法

3）直径尺寸尽量注在投影为非圆的视图上，圆弧的半径应注在投影为圆的视图上。尺寸尽量不注在细虚线上。如图 3-29a 所示，圆的直径 φ20、φ30 注在主视图上是正确的，注在左视图上是错误的。而 φ14 注在左视图上是为了避免在细虚线上标注尺寸。R20 只能注在投影为圆的左视图上，而不允许注在主视图上。

4）平行排列的尺寸应将较小尺寸注在里面（靠近视图），大尺寸注在外面。如图 3-29a 所示，12、16 两个尺寸应注在 42 的里面，注在 42 的外面是错误的，如图 3-29b 所示。

正确注法
a）

不允许这样标注
错误注法
b）

图 3-29　直径与半径、大尺寸与小尺寸的注法

三、常见结构的尺寸注法

组合体常见结构的尺寸注法如图 3-30 所示。

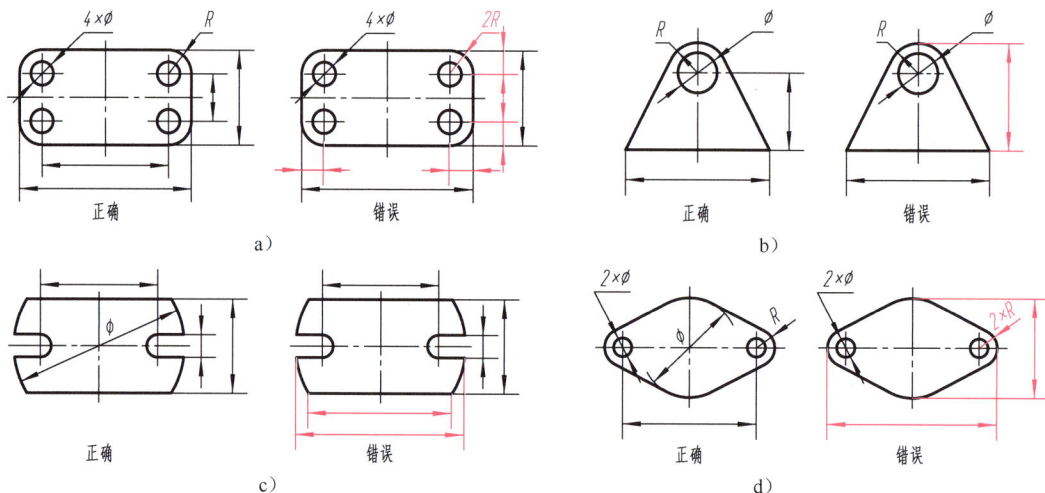

正确　错误
a）

正确　错误
b）

正确　错误
c）

正确　错误
d）

图 3-30　组合体常见结构的尺寸注法

四、组合体的标注示例

组合体是由一些基本形体按一定的连接关系组合而成的。因此，在标注组合体的尺寸时，首先应按形体分析法将组合体分解为若干基本形体，再注出各基本形体的定形尺寸和各基本形体之间的定位尺寸，以及组合体长、宽、高三个方向的总体尺寸。

【例 3-9】　标注图 3-31a 所示轴承座的尺寸。

分析

根据轴承座的结构特点，将轴承座分解成底板、圆筒、支承板和肋板四部分，如图 3-31b 所示。

标注

① 逐个注出各基本形体的定形尺寸。标注尺寸时，应先进行形体分析，将轴承座分解成底板、圆筒、支承板、肋板四部分，分别注出其定形尺寸，如图 3-32a 所示。

② 选定尺寸基准，标注定位尺寸。由轴承座的结构特点可知，底板的底面是轴承座的

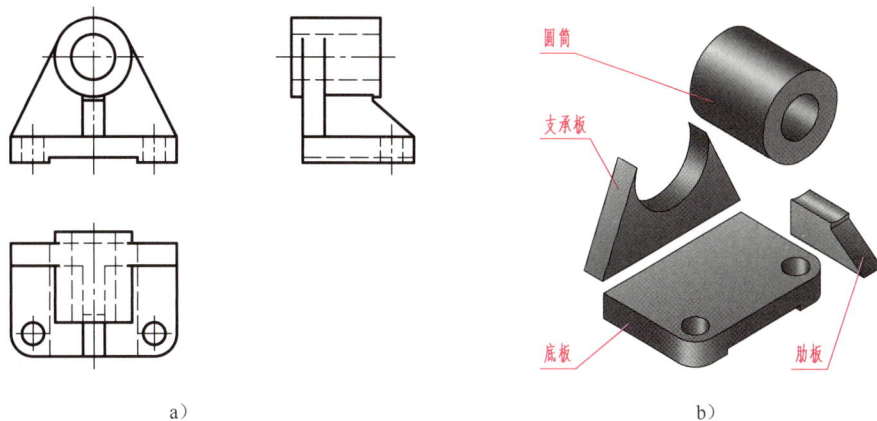

图 3-31　轴承座及形体分析

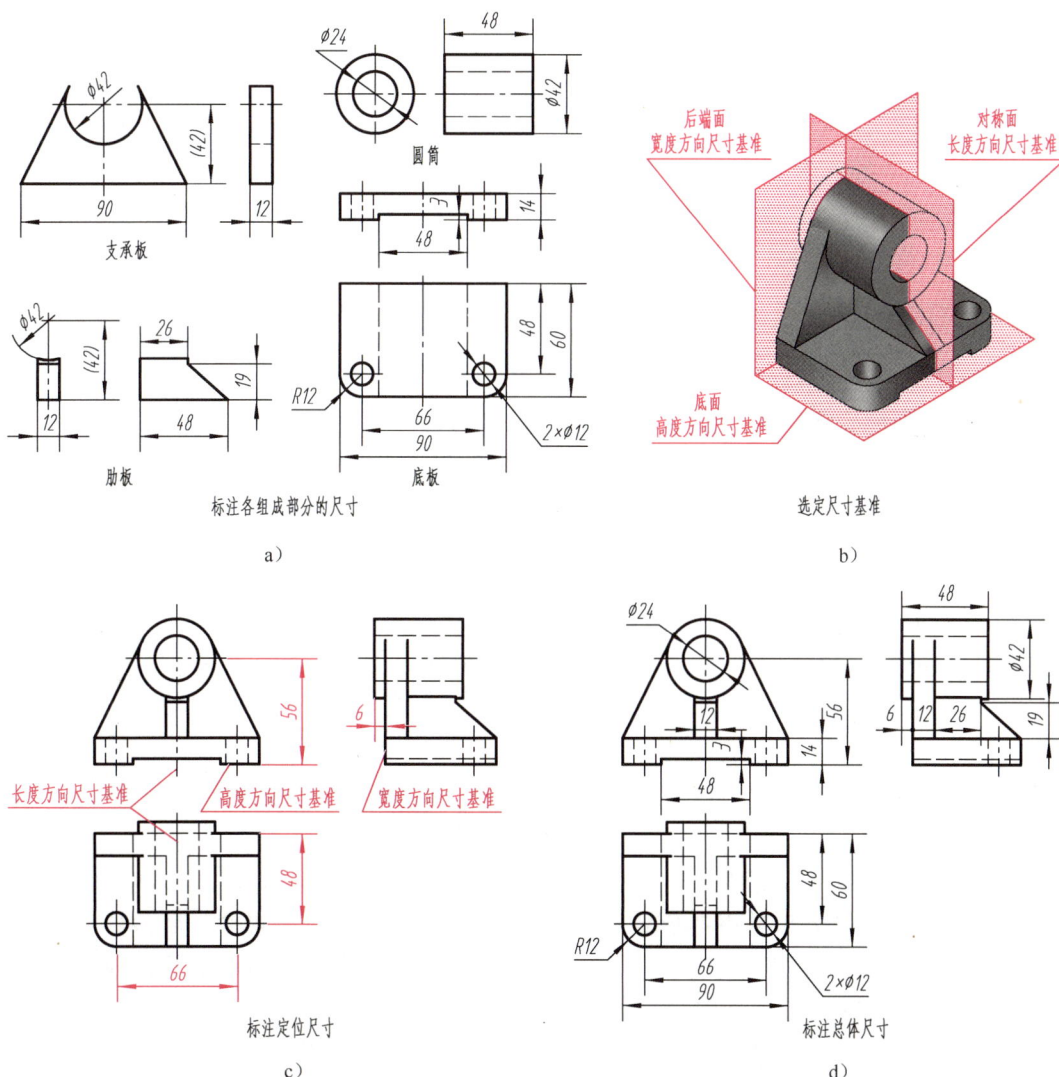

圆筒

支承板

底板　肋板

标注各组成部分的尺寸

a）

选定尺寸基准

b）

后端面
宽度方向尺寸基准

对称面
长度方向尺寸基准

底面
高度方向尺寸基准

长度方向尺寸基准　高度方向尺寸基准　宽度方向尺寸基准

标注定位尺寸

c）

标注总体尺寸

d）

图 3-32　轴承座的尺寸标注

安装面，底面可作为高度方向的尺寸基准；轴承座左右对称，其对称面可作为长度方向的尺寸基准；底板和支承板的后端面可作为宽度方向的尺寸基准，如图 3-32b 所示。

尺寸基准选定后，按各部分的相对位置，标注它们的定位尺寸。圆筒与底板上下方向的相对位置，需标注圆筒轴线到底板底面的中心距 56；圆筒与底板前后方向的相对位置，需标注圆筒后端面与支承板后端面定位尺寸 6；由于轴承座左右对称，长度方向的定位尺寸可以省略不注；标注底板上两个圆孔的定位尺寸 66、48，如图 3-32c 所示。

③ 标注总体尺寸。如图 3-32d 所示，底板的长度 90 是轴承座的总长（与定形尺寸重合，不另行注出）；总宽由底板宽度 60 和圆筒在支承板后面伸出的长度 6 所确定；总高由圆筒的定位尺寸 56 加上圆筒外径 $\phi42$ 的 1/2 所确定。

按上述步骤注出尺寸后，还要按形体逐个检查有无重复或遗漏，进行修正和调整。

第六节 看组合体视图的方法

画图，是将物体用正投影法表示在二维平面上；看图，则是依据视图，通过投影分析想象出物体的形状，是通过二维图形建立三维物体的过程。画图与看图是相辅相成的，看图是画图的逆过程。"照物画图"与"依图想物"相比，后者的难度要大一些。为了能够正确而迅速地看懂组合体视图，必须掌握看图的基本要领和基本方法，通过反复实践，不断培养空间思维能力，提高看图水平。

一、看图的基本要领

1. 将几个视图联系起来看

一个视图不能确定物体的形状。如图 3-33 所示，三个主视图都相同，但所表示的是三个不同的物体。有时只看两个视图，也无法确定物体的形状。如图 3-34 所示，它们的主、俯两个视图完全相同，但实际上也是三个不同的物体。

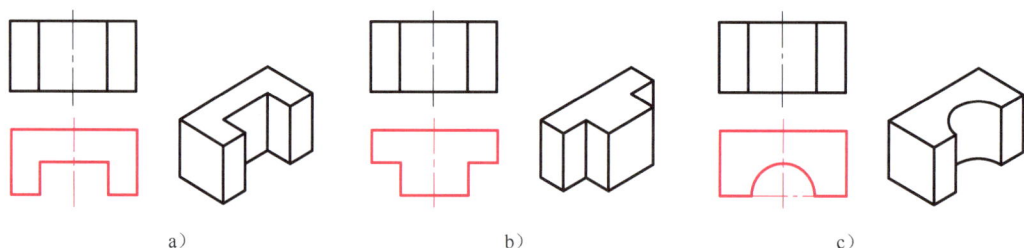

a) b) c)

图 3-33 一个视图不能确切表示物体的形状

由此可见，看图时必须把所给的视图联系起来看，才能想象出物体的确切形状。

2. 理解视图中图线和线框的含义

视图是由一个个封闭线框组成的，而线框又是由图线构成的。因此，弄清图线及线框的含义，是十分必要的。

（1）图线的含义 如图 3-35 所示，视图中常见的图线有粗实线、细虚线和细点画线。

① 粗实线或细虚线（包括直线和曲线）可以表示：具有积聚性的面（平面或柱面）的

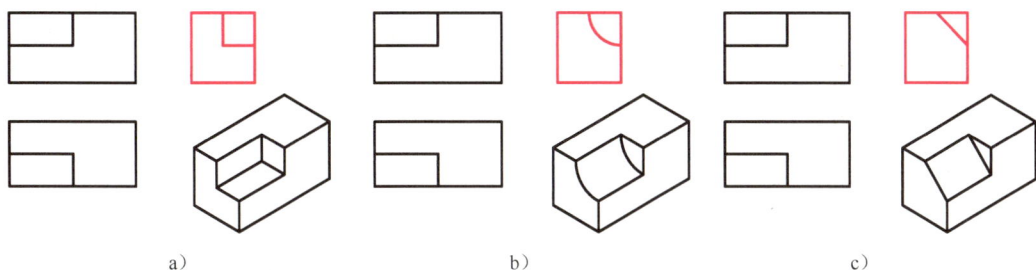

图 3-34　两个视图不能确切表示物体的形状

投影；面与面（两平面、或两曲面、或平面与曲面）交线的投影；曲面转向素线的投影。

② 细点画线可以表示：回转体的轴线；对称中心线。

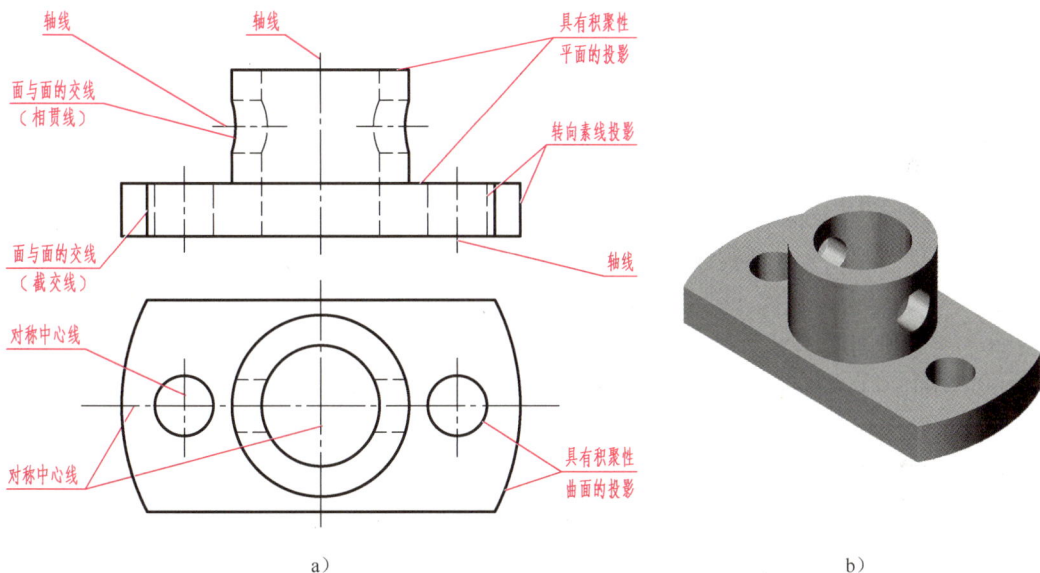

图 3-35　视图中图线的含义

（2）线框的含义　如图 3-36 所示，视图中的线框有以下三种情况：

① 一个封闭的线框。表示物体的一个面（可能是平面、曲面、组合面）或孔洞，如图 3-36a 所示。

② 相邻的两个封闭线框。表示物体上位置不同的两个面。由于不同线框代表不同的面，它们表示的面有左右、前后、上下的相对位置关系，可以通过这些线框在其他视图中的对应投影加以判断，如图 3-36b 所示。

③ 大封闭线框包含小线框。表示在大平面体（或曲面体）上凸出或凹进的各个小平面体（或曲面体），如图 3-36c 所示。

二、看图的方法和步骤

形体分析法是看图的基本方法。运用形体分析法看图，关键在于掌握分解复杂图形的方法。只有将复杂的图形分解为几个简单图形，才能通过对简单图形的识读加以综合，达到较

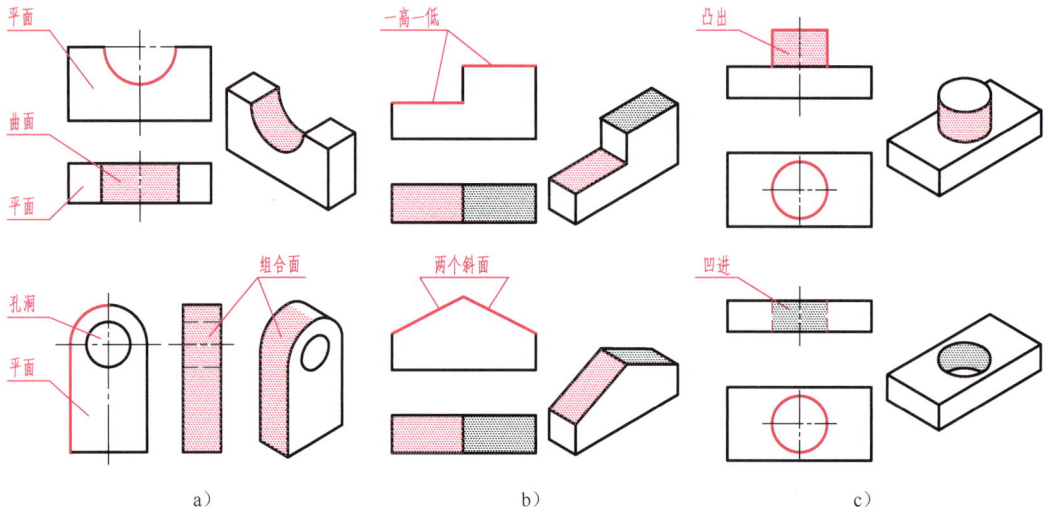

图 3-36 视图中线框的含义

快看懂复杂图形的目的。看图的步骤如下：

1. 抓住特征分部分

所谓特征，是指物体的形状特征和组成物体的各基本形体之间的位置特征。

（1）形状特征 如图 3-37a 所示，若只看俯、左两视图，则无法确定物体的结构形状。如果将主、俯视图（或主、左视图）配合起来看，即使不要另一个视图，也能想象出它的结构形状。因此，主视图是反映该物体形状特征明显的视图。如图 3-37b 所示，若只看主、左两视图，则除了板厚以外，其他形状就很难分析了。如果将主、俯视图配合起来看，即使不要左视图，也能想象出它的全貌。因此，俯视图是反映该物体形状特征明显的视图。采用同样的分析方法，图 3-37c 中的左视图，是反映该物体形状特征明显的视图。

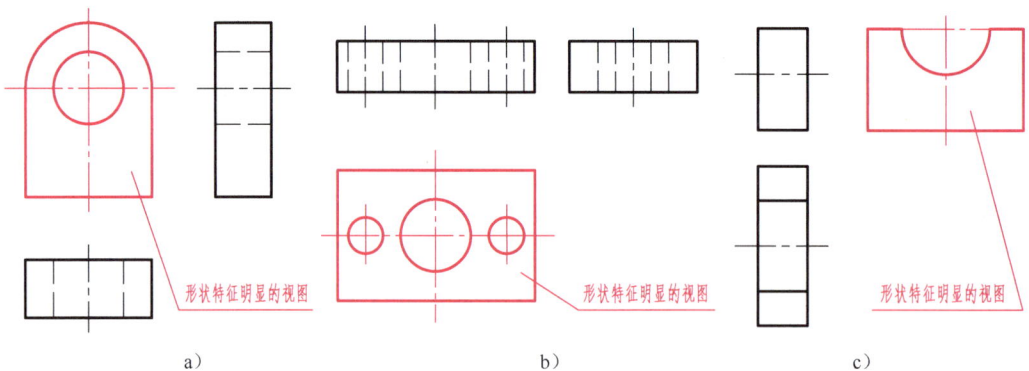

图 3-37 形状特征明显的视图

（2）位置特征 在图 3-38a 所示的主视图中，大线框中包含两个小线框（一个圆、一个矩形），如果只看主、俯视图，无法确定两个形体哪个凸出、哪个凹进，如图 3-38b 所示。若将主、左视图配合起来看，则不仅形状容易想清楚，圆柱凸出、四棱柱凹进也能确定。因此，左视图是反映该物体各组成部分位置特征明显的视图。

78

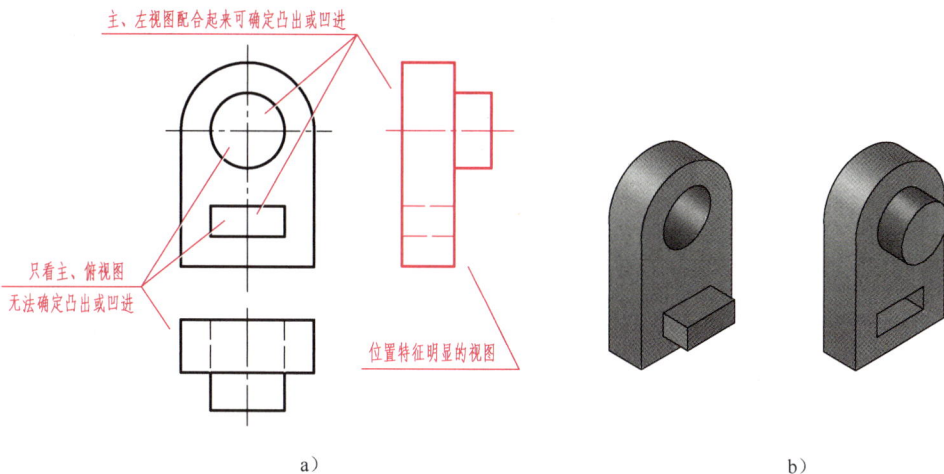

图 3-38　位置特征明显的视图

> 提示：物体上每一组成部分的特征，并非集中在一个视图上。因此，在划分组合体的每一部分时，无论哪个视图（一般以主视图为主），只要形状、位置特征有明显之处，就应从该视图入手，这样就能较快地将其分解成若干组成部分。

2. 对准投影想形状

依据"三等"规律，从反映特征部分的线框（一般表示该部分形体）出发，分别在其他两视图上找出对应投影，并想象出它们的形状。

3. 综合起来想整体

想出各组成部分形状之后，再根据整体三视图，分析它们之间的相对位置和组合形式，进而综合想象出该物体的整体形状。

【例 3-10】　看懂图 3-39a 所示底座的三视图。

看图步骤

① 抓住特征分部分。通过形体分析可知，主视图较明显地反映出形体Ⅰ、Ⅱ、Ⅲ的特征，据此，该底座可大体分为三部分，如图 3-39a 所示。

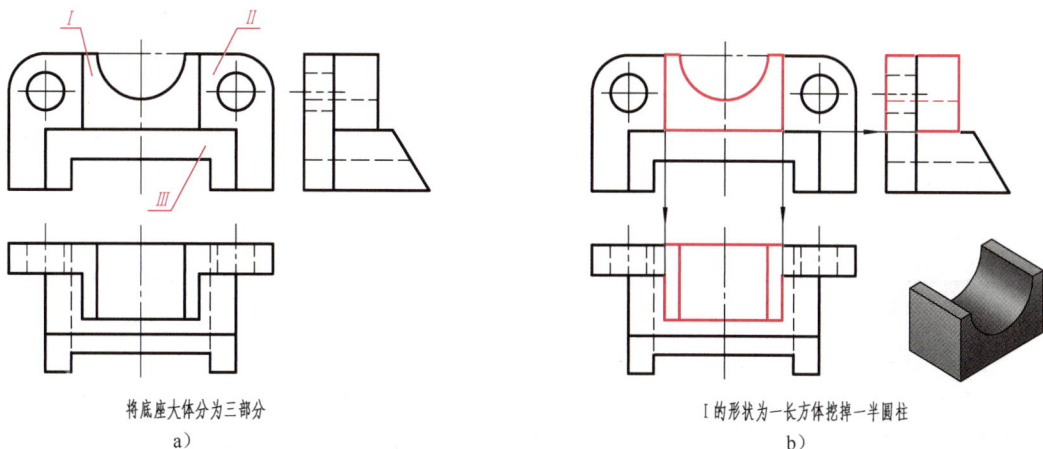

将底座大体分为三部分
a)

Ⅰ的形状为一长方体挖掉一半圆柱
b)

图 3-39　底座的看图方法

79

II的形状为带圆角和圆孔且形状对称的两块平板
c）

III的形状为带斜面四棱柱下方开一通槽
d）

图 3-39　底座的看图方法（续）

② 对准投影想形状。依据"三等"规律，分别在其他两视图上找出对应投影（图中的红色粗实线），并想象出它们的形状，如图 3-39b～d 中的轴测图所示。

③ 综合起来想整体。长方体 I 在底板III的上面，两形体的对称面重合且后表面靠齐；侧板 II 在长方体 I、底板III的左、右两侧，且与其相接，后表面靠齐。综合想象出物体的整体形状，如图 3-40 所示。

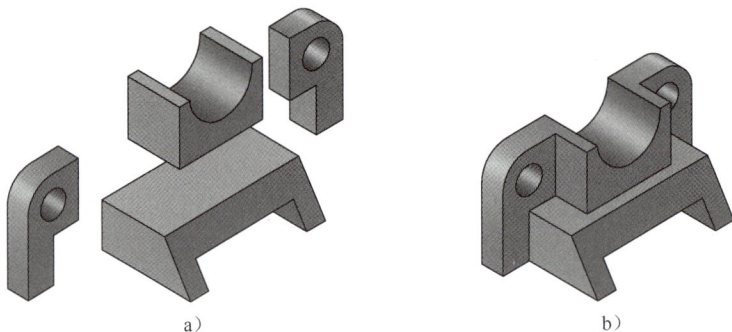

a）　　　　　　　　b）

图 3-40　底座轴测图

应当指出，在上述看图过程中，没有利用尺寸来帮助看图。有时图中的尺寸，是有助于分析物体的形状的，如直径符号 ϕ 表示圆孔或圆柱，半径符号 R 则表示圆角等。

三、由已知两视图补画第三视图

由已知两视图补画第三视图，是训练看图能力、培养空间想象力的重要手段。补画视图，实际上是看图和画图的综合练习，一般可分如下两步进行：

1）根据已知视图按前述方法将视图看懂，并想出物体的形状。

2）在想出形状的基础上，应根据已知的两个视图，按各组成部分逐个地作出第三视图，进而完成整个物体的第三视图。

【例 3-11】　如图 3-41a 所示，已知支架的主、俯两视图，想象出它的结构形状，补画左视图。

分析

如图 3-41a 所示，主视图中有 a'、b'、c' 三个线框，对照主、俯两视图可以看出，三个线框分别表示三个不同位置的表面。线框 c′是一个凹形板,处于支架的前下方;线框 a′中有一个小圆线框,与俯视图中的两条虚线对应,是半圆形立板上穿了一个圆孔,半圆形立板处于支架的后面;线框 b′ 的上方有个半圆形槽,在俯视图中可找到对应的两条竖线,它处于 A 面和 C 面之间。该支架是由凹形板、半圆形槽板和半圆形立板(分三层)叠加而成的。

作图

① 根据主、俯视图的对照分析,画出左视图的外轮廓,分出支架三部分的前后、高低层次,如图 3-41b 所示。

② 在前层切出矩形凹槽,补画左视图中的细虚线,如图 3-41c 所示。

③ 在中间层切出半圆形凹槽,补画左视图中的细虚线,如图 3-41d 所示。

④ 在后层挖出圆孔,补画左视图中的细虚线。检查无误后完成作图,如图 3-41e 所示。

图 3-41　补画支架的左视图

【例 3-12】　已知机座的主、俯两视图(图 3-42a),想象出它的结构形状,补画左视图。

分析

如图 3-42a 所示,根据机座的主、俯视图,想象出它的结构形状。乍一看,机座由带矩形通槽的底板、两个带圆孔的半圆形竖板组成,如图 3-42c 所示。但仔细分析主视图中的细

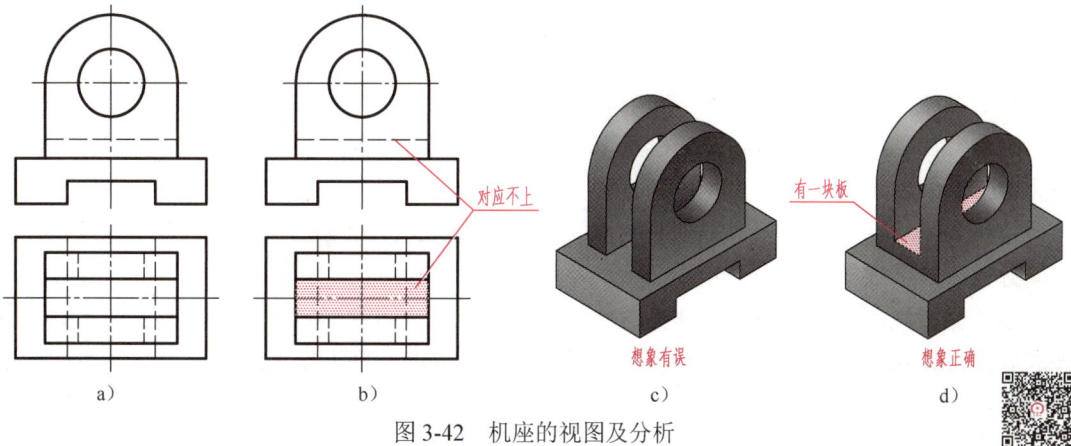

图 3-42　机座的视图及分析

虚线和俯视图中与之对应的粗实线，在两个带圆孔的半圆形竖板之间，还应有一块矩形板，如图 3-42b、d 所示。机座的整体形状如图 3-42d 所示。

作图

① 根据主、俯视图（图 3-43a），画出对称中心线及带矩形通槽底板的左视图，如图 3-43b 所示。

② 画出两块带圆孔的半圆形立板的左视图，如图 3-43c 所示。

③ 画出两半圆形立板之间的矩形板的左视图（只是添加一条横线，但要去掉半圆形立板下方的两处短线），完成机座的左视图，如图 3-43d 所示。

由此可知，看懂已知的两视图，想象出组合体的形状，是补画第三视图的必备条件。所以，看图和画图是密切相关的。在整个看图过程中，一般是以形体分析法为主，边分析、边想象、边修正、边作图，就能较快地看懂组合体的视图，想象出其整体结构形状，正确地补画出第三视图。

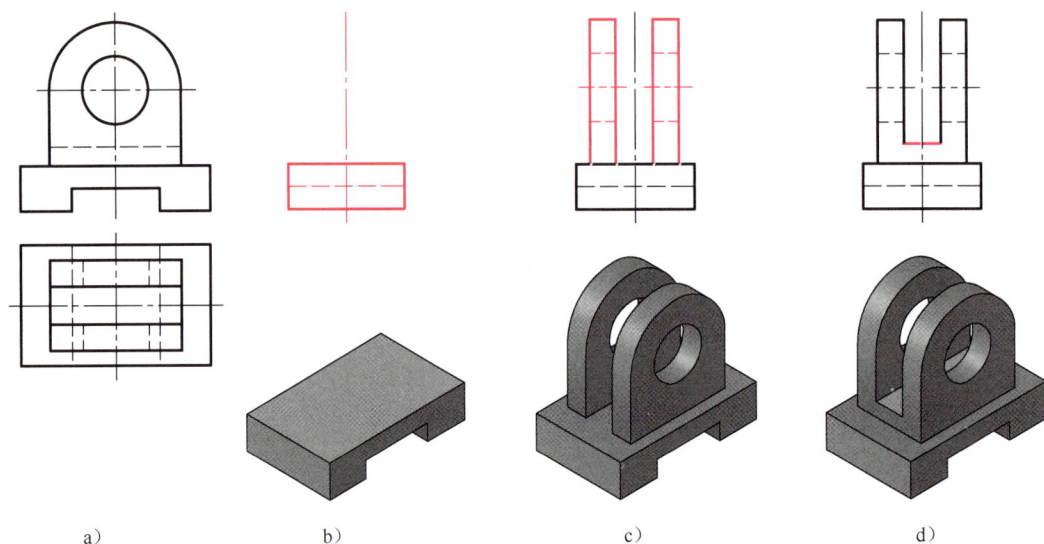

a)   b)   c)   d)

图 3-43   补画机座的左视图

四、补画视图中的漏线

补漏线就是在已知的三视图中补画缺漏的图线。首先，运用形体分析法，看懂三视图所表达的组合体结构形状，然后仔细检查组合体的投影是否有漏画的图线，最后将缺漏的图线补画出来。

【例 3-13】   补画组合体三视图（图 3-44a）中缺漏的图线。

分析、补漏线

组合体三视图所表达的组合体由圆柱体和座板组成，组合形式为叠加，两组成部分分界处的表面是相切的，如图 3-44b 所示。对照各组成部分在三视图中的投影，发现在主视图中圆柱与底板相切处（座板最前面）缺少一段粗实线（切线的投影）；在左视图中缺少座板顶面的投影（一条细虚线）。将它们逐一补画出来，如图 3-44c 所示。

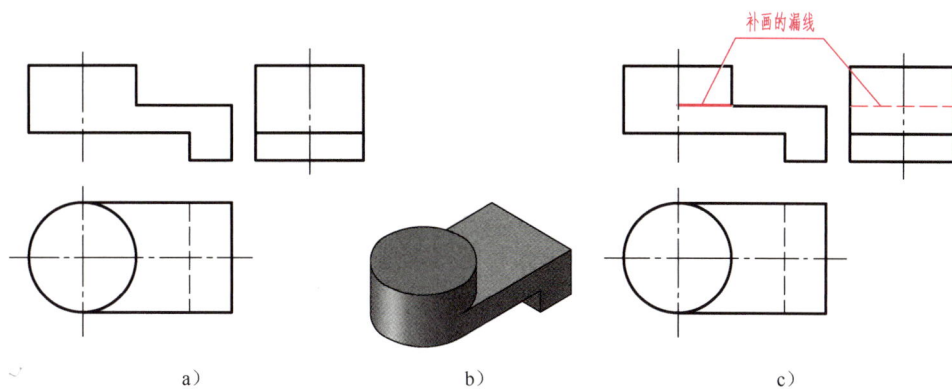

图 3-44 补画组合体视图中缺漏的图线

第四章 轴 测 图

第一节 轴测图的基本知识

在机械图样中,主要是通过视图和尺寸来表达物体的形状和大小的。由于视图是按正投影法绘制的,每个视图只能反映其二维空间大小,缺乏立体感。轴测图是用平行投影法绘制的单面投影图,由于轴测图能同时反映出物体长、宽、高三个方向的形状,所以具有立体感。但轴测图的度量性差,作图复杂,因此在机械图样中只能用作辅助图样。

一、轴测图的形成

将物体连同其参考直角坐标系,沿不平行于任一坐标平面的方向,用平行投影法将其投射在单一投影面上所得到的图形,称为轴测图,如图4-1所示。

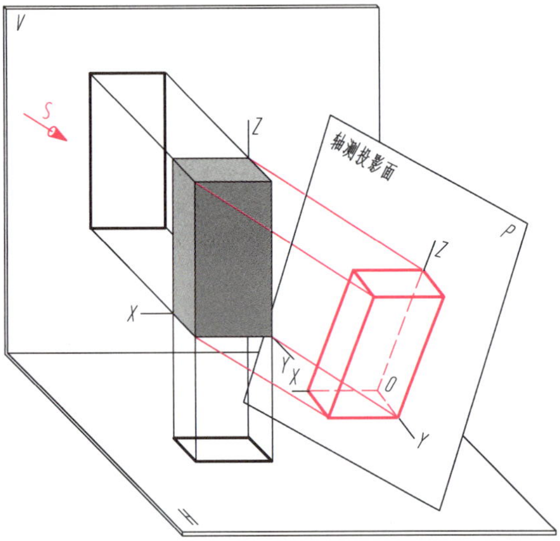

a) 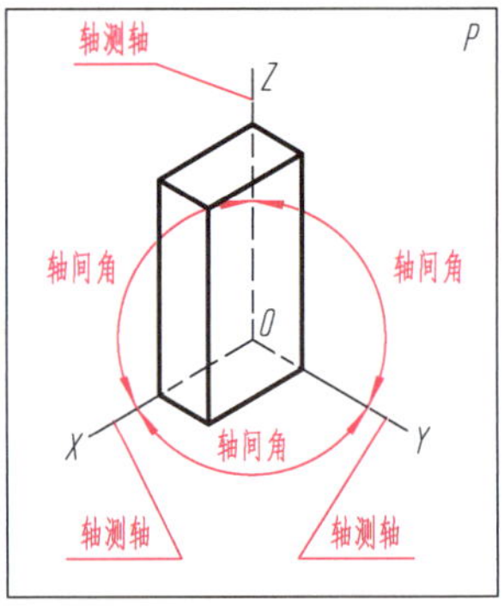　　　　　　　　　　　　　　　　　　　b)

图 4-1　轴测图的获得

二、术语和定义（GB/T 4458.3—2013）

1. 轴测轴
空间直角坐标轴在轴测投影面上的投影,称为轴测轴,如图 4-1b 中的 OX、OY、OZ 轴。

2. 轴间角
轴测图中两轴测轴之间的夹角,称为轴间角,如图 4-1b 中的 $\angle XOY$、$\angle YOZ$、$\angle XOZ$。

3. 轴向伸缩系数
轴测轴上的单位长度与相应投影轴上的单位长度的比值,称为轴向伸缩系数。不同的轴测图,其轴向伸缩系数不同,如图 4-2 所示。

三、一般规定

理论上轴测图可以有许多种，但从作图简便等因素考虑，一般采用以下两种：

1．正等轴测投影（正等轴测图）

用正投影法得到的轴测投影，称为正轴测投影。三个轴向伸缩系数均相等的正轴测投影，称为正等轴测投影，简称正等测。此时三个轴间角相等。绘制正等轴测图时，其轴间角和轴向伸缩系数（p、q、r），按图 4-2a 所示规定绘制。

2．斜二等轴测投影（斜二等轴测图）

轴测投影面平行于一个坐标平面，且平行于坐标平面的那两个轴的轴向伸缩系数相等的斜轴测投影，称为斜二等轴测投影，简称斜二测。绘制斜二等轴测图时，其轴间角和轴向伸缩系数（p_1、q_1、r_1），按图 4-2b 所示规定绘制。

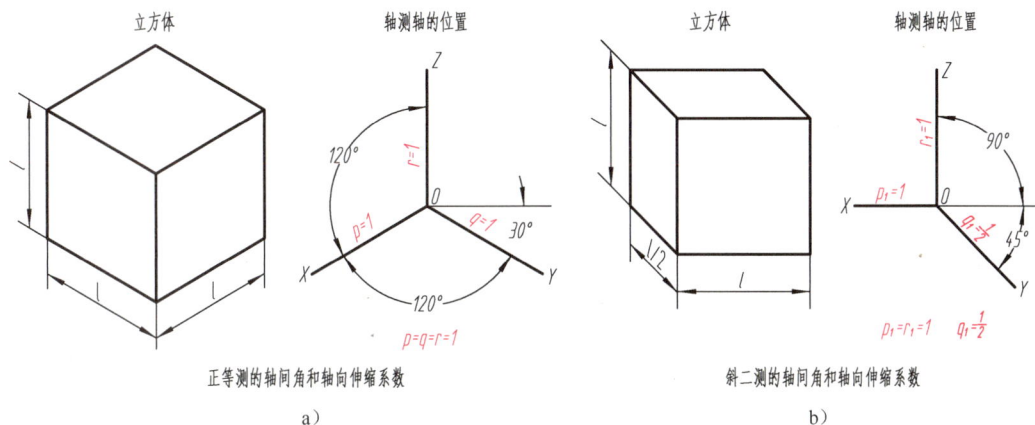

图 4-2　轴间角和轴向伸缩系数的规定

四、轴测图的投影特性

由于轴测图是用平行投影法绘制的，所以具有平行投影的特性。

1）物体上与坐标轴平行的线段，其投影在轴测图中平行于相应的轴测轴。

2）物体上相互平行的线段，其投影在轴测图中相互平行。

第二节　正等轴测图

一、正等测轴测轴的画法

在绘制正等轴测图时，先要准确地画出轴测轴，然后才能根据轴测图的投影特性，画出轴测图。如图 4-2a 所示，正等测中的轴间角相等，均为 120°。绘图时，可利用丁字尺和 30° 三角板配合，准确地画出轴测轴，如图 4-3 所示。

二、平面立体的正等测画法

绘制平面立体轴测图的基本方法是坐标法和切割法。用坐标法作图时，是沿坐标轴测量，画出各顶点的轴测投影，连接各顶点形成物体的轴测图；对于不完整的物体，可先按完整物体画出，再用切割法画出其不完整的部分。

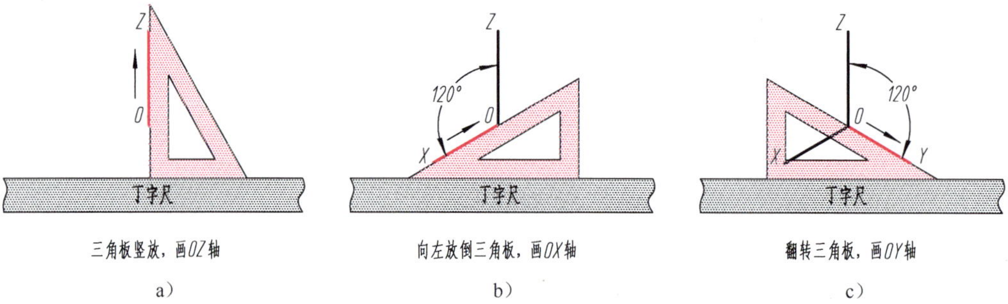

Z
O
丁字尺
三角板竖放，画OZ轴
a）
Z
120°
O
X
丁字尺
向左放倒三角板，画OX轴
b）
Z
120°
O
X
Y
丁字尺
翻转三角板，画OY轴
c）

图 4-3　正等测轴测轴的画法

1．棱柱的正等测画法

【例 4-1】　根据图 4-4a 所示正六棱柱的两视图，画出其正等测。

分析

由于正六棱柱前后、左右对称，故选择顶面的中点作为坐标原点，棱柱的轴线作为 *Z* 轴，顶面的两条对称中心线作为 *X*、*Y* 轴，如图 4-4a 所示。用坐标法从顶面开始作图，可直接作出顶面六边形各顶点的正等测。

作图

① 画出轴测轴，定出点Ⅰ、Ⅱ、Ⅲ、Ⅳ；分别通过点Ⅰ、Ⅱ，作 *X* 轴的平行线，如图 4-4b 所示。

② 在过点Ⅰ、Ⅱ的 *X* 轴平行线上，确定 *m*、*n* 点（均为前后对称的两个点），连接各顶点得到顶面正六边形的正等测，如图 4-4c 所示。

a）
b）
c）
d）
e）

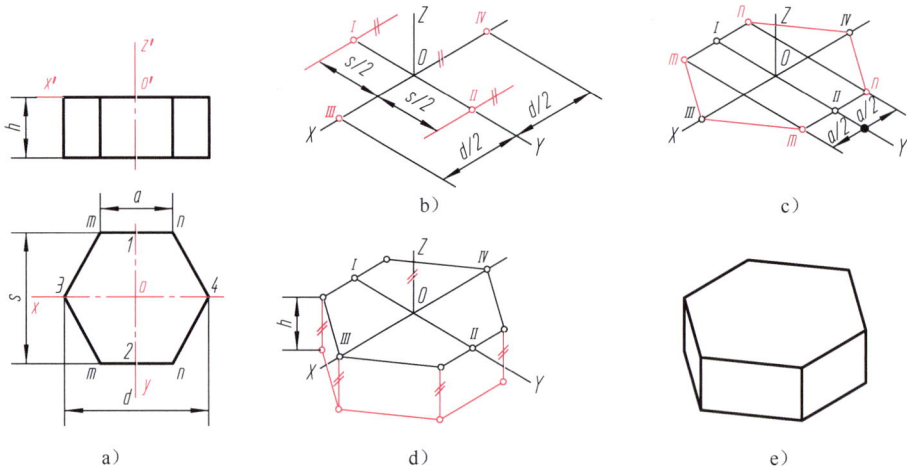

图 4-4　正六棱柱正等测的作图步骤

③ 过六边形的各顶点，向下作 *Z* 轴的平行线，并在其上截取高度 *h*，画出底面上可见的各条边，如图 4-4d 所示。

④ 擦去作图辅助线并描深，完成正六棱柱的正等测，如图 4-4e 所示。

> 提示：轴测图中一般只画出可见部分，必要时才画出其不可见部分。

【例4-2】　根据图4-5a所示楔形块的两视图，画出其正等测。

分析

楔形块的原始形状是一个长方体。长方体的左上方、左前方和左后方分别被切掉一个角而形成楔形块，因此，绘制楔形块的正等测时，可采用切割法。

作图

① 因为楔形块前、后对称，所以在俯视图中将对称中心线确定为 X 轴，如图4-5a所示。

② 按给定的尺寸 L_1、K_1、H 画出长方体的正等测，如图4-5b所示。

③ 按给定的尺寸 h、L_3 确定斜面上线段端点的位置，画出左上方斜面的正等测，如图4-5c所示。

④ 按给定的尺寸 L_2、K_2 确定左前方和左后方斜面上线段端点的位置，画出左前方和左后方两个斜面的正等测，如图4-5d所示。

⑤ 擦去作图辅助线并描深，完成楔形块的正等测，如图4-5e所示。

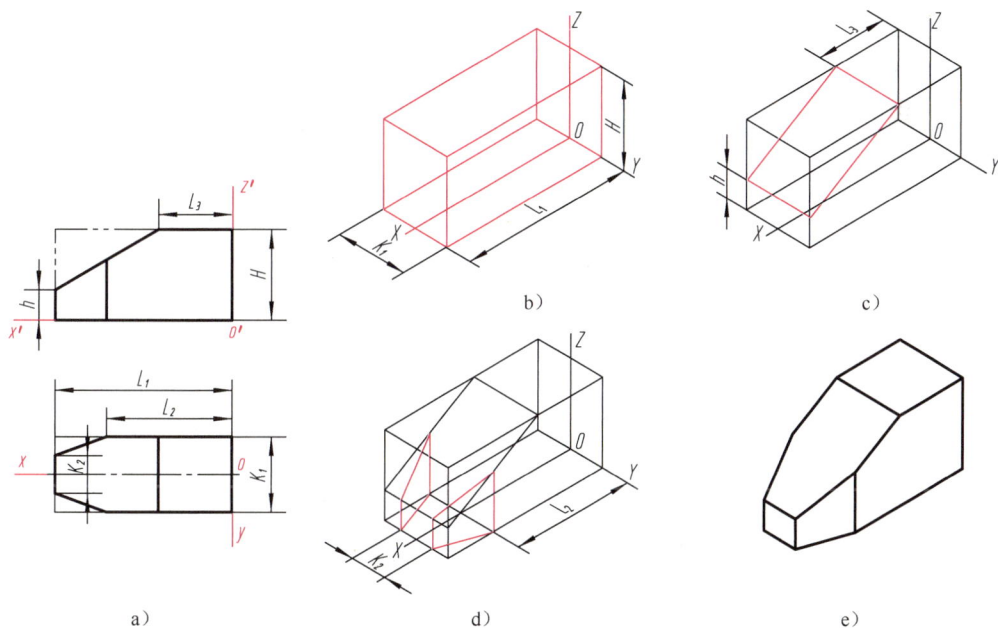

图4-5　楔形块正等测的作图步骤

2. 棱锥的正等测画法

画棱锥的正等测时，先用坐标法画出棱锥底面的正等测，根据棱锥高度定出锥顶，再过锥顶与底面各顶点连线。

【例4-3】　根据图4-6a所示四棱锥的两视图，画出其正等测。

分析

四棱锥前后、左右对称，四棱锥的底面为矩形，锥高与底面垂直并通过底面的中心，故选择锥底面的对称中心点作为坐标原点，锥高作为 Z 轴，如图4-6a所示。

作图

① 画出轴测轴 X、Y，按给定的尺寸 L、K 画出底面的正等测，如图4-6b所示。

② 按给定的棱锥高度 H 定出锥顶，如图4-6c所示。

87

③ 过锥顶与底面各顶点连线，如图 4-6d 所示。

④ 擦去作图辅助线并描深，完成四棱锥的正等测，如图 4-6e 所示。

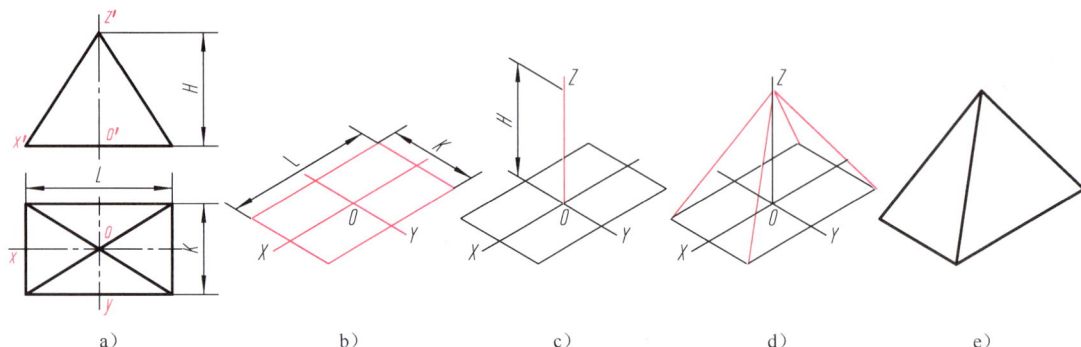

图 4-6 四棱锥正等测的作图步骤

三、曲面立体的正等测画法

1. 不同坐标面上圆的正等测画法

在正等测中，三个坐标面上的圆（直径相等，均为 d）的轴测投影都是椭圆，其长轴和短轴的比例都是相同的，即椭圆的大小相同。从图 4-7 中可以看出，椭圆长轴的方向与相应的轴测轴 X、Y、Z 垂直，短轴的方向与相应的轴测轴 X、Y、Z 平行。平行于不同坐标面的圆的正等测，除了椭圆长、短轴方向不同外，其画法是一样的。椭圆具有如下特征：

椭圆 1（水平椭圆）的长轴垂直于 Z 轴；

椭圆 2（侧面椭圆）的长轴垂直于 X 轴；

椭圆 3（正面椭圆）的长轴垂直于 Y 轴。

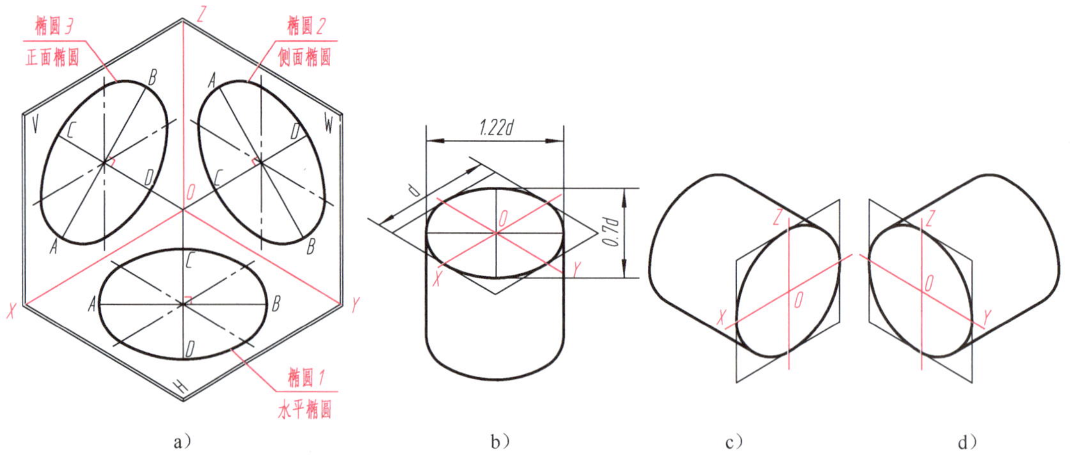

图 4-7 不同坐标面上圆的正等测画法

各椭圆的长轴：$AB \approx 1.22d$，各椭圆的短轴：$CD \approx 0.7d$。画回转体的正等测时，只有明确圆所在的平面与哪一个坐标面平行，才能画出方位正确的椭圆，如图 4-7b、c、d 所示。

提示：应记住 1.22d 和 0.7d 这两个参数，在利用计算机画圆的正等测时非常方便。

【例 4-4】 已知圆的直径为 $\phi24$，圆平面与 H 面平行（即椭圆长轴垂直于 Z 轴），用六点共圆法画出其正等测。

作图

① 画出 H 面包含的两个轴测轴 X、Y 及轴测轴 Z（椭圆短轴），过原点在垂直于 Z 方向画出椭圆长轴，如图 4-8a 所示。

② 以 O 为圆心、$R12$ 为半径画圆，交 X 轴、Y 轴得 C、D 和 A、B 四点，与 Z 轴（椭圆短轴）相交，得点 1、点 2，如图 4-8b 所示。

③ 连接 $A2$ 和 $D2$，与椭圆长轴交于点 3、点 4，如图 4-8c 所示。

④ 分别以点 1、点 2 为圆心、R（$2A$）为半径画大圆弧；再分别以点 3、点 4 为圆心、r（$4D$）为半径画小圆弧，四段圆弧相切于 A、B、C、D 四点，如图 4-8d 所示。

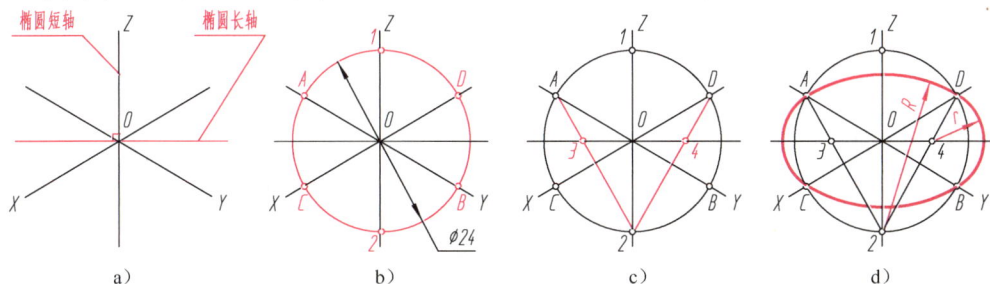

图 4-8 六点共圆法画圆的正等测

提示：画圆的正等测时，必须搞清圆平行于哪一个坐标面。根据椭圆长、短轴的特征，先确定椭圆的短轴方向；再作短轴的垂线，确定椭圆的长轴方向，进而画出圆的正等测。平行于正面的圆的正等测画法，如图 4-9 所示，平行于侧面的圆的正等测画法，如图 4-10 所示。

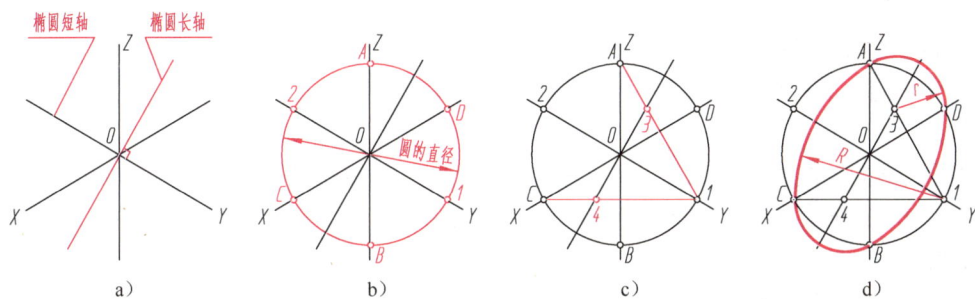

图 4-9 平行于正面的圆的正等测画法

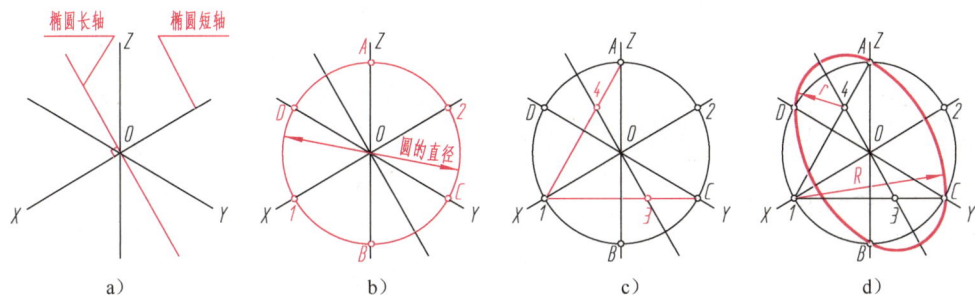

图 4-10 平行于侧面的圆的正等测画法

2. 圆柱的正等测画法

【例 4-5】　根据图 4-11a 所示圆柱的视图，画出其正等测。

分析

圆柱轴线垂直于水平面，其上、下底面两个圆与水平面平行（即椭圆长轴垂直于 Z 轴）且大小相等。可根据直径 d 和高度 h 作出大小完全相同、中心距为 h 的两个椭圆，然后作两个椭圆的公切线即成。

作图

① 采用六点共圆法，画出上底圆的正等测，如图 4-11b 所示。

② 向下量取圆柱的高度 h，画出下底圆的正等测，如图 4-11c 所示。

③ 分别作两椭圆的公切线，如图 4-11d 所示。

④ 擦去作图辅助线并描深，完成圆柱的正等测，如图 4-11e 所示。

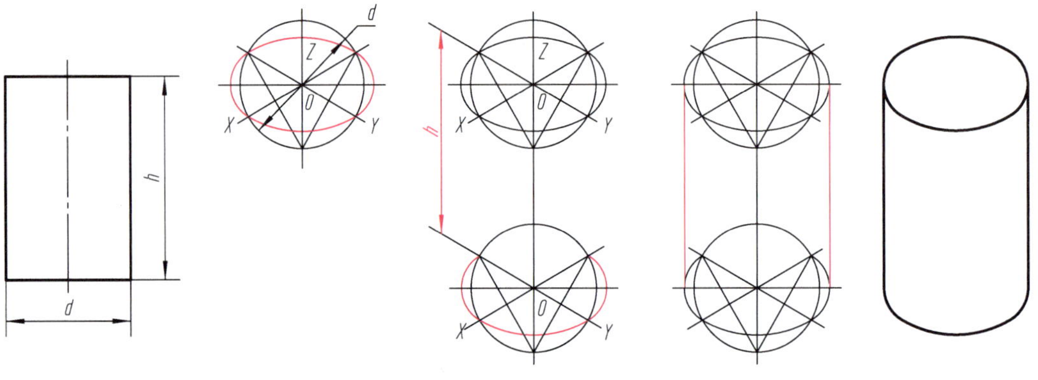

图 4-11　圆柱的正等测画法

3. 圆锥的正等测画法

【例 4-6】　根据图 4-12a 所示横置圆锥的视图，画出其正等测。

分析

横置圆锥的轴线垂直于侧面，锥底圆与侧面平行（即椭圆长轴垂直于 X 轴），可根据其直径 ϕ 画出底圆的正等测，再根据圆锥高度 h 求出锥顶，过锥顶作椭圆的两条切线即成。

作图

① 采用六点共圆法，画出底圆（侧面椭圆）的正等测，如图 4-12b 所示。

② 根据圆锥高度 h，沿 X 轴求出锥顶，过锥顶作椭圆的两条切线，如图 4-12c 所示。

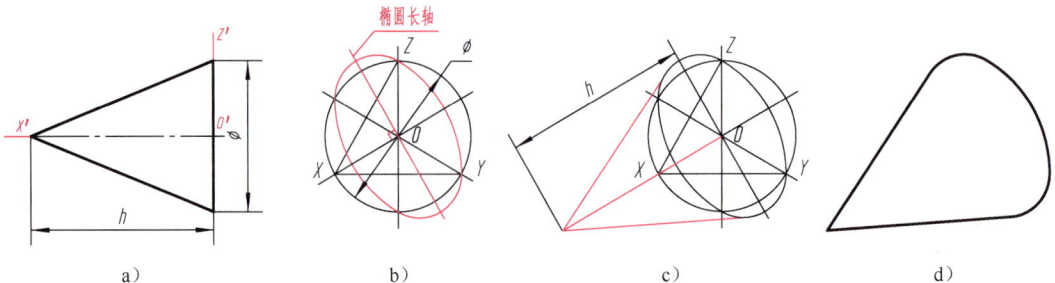

图 4-12　横置圆锥的正等测画法

③ 擦去作图辅助线并描深，完成圆锥的正等测，如图 4-12d 所示。

4．圆角正等测的简化画法

【例 4-7】　根据图 4-13a 所示带圆角平板的两视图，画出其正等测。

分析

平行于坐标面的圆角是圆的一部分，其正等测是椭圆的一部分。特别是常见的四分之一圆周的圆角，其正等测恰好是近似椭圆的四段圆弧中的一段。从切点作相应棱线的垂线，即可获得圆弧的圆心。

作图

① 首先画出平板上底面（矩形）的正等测，如图 4-13b 所示。

② 沿棱线分别量取 R，确定圆弧与棱线的切点；过切点作棱线的垂线，垂线与垂线的交点即为圆心，圆心到切点的距离即为连接弧半径 R_1 和 R_2；分别画出连接弧，如图 4-13c 所示。

③ 分别将圆心和切点向下平移 h（板厚），如图 4-13d 所示。

④ 画出平板下底面（矩形）和相应圆弧的正等测，作出左右两段小圆弧的公切线，如图 4-13e 所示。

⑤ 擦去作图辅助线并描深，完成带圆角平板的正等测，如图 4-13f 所示。

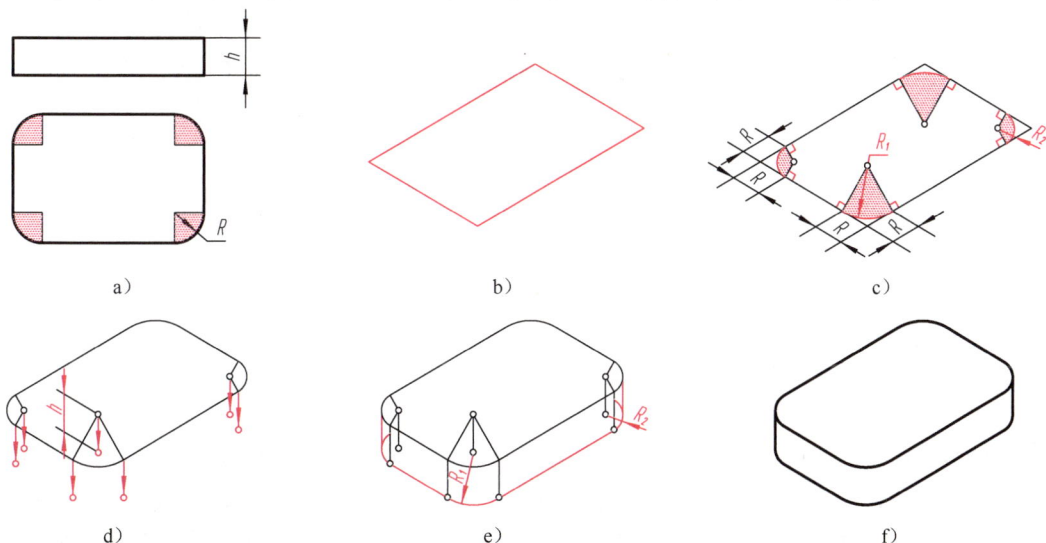

图 4-13　圆角正等测的简化画法

四、组合体的正等测画法

画组合体轴测图的基本方法是叠加法。

叠加法　先将组合体分解成若干基本形体，再按其相对位置逐个画出各基本形体的正等测，然后完成整体的正等测。

【例 4-8】　根据图 4-14a 所示的三视图，画出其正等测。

分析

组合体是由底板、立板及一块三角形肋板叠加而成的。组合体左右对称，底板和立板的背面共面，三部分均以底板上表面为结合面。坐标原点选在底板后、下棱与对称面的交点处。

作图

① 画轴测图时,按叠加法进行。先画出底板,如图 4-14b、c 所示。

② 再按其相对位置尺寸添加立板,如图 4-14d 所示。

③ 在立板前面添加三角形肋板,如图 4-14e 所示。

④ 最后,擦去作图辅助线并描深,完成组合体的正等测,如图 4-14f 所示。

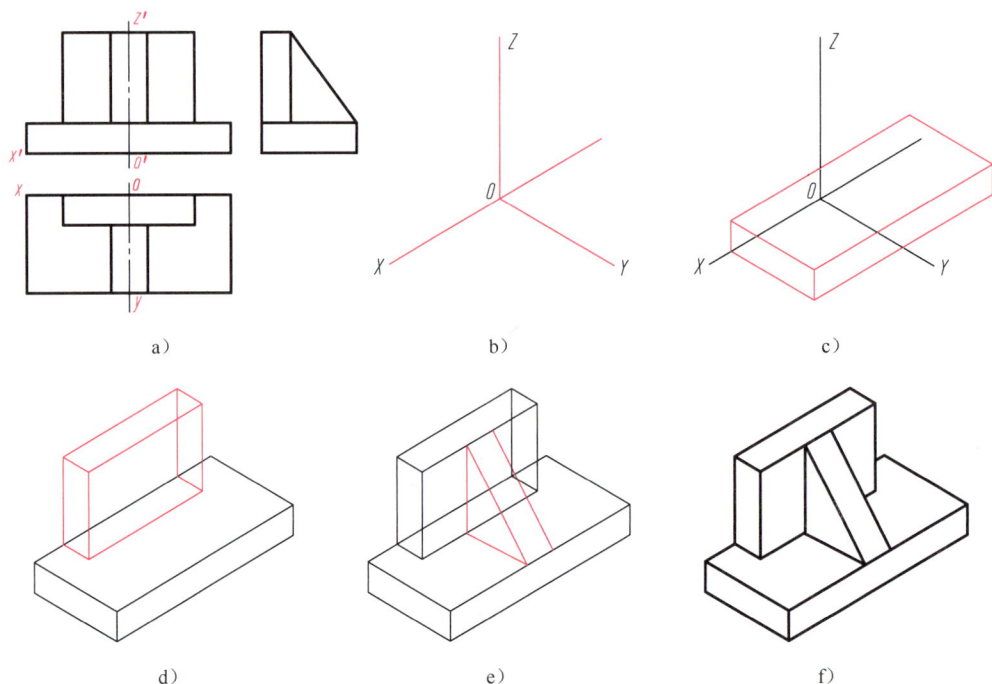

图 4-14 组合体正等测的叠加画法

【例 4-9】 根据图 4-15a 所示支架的两视图,画出其正等测。

分析

支架是由底板、立板叠加而成。底板为长方体,有两个圆角;立板的上半部为半圆柱面,下半部为长方体,中间有一通孔。支架左右对称,底板和立板背面共面,并以底板上表面为结合面。为方便作图,坐标原点选在底板的上表面与对称中心线的交点处。画轴测图时,先采用叠加法,再用切割法。

作图

① 先画出底板的正等测,如图 4-15b 所示。

② 按相对位置尺寸叠加立板(长方体),如图 4-15c 所示。

③ 画细节。在底板上采用圆角正等测的简化画法,切割出两个圆角;在立板上采用六点共圆法,画出立板上方半圆柱面的正等测,如图 4-15d 所示。

④ 采用六点共圆法,切割出立板上方的圆孔,如图 4-15e 所示。

⑤ 擦去作图辅助线并描深,完成支架的正等测,如图 4-15f 所示。

提示:若椭圆短轴尺寸大于板厚尺寸时,则立板背面圆孔的部分轮廓应露出一部分,如图 4-15e、f 所示。

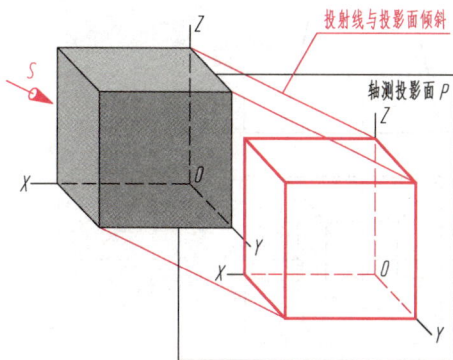

图 4-15 支架的正等测画法

第三节 斜二等轴测图

一、斜二等轴测图的形成及投影特点

1. 斜二等轴测图的形成

斜二等轴测图是在确定物体的直角坐标系时，使 X 轴和 Z 轴平行于轴测投影面 P，用斜投影法将物体连同其坐标系一起向 P 面投射而得到的轴测图，如图 4-16 所示。

2. 斜二测的轴间角和轴向伸缩系数

由于 XOZ 坐标面与轴测投影面平行，X、Z 轴的轴向伸缩系数相等，即 $p_1 = r_1 = 1$，轴间角 $\angle XOZ = 90°$。

为了便于绘图，国家标准 GB/T 4458.3—2013《机械制图 轴测图》规定：选取 Y 轴的轴向伸缩系数 $q_1 = 0.5$，轴间角 $\angle XOY = \angle YOZ = 135°$，如图 4-17a 所示。只有按照这些规定绘制出来的斜轴测图，才能称为斜二等轴测图。随着投射方向的不同，Y 轴的方向可以任意选定，如图 4-17b 所示。

图 4-16 斜二测的形成

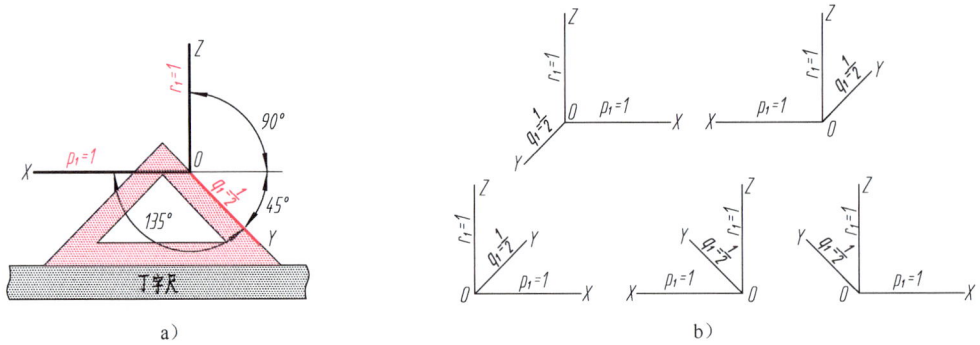

图 4-17　斜二测的轴间角和轴向伸缩系数

3．斜二测的投影特性

斜二测的投影特性是：**物体上凡平行于 *XOZ* 坐标面的表面，其轴测投影反映实形。**利用这一特点，在绘制单方向形状较复杂的物体（主要是有较多的圆）的斜二测时，比较简便易画。

二、斜二测画法

斜二测的具体画法与正等测相似，但它们的轴间角及轴向伸缩系数均不同。由于斜二测中 *Y* 轴的轴向伸缩系数 $q_1=0.5$，所以在画斜二测时，沿 *Y* 轴方向的长度应取物体上相应长度的一半。

1．平面立体的斜二测画法

【例 4-10】　根据图 4-18a 所示正四棱台的两视图，画出其斜二测。

分析

正四棱台的上、下底面都是正方形且相互平行，棱台轴线垂直于上、下底面并通过其中心。棱台的前后、左右均对称。因此，将棱台的前后对称面作为 *XOZ* 坐标面，作图比较方便。

作图

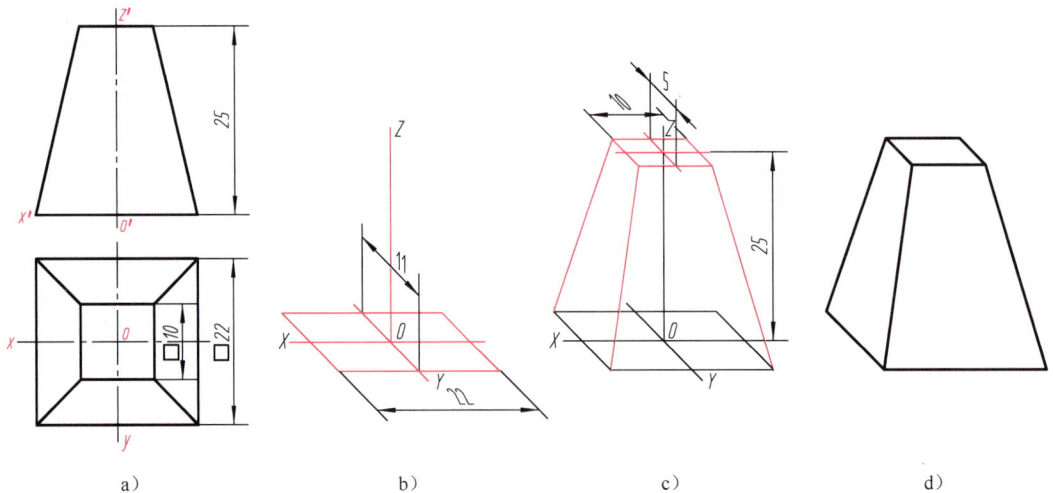

图 4-18　正四棱台的斜二测画法

① 画出轴测轴 X、Y、Z；在 X 轴方向上对称量取 22，在 Y 轴方向上对称量取 11，画出四棱台下底面的斜二测，如图 4-18b 所示。

② 在 Z 轴上量取棱台高 25，在 X 轴方向上对称量取 10，在 Y 轴方向上对称量取 5，画出四棱台上底面的斜二测，连接棱台上、下底面的对应点，如图 4-18c 所示。

③ 擦去作图辅助线并描深，完成正四棱台的斜二测，如图 4-18d 所示。

2．曲面立体的斜二测画法

【例 4-11】 根据图 4-19a 所示带孔圆台的两视图，画出其斜二测。

分析

圆台具有同轴圆柱孔，圆台的前、后端面及孔口都是圆。因此，将前、后端面平行于正面放置，以后端面作为 XOZ 坐标面，作图比较方便。

作图

① 画出轴测轴，在 Y 轴上量取 $L/2$，定出前端面的圆心，如图 4-19b 所示。

② 画出前、后端面上的四个圆，如图 4-19c 所示。

③ 作前、后端面上两个大圆的公切线，如图 4-19d 所示。

④ 擦去作图辅助线并描深，完成带孔圆台的斜二测，如图 4-19e 所示。

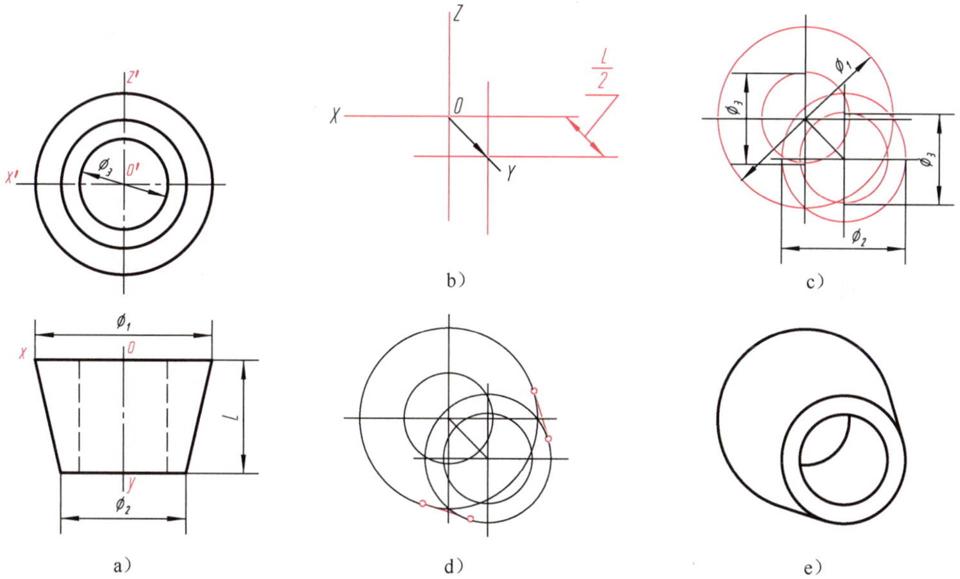

图 4-19 带孔圆台的斜二测画法

3．组合体的斜二测画法

【例 4-12】 根据图 4-20a 所示支座的两视图，画出其斜二测。

分析

支座的前、后端面平行且与 V 面平行，采用斜二测作图比较方便。选择前端面作为 XOZ 坐标面，坐标原点过圆心，OY 轴向后。

作图

① 画出前端面的斜二测（主视图的重复），如图 4-20b 所示。

② 过圆心向后作 Y 轴，在 Y 轴上量取 $L/2$，定出后端面的圆心，画出后端面上的两个圆；

过底板的顶点，作 Y 轴的平行线，如图 4-20c 所示。

③ 过后端面大圆与中心线交点、作 Z 轴的平行线，与 Y 轴相交；进而作出 OX 轴的平行线，完成后端面的斜二测；作前、后端面两个大圆的公切线，如图 4-20d 所示。

④ 擦去作图辅助线并描深，完成支座的斜二测，如图 4-20e 所示。

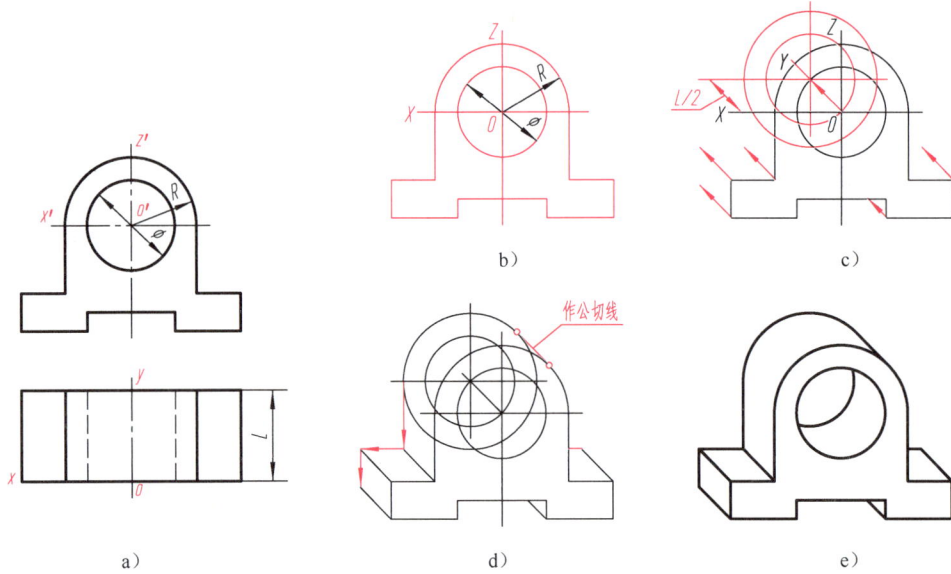

图 4-20　支座的斜二测画法

第五章 图样的基本表示法

第一节 视 图

在生产实践中，物体的结构形状是多种多样的。当物体的结构形状比较复杂时，仅用三视图是难以把它们的内、外形状完整、清晰地表达出来的。为此，国家标准规定了视图、剖视图、断面图、局部放大图及简化画法等基本表示法。

一、基本视图（GB/T 13361—2012、GB/T 17451—1998）

根据有关标准和规定，用正投影法所绘制出物体的图形，称为视图。视图通常包括基本视图、向视图、局部视图和斜视图。

将物体向基本投影面投射所得的视图，称为基本视图。

当物体的构形复杂时，为了完整、清晰地表达物体各方面的形状，国家标准规定，在原有三个投影面的基础上，再增设三个投影面，组成一个正六面体，六面体的六个面称为基本投影面，如图 5-1a 所示。将物体置于六面体中，由 A、B、C、D、E、F 六个方向，分别向基本投影面投射，即在主视图、左视图、俯视图的基础上，又得到了右视图、仰视图和后视图，如图 5-1b 所示。这六个视图，称为基本视图。

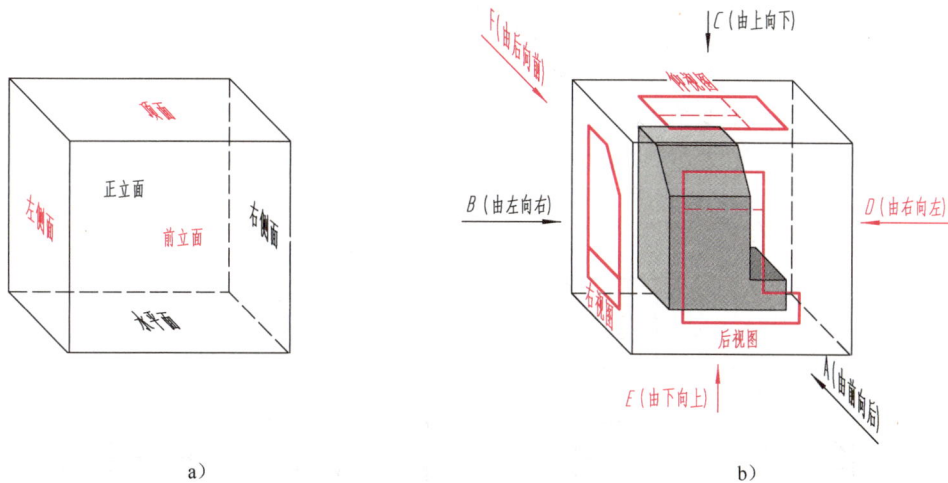

a)   b)

图 5-1 基本视图的获得

主视图（或称 A 视图）——由前向后投射所得的视图。

左视图（或称 B 视图）——由左向右投射所得的视图。

俯视图（或称 C 视图）——由上向下投射所得的视图。

右视图（或称 D 视图）——由右向左投射所得的视图。

仰视图（或称 E 视图）——由下向上投射所得的视图。

后视图（或称 F 视图）——由后向前投射所得的视图。

　　六个基本投影面展开的方法如图 5-2 所示，即正面保持不动，其他投影面按箭头所示方向旋转到与正面共处于同一平面的位置。

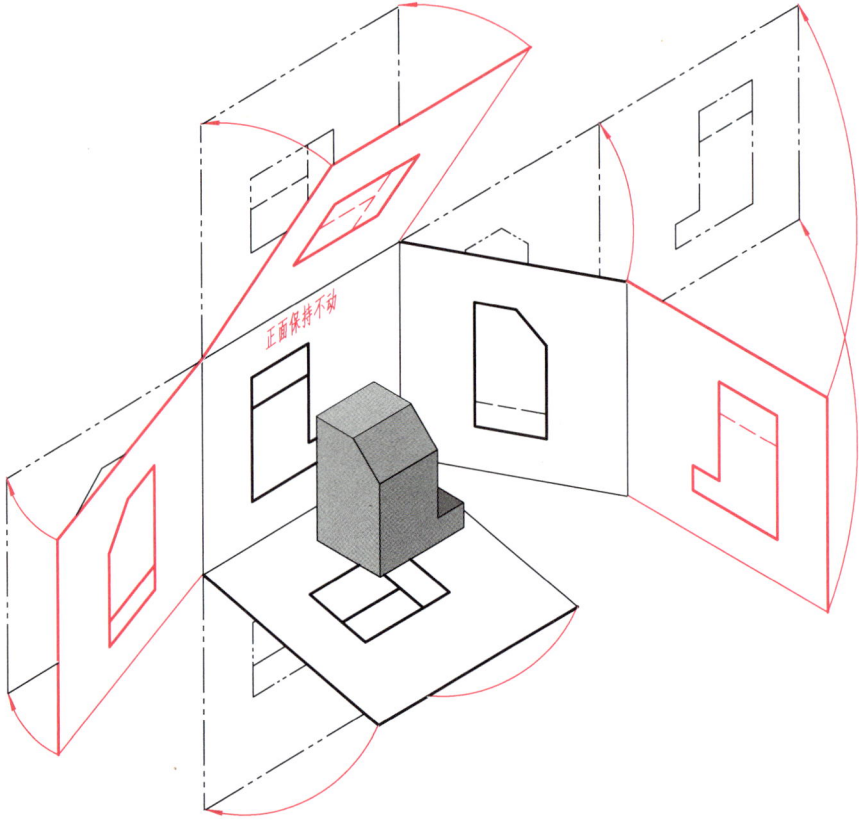

图 5-2　六个基本投影面的展开

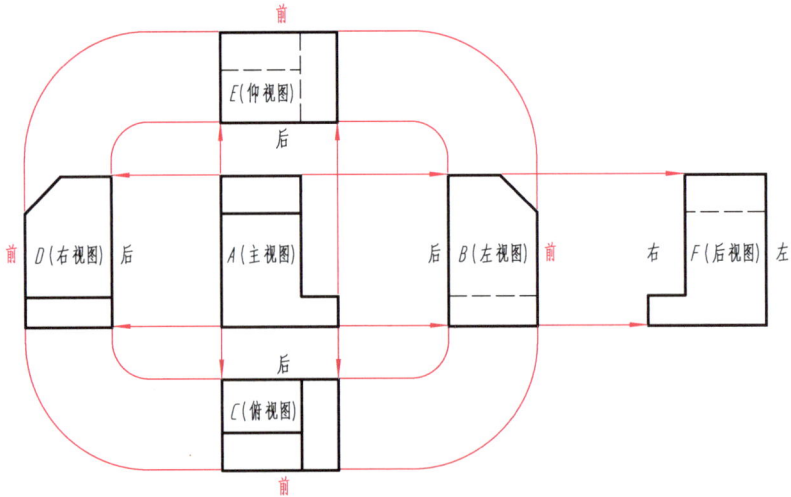

图 5-3　六个基本视图的配置

六个基本视图在同一张图样内按图 5-3 所示的形式配置时，各视图一律不注图名。六个基本视图仍符合"长对正、高平齐、宽相等"的投影规律。除后视图外，其他视图靠近主视图的一边是物体的后面，远离主视图的一边是物体的前面。

在绘制机械图样时，一般并不需要将物体的六个基本视图全部画出，而是根据物体的结构特点和复杂程度，选择适当的基本视图。优先采用主、左、俯视图。

二、向视图（GB/T 17451—1998）

向视图是可以自由配置的基本视图。

在实际绘图过程中，有时难以将六个基本视图按图 5-3 所示的形式配置，此时如采用自由配置，即可使问题得到解决。如图 5-4b 所示，在向视图的上方标注视图名称"×"（×为大写拉丁字母，即 B、C、D、E、F 中的某一个），在相应的视图附近，用箭头指明投射方向，并标注相同的字母。

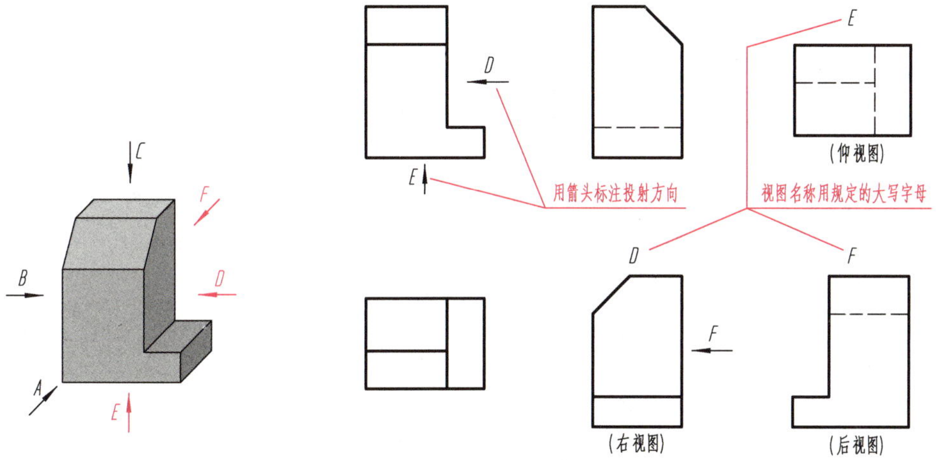

图 5-4　向视图

提示：向视图是基本视图的一种表达形式。向视图与基本视图的主要区别在于视图的配置形式不同。

三、局部视图（GB/T 17451—1998、GB/T 4458.1—2002）

将物体的某一部分向基本投影面投射所得的视图，称为局部视图。

如图 5-5a 所示，组合体左侧有一凸台。在主、俯视图中，圆筒和底板的结构已表达清楚，而凸台在主、俯视图中未表达清楚，如图 5-5b 所示。若画出完整的左视图，可以将凸台结构表达清楚，但大部分是重复的，如图 5-5e 所示。

此时采用"A"向局部视图，只画出基本视图的一部分表达凸台，而省略大部分左视图，可使图形重点更突出、更清晰。局部视图的断裂边界通常以波浪线（或双折线）表示，如图 5-5c、d 所示。局部视图可按基本视图的位置配置，如图 5-5c 所示；也可按向视图的配置形式配置并标注，如图 5-5d 所示；在局部视图上方标出视图的名称"×"（大写拉丁字母），在相应的视图附近用箭头指明投射方向，并注上同样的字母，如图 5-5b、c、d 所示。

图 5-5 局部视图

如图 5-5a 所示，组合体的左部凸台下端与底板融为一体，并非整体外凸，图 5-5c 中下端的横线实际上是底板上表面的投影，凸台的投影并未自成封闭状。在这种情况下，必须画出底部的断裂边界线，如图 5-5d 所示为其错误和正确的画法。

当所表示的局部视图的外轮廓成封闭时，则不必画出其断裂边界，如图 5-7a 中的"C"向局部视图。当局部视图按基本视图的形式配置，中间又无其他图形隔开时，可省略标注，如图 5-7b 中的俯视图。

四、斜视图（GB/T 17451—1998）

将物体向不平行于基本投影面的平面投射所得的视图，称为斜视图。斜视图通常用于表达物体上的倾斜部分。

如图 5-6 所示，物体左侧部分与基本投影面倾斜，其基本视图不反映实形，给绘图和看图带来一定困难。为简化作图，增设一个与倾斜部分平行的辅助投影面 P（P 面垂直于 V 面），将倾斜部分向 P 面投射，然后将 P 面旋转到与 V 面重合的位置，即可得到反映该部分实形的视图，即斜视图。

斜视图一般只画出倾斜部分的局部形状，其断裂边界用波浪线表示，并通常按向视图的配置形式配置并标注，如图 5-7a 中的"A"图。

必要时，允许将斜视图旋转配置。此时，表示该视图名称的大写拉丁字母，要靠近旋转符号的箭头端；也允许将旋转角度标注在字母之后，如图 5-7b 中的" A45°"。旋转符号的箭头指向，应与实际旋转方向一致。旋转符号是一个半圆，其半径应等于字体高度 h。

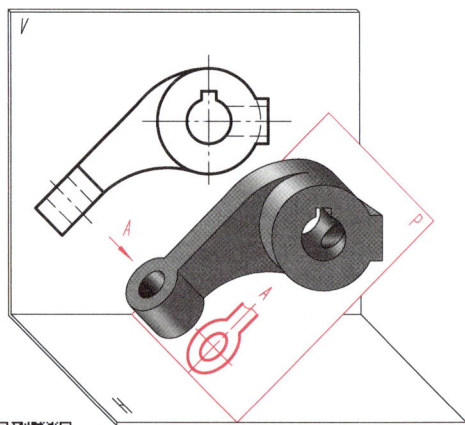

图 5-6 斜视图的获得

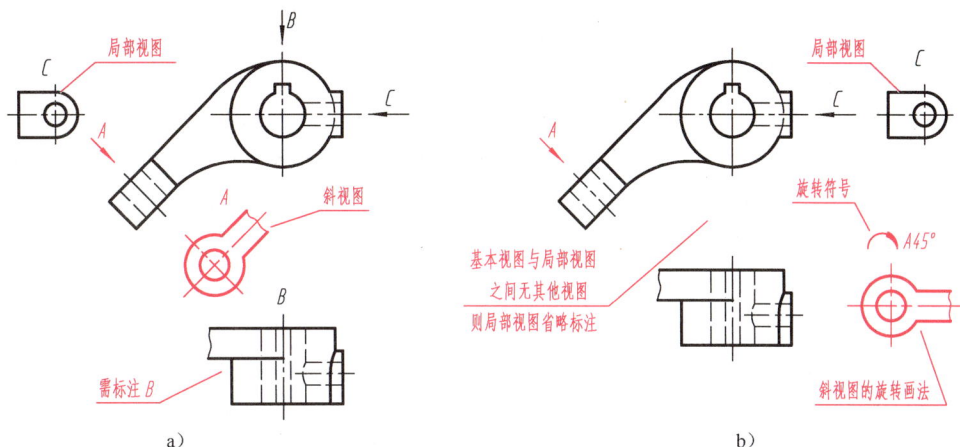

图 5-7　局部视图与斜视图的配置

第二节　剖　视　图

当物体的内部结构比较复杂时，视图中就会出现较多的虚线。这些虚线与虚线、虚线与实线相互交错重叠，既不利于画图，也不利于看图和标注尺寸。为了清晰地表示物体的内部形状，国家标准规定了剖视图的表达方法。

一、剖视图的基本概念

1. 剖视图的获得（GB/T 17452—1998、GB/T 4458.6—2002）

假想用剖切面剖开物体，将处在观察者和剖切面之间的部分移去，而将其余部分向投影面投射所得的图形，称为剖视图，简称剖视，如图 5-8a 所示。

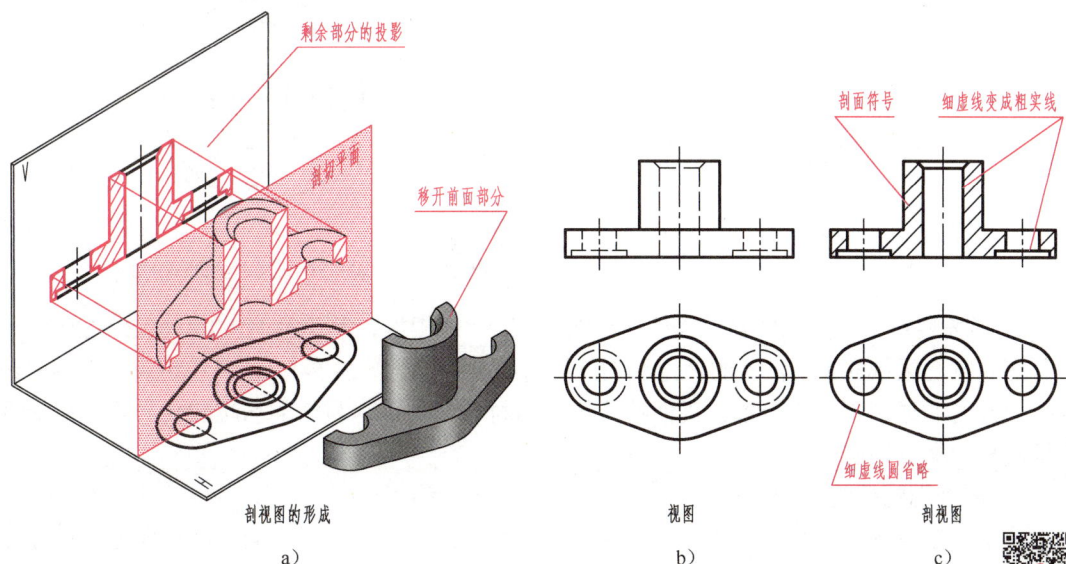

图 5-8　剖视图的获得

如图 5-8b、c 所示，将视图与剖视图相比较可以看出，由于主视图采用了剖视图的画法，原来不可见的孔变成可见的，视图中的细虚线在剖视图中变成了粗实线，再加上在剖面区域内画出了规定的剖面符号，图形层次分明，更加清晰。

2．剖面区域的表示法（GB/T 17453－2005、GB/T 4457.5－2013）

为了增强剖视图的表达效果，明辨虚实，通常要在剖面区域（即剖切面与物体的接触部分）画出剖面符号。剖面符号的作用：一是明显地区分切到与未切到部分，增强剖视的层次感；二是识别相邻零件的形状结构及其装配关系；三是区分材料的类别。

1）当不需在剖面区域中表示物体的材料类别时，应根据国家标准的规定绘制，即：

① 剖面符号用通用剖面线表示。通用剖面线是与图形的主要轮廓线或剖面区域的对称中心线成 45°角，且间距（≈3mm）相等的细实线，向左或向右倾斜均可，如图 5-9 所示。

② 同一物体的各个剖面区域，其剖面线的方向及间隔应一致。在图 5-10 所示的主视图中，由于物体倾斜部分的轮廓线与底面成 45°角，不宜将剖面线画成与主要轮廓线成 45°角时，可将该图形的剖面线画成与底面成 30°或 60°的平行线，但其倾斜方向仍应与其他图形的剖面线保持一致。

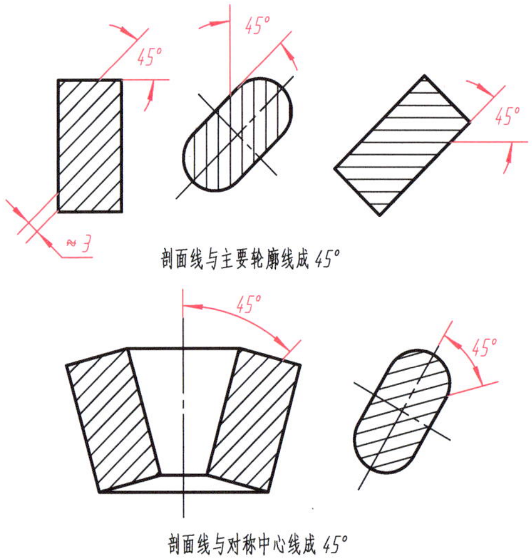

图 5-9 通用剖面线的画法 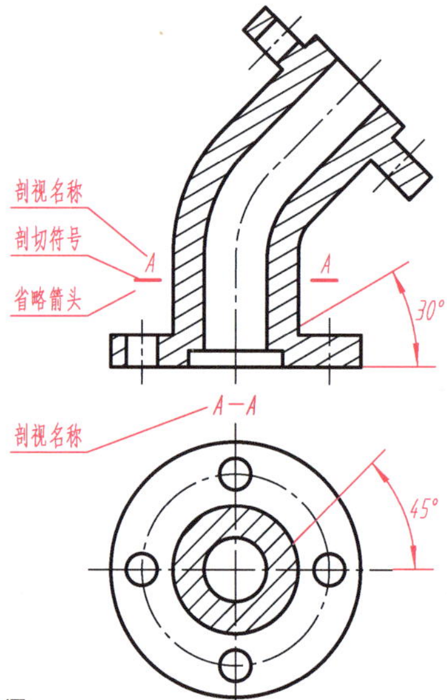 　　 图 5-10 30°或 60°剖面线的画法

2）当需要在剖面区域中表示物体的材料类别时，应根据国家标准 GB/T 4457.5－2013《机械制图　剖面区域的表示法》的规定绘制。常用的剖面符号见表 5-1。由表中可见，金属材料的剖面符号与通用剖面线一致。剖面符号仅表示材料的类别，材料的名称和代号需在机械图样标题栏中另行注明。

3．剖视图的标注

为了便于看图，在画剖视图时，应将剖切位置、剖切后的投射方向和剖视图名称标注在相应的视图上。标注的内容有以下三项：

（1）剖切符号　指示剖切面的起、迄和转折位置的符号（线长 5～8mm 的粗实线），并尽可能不与图形的轮廓线相交。

表 5-1　常用的剖面符号（摘自 GB/T 4457.5—2013）

材料类别	剖面符号	材料类别	剖面符号	材料类别	剖面符号
金属材料（已有规定剖面符号者除外）	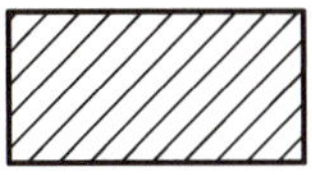	非金属材料（已有规定的剖面符号者除外）		线圈绕组元件	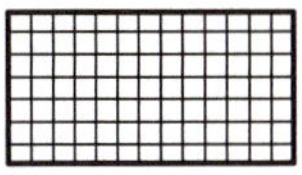
型砂、填砂、粉末冶金、砂轮、陶瓷刀片、硬质合金刀片等	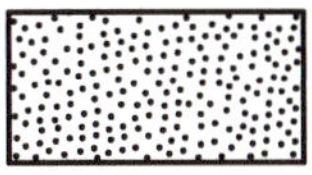	液体	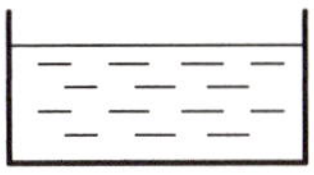	木材纵断面	
转子、电枢、变压器和电抗器等的叠钢片	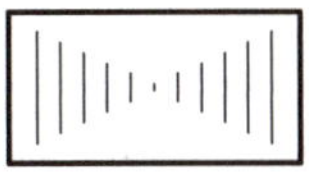	玻璃及供观察用的其他透明材料	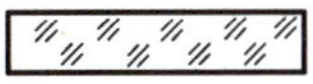	木材横断面	

（2）投射方向　在剖切符号的两端外侧，用箭头指明剖切后的投射方向。

（3）剖视图的名称　在剖视图的上方用大写拉丁字母标注剖视图的名称"×—×"，并在剖切符号的一侧注上同样的字母。

4. 省略或简化标注的条件

在下列情况下，可省略或简化标注。

1）当单一剖切平面通过物体的对称面或基本对称面，且剖视图按投影关系配置，中间又没有其他图形隔开时，可以省略标注，如图5-8c、图5-10中的主视图所示。

2）当剖视图按投影关系配置，中间又没有其他图形隔开时，可以省略箭头，如图5-10中的俯视图所示。

二、画剖视图时应注意的问题

1）因为剖视图是物体被剖切后剩余部分的完整投影，所以，凡是剖切面后面的可见轮廓线应全部画出，不得遗漏，如表5-2所示。

表 5-2　剖视图中漏画线的示例

轴测剖视	正确画法	漏线示例
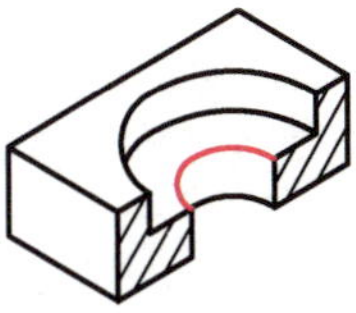	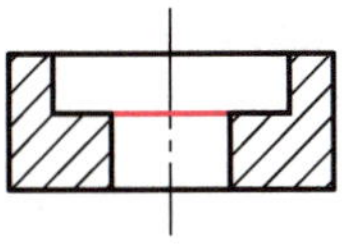	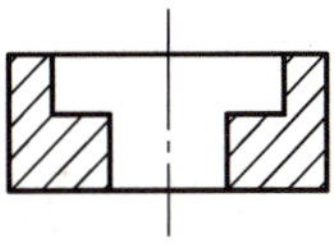
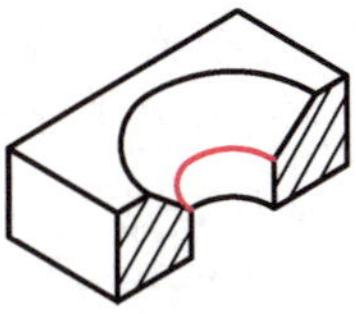	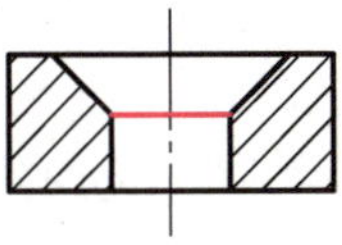	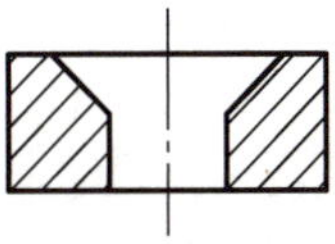

（续）

轴 测 剖 视	正 确 画 法	漏 线 示 例

2）在剖视图中，表示物体不可见部分的细虚线，一般情况下省略不画；在其他视图中，若不可见部分已表达清楚，细虚线也可省略不画，如图 5-8c 所示。

3）剖切面一般应通过物体的对称面、基本对称面或内部孔、槽的轴线，并与投影面平行。如图 5-11b 所示，剖切面通过物体的前后对称面，且平行于正面。

4）由于剖视图是一种假想画法，并不是真的将物体切去一部分，因此当物体的一个视图画成剖视图后，其他视图应该完整地画出。如图 5-11b 中的俯视图，仍应画成完整的。图 5-11c 中俯视图的画法是错误的。

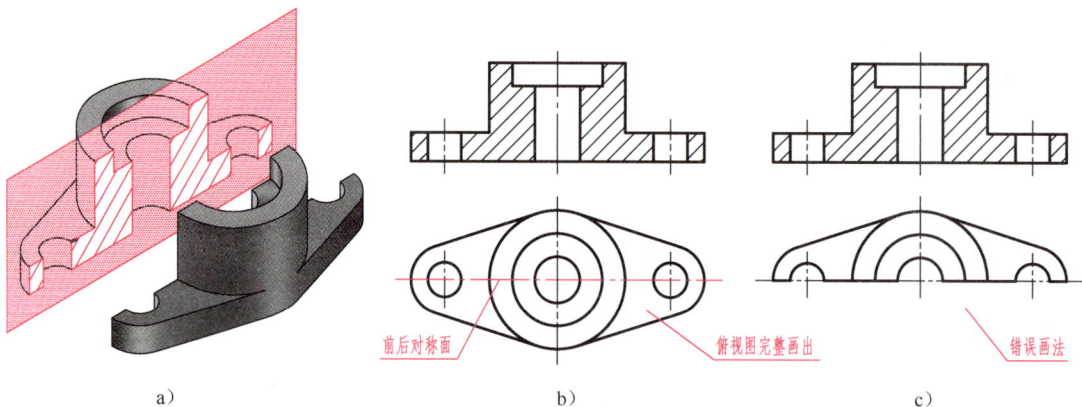

a) 前后对称面　　b) 俯视图完整画出　　c) 错误画法

图 5-11　用单一剖切平面剖切获得的全剖视图

三、剖视图的种类

根据剖开物体的范围，可将剖视图分为全剖视图、半剖视图和局部剖视图。国家标准规定，剖切面可以是平面，也可以是曲面；可以是单一的剖切面，也可以是组合的剖切面。绘图时，应根据物体的结构特点，恰当地选用单一剖切面、几个平行的剖切平面或几个相交的剖切面（交线垂直于某一投影面），绘制物体的全剖视图、半剖视图或局部剖视图。

1. 全剖视图

用剖切面完全地剖开物体所得的剖视图，称为全剖视图，简称全剖视。全剖视主要用于表达外形简单、内部结构比较复杂而又不对称的物体。全剖视的标注规则如前所述。

（1）用单一剖切面获得的全剖视图 单一剖切面通常指平面或柱面。图 5-11b 是用单一剖切平面剖切得到的全剖视图，是最常用的剖切形式。

图 5-12 中的"A—A"剖视图，是用单一斜剖切面完全地剖开物体得到的全剖视，主要用于表达物体上倾斜部分的结构形状。用单一斜剖切面获得的剖视图，一般按投影关系配置，也可将剖视图平移到适当位置。必要时允许将图形旋转配置，但必须标注旋转符号。对此类剖视图必须进行标注，不能省略。

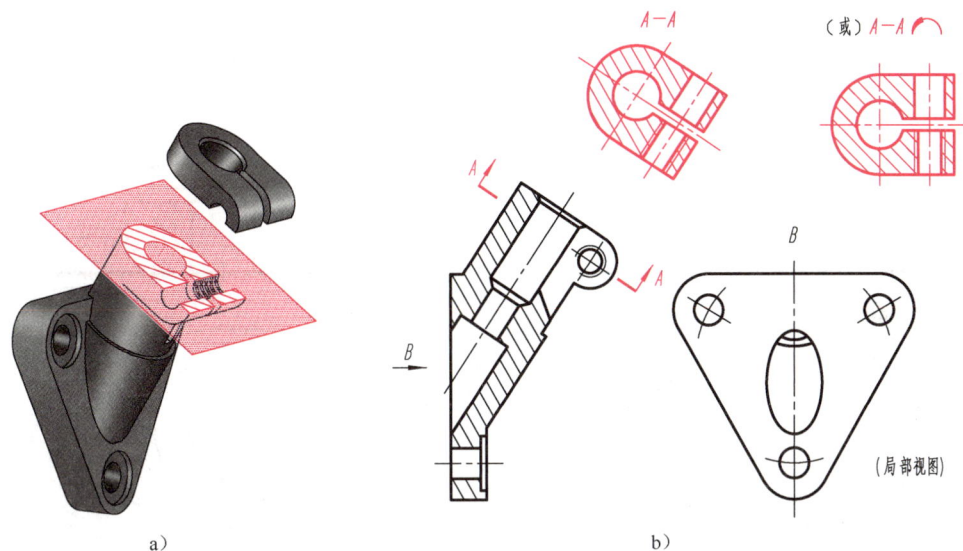

图 5-12 用单一斜剖切面剖切获得的全剖视图

（2）用几个平行的剖切平面获得的全剖视图 当物体上有若干不在同一平面上而又需要表达的内部结构时，可采用几个平行的剖切平面剖开物体。几个平行的剖切平面可能是两个或两个以上，各剖切平面的转折处成直角，剖切平面必须是某一投影面的平行面。

如图 5-13 所示，物体上的三个孔不都在前后对称面上，用一个剖切平面不能同时剖到。

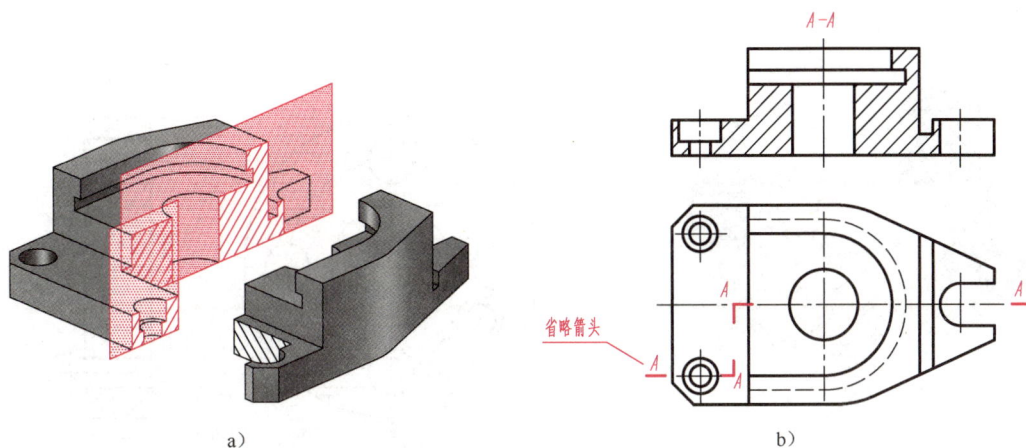

图 5-13 用两个平行的剖切平面获得的全剖视图

105

这时，可用两个相互平行的剖切平面分别通过左侧的阶梯孔和前后对称面，再将两个剖切平面后面的部分，同时向基本投影面投射，即得到用两个平行平面剖切的全剖视图。

用几个平行的剖切平面剖切时，应注意以下两点：

① 在剖视图的上方，用大写拉丁字母标注图名"×—×"，在剖切平面的起、迄和转折处画出剖切符号，并注上相同的字母。当剖视图按投影关系配置，中间又没有其他图形隔开时，允许省略箭头，如图 5-13b 所示。

② 在剖视图中一般不应出现不完整的结构要素，如图 5-14a 所示。在剖视图中不应画出剖切平面转折处的界线，且剖切平面的转折处也不应与视图中的轮廓线重合，如图 5-14b 所示。

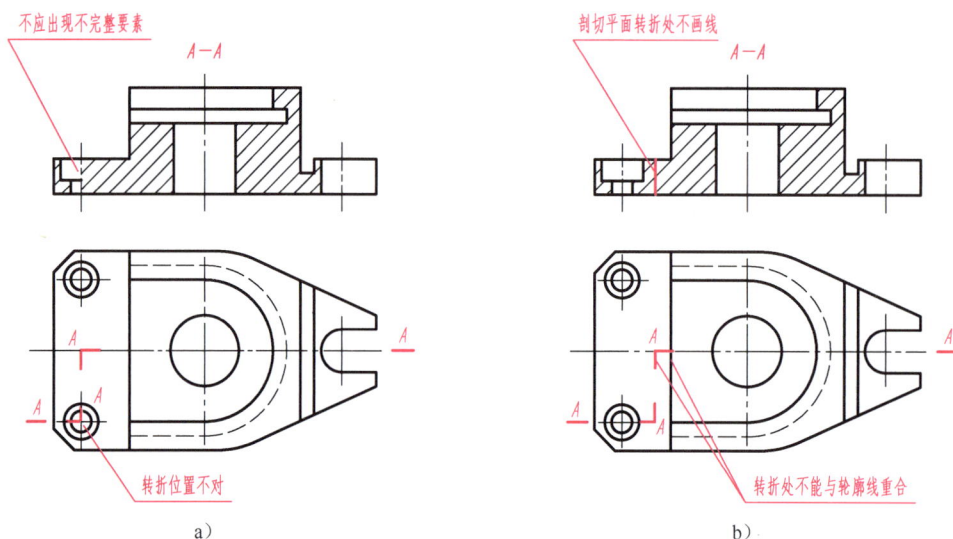

图 5-14　用几个平行平面剖切时的错误画法

（3）用几个相交的剖切面获得的全剖视图　当物体上的孔（槽）等结构不在同一平面上但沿物体的某一回转轴线周向分布时，可采用几个相交于回转轴线的剖切面剖开物体，将

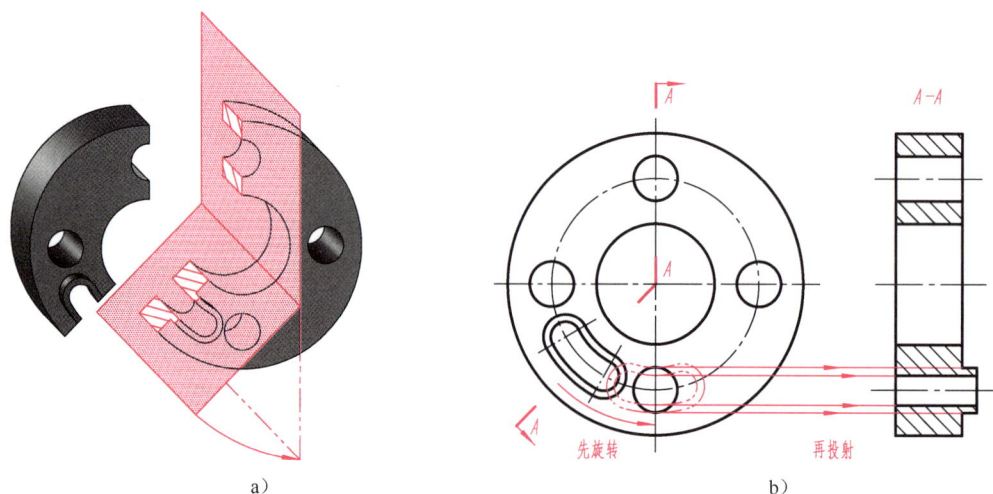

图 5-15　用两个相交剖切平面获得的全剖视图

剖切面剖开的结构及有关部分，旋转到与选定的投影面平行后，再进行投射。几个相交剖切面（包括平面或柱面）的交线，必须垂直于某一基本投影面。

如图 5-15a 所示，用相交的侧平面和正垂面（其交线垂直于正面）将物体剖切，并将倾斜部分绕轴线旋转到与侧面平行后再向侧面投射，即得到用两个相交平面剖切的全剖视图，如图 5-15b 所示。

用几个相交的剖切面剖切时，应注意以下三点：

① 剖切面后边的其他结构，一般仍按原来的位置进行投射，如图 5-16 所示。

② 剖切平面的交线应与物体的回转轴线重合。

③ 必须对剖视图进行标注，其标注形式及内容，与用几个平行平面剖切的剖视图相同。

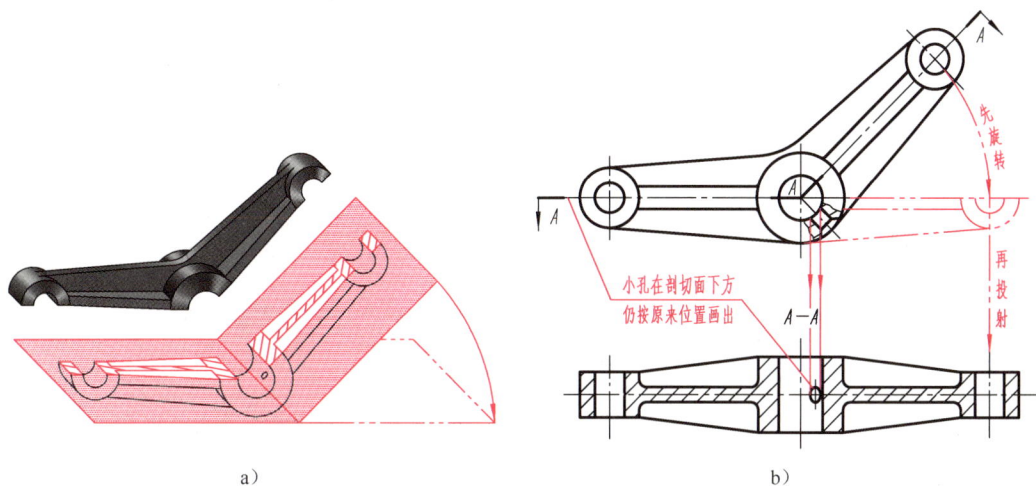

a)　　　　　　　　　　　　　　　　　　b)

图 5-16　剖切平面后的结构画法

2．半剖视图

当物体具有垂直于投影面的对称平面时，在该投影面上投射所得的图形，可以对称中心线为界，一半画成剖视图，另一半画成视图，这种组合的图形称为半剖视图，简称半剖视，如图 5-17 所示。半剖视图主要用于内、外形状都需要表达的对称物体。画半剖视应注意以下几点：

1）视图部分和剖视图部分必须以细点画线为界。在半剖视图中，剖视部分的位置通常按以下原则配置：

——在主视图中，位于对称中心线的右侧；

——在左视图中，位于对称中心线的右侧；

——在俯视图中，位于对称中心线的下方。

2）由于物体的内部形状已在半剖视中表达清楚，所以半个视图中的细虚线通常可省略，但对孔、槽等结构需用细点画线表示其中心位置。

3）对于那些在半剖视中不易表达的部分，可在视图中以局部剖视的方式表达，如图 5-17a 中的主视图所示。

4）半剖视图的标注方法与全剖视相同。但要注意：剖切符号应画在图形轮廓线以外，如图 5-17a 主视图中的"A— —A"所示。

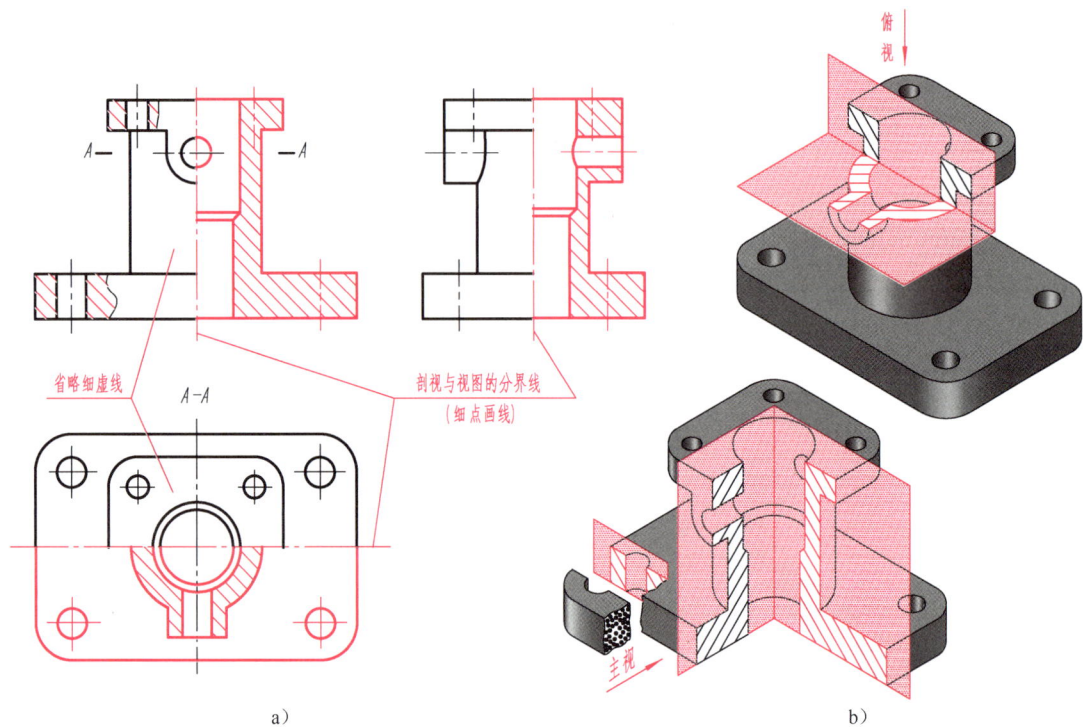

图 5-17 半剖视图

5）在半剖视图中标注对称结构的尺寸时，由于结构形状未能完整显示，则尺寸线应略超过对称中心线，并只在另一端画出箭头，如图 5-18 所示。

6）当物体基本上对称，且不对称部分已在其他视图中表达清楚时，也可画成半剖视图，如图 5-19 所示。

图 5-18 半剖视图的标注

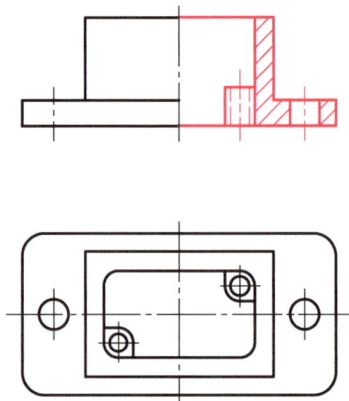

图 5-19 基本对称物体的半剖视图

3. 局部剖视图

用剖切面局部地剖开物体所得的剖视图，称为局部剖视图，简称局部剖视。当物体只有局部内形需要表示，而又不宜采用全剖视时，可采用局部剖视表达，如图 5-20 所示。

局部剖视是一种灵活、便捷的表达方法，它的剖切位置和剖切范围，可根据实际需要确定。但在一个视图中，过多地选用局部剖视，会使图形零乱，给看图造成困难。

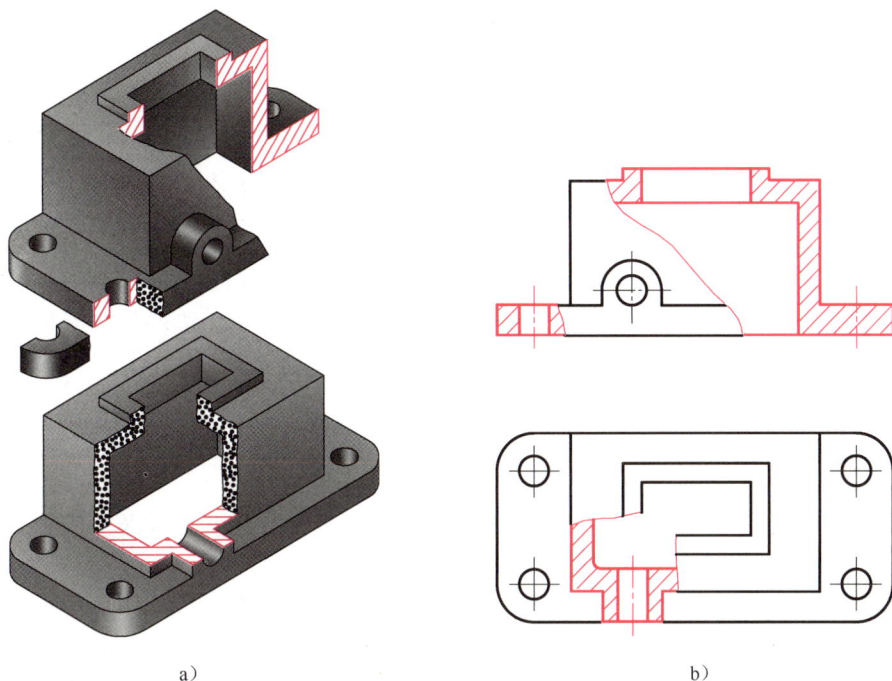

图 5-20　局部剖视图

画局部剖视时应注意以下几点：

1）当被剖结构为回转体时，允许将该结构的轴线作为局部剖视与视图的分界线，如图 5-21a 所示。当对称物体的内部（或外部）轮廓线与对称中心线重合而不宜采用半剖视时，可采用局部剖视，如图 5-21b、c、d 所示。

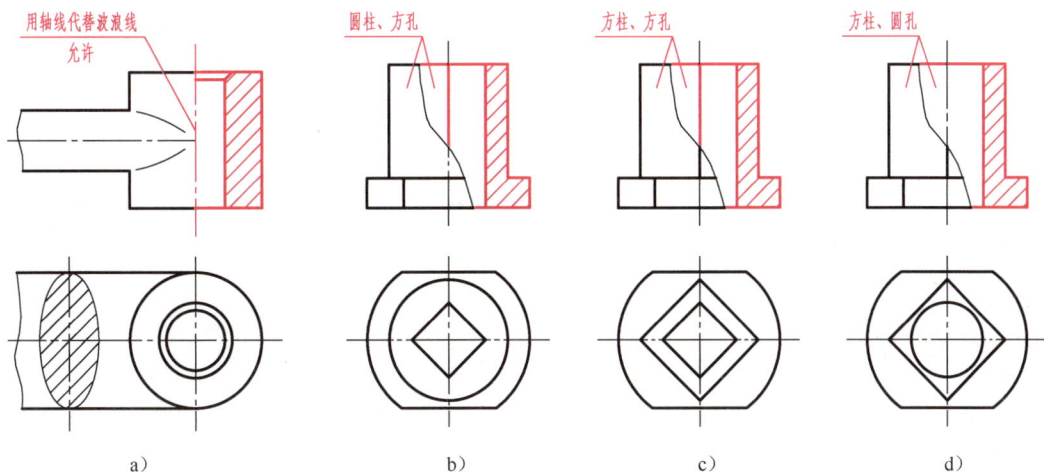

图 5-21　局部剖视的特殊情况

2）局部剖视的视图部分和剖视部分以波浪线分界。波浪线不能与其他图线重合，如图 5-22a 所示。波浪线要画在物体的实体部分，不应超出视图的轮廓线，如图 5-22b 所示。

3）对于剖切位置明显的局部剖视，一般不予标注，如图 5-20、图 5-21 所示。必要时，可按全剖视的标注方法标注。

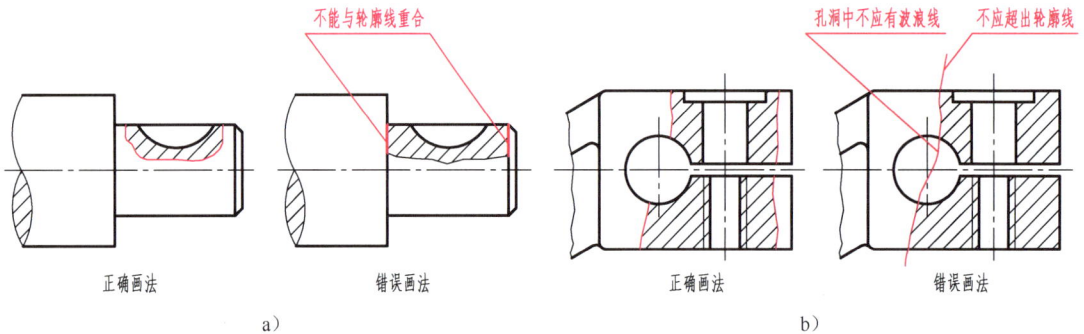

图 5-22　波浪线的画法

四、剖视图中的规定画法

1）画各种剖视图时，对于物体上的肋板、轮辐及薄壁等，若纵向剖切，这些结构都不画剖面符号，而用粗实线将它们与邻接部分分开。

如图 5-23 中的左视图采用全剖视时，剖切平面通过中间肋板的纵向对称平面，在肋板的范围内不画剖面符号，肋板与其他部分的分界处均用粗实线绘出。图 5-23 中的"A—A"剖视图，因为剖切平面垂直于肋板和支承板（即横向剖切），所以仍要画出剖面符号。

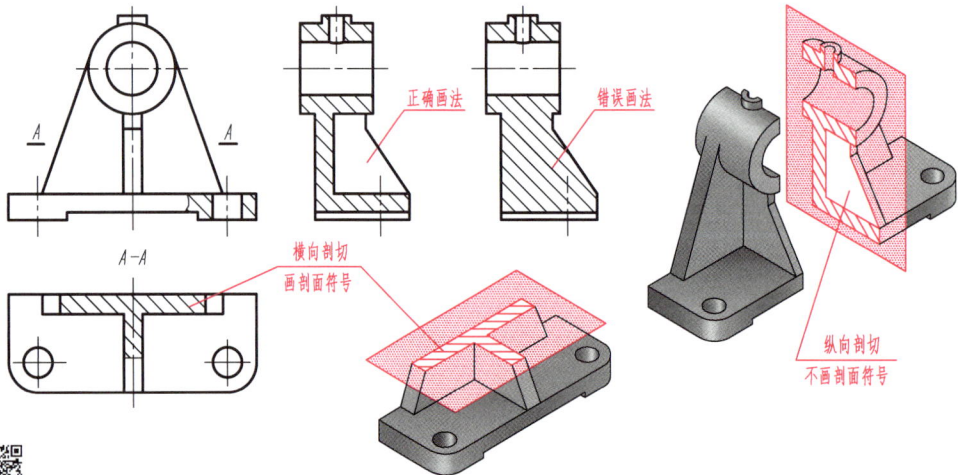

图 5-23　剖视图中肋板的画法

2）回转体上均匀分布的肋板、孔等结构不处于剖切平面上时，可假想将这些结构旋转到剖切平面上画出；对均匀分布的孔，可只画出一个，用对称中心线表示其他孔的位置即可，如图 5-24 所示。

3）当剖切平面通过辐条的基本轴线（即纵向剖切）时，剖视图中辐条部分不画剖面符号，且不论辐条数量是奇数还是偶数，在剖视图中都要画成对称的，如图 5-25a 所示。

110

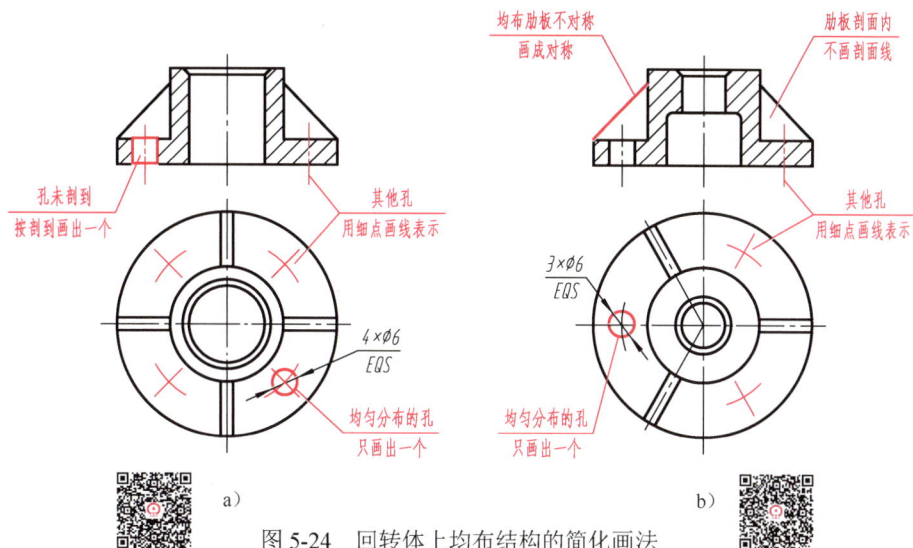

图 5-24 回转体上均布结构的简化画法

图 5-25 剖视图中辐条的画法

第三节 断 面 图

断面图主要用于表达物体某一局部的断面形状，例如物体上的肋板、轮辐、键槽、小孔，以及各种型材的断面形状等。

根据在图样中的不同位置，断面图分为移出断面图和重合断面图。

一、移出断面图（GB/T 17452—1998、GB/T 4458.6—2002）

假想用剖切平面将物体的某处切断，仅画出该剖切面与物体接触部分的图形，称为断面图，简称断面。

断面图实际上就是使剖切平面垂直于结构要素的中心线（轴线或主要轮廓线）进行剖切，然后将断面图形旋转 90°，使其与纸面重合而得到的。断面图与剖视图的区别在于：断面图仅画出断面的形状，而剖视图除画出断面的形状外，还要画出剖切面后面物体的完整投影，如图 5-26 所示。

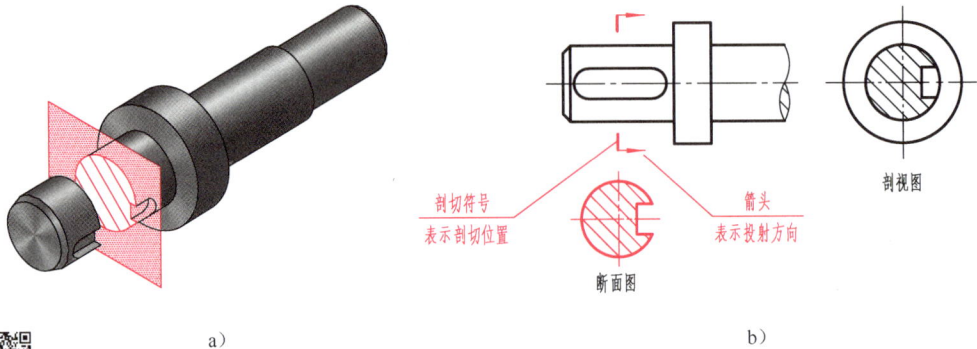

图 5-26 断面图的概念

画在视图之外的断面图，称为移出断面图，简称移出断面。移出断面的轮廓线用粗实线绘制，如图 5-27 所示。

图 5-27 移出断面的配置及标注

1. 画移出断面图的注意事项

1）移出断面应尽量配置在剖切符号或剖切线的延长线上，如图 5-27a 所示；移出断面也可配置在其他适当位置，如图 5-27b 中的 "A—A"、"B—B" 断面。

2）当剖切平面通过回转面形成的孔（或凹坑）的轴线时，这些结构按剖视图绘制，如图 5-28 所示。

3）当剖切平面通过非圆孔，会导致出现完全分离的两个断面时，则这些结构按剖视图绘制，如图 5-29 所示。

4）断面图的图形对称时，可画在视图的中断处，如图 5-30 所示。当移出断面图是由两个或多个相交的剖切平面剖切而形成时，断面图的中间应断开，如图 5-31 所示。

2. 移出断面图的标注

移出断面的标注形式及内容与剖视图相同。标注可根据具体情况简化或省略，见表 5-3。

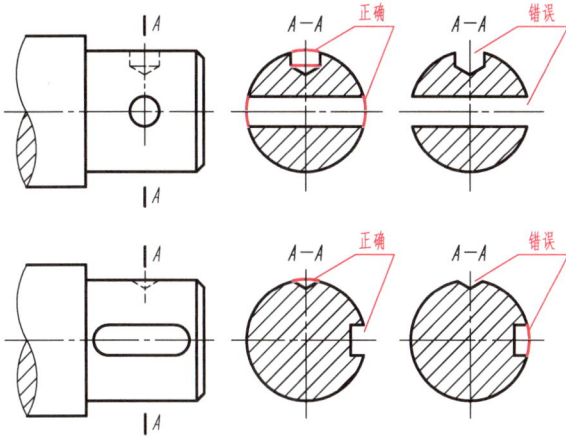

图 5-28　带有孔或凹坑的断面图

图 5-29　按剖视图绘制的移出断面图

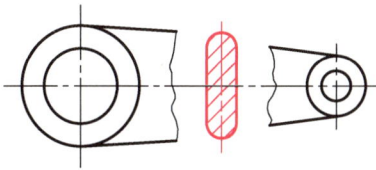

图 5-30　画在视图中断处的移出断面图

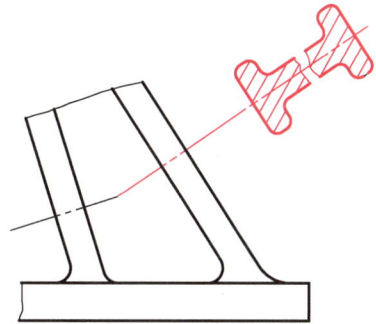

图 5-31　断开的移出断面图

表 5-3　移出断面的标注

断面类型	剖切平面的位置		
	配置在剖切线或剖切符号的延长线上	不在剖切符号的延长线上	按投影关系配置
对称的移出断面	剖切线　细点画线　省略标注	省略箭头	省略箭头
不对称的移出断面	省略字母	标注剖切符号、箭头和字母	省略箭头

113

二、重合断面图（GB/T 17452—1998、GB/T 4458.6—2002）

画在视图之内的断面图，称为重合断面图，简称重合断面。重合断面图的轮廓线用细实线绘制，如图 5-32 所示。画重合断面图应注意以下两点：

1）重合断面图与视图中的轮廓线重叠时，视图中的轮廓线应连续画出，不可间断，如图 5-32a 所示。

2）重合断面图可省略标注，如图 5-32 所示。

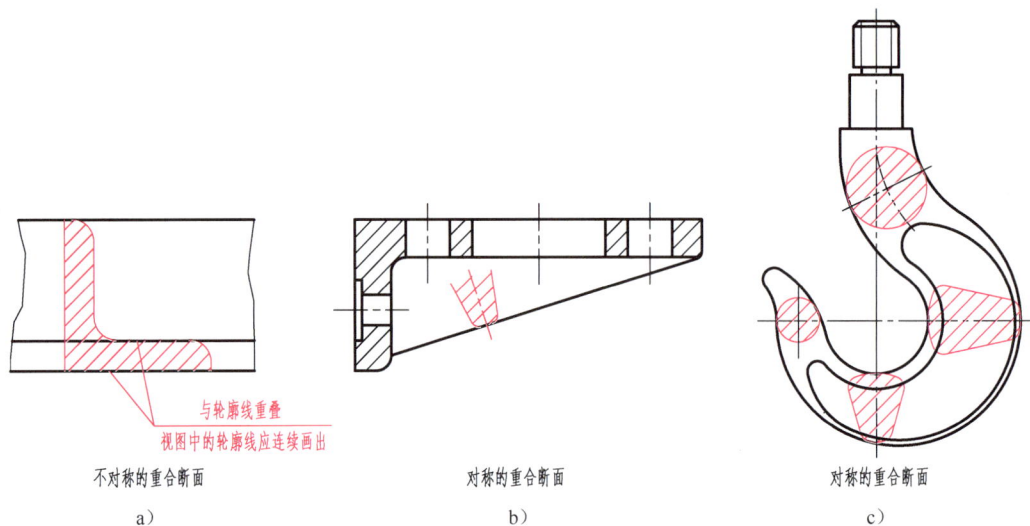

与轮廓线重叠
视图中的轮廓线应连续画出

不对称的重合断面
a)

对称的重合断面
b)

对称的重合断面
c)

图 5-32　重合断面图

第四节　局部放大图和简化画法

一、局部放大图（GB/T 4458.1—2002）

当物体上的细小结构在视图中表达不清楚，或不便于标注尺寸时，可采用局部放大图。将图样中所表示的物体部分结构，用大于原图形的比例所绘出的图形，称为局部放大图，如图 5-33 所示。

局部放大图的比例，是指该图形中物体要素的线性尺寸与实际物体相应要素的线性尺寸之比，与原图形所采用的比例无关。

局部放大图可以画成视图、剖视和断面，与被放大部分的原表达方式无关。

1）局部放大图应尽量配置在被放大部位附近，用细实线圈出被放大的部位。当同一物体上有几处被放大的部位时，必须用罗马数字依次标明被放大的部位，并在局部放大图的上方标注相应的罗马数字和所采用的比例，如图 5-33 所示。

2）当物体上只有一处被放大时，在局部放大图的上方只需注明所采用的比例，如图 5-34a 所示。

3）同一物体上不同部位的局部放大图，其图形相同或对称时，只需画出一个，如图 5-34b 所示。

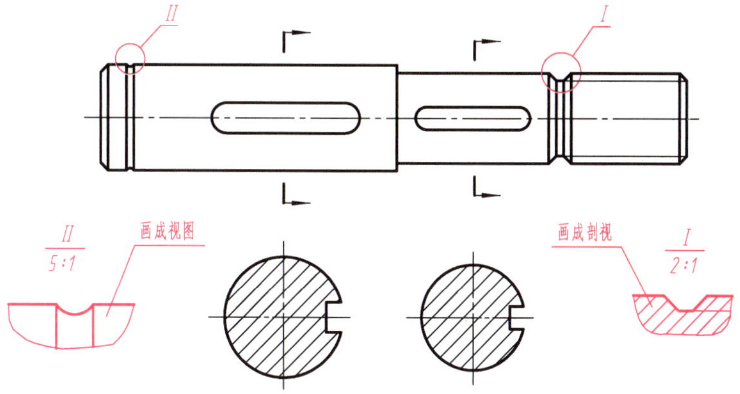

图 5-33 局部放大图（一）

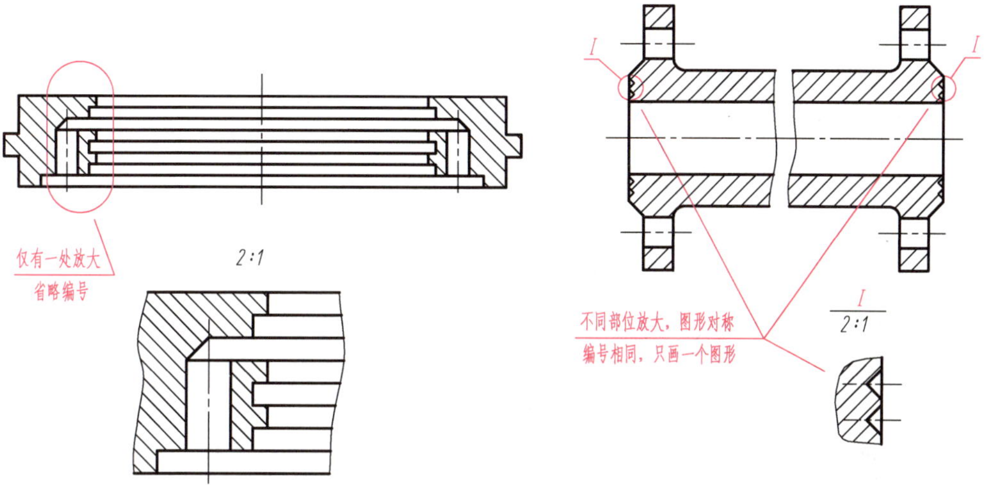

a)

b)

图 5-34 局部放大图（二）

二、简化画法（GB/T 16675.1—2012、GB/T 4458.1—2002）

简化画法是包括规定画法、省略画法、示意画法等在内的图示方法。国家标准 GB/T 16675.1—2012《技术制图 简化表示法 第 1 部分：图样画法》和 GB/T 4458.1—2002《机械制图 图样画法 视图》规定了一系列的简化画法，其目的是减少绘图工作量，提高设计效率及图样的清晰度，满足手工制图和计算机制图的要求，适应国际贸易和技术交流的需要。

1. 规定画法

对标准中规定的某些特定表达对象所采用的特殊图示方法。

1）在不致引起误解时，对称物体的视图可只画一半或四分之一，并在对称中心线的两端画出对称符号（两条与其垂直的平行细实线），如图 5-35 所示。

2）为了避免增加视图或剖视，对回转体上的平面，可用细实线绘出对角线表示，如图 5-36 所示。

3）较长的零件（轴、杆、型材、连杆等）沿长度方向的形状一致或按一定规律变化时，可断开后（缩短）绘制，其断裂边界可用波浪线绘制，也可用双折线或细双点画线绘制，如

115

图 5-37 所示。但在标注尺寸时，要标注零件的实长。

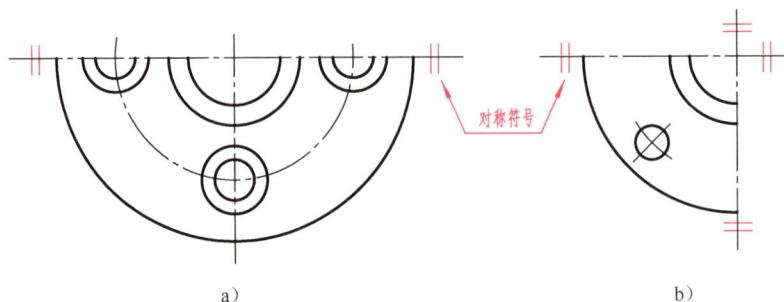

图 5-35　对称物体的规定画法

图 5-36　平面的规定画法

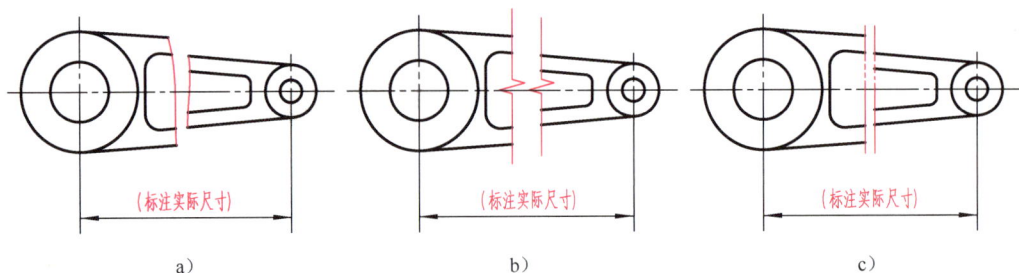

图 5-37　较长零件的规定画法

2．省略画法

通过省略重复投影、重复要素、重复图形等达到使图样简化的图示方法。

1）零件中成规律分布的重复结构，允许只绘制出其中一个或几个完整的结构，但需反映其分布情况，并在零件图中注明重复结构的数量和类型。对称的重复结构，用细点画线表示各对称结构要素的位置，如图 5-38 所示。

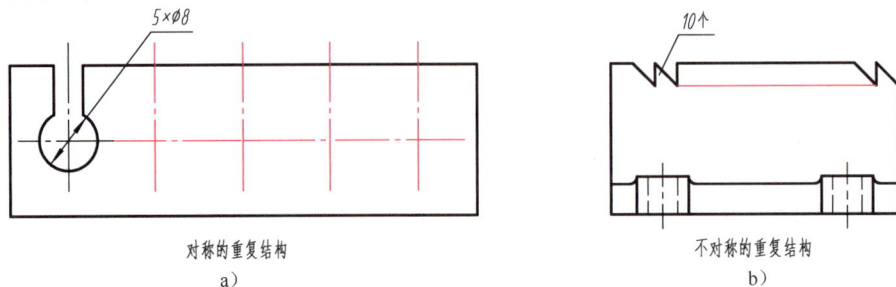

图 5-38　重复结构的省略画法

2）若干直径相同且成规律分布的孔（圆孔、螺孔、沉孔等），可以仅画一个或少量几个，其余只需用细点画线表示其中心位置，但在零件图中要注明孔的总数，如图 5-39 所示。

3．示意画法

用规定符号和（或）较形象的图线绘制图样的表意性图示方法。

零件上的滚花、槽沟等网状结构，应用粗实线完全或部分地表示出来，并在图中按规定标注，如图 5-40 所示。

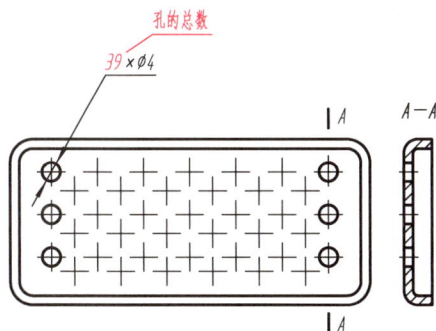

图 5-39　成规律分布的孔的省略画法

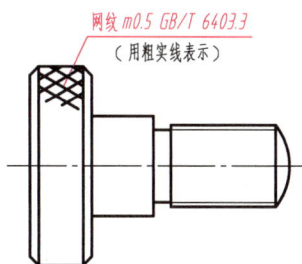

图 5-40　滚花的示意画法

第五节　第三角画法简介

国家标准 GB/T 17451—1998《技术制图　图样画法　视图》规定："技术图样应采用正投影法绘制，并优先采用第一角画法"。在工程制图领域，世界上多数国家（如中国、英国、法国、德国、俄罗斯等）都采用第一角画法，而美国、日本、加拿大、澳大利亚等国家，则采用第三角画法。为了适应日益增多的国际技术交流和协作的需要，应当了解第三角画法。

一、第三角画法与第一角画法的异同点（GB/T 13361—2012）

如图 5-41 所示，用水平和铅垂的两投影面将空间分成四个区域，每个区域为一个分角，分别称为第一分角、第二分角、第三分角和第四分角。

1．获得投影的方式不同

第一角画法是将物体置于第一分角内，并使其处于观察者与投影面之间而得到正投影的方法（即保持人→物体→投影面的位置关系），如图 5-42a 所示。

第三角画法是将物体置于第三分角内，并使投影面处于观察者与物体之间而得到正投影的方法（假设投影面是透明的，并保持人→投影面→物体的位置关系），如图 5-42b 所示。

与第一角画法类似，采用第三角画法获得的三视图符合多面正投影的投影规律，即主、俯视图长对正；主、右视图高平齐；俯、右视图宽相等。

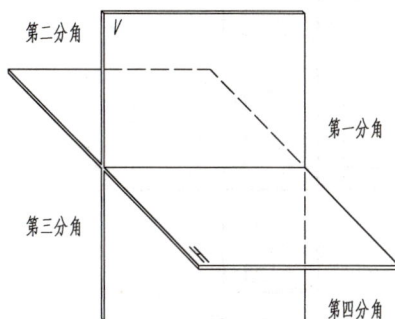

图 5-41　四个分角

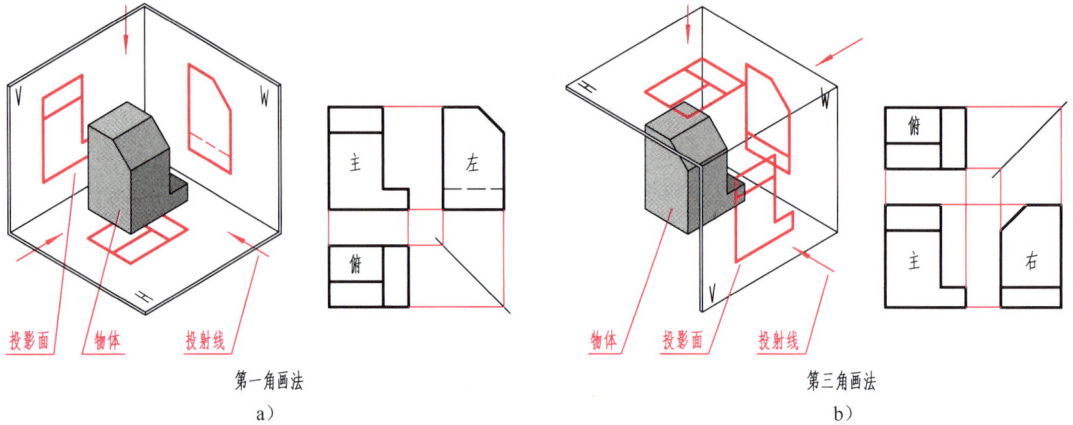

图 5-42 第一角画法与第三角画法获得投影的方式

2. 视图的配置关系不同

第一角画法与第三角画法都是将物体放在六面投影体系当中，向六个基本投影面进行投射，得到六个基本视图，其视图名称相同。由于六个基本投影面展开方式不同，其基本视图的配置关系不同，如图 5-43 所示。

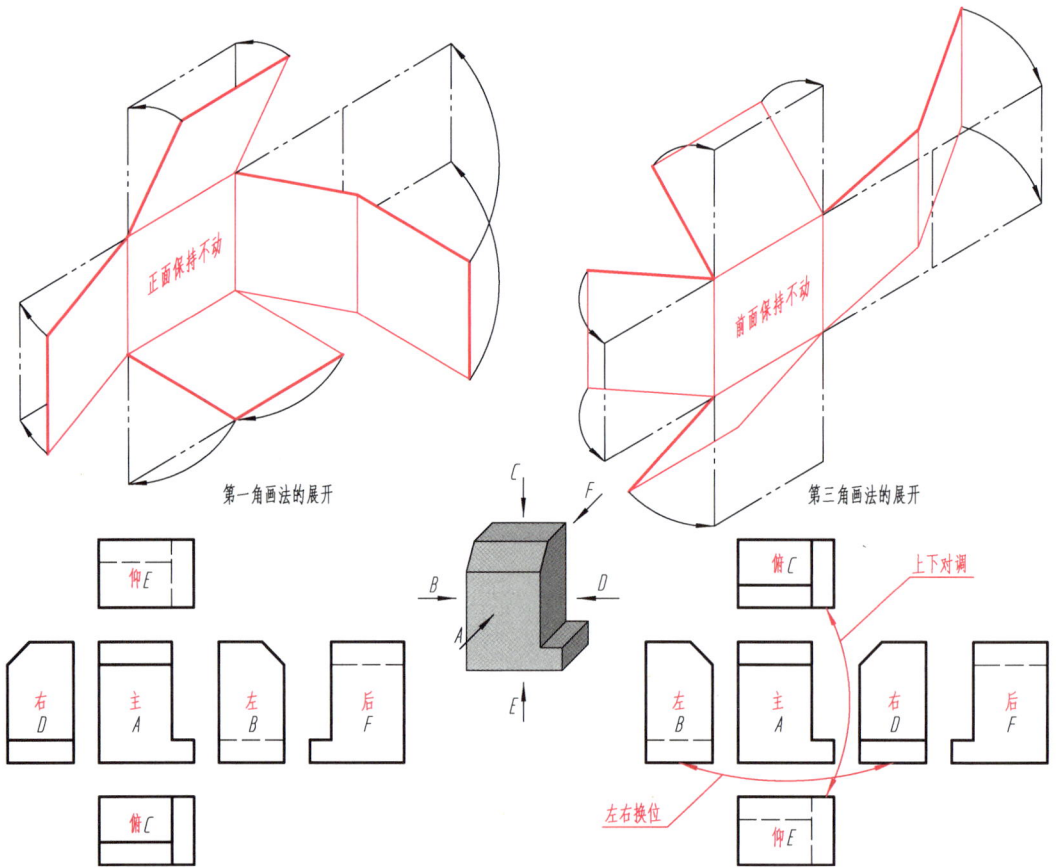

图 5-43 第一角画法与第三角画法配置关系的对比

第一角画法与第三角画法各个视图与主视图的配置关系对比如下：

<table>
<tr><td align="center">第一角画法</td><td align="center">第三角画法</td></tr>
<tr><td>左视图在主视图的<u>右方</u>；</td><td>左视图在主视图的<u>左方</u></td></tr>
<tr><td>俯视图在主视图的<u>下方</u>；</td><td>俯视图在主视图的<u>上方</u></td></tr>
<tr><td>右视图在主视图的<u>左方</u>；</td><td>右视图在主视图的<u>右方</u></td></tr>
<tr><td>仰视图在主视图的<u>上方</u>；</td><td>仰视图在主视图的<u>下方</u></td></tr>
<tr><td>后视图在<u>左视图</u>的右方；</td><td>后视图在<u>右视图</u>的右方</td></tr>
</table>

从上述对比中可以清楚地看到：

第三角画法的主、后视图，与第一角画法的主、后视图一致（没有变化）。

第三角画法的左视图和右视图，与第一角画法的左视图和右视图左右换位。

第三角画法的俯视图和仰视图，与第一角画法的俯视图和仰视图上下对调。

由此可见，第三角画法与第一角画法的主要区别是视图的配置关系不同。第三角画法的左视图、俯视图、右视图、仰视图靠近主视图的一边（里边），均表示物体的前面；远离主视图的一边（外边），均表示物体的后面，与第一角画法的"外前、里后"正好相反。

二、第三角画法与第一角画法的投影识别符号（GB/T 14692—2008）

为了识别第三角画法与第一角画法，国家标准规定了相应的投影识别符号，如图 5-44 所示。该符号标在国家标准规定的标题栏内（右下角）"名称及代号区"的最下方。

采用第一角画法时，在图样中一般不必画出第一角画法的投影识别符号。采用第三角画法时，必须在图样的标题栏中画出第三角画法的投影识别符号。

h＝图中尺寸数字高度（H=2h）
d 为图中粗实线宽度

第三角画法投影识别符号的画法　　　　　　第一角画法投影识别符号的画法

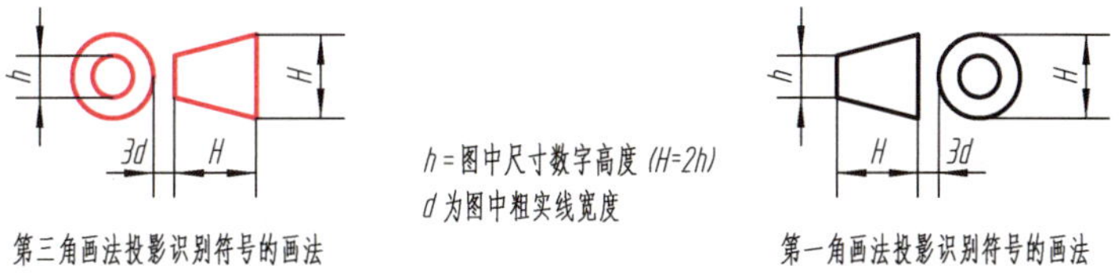

a)　　　　　　　　　　　　　　　　b)

图 5-44　第三角画法与第一角画法的投影识别符号

三、第三角画法的特点

第三角画法与第一角画法之间并没有根本的差别，只是各个国家应用的习惯不同而已。第一角画法的特点和应用读者都比较熟悉，下面仅对第三角画法的特点进行简要介绍。

1. 近侧配置，识读方便

第一角画法的投射顺序是：人→物→图，这符合人们对影子生成原理的认识，易于初学者直观理解和掌握基本视图的投影规律。

第三角画法的投射顺序是：人→图→物，也就是说人们先看到投影图，后看到物体。具体到六个基本视图中，除后视图外，其他所有视图可配置在相邻视图的近侧，这样识读起来比较方便。这是第三角画法的一个特点，特别是在读轴向较长的轴类零件图时，这个特点会更加突出。图 5-45a 是细长轴的第一角画法，因左视图配置在主视图的右边，右视图配置在主视图的左边，在绘制和读图时，需横跨主视图左顾右盼，不甚方便。

图 5-45b 是细长轴的第三角画法，其左视图是从主视图左端看到的形状，配置在主视图的左端，其右视图是从主视图右端看到的形状，配置在主视图的右端，这种近侧配置的特点，给绘图和识读带来了很大方便，可以避免和减少绘图和读图的错误。

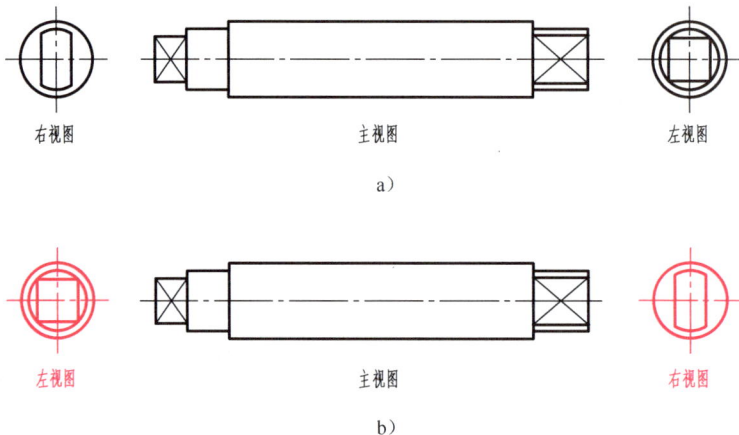

图 5-45 第三角画法的特点（一）

2．易于想象空间形状

由物体的二维视图想象出物体的三维空间形状，对初学者来讲往往比较困难。第三角画法的配置特点，易于帮助人们想象物体的空间形状。在图 5-46a 所示的视图中，只要想象将其俯视图和左视图向主视图靠拢，并以各自的边棱为轴反转，即可容易地想象出该物体的三维空间形状。

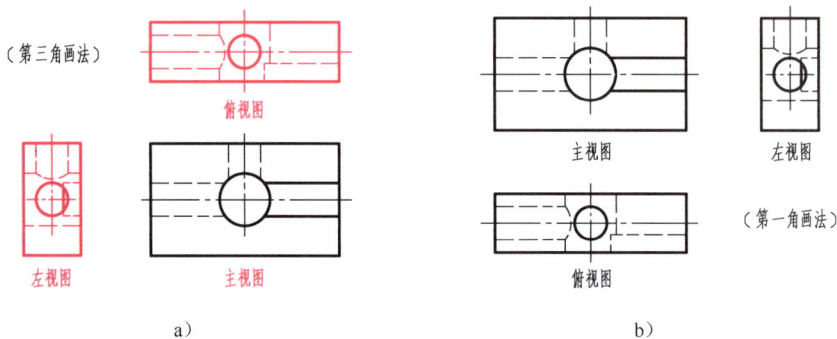

图 5-46 第三角画法的特点（二）

3．利于表达物体的细节

在第三角画法中，利用近侧配置的特点，可方便简明地采用各种辅助视图（如局部视图、斜视图等）表达物体的一些细节。在图 5-47a 中，只要将辅助视图配置在适当的位置上，一般不需要加注示投射方向的箭头。

4．尺寸标注相对集中

在第三角画法中，由于相邻的两个视图中表示物体的同一棱边所处的位置比较近，给集中标注机件上某一完整的要素或结构的尺寸提供了可能。在图 5-48a 中，标注物体上半圆柱开槽（并有小圆柱）处的结构尺寸，比图 5-48b 中的标注相对集中，方便读图和绘图。

（第三角画法）

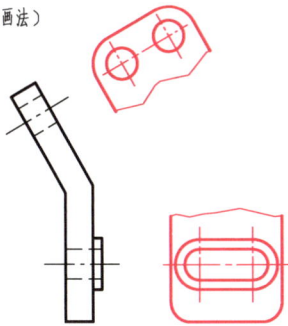

（第一角画法）

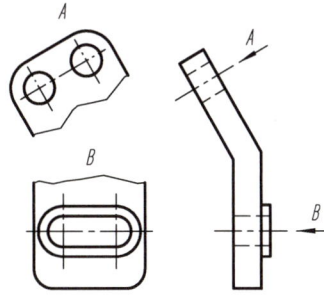

a)

b)

图 5-47 第三角画法的特点（三）

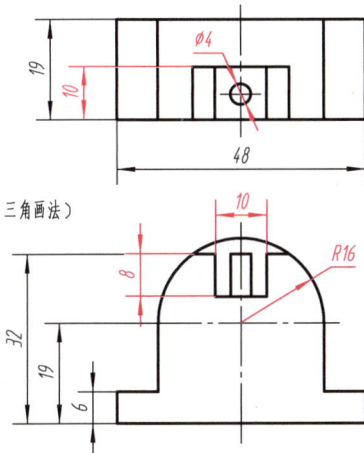

（第三角画法）

a)

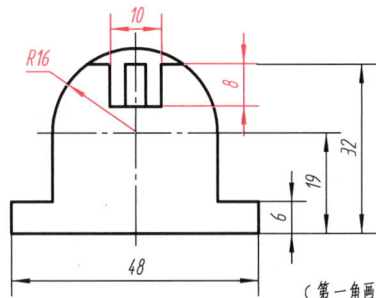

（第一角画法）

b)

图 5-48 第三角画法的特点（四）

第六章　图样中的特殊表示法

第一节　螺　纹

螺纹是零件上常见的一种结构。螺纹是在圆柱或圆锥表面上，具有相同牙型、沿螺旋线连续凸起的牙体。

螺纹分外螺纹和内螺纹两种，成对使用。在圆柱或圆锥外表面上所形成的螺纹，称为外螺纹；在圆柱或圆锥内表面上所形成的螺纹，称为内螺纹。

工业上有许多种制造螺纹的方法，各种螺纹都是根据螺旋线原理加工而成的。图 6-1 所示为在车床上加工外螺纹和内螺纹的方法。工件做等速旋转，车刀沿轴线方向等速平移，刀具与工件的合成运动即在工件上加工出螺旋线。由于车刀切削刃形状不同，在工件表面切掉部分的截面形状也不同，因而得到各种不同的螺纹。

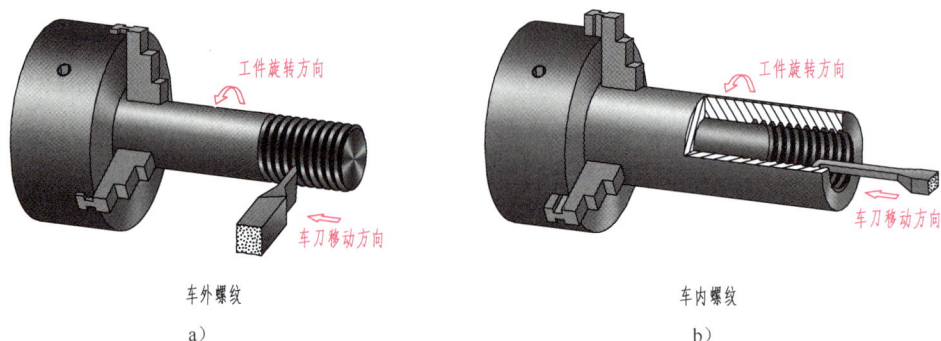

车外螺纹
a)

车内螺纹
b)

图 6-1　在车床上车削螺纹

一、螺纹要素（GB/T 14791—2013）

1. 牙型

在螺纹轴线平面内的螺纹轮廓形状，称为牙型。常见的有三角形、梯形和锯齿形等。相邻牙侧间的材料实体，称为牙体。连接两个相邻牙侧的牙体顶部表面，称为牙顶。连接两个相邻牙侧的牙槽底部表面，称为牙底，如图 6-2 所示。

2. 直径

直径有大径（d、D）、中径（d_2、D_2）和小径（d_1、D_1）之分，如图 6-2 所示。其中，外螺纹大径 d 和内螺纹小径 D_1 亦称顶径。

大径（d、D）　与外螺纹牙顶或内螺纹牙底相切的假想圆柱或圆锥的直径。

小径（d_1、D_1）　与外螺纹牙底或内螺纹牙顶相切的假想圆柱或圆锥的直径。

中径（d_2、D_2）　中径圆柱或中径圆锥的直径。该圆柱（或圆锥）母线通过圆柱（或圆锥）螺纹上牙厚与牙槽宽相等的地方。

公称直径　代表螺纹尺寸的直径称为公称直径。对紧固螺纹和传动螺纹，其大径基本尺寸是螺纹的代表尺寸。对管螺纹，其管子公称尺寸是螺纹的代表尺寸。

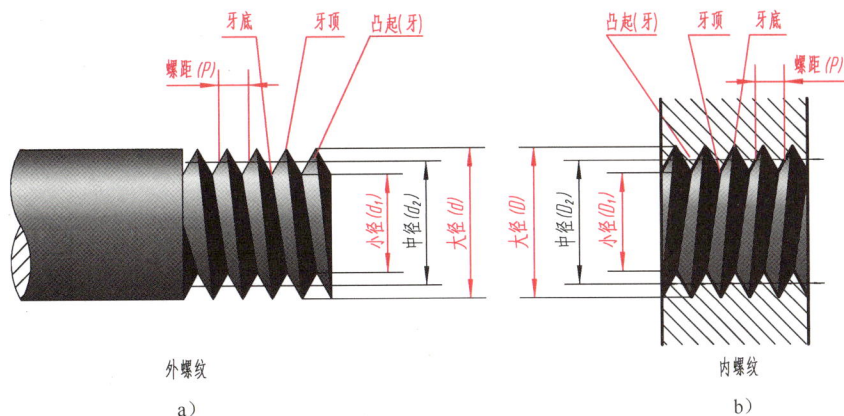

牙底　牙顶　凸起(牙)　　　　凸起(牙)　牙顶　牙底

螺距(P)　　　　　　　　　　　　　　　螺距(P)

小径(d₁)　中径(d₂)　大径(d)　　大径(D)　中径(D₂)　小径(D₁)

外螺纹　　　　　　　　　　　　　　　　内螺纹

a)　　　　　　　　　　　　　　　　　　b)

图 6-2　螺纹的各部分名称及代号

3. 线数

螺纹有单线与多线之分，如图 6-3 所示。只有一个起始点的螺纹，称为单线螺纹；具有两个或两个以上起始点的螺纹，称为多线螺纹。线数的代号用 n 表示。

4. 螺距和导程

螺距（P）　是指相邻两牙体上的对应牙侧与中径线相交两点间的轴向距离。

导程（P_h）　是最邻近的两同名牙侧与中径线相交两点间的轴向距离（导程就是一个点沿着在中径圆柱或中径圆锥上的螺旋线旋转一周所对应的轴向位移）。螺距和导程是两个不同的概念，如图 6-3 所示。

螺距、导程、线数之间的关系是：$P=P_h/n$。对于单线螺纹，则有 $P=P_h$。

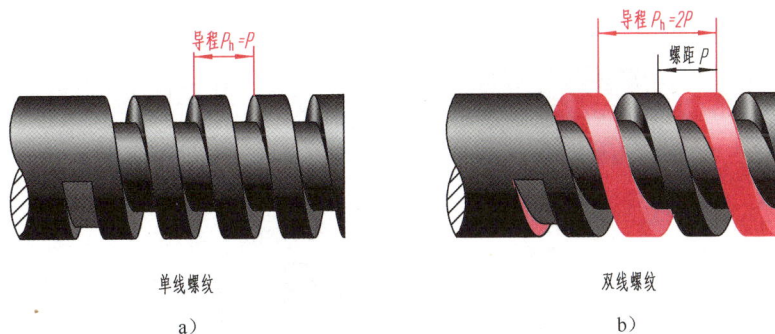

导程 $P_h=P$　　　　　　　　导程 $P_h=2P$

螺距 P

单线螺纹　　　　　　　　　　双线螺纹

a)　　　　　　　　　　　　　b)

图 6-3　螺距与导程

5. 旋向

内、外螺纹旋合时的旋转方向称为旋向。螺纹的旋向有左、右之分。

右旋螺纹　顺时针旋转时旋入的螺纹，称为右旋螺纹（俗称正扣）。

左旋螺纹　逆时针旋转时旋入的螺纹，称为左旋螺纹（俗称反扣）。

旋向的判定　将外螺纹轴线垂直放置，螺纹的可见

右高　　左高

右旋螺纹　　　　左旋螺纹

图 6-4　螺纹旋向的判定

部分是右高左低者为右旋螺纹；左高右低者为左旋螺纹，如图 6-4 所示。

对于螺纹来说，只有牙型、大径、螺距、线数和旋向等诸要素都相同，内、外螺纹才能旋合在一起。

螺纹三要素　在螺纹的诸要素中，牙型、大径和螺距是决定螺纹结构规格的最基本的要素，称为螺纹三要素。凡螺纹三要素符合国家标准的，称为标准螺纹；牙型不符合国家标准的，称为非标准螺纹。

表 6-1 中所列为常用标准螺纹的种类、标记和标注。

表 6-1　常用标准螺纹的种类、标记和标注

螺纹类别		特征代号	牙　型	标 注 示 例	说　明
联接和紧固用螺纹	粗牙普通螺纹	M	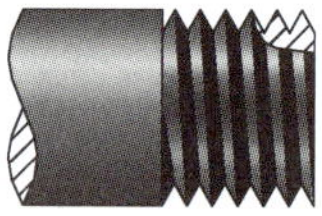	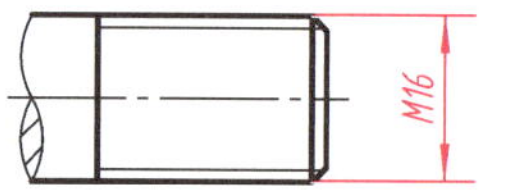	**粗牙普通螺纹** 公称直径为 16mm；中径公差带和大径公差带均为 6g（省略不标）；中等旋合长度；右旋
	细牙普通螺纹				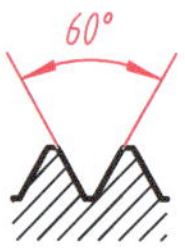 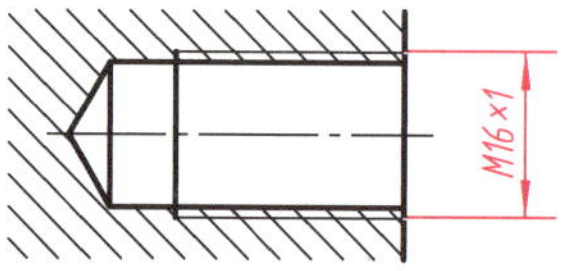 **细牙普通螺纹** 公称直径为 16mm，螺距为 1mm；中径公差带和小径公差带均为 6H（省略不标）；中等旋合长度；右旋
55° 管螺纹	55° 非密封管螺纹	G	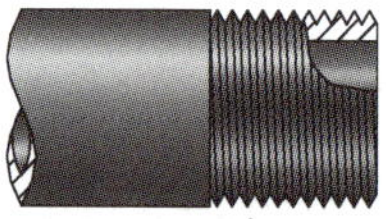	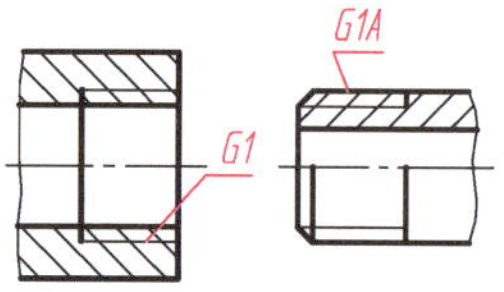	**55° 非密封管螺纹** G——螺纹特征代号 1——尺寸代号 A——外螺纹公差等级代号
	55° 密封管螺纹	圆锥内螺纹	Rc		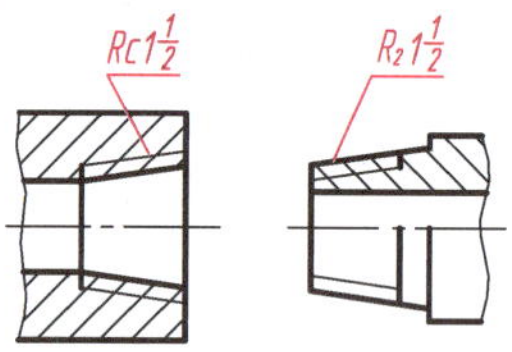	**55° 密封管螺纹** Rc——圆锥内螺纹 Rp——圆柱内螺纹 R_1——与圆柱内螺纹相配合的圆锥外螺纹 R_2——与圆锥内螺纹相配合的圆锥外螺纹 1½——尺寸代号
		圆柱内螺纹	Rp		
		圆锥外螺纹	R_1 R_2		

二、螺纹的规定画法（GB/T 4459.1—1995）

由于螺纹的结构和尺寸已经标准化，为了提高绘图效率，对螺纹的结构与形状，可不必按其真实投影画出，只需根据国家标准规定的画法和标记，进行绘图和标注即可。

1. 外螺纹的规定画法

如图 6-5a 所示，外螺纹牙顶圆的投影用粗实线表示，牙底圆的投影用细实线表示（牙底圆的投影按 $d_1=0.85d$ 的关系绘制），在螺杆的倒角或倒圆部分也应画出；在垂直于螺纹轴线

的投影面的视图中，表示牙底圆的细实线只画约 3/4 圈（空出约 1/4 圈的位置不做规定）。此时，螺杆或螺纹孔上倒角圆的投影，不应画出。

螺纹终止线用粗实线表示。剖面线必须画到粗实线处，如图 6-5b 所示。

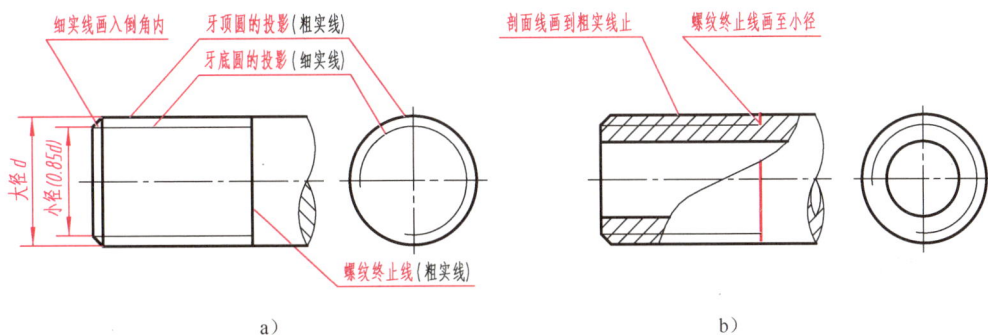

图 6-5　外螺纹的规定画法

2. 内螺纹的规定画法

如图 6-6a 所示，在剖视图或断面图中，内螺纹牙顶圆的投影和螺纹终止线用粗实线表示，牙底圆的投影用细实线表示，剖面线必须画到粗实线为止（牙顶圆的投影按 $D_1=0.85D$ 的关系绘制）；在垂直于螺纹轴线的投影面的视图中，表示牙底圆投影的细实线仍画 3/4 圈，倒角圆的投影仍省略不画。

不可见螺纹的所有图线（轴线除外），均用细虚线绘制，如图 6-6b 所示。

图 6-6　内螺纹的规定画法

3. 螺纹联接的规定画法

用剖视表示内、外螺纹的联接时，其旋合部分应按外螺纹的画法绘制，其余部分仍按各自的画法表示，如图 6-7a 所示。在端面视图中，若剖切平面通过旋合部分时，按外螺纹绘制，如图 6-7b 所示。

提示：画螺纹联接时，表示内、外螺纹牙顶圆投影的粗实线，与牙底圆投影的细实线应分别对齐。

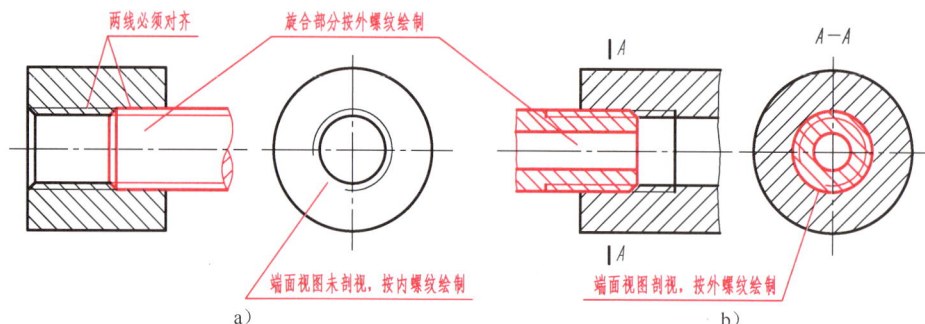

图 6-7 螺纹联接的规定画法

三、螺纹的标记及标注（GB/T 4459.1—1995）

1. 普通螺纹的标记（GB/T 197—2018）

普通螺纹即普通用途的螺纹，单线普通螺纹占大多数，其标记格式如下：

$$\boxed{螺纹特征代号}\ \boxed{公称直径}\times\boxed{螺距}-\boxed{公差带代号}-\boxed{旋合长度代号}-\boxed{旋向代号}$$

多线普通螺纹的标记格式如下：

$$\boxed{螺纹特征代号}\ \boxed{公称直径}\times\boxed{Ph\ 导程\ P\ 螺距}-\boxed{公差带代号}-\boxed{旋合长度代号}-\boxed{旋向代号}$$

标记的注写规则：

螺纹特征代号 普通螺纹特征代号为 M。

尺寸代号 公称直径为螺纹大径。单线螺纹的尺寸代号为"公称直径×螺距"，不必注写"P"字样。多线螺纹的尺寸代号为"公称直径×Ph 导程 P 螺距"，需注写"Ph"和"P"字样。粗牙普通螺纹不标注螺距。粗牙螺纹与细牙螺纹的区别见表 A-1。

公差带代号 公差带代号由中径公差带和顶径公差带（对外螺纹指大径公差带，对内螺纹指小径公差带）组成。大写字母代表内螺纹，小写字母代表外螺纹。若两组公差带相同，则只写一组（常用的公差带见表 A-1）。最常用的中等公差精度螺纹（外螺纹为 6g、内螺纹为 6H）不标注公差带代号。

旋合长度代号 旋合长度分为短（S）、中等（N）、长（L）三种。一般采用中等旋合长度，N 省略不注。

旋向代号 左旋螺纹以"LH"表示，右旋螺纹不标注旋向（所有螺纹旋向的标记，均与此相同）。

【例 6-1】 解释"**M16×Ph3 P1.5-7g6g-L-LH**"的含义。

解 表示双线细牙普通外螺纹，大径为 16mm，导程为 3mm，螺距为 1.5mm，中径公差带为 7g，大径公差带为 6g，长旋合长度，左旋。

【例 6-2】 已知公称直径为 12mm，粗牙，螺距为 1.75mm，中径和大径公差带均为 6g 的单线右旋普通螺纹，试写出其标记。

解 标记为"M12"。

【例 6-3】 已知公称直径为 12mm，细牙，螺距为 1mm，中径和小径公差带均为 6H 的单线右旋普通螺纹，试写出其标记。

解 标记为"M12×1"。

2. 管螺纹的标记（GB/T 7306.1～7306.2—2000、GB/T 7307—2001）

管螺纹是在管子上加工的，主要用于联接管件，故称为管螺纹。管螺纹的数量仅次于普通螺纹，是使用数量较多的螺纹之一。

（1）55°密封管螺纹标记 由于55°密封管螺纹只有一种公差，GB/T 7306.1～7306.2—2000规定其标记格式如下：

| 螺纹特征代号 | 尺寸代号 | 旋向代号 |

标记的注写规则：

螺纹特征代号 用 Rc 表示圆锥内螺纹，用 Rp 表示圆柱内螺纹，用 R_1 表示与圆柱内螺纹相配合的圆锥外螺纹，用 R_2 表示与圆锥内螺纹相配合的圆锥外螺纹。

尺寸代号 用 1/2，3/4，1，1½…表示，详见表 A-2。

旋向代号 与普通螺纹的标记相同。

> 提示：管螺纹的尺寸代号并非公称直径，也不是管螺纹本身的真实尺寸，而是用该螺纹所在管子的公称通径（单位为 in，1in=25.4mm）来表示的。管螺纹的大径、小径及螺距等具体尺寸，只有通过查阅相关的国家标准（表 A-2）才能知道。

【例 6-4】 解释"**Rc1/2**"的含义。

解 表示圆锥内螺纹，尺寸代号为½（查表 A-2，其大径为 20.955mm，螺距为 1.814mm），右旋（省略旋向代号）。

【例 6-5】 解释"**Rp1½LH**"的含义。

解 表示圆柱内螺纹，尺寸代号为 1½（查表 A-2，其大径为 47.803mm，螺距为 2.309mm），左旋。

（2）55°非密封管螺纹标记 GB/T 7307—2001规定55°非密封管螺纹标记格式如下：

| 螺纹特征代号 | 尺寸代号 | 公差等级代号 | - | 旋向代号 |

标记的注写规则：

螺纹特征代号 用 G 表示。

尺寸代号 用 1/2，3/4，1，1½…表示，详见表 A-2。

螺纹公差等级代号 对外螺纹，分 A、B 两级标记；因为内螺纹公差带只有一种，所以不加标记。

旋向代号 当螺纹为左旋时，在外螺纹的公差等级代号之后加注"-LH"；在内螺纹的尺寸代号之后加注"LH"。

【例 6-6】 解释"**G 1½A**"的含义。

解 表示圆柱外螺纹，尺寸代号为 1½（查表 A-2，其大径为 47.803mm，螺距为 2.309mm），螺纹公差等级为 A 级，右旋（省略旋向代号）。

【例 6-7】 解释"**G 3/4A-LH**"的含义。

解 表示圆柱外螺纹，螺纹公差等级为 A 级，尺寸代号为 3/4（查表 A-2，其大径为 26.441mm，螺距为 1.814mm），左旋（注：在左旋代号 LH 前加注半字线）。

【例 6-8】　解释"**G 1½LH**"的含义。

解　表示圆柱内螺纹（未注螺纹公差等级），尺寸代号为 1½（查表 A-2，其大径为 47.803mm，螺距为 2.309mm），左旋（注：在左旋代号 LH 前不加注半字线）。

3．螺纹的标注方法（GB/T 4459.1—1995）

公称直径以 mm（毫米）为单位的螺纹（如普通螺纹、梯形螺纹等），其标记应直接注在大径的尺寸线或其引出线上，如图 6-8a、b、c 所示；管螺纹的标记一律注在引出线上，引出线应由大径处或对称中心处引出，如图 6-8d、e 所示。

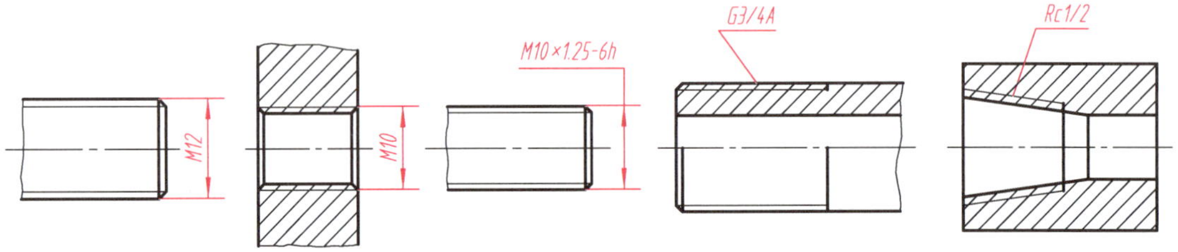

图 6-8　螺纹的标注方法

第二节　螺纹紧固件

一、螺纹紧固件的标记

螺纹紧固件包括螺栓、螺柱、螺钉、螺母、垫圈等，这些零件都是标准件。只要知道其规定标记，就可以从相关标准中查出它们的结构、形式及全部尺寸。常用螺纹紧固件的标记及示例见表 6-2（图中的红色尺寸为规格尺寸）。

表 6-2　常用螺纹紧固件的标记

名称	轴测图	画法及规格尺寸	标记示例及说明
六角头螺栓	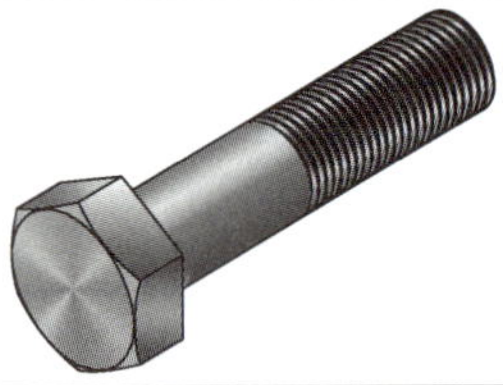	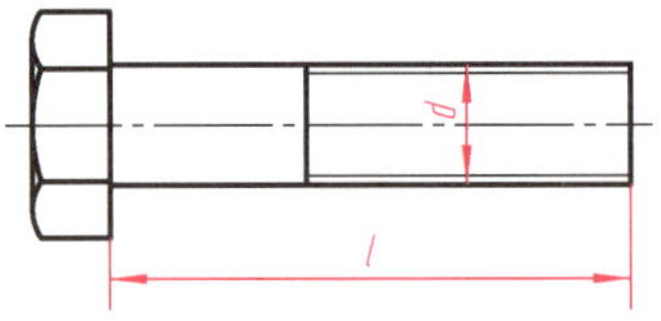	**螺栓　GB/T 5780　M16×100** 螺纹规格为 M16、公称长度 l=100mm、性能等级为 4.8 级、表面不经处理、产品等级为 C 级的六角头螺栓
双头螺柱		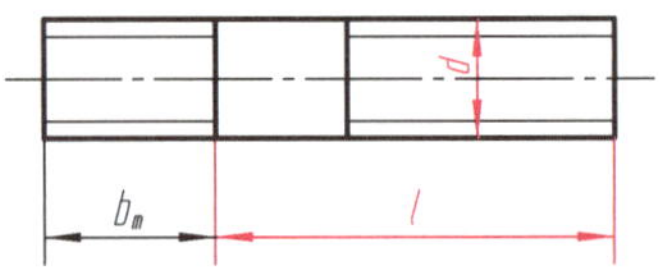	**螺柱　GB/T 899　M12×50** 两端均为粗牙普通螺纹、d=12mm、l=50mm、性能等级为 4.8 级、不经表面处理、B 型（B 省略不标）、b_m=1.5d 的双头螺柱
螺钉		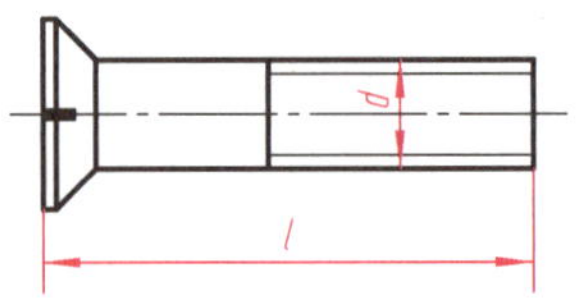	**螺钉　GB/T 68　M8×40** 螺纹规格为 M8、公称长度 l=40mm、性能等级为 4.8 级、表面不经处理的 A 级开槽沉头螺钉

（续）

名称	轴　测　图	画法及规格尺寸	标记示例及说明
六角螺母			**螺母　GB/T 41　M16** 螺纹规格为 M16、性能等级为 5 级、表面不经处理、产品等级为 C 级的 1 型六角螺母
垫圈			**垫圈　GB/T 97.1　16** 标准系列、公称规格 16mm、由钢制造的硬度等级为 200HV 级、不经表面处理、产品等级为 A 级的平垫圈

二、螺栓联接

螺栓联接是将螺栓的杆身穿过两个被联接零件上的通孔，套上垫圈，再用螺母拧紧，使两个零件联接在一起的一种联接方式，如图 6-9 所示。

为提高画图速度，对联接件的各个尺寸，可不按相应的标准数值画出，而是采用近似画法。采用近似画法时，除螺栓长度按 $l_{计} \approx t_1 + t_2 + 1.35d$ 计算后，再查表 B-1 取标准值外，其他各部分尺寸均取与螺栓大径成一定的比例来绘制。螺栓、螺母、垫圈的各部尺寸比例关系，如图 6-10 所示。

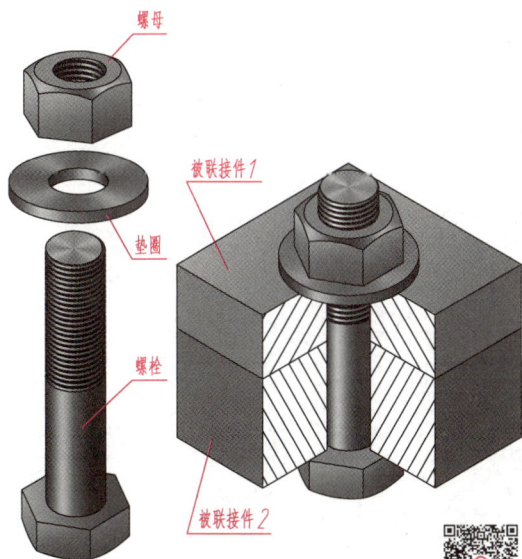

图 6-9　螺栓联接

图 6-10　螺栓联接的近似画法

画图时必须遵守 GB/T 4459.1—1995《机械制图　螺纹及螺纹紧固件表示法》中的规定（图 6-10）：

1）在装配图中，当剖切平面通过螺杆的轴线时，对于螺栓、螺柱、螺钉、螺母及垫圈等均按未剖切绘制，即只画外形。

2）两个零件接触面处只画一条粗实线，不得加粗。凡不接触的表面，不论间隙多小，均应在图上画出间隙。

3）在剖视中，相互接触的两个零件的剖面线方向应相反，而同一个零件在各剖视中，剖面线的倾斜方向和间隔应相同。

> 提示：螺纹紧固件应采用简化画法，六角头螺栓和六角螺母的头部曲线可省略不画。螺纹紧固件上的工艺结构，如倒角、退刀槽、缩颈、凸肩等均省略不画。

螺纹紧固件采用弹簧垫圈时，弹簧垫圈的开口方向应向左倾斜（与水平线成 75°），用一条特粗线（约 2*d*）表示，如图 6-11a 所示。

三、双头螺柱、螺钉联接画法简介

1. 双头螺柱联接

双头螺柱多用在被联接件之一较厚，不便使用螺栓联接的地方。这种联接是在机体上加工出不通的螺纹孔，将双头螺柱一端拧入螺纹孔，而另一端穿过被联接零件的通孔，放上垫圈后再拧紧螺母的一种联接方式，其联接画法如图 6-11b 所示。

画双头螺柱联接时应注意两点：

1）双头螺柱旋入端的螺纹终止线与两个被联接件的接触面应画成一条线。

2）螺纹孔可采用简化画法，即仅按螺纹孔深度画出，而不画钻孔深度。

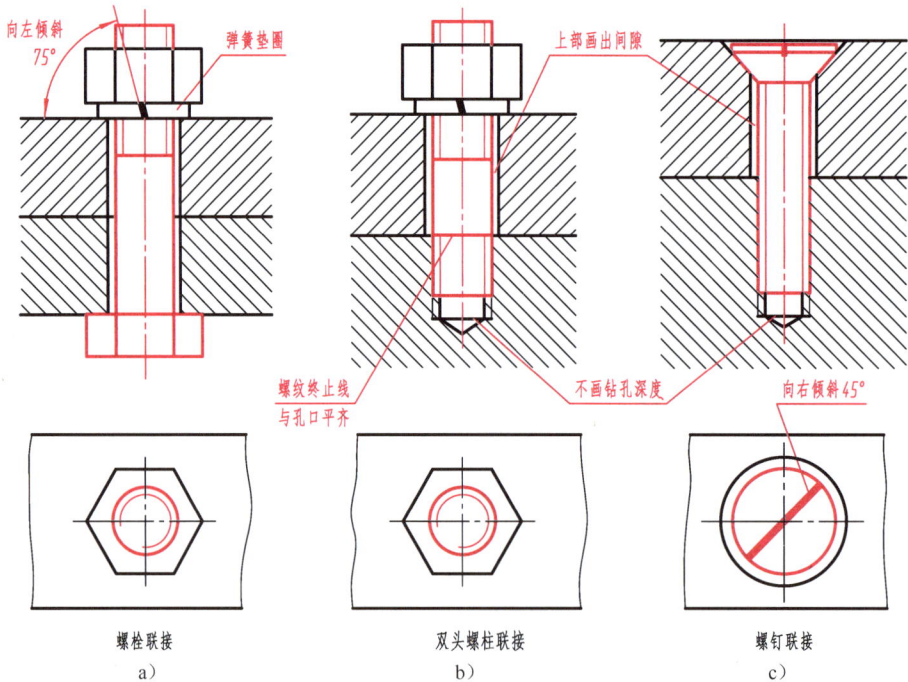

螺栓联接	双头螺柱联接	螺钉联接
a)	b)	c)

图 6-11　螺纹紧固件的简化画法

2. 螺钉联接

螺钉联接用在受力不大和不经常拆卸的地方。这种联接是在较厚的机件上加工出螺纹孔，而另一被联接件上加工有通孔，将螺钉穿过通孔拧入螺纹孔，从而达到联接的目的。

螺钉头部的一字槽可画成一条特粗线（约 2d），俯视图中画成与水平线成45°、自左下向右上的斜线；螺纹孔可不画出钻孔深度，仅按螺纹深度画出，如图 6-11c 所示。

> 提示：在装配图中，若需要绘制螺纹紧固件时，应尽量采用简化画法，既可减少绘图的工作量，又能提高绘图速度，增加图样的明晰度，使图样的重点更加突出。

第三节 齿 轮

一、齿轮的基本知识（GB/T 3374.1—2010）

齿轮是一个有齿构件，它与另一个有齿构件通过其共轭齿面的相继啮合，从而传递或接受运动。通过齿轮啮合，可将一根轴的动力及旋转运动传递给另一根轴，也可改变转速和旋转方向。一对齿轮的齿，依次交替接触，从而实现一定规律的相对运动的过程和形态，称为啮合。齿轮副是可围绕其轴线转动的两齿轮组成的机构，通过轮齿的相互接触作用由一个齿轮带动另一个齿轮转动。常用的齿轮副有如下三种：

（1）平行轴齿轮副（圆柱齿轮啮合） 两轴线相互平行的齿轮副，用于两平行轴间的传动，如图 6-12a 所示。

（2）锥齿轮副（锥齿轮啮合） 两轴线相交的齿轮副，用于两相交轴间的传动，如图 6-12b 所示。

（3）交错轴齿轮副（蜗杆与蜗轮啮合） 两轴线交错的齿轮副，用于两交错轴间的传动，如图 6-12c 所示。

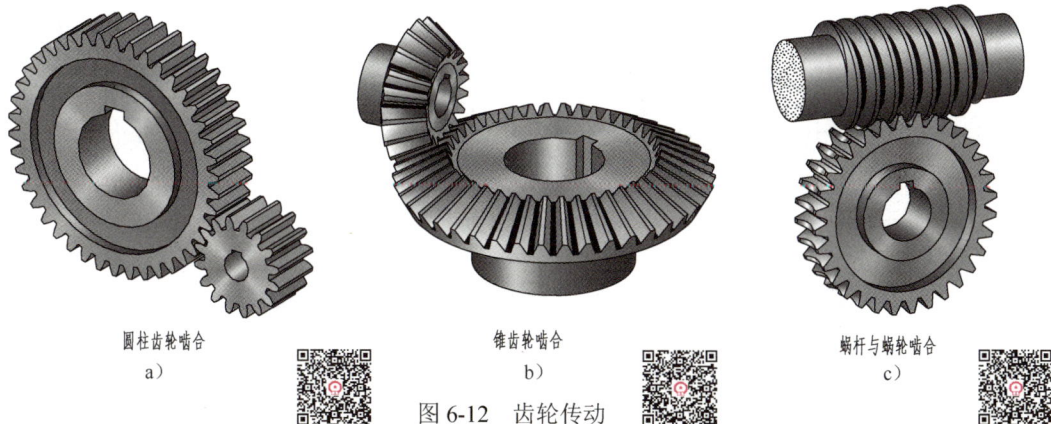

圆柱齿轮啮合 a)　　锥齿轮啮合 b)　　蜗杆与蜗轮啮合 c)

图 6-12 齿轮传动

二、直齿轮的各部分名称及代号（GB/T 3374.1—2010）

分度曲面为圆柱面的齿轮，称为圆柱齿轮，圆柱齿轮的轮齿有直齿、斜齿、人字齿等。分度圆柱面齿线为直母线的圆柱齿轮，称为直齿轮，如图 6-13a 所示。齿轮轮齿最常用的齿形曲线是渐开线。齿轮的各部分名称（括号中的为相应参数）如下：

（1）齿顶圆（d_a） 齿顶圆柱面被垂直于其轴线的平面所截的截线，称为齿顶圆。

（2）齿根圆（d_f） 齿根圆柱面被垂直于其轴线的平面所截的截线，称为齿根圆。

（3）分度圆（d）和节圆（d_w） 分度圆柱面与垂直于其轴线的一个平面的交线，称为分度圆；节圆柱面被垂直于其轴线的一个平面所截的截线，称为节圆。在一对标准齿轮中，两齿轮分度圆柱面相切，即 $d=d'$。

（4）齿顶高（h_a）　齿顶圆和分度圆之间的径向距离，称为齿顶高。标准齿轮的齿顶高 $h_a=m$（m 为模数）。

（5）齿根高（h_f）　齿根圆和分度圆之间的径向距离，称为齿根高。标准齿轮的齿根高 $h_f=1.25m$（m 为模数）。

（6）齿高（h）　齿顶圆和齿根圆之间的径向距离，称为齿高。

（7）端面齿距（简称齿距 p）　两个相邻同侧端面齿廓之间的分度圆弧长，称为端面齿距。

（8）端面齿槽宽（简称槽宽 e）　在端平面上，一个齿槽的两侧齿廓之间的分度圆弧长，称为端面齿槽宽。

（9）端面齿厚（简称齿厚 s）　一个齿的两侧端面齿廓之间的分度圆弧长，称为端面齿厚。在标准齿轮中，槽宽与齿厚各为齿距的一半，即 $s=e=p/2$，$p=s+e$。

（10）齿宽（b）　齿轮的有齿部位沿分度圆柱面的母线方向度量的宽度，称为齿宽。

（11）啮合角和压力角（α）　在一般情况下，两相啮轮齿的端面齿廓在接触点处的公法线，与两节圆的内公切线所夹的锐角，称为啮合角，如图 6-13b 所示。对于渐开线齿轮，是指两相啮轮齿在节点上的端面压力角。标准齿轮的压力角 $\alpha=20°$。

（12）齿数（z）　一个齿轮的轮齿总数。

（13）中心距（a）　齿轮副的两轴线之间的最短距离，称为中心距。

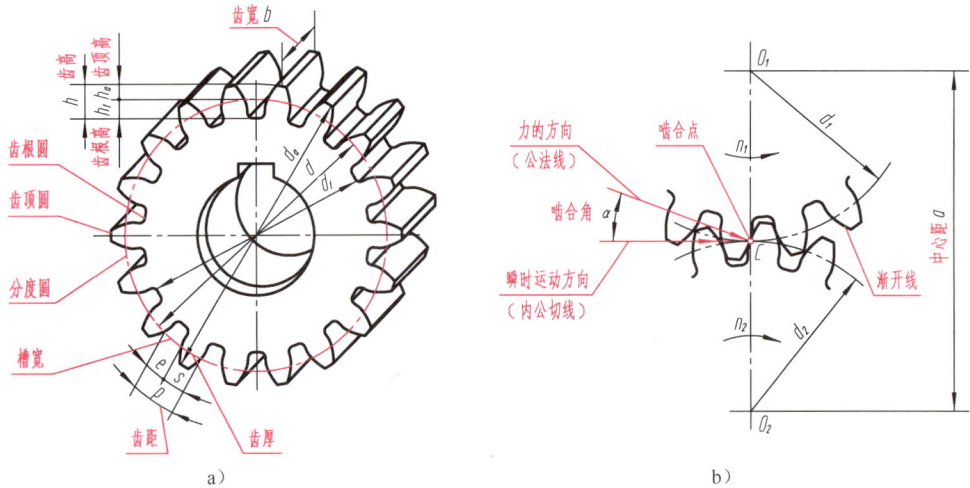

图 6-13　直齿轮的各部分名称及代号

三、直齿轮的基本参数与齿轮各部分的尺寸关系

1. 模数

齿轮上有多少齿，在分度圆周上就有多少齿距，即分度圆周总长为

$$\pi d=zp \tag{6-1}$$

则分度圆直径

$$d=（p/\pi）z \tag{6-2}$$

分度曲面上的齿距 p 除以圆周率 π 所得的商，称为模数，用符号"m"表示，单位为 mm，即

$$m=p/\pi \qquad\qquad (6\text{-}3)$$

将式（6-3）代入式（6-2），得

$$d=mz \qquad\qquad (6\text{-}4)$$

即

$$m=d/z \qquad\qquad (6\text{-}5)$$

相互啮合的一对齿轮，其齿距 p 应相等。由于 $m=p/\pi$，因此一对齿轮的模数亦应相等。当模数 m 发生变化时，齿高 h 和齿距 p 也随之变化，即模数 m 越大，轮齿就越大，齿轮的承载能力也大；模数 m 越小，轮齿就越小，齿轮的承载能力也小。由此可以看出，模数是表征齿轮轮齿大小的一个重要参数，是计算齿轮主要尺寸的一个基本依据。为了简化和统一齿轮的轮齿规格，国家标准对圆柱齿轮的模数做了统一规定，见表 6-3。

表 6-3　标准模数（摘自 GB/T 1357—2008）　　　　（单位：mm）

齿轮类型	模数系列	标准模数 m
圆柱齿轮	第一系列（优先选用）	1，1.25，1.5，2，2.5，3，4，5，6，8，10，12，16，20，25，32，40，50
	第二系列	1.125，1.375，1.75，2.25，2.75，3.5，4.5，5.5，（6.5），7，9，11，14，18，22，28，36，45

注：选用圆柱齿轮模数时，应优先选用第一系列，其次选用第二系列，避免采用括号内的模数。

2. 模数与轮齿各部分的尺寸关系

齿轮的模数确定后，按照与模数 m 的比例关系，可计算出直齿轮轮齿部分的各个基本尺寸，详见表 6-4。

表 6-4　直齿轮轮齿的各部分尺寸关系　　　　（单位：mm）

名称及代号	计 算 公 式	名称及代号	计 算 公 式
模　数 m	$m=d/z$（计算后，再从表 6-3 中取标准值）	分度圆直径 d	$d=mz$
齿顶高 h_a	$h_a=m$	齿顶圆直径 d_a	$d_a=d+2h_a=m\,(z+2)$
齿根高 h_f	$h_f=1.25m$	齿根圆直径 d_f	$d_f=d-2h_f=m\,(z-2.5)$
齿　高 h	$h=h_a+h_f=2.25m$	中心距 a	$a=\dfrac{d_1+d_2}{2}=\dfrac{m\,(z_1+z_2)}{2}$

四、直齿轮的规定画法（GB/T 4459.2—2003）

1. 单个直齿轮的规定画法

视图画法　直齿轮的齿顶线用粗实线绘制；分度线用细点画线绘制；齿根线用细实线绘制，也可省略不画，如图 6-14a 所示。

剖视画法　当剖切平面通过直齿轮的轴线时，轮齿一律按不剖处理（不画剖面线）。齿顶线用粗实线绘制；分度线用细点画线绘制；齿根线用粗实线绘制，如图 6-14b、c 所示。

端面视图画法　在表示直齿轮端面的视图中，齿顶圆用粗实线绘制；分度圆用细点画线绘制；齿根圆用细实线绘制，也可省略不画，如图 6-14d 所示。

2. 直齿轮啮合时的规定画法

剖视画法　当剖切平面通过两啮合齿轮的轴线时，在啮合区内，将一个齿轮的轮齿用粗实线绘制，另一个齿轮的轮齿被遮挡的部分用细虚线绘制，如图 6-15a 所示；另一个齿轮的轮齿被遮挡的部分，也可省略不画，如图 6-15b 所示。

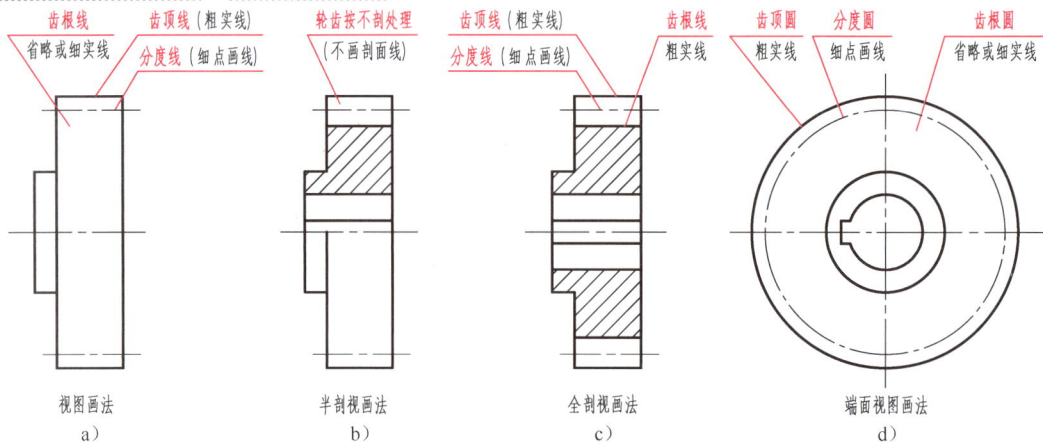

图 6-14　单个直齿轮的规定画法

视图画法　在平行于直齿轮轴线的投影面的视图中，啮合区内的齿顶线不必画出，节线用粗实线绘制，其他处的节线用细点画线绘制，如图 6-15c 所示。

端面视图画法　在垂直于直齿轮轴线的投影面的视图中，两直齿轮节圆应相切，啮合区内的齿顶圆均用粗实线绘制，如图 6-15d 所示；也可将啮合区内的齿顶圆省略不画，如图 6-15e 所示。

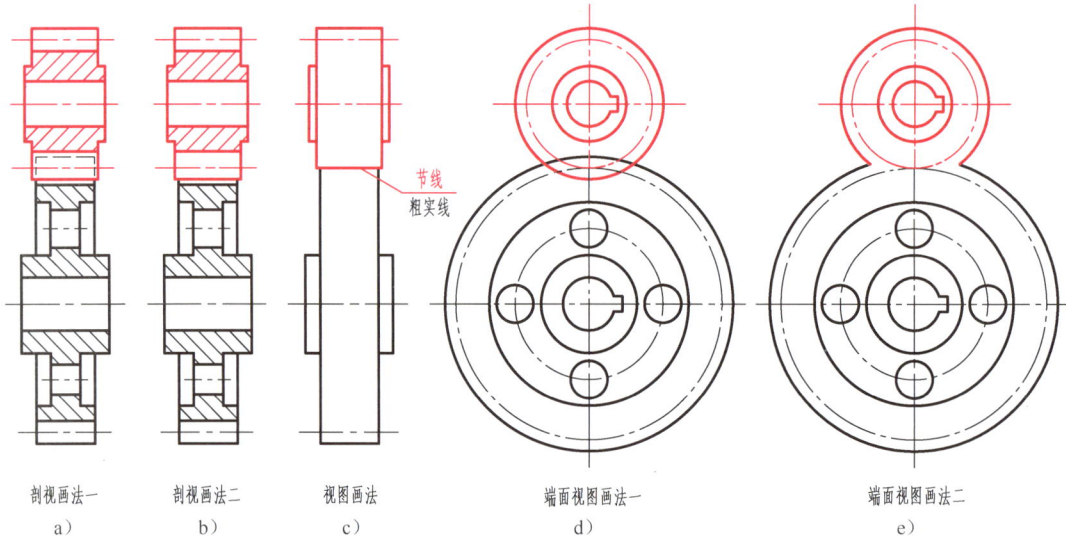

图 6-15　直齿轮啮合时的规定画法

第四节　键联结和销联接

一、普通平键联结（GB/T 1096—2003）

如果要把动力通过联轴器、离合器、齿轮、飞轮或带轮等机械零件，传递到安装这个零件的轴上，那么通常在轮孔和轴上分别加工出键槽，把普通平键的一半嵌在轴里，另一半嵌在与轴相配合的零件的毂里，使它们联在一起转动，如图 6-16 所示。

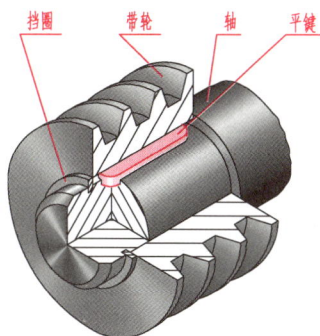

图 6-16　键联结

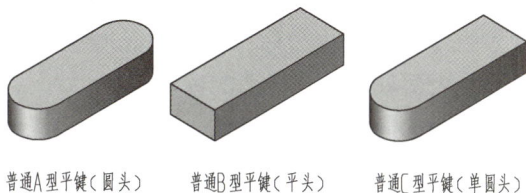

普通A型平键（圆头）　普通B型平键（平头）　普通C型平键（单圆头）

图 6-17　普通平键的类型

普通平键有普通 A 型平键（圆头）、普通 B 型平键（平头）和普通 C 型平键（单圆头）三种类型，如图 6-17 所示。普通平键是标准件。选择平键时，从标准中查取键的截面尺寸 $b \times h$，然后按轮毂宽度 B 选定键长 L，一般 $L=B-(5 \sim 10\text{mm})$，并取 L 为标准值。键和键槽的类型、尺寸，详见表 B-4。键的标记格式为：

$$\boxed{标准编号}\quad\boxed{名称}\ \boxed{类型}\ \boxed{键宽} \times \boxed{键高} \times \boxed{键长}$$

标记的省略　因为普通 A 型平键应用较多，所以普通 A 型平键不注 "A"。

【例 6-9】　普通 A 型平键，键宽 $b=18\text{mm}$，键高 $h=11\text{mm}$，键长 $L=100\text{mm}$，试写出键的标记。

解　键的标记为 "GB/T 1096　键 $18 \times 11 \times 100$"。

图 6-18 所示为零件图中键槽的一般表示法和尺寸注法。图 6-19 所示为键联结的画法。普通平键在高度上的两个面是平行的，键侧与键槽的两个侧面紧密配合，靠键的侧面传递转矩。

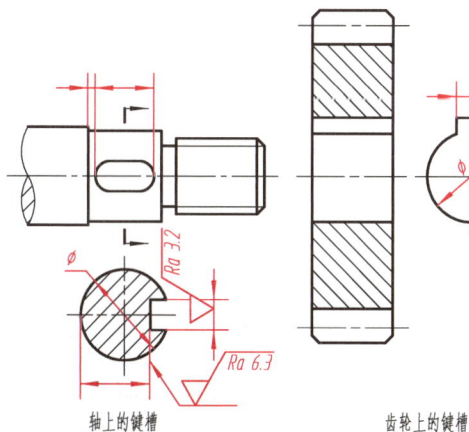

图 6-18　键槽的表达方法和尺寸注法

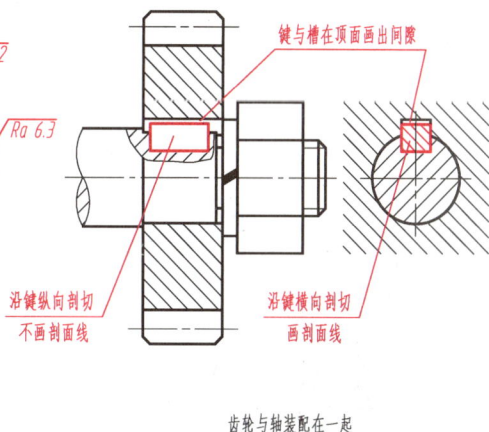

图 6-19　键联结的画法

> 提示：在键联结的画法中，平键与槽在顶面不接触，应画出间隙；平键的倒角省略不画；沿平键的纵向剖切时，平键按不剖处理；横向剖切平键时，要画剖面线。

二、销联接（GB/T 117—2000、GB/T 119.1—2000）

销是标准件，主要用于零件间的联接或定位。销的类型较多，但最常见的两种基本类型是圆柱销和圆锥销，如图 6-20 所示。销的简化标记格式为：

名称	标准编号	类型	公称直径	公差代号 × 长度

标记的省略 因为 A 型圆锥销应用较多，所以 A 型圆锥销不注 "A"。

【例 6-10】 试写出公称直径 d=6mm、公差为 m6、公称长度 l=30 mm、材料为钢、不经淬火、不经表面处理的圆柱销的标记。

解 圆柱销的简化标记为 "销 GB/T 119.1 6×30"。

根据销的标记，即可查出销的类型和尺寸，详见表 B-5、表 B-6。

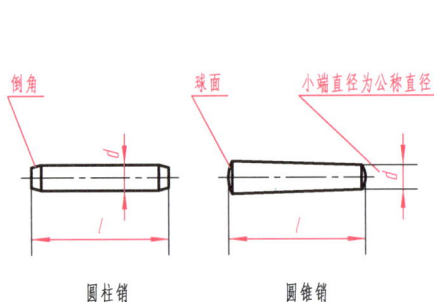

图 6-20 销的基本类型

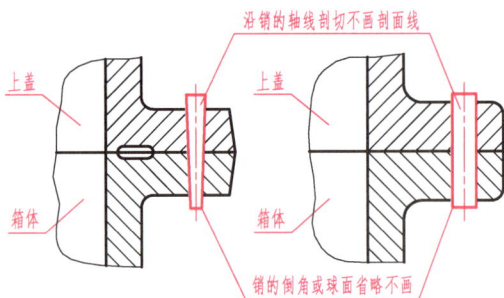

图 6-21 销联接的画法

提示：① 圆锥销的公称直径是指小端直径。② 在销联接的画法中，当剖切平面沿销的轴线剖切时，销按不剖处理；垂直销的轴线剖切时，要画剖面线。③ 销的倒角（或球面）可省略不画，如图 6-21 所示。

第五节 滚动轴承

滚动轴承是支承轴并承受轴上载荷的标准组件。由于其结构紧凑、摩擦力小，所以得到广泛使用。滚动轴承一般由内圈、滚动体、保持架、外圈四部分组成，如图 6-22 所示。

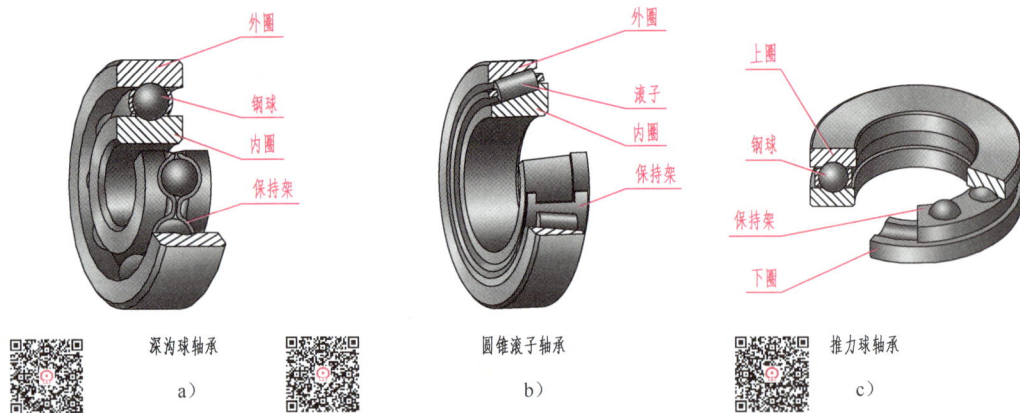

图 6-22 滚动轴承的结构及类型

一、滚动轴承的基本代号（GB/T 272—2017）

滚动轴承基本代号表示轴承的基本类型、结构和尺寸，是滚动轴承代号的基础。基本代

号由以下三部分内容组成，即

$$\boxed{类型代号}\ \boxed{尺寸系列代号}\ \boxed{内径代号}$$

1. 类型代号

滚动轴承类型代号用数字或字母来表示，见表 6-5。

表 6-5　常用的滚动轴承类型代号（摘自 GB/T 272—2017）

代号	轴承类型	代号	轴承类型	代号	轴承类型
0	双列角接触球轴承	4	双列深沟球轴承	8	推力圆柱滚子轴承
1	调心球轴承	5	推力球轴承	N	圆柱滚子轴承
2	调心滚子轴承	6	深沟球轴承	U	外球面轴承
3	圆锥滚子轴承	7	角接触球轴承	QJ	四点接触球轴承

2. 尺寸系列代号

尺寸系列代号由轴承的宽（高）度系列代号和直径系列代号组合而成，用两位阿拉伯数字来表示。它的主要作用是区别内径相同、而宽度和外径不同的滚动轴承。常用的轴承类型、尺寸系列代号及由轴承类型代号、尺寸系列代号组成的组合代号，见表 6-6。

表 6-6　常用的滚动轴承类型、尺寸系列代号及其组合代号（摘自 GB/T 272—2017）

轴承类型	类型代号	尺寸系列代号	组合代号	轴承类型	类型代号	尺寸系列代号	组合代号	轴承类型	类型代号	尺寸系列代号	组合代号
圆锥滚子轴承	3	02	302	推力球轴承				深沟球轴承	6	17	617
	3	03	303						6	18	618
	3	13	313		5	11	511		6	37	637
	3	20	320		5	12	512		6	19	619
	3	22	322		5	13	513		6	(1) 0	60
	3	23	323		5	14	514		6	(0) 2	62
	3	29	329						6	(0) 3	63
	3	30	330						6	(0) 4	64

注：表中圆括号内的数字在组合代号中省略。

3. 内径代号

内径代号表示滚动轴承的公称直径，一般用两位阿拉伯数字表示。其表示方法见表 6-7。

表 6-7　滚动轴承内径代号（摘自 GB/T 272—2017）

轴承公称内径/mm		内　径　代　号	示　　　　例	
1~9（整数）		用公称内径毫米数直接表示，对深沟及角接触球轴承 7、8、9 直径系列，内径与尺寸系列代号之间用"/"分开	深沟球轴承　625	$d=5mm$
			深沟球轴承　618/5	$d=5mm$
10~17	10	00	深沟球轴承　6200	$d=10mm$
	12	01	深沟球轴承　6201	$d=12mm$
	15	02	深沟球轴承　6202	$d=15mm$
	17	03	深沟球轴承　6203	$d=17mm$
20~480（22、28、32 除外）		公称内径除以 5 的商数，商数为个位数，需在商数左边加"0"，如 08	圆锥滚子轴承　30308	$d=40mm$
			深沟球轴承　6215	$d=75mm$

滚动轴承的基本代号举例：

6 2 0 8

内径代号：$d=8×5=40mm$。
尺寸系列代号（02）：宽度系列代号 0 省略，直径系列代号为 2。
轴承类型代号：深沟球轴承。

3 0 3 1 2

内径代号：$d=12×5=60mm$。
尺寸系列代号：宽度系列代号 0，直径系列代号为 3。
轴承类型代号：圆锥滚子轴承。

5 1 3 1 0

内径代号：$d=10×5=50mm$。
尺寸系列代号：高度系列代号为 1，直径系列代号为 3。
轴承类型代号：推力球轴承。

4. 滚动轴承的标记

滚动轴承的标记格式为：

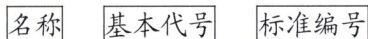

| 名称 | 基本代号 | 标准编号 |

【例 6-11】　试写出圆锥滚子轴承、内径 $d=70mm$、宽度系列代号为 1，直径系列代号为 3 的标记。

解　圆锥滚子轴承的标记为"滚动轴承　31314　GB/T 297—2015"。

根据滚动轴承的标记，即可查出滚动轴承的类型和尺寸，详见表 B-7。

二、滚动轴承的画法（GB/T 4459.7—2017）

当需要在图样上表示滚动轴承时，可采用简化画法（即通用画法和特征画法）或规定画法。滚动轴承的各种画法及尺寸比例，见表 6-8。其各部分尺寸可根据滚动轴承代号，由标准（表 B-7）中查得。

1. 简化画法

（1）通用画法　在剖视图中，当不需要确切地表示滚动轴承的外形轮廓、载荷特征、结构特征时，可用矩形线框及位于线框中央正立的十字形符号表示滚动轴承。

（2）特征画法　在剖视图中，如需较形象地表示滚动轴承的结构特征时，可采用在矩形线框内画出其结构要素符号的方法表示滚动轴承。

通用画法和特征画法应绘制在轴的两侧。矩形线框、符号和轮廓线均用粗实线绘制。

2. 规定画法

必要时，在滚动轴承的产品图样、产品样本和产品标准中，采用规定画法表示滚动轴承。采用规定画法绘制滚动轴承的剖视图时，轴承的滚动体不画剖面线，其内外圈可画成方向和间隔相同的剖面线；在不致引起误解时，也允许省略不画。滚动轴承的倒角省略不画。规定画法一般绘制在轴的一侧，另一侧按通用画法绘制。

表 6-8　滚动轴承的画法（摘自 GB/T 4459.7—2017）

名称和标准号	查表主要数据	画　　　　法			装配示意图
		简 化 画 法		规 定 画 法	
		通用画法	特征画法		
深沟球轴承（GB/T 276—2013）	D d B				
圆锥滚子轴承（GB/T 297—2015）	D d B T C				
推力球轴承（GB/T 301—2015）	D d T				

第六节　圆柱螺旋压缩弹簧

弹簧是一种通过变形储存和释放能量的机械零件（或装置）。承受轴向压力的弹簧，称为压缩弹簧。承受轴向拉力的弹簧，称为拉伸弹簧。承受绕纵轴方向扭矩的弹簧，称为扭转弹簧。它的特点是在弹性限度内，受外力作用而变形，去掉外力后，弹簧能立即恢复原状。弹簧的种类很多，用途较广。

卷绕成螺旋形状的弹簧，称为螺旋弹簧。螺旋弹簧包括螺旋压缩弹簧、螺旋拉伸弹簧和螺旋扭转弹簧。螺旋压缩弹簧由圆形、非圆形、正方形或矩形截面线材沿其轴线卷绕成圆形或非圆形，且各簧圈之间有间距的压缩弹簧；螺旋拉伸弹簧通常由圆截面线材沿其轴线卷绕，簧圈之间分为有或没有间距（开圈或密圈）的拉伸弹簧；螺旋扭转弹簧由圆形、非圆形、正方形或矩形截面线材沿其轴线卷绕，其端部（扭臂）适合于传递扭矩的扭转弹簧。圆柱形状的螺旋弹簧，称为圆柱螺旋弹簧，如图 6-23 所示。

| 压缩弹簧 | 拉伸弹簧 | 扭转弹簧 |
| a) | b) | c) |

图 6-23　圆柱螺旋弹簧

一、圆柱螺旋压缩弹簧各部分名称及代号（GB/T 1805—2021）

圆柱螺旋压缩弹簧的各部分名称及代号如图 6-24b 所示。

（1）线径 d　用于缠绕弹簧的钢丝直径。

（2）弹簧中径 D　螺旋弹簧圈的弹簧内径与弹簧外径的平均值，用于弹簧的设计计算，即规格直径：$D=(D_2+D_1)/2=D_1+d=D_2-d$。

（3）弹簧内径 D_1　螺旋弹簧圈的内侧直径。

（4）弹簧外径 D_2　螺旋弹簧圈的外侧直径。

（5）弹簧节距 t　弹簧在自由状态时，两相邻有效圈截面中心线之间的轴向距离。一般 $t=(D_2/3)\sim(D_2/2)$。

（6）有效圈数 n　除两端非有效圈外的总的圈数，称为有效圈数（即具有相等节距的

| 视图画法 | 剖视画法 | 示意画法 | 右旋弹簧 | 左旋弹簧 |
| a) | b) | c) | a) | b) |

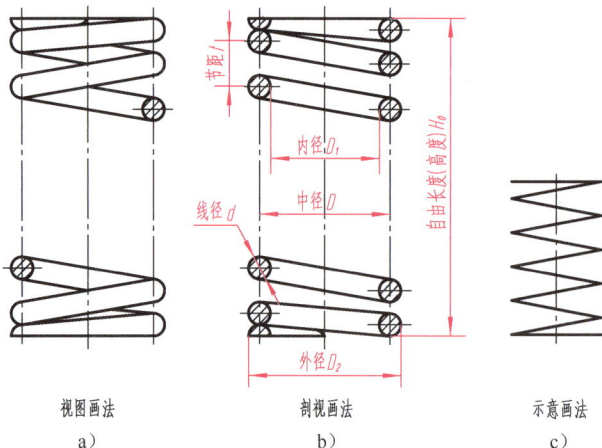

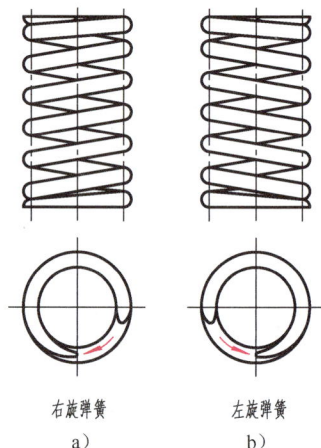

图 6-24　圆柱螺旋压缩弹簧的规定画法　　　图 6-25　圆柱螺旋压缩弹簧的旋向

圈数）。

（7）支承圈数 n_2　螺旋压缩弹簧中不起弹性作用的端圈，称为支承圈。为了使螺旋压缩弹簧工作时受力均匀，保证轴线垂直于支承端面，两端常并紧且磨平。并紧且磨平的圈数仅起支承作用，即支承圈。支承圈数 $n_2=2.5$ 用得较多，即两端各并紧 1¼ 圈。

（8）总圈数 n_1　压缩弹簧圈的总数，包括两端的非有效圈，称为总圈数。总圈数 n_1 等于有效圈数 n 与支承圈数 n_2 之和，即 $n_1=n+n_2$。

（9）自由长度（高度）H_0　弹簧在无负荷状态下的总长度，即 $H_0=nt+2d$。

（10）展开长度 L　弹簧材料展开成直线时的总长度，即 $L\approx\pi Dn_1$。

（11）旋向　从弹簧一端开始观察，簧圈消失的方向。当簧圈消失方向为顺时针方向时，旋向为右旋，如图 6-25a 所示。当簧圈消失方向为逆时针方向时，旋向为左旋，如图 6-25b 所示。

二、圆柱螺旋压缩弹簧的规定画法（GB/T 4459.4—2003）

1. 规定画法

1）圆柱螺旋压缩弹簧在平行于轴线的投影面上的投影，其各圈的外形轮廓应画成直线。

2）有效圈数在四圈以上的圆柱螺旋压缩弹簧，允许每端只画两圈（不包括支承圈），中间各圈可省略不画，只画通过簧丝断面中心的两条细点画线。当中间部分省略后，也可适当地缩短图形的长（高）度，如图 6-24a、b 所示。

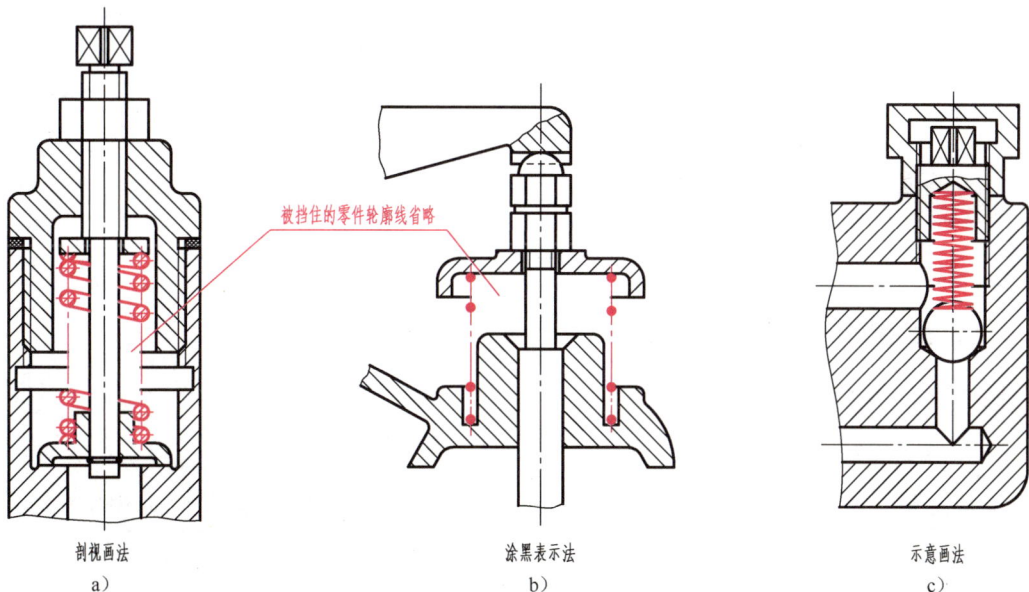

图 6-26　圆柱螺旋压缩弹簧的规定画法

3）在装配图中，弹簧中间各圈采取省略画法后，弹簧后面被挡住的零件轮廓不必画出，如图 6-26a、b 所示。

4）当线径在图上小于或等于 2mm 时，可采用示意画法，如图 6-24c、图 6-26c 所示。如果是断面，可以涂黑表示，如图 6-26b 所示。

5）右旋弹簧或旋向不做规定的圆柱螺旋压缩弹簧，在图上画成右旋。左旋弹簧允许画成右旋，但左旋弹簧不论画成左旋还是右旋，一律要加注"左"。

2. 圆柱螺旋压缩弹簧的作图步骤

圆柱螺旋压缩弹簧如要求两端常并紧且磨平时，不论支承圈的圈数多少或末端贴紧情况如何，其视图、剖视图或示意图均按图 6-24 绘制。

【例 6-12】 已知圆柱螺旋压缩弹簧的线径 d=6mm，弹簧外径 D_2=42mm，节距 t=12mm，有效圈数 n=6，支承圈数 n_2=2.5，右旋，试画出圆柱螺旋压缩弹簧的剖视图。

作图

① 算出弹簧中径 $D=D_2-d$=42mm−6mm=36mm 及自由高度 $H_0=nt+2d$=6×12mm+2×6mm=84mm，可画出长方形 $ABCD$，如图 6-27a 所示。

② 根据线径 d，画出支承圈部分弹簧钢丝的剖面，如图 6-27b 所示。

③ 画出有效圈部分弹簧钢丝的剖面。先在 AB 线上根据节距 t 画出圆 2 和圆 3；然后从1、2 和 3、4 的中点作垂线与 CD 线相交，画出圆 5 和圆 6，如图 6-27c 所示。

④ 按右旋方向作相应圆的公切线及剖面线，即完成作图，如图 6-27d 所示。

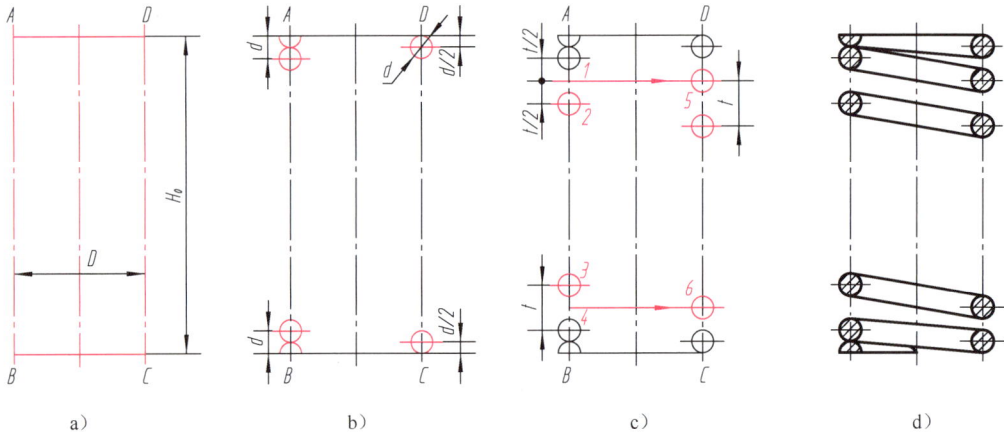

图 6-27 圆柱螺旋压缩弹簧的作图步骤

三、普通圆柱螺旋压缩弹簧的标记（GB/T 2089—2009）

圆柱螺旋压缩弹簧的标记格式如下：

$$\boxed{Y\ 端部形式}\ \boxed{d\times D\times H_0}\text{−精度代号}\ \boxed{旋向代号}\ \boxed{标准号}$$

类型代号 YA 为两端圈并紧磨平的冷卷压缩弹簧； YB 为两端圈并紧制扁的热卷压缩弹簧。

规　　格 线径×弹簧中径×自由高度。

精度代号 2 级精度制造不表示，3 级应注明"3"级。

旋向代号 左旋应注明为左，右旋不表示。

标 准 号 GB/T 2089（省略年号）。

【例 6-13】 解释"YA　1.8×8×40　左　GB/T 2089"的含义。

解 线径为 1.8mm，弹簧中径为 8mm，自由高度为 40mm，精度等级为 2 级，左旋的两端圈并紧磨平的冷卷压缩弹簧（标准号为 GB/T 2089）。

第七章 零件图

第一节 零件的表达方法

一、零件图的作用和内容

1.零件图的作用

任何机器或部件都是由若干零件按一定的装配关系和技术要求组装而成的，因此零件是组成机器或部件的基本单位。制造机器时，先根据零件图制造出全部零件，再按装配图要求将零件装配成机器或部件。

表示零件结构、大小及技术要求的图样称为零件图。零件图是制造和检验零件的依据，是组织生产的主要技术文件之一。

2.零件图的内容

图 7-1 所示为拨叉的轴测图，其零件图如图 7-2 所示。从图中可以看出，一张完整的零件图，包括以下四方面内容：

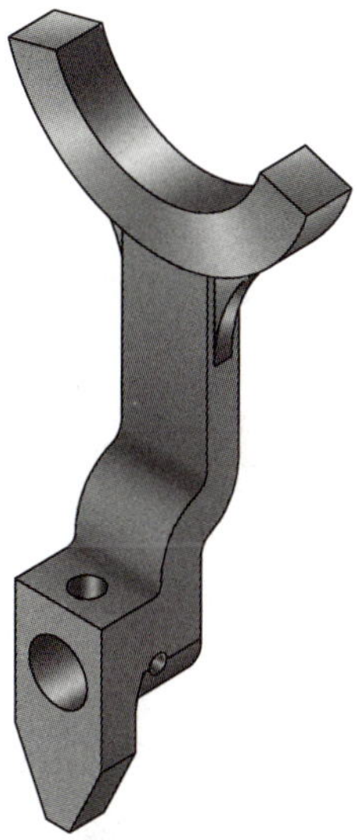

（1）一组图形　用一定数量的视图、剖视图、断面图、局部放大图等，完整、清晰地表达零件的结构形状。如图 7-2 所示拨叉用两个基本视图（其中主视图采用局部剖视）、一个移出断面表达该零件的结构形状。

（2）一组尺寸　正确、完整、清晰、合理地标注出组成零件各形体的大小及其相对位置尺寸，即提供制造和检验零件所需的全部尺寸。

（3）技术要求　将制造零件应达到的质量要求（如表面粗糙度、极限与配合、几何公差、热处理及表面处理等），用规定的代（符）号、数字、字母或文字，准确、简明地表示出来。不便于用代（符）号标注在图样中的技术要求，可用文字注写在标题栏的上方或左侧，如图 7-2 所示。

图 7-1　拨叉轴测图

（4）标题栏　在图样的右下角绘有标题栏，填写零件的名称、数量、质量、材料、比例、图号，以及设计、绘图人员的签名、日期等。

二、典型零件的表达方法

根据结构特点和用途，零件大致可分为轴（套）类、轮盘类、叉架类和箱体类四类典型零件。它们在视图表达方面虽有共同原则，但各有不同特点。

1.轴（套）类零件

（1）结构特点　轴的主体多数是由几段直径不同的圆柱、圆锥体所组成，构成阶梯状，

143

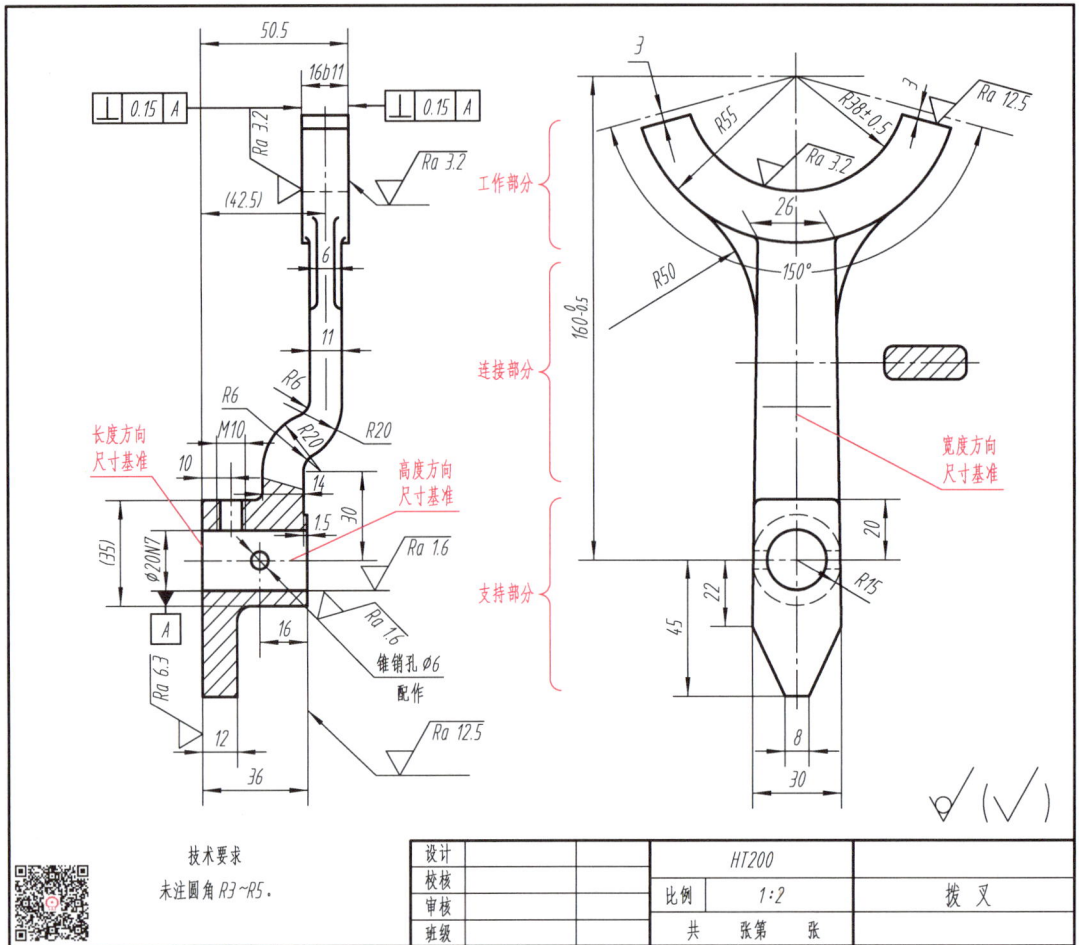

图 7-2　拨叉零件图

轴（套）类零件的轴向尺寸远大于其径向尺寸。轴上常加工有键槽、螺纹、挡圈槽、倒角、越程槽或退刀槽、中心孔等结构，如图 7-3 所示。

为了传递动力，轴上装有齿轮、带轮等，利用键来联结，因此轴上有键槽；为了便于轴

图 7-3　轴的结构

上各零件的安装，在轴端车有倒角；轴的中心孔是供加工时装夹和定位用的。这些局部结构主要是为了满足设计要求和机加工工艺要求。

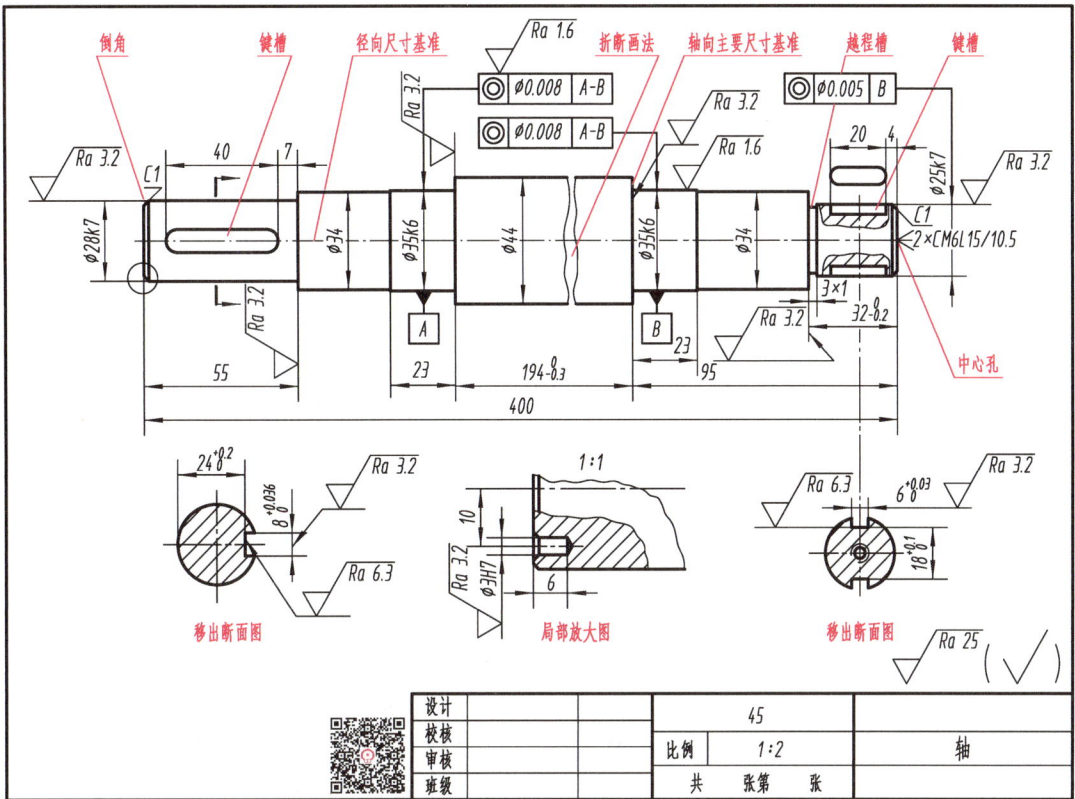

图 7-4 轴零件图

（2）常用的表达方法　为了加工时看图方便，轴类零件的主视图按加工位置选择，一般将轴线水平放置，垂直轴线方向作为主视图的投射方向，使它符合车削和磨削的加工位置，如图 7-4 所示。主视图清楚地反映了阶梯轴的各段形状及相对位置，也反映了轴上各种局部结构的轴向位置。轴上的局部结构，一般采用断面图、局部剖视图、局部放大图、局部视图来表达。用移出断面反映键槽的深度，用局部放大图表达定位孔的结构。

套类零件的主要结构仍由回转体组成，与轴类零件不同之处在于套类零件是空心的，因此主视图多采用轴线水平放置的全剖视图表示。

2. 轮盘类零件

（1）结构特点　轮盘类零件的基本形状是扁平的盘状，主体部分多为回转体，轮盘类零件的径向尺寸远大于其轴向尺寸，如图 7-5 所示。轮盘类零件大部

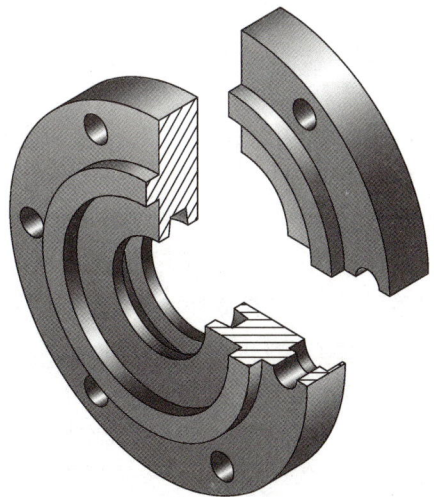

图 7-5 端盖轴测剖视图

分是铸件，如各种齿轮、带轮、手轮、减速器的一些端盖、齿轮泵的泵盖等都属于这类零件。

（2）常用的表达方法　根据轮盘类零件的结构特点，主要加工表面以车削为主，因此在表达这类零件时，其主视图经常是将轴线水平放置，并作全剖视。如图 7-6 所示，采用一个全剖的主视图，基本上清楚地反映了端盖的结构。另外采用一个局部放大图，用它表示密封槽的结构，以便于标注密封槽的尺寸。

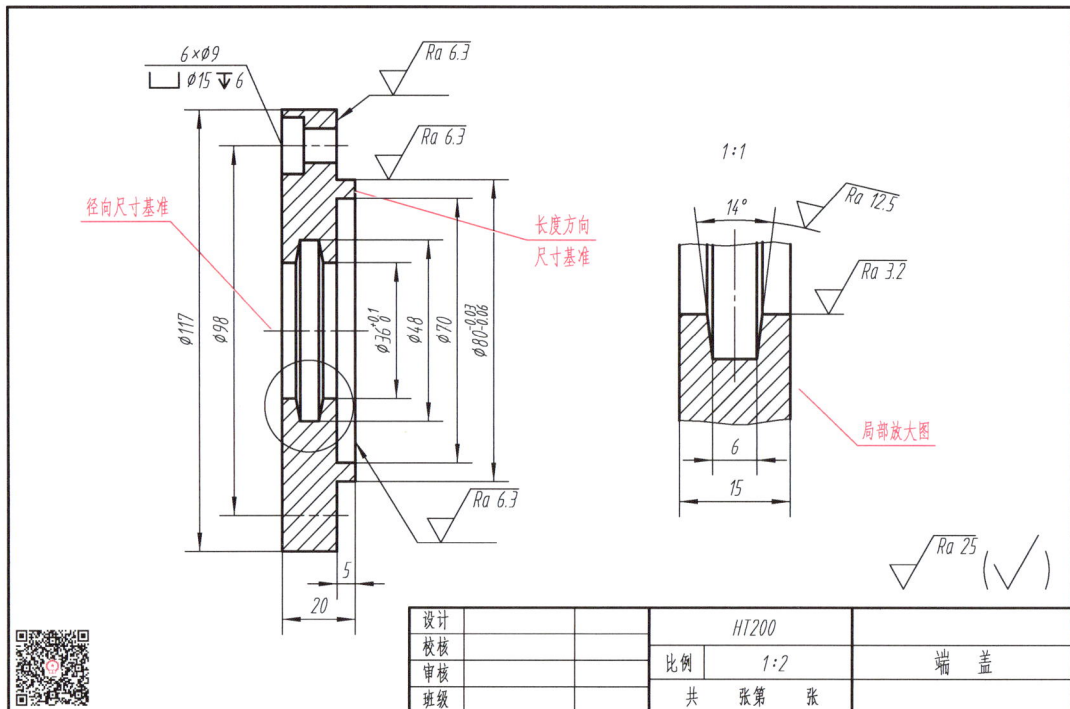

图 7-6　端盖零件图

3．叉架类零件

（1）结构特点　叉架类零件包括拨叉、支架、连杆等零件。叉架类零件一般由三部分构成，即支持部分、工作部分和连接部分。连接部分多是肋板结构，且形状弯曲、扭斜的较多。支持部分和工作部分的细部结构也较多，如圆孔、螺纹孔、油槽、油孔等，如图 7-1 所示。这类零件，多数形状不规则，结构比较复杂，毛坯多为铸件，需经多道工序加工制成。

（2）常用的表达方法　由于叉架类零件加工工序较多，其加工位置经常变化，因此选择主视图时，主要考虑零件的形状特征和工作位置。叉架类零件常需要两个或两个以

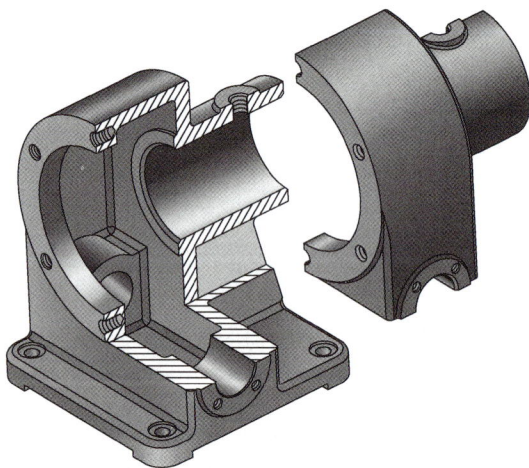

图 7-7　蜗轮减速器箱体轴测剖视图

上的基本视图，为了表达零件上的弯曲或扭斜结构，还要选用斜视图、单一斜剖切面剖切的全剖视图、断面图和局部视图等表达方法。

画图时，一般把零件主要轮廓放成垂直或水平位置。图 7-2 所示为将拨叉竖立放置时的零件图。拨叉的套筒部分内部有孔，在主视图上采用局部剖视表达较为合适。左视图着重表示了叉、套筒的形状和弯杆的宽度，并用移出断面图表示弯杆的断面形状。

4. 箱体类零件

（1）结构特点 箱体类零件主要用来支承和包容其他零件，其内外结构都比较复杂，一般为铸件，如图 7-7 所示。泵体、阀体、减速器的箱体等都属于这类零件。

（2）常用的表达方法 由于箱体类零件形状复杂，加工工序较多，加工位置不尽相同，但箱体在机器中的工作位置是固定的。因此，箱体的主视图常常按工作位置及形状特征来选择，为了清晰地表达内部结构，常采用剖视的表达方法。

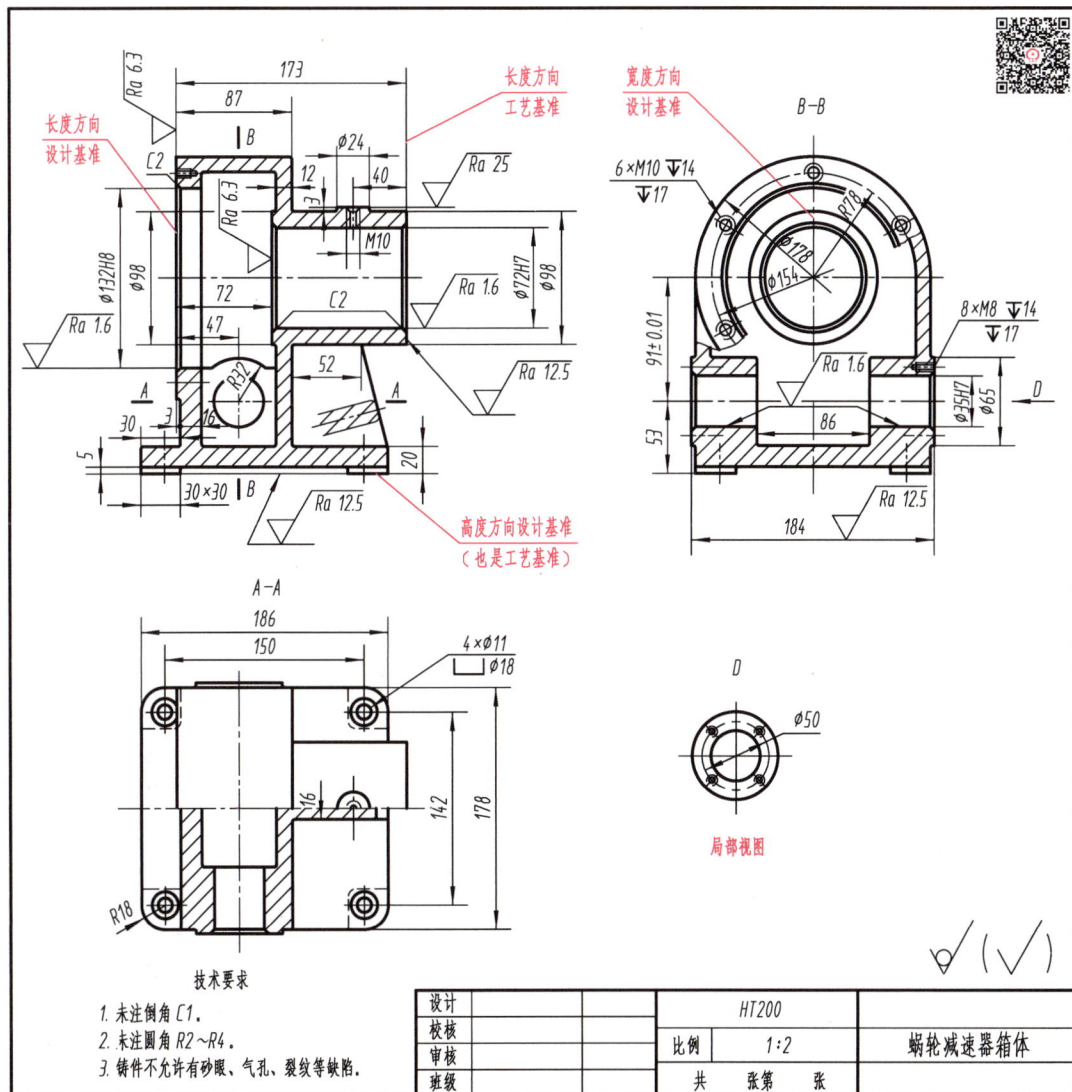

图 7-8 蜗轮减速器箱体零件图

图 7-8 所示为蜗轮减速器箱体零件图，采用了三个基本视图。主视图采用全剖视，重点表达其内部结构；左视图内外兼顾，采用局部剖视进行表达；而俯视图采用了 $A-A$ 半剖视，既表达了底板的形状，又反映了蜗轮箱下部的断面形状和外形，显然比画出俯视图的表达效果要好。

第二节 零件图的尺寸标注

零件图中的尺寸是制造、检验零件的重要依据，生产中要求零件图中的尺寸不允许有任何差错。

一、正确地选择尺寸基准

要合理标注尺寸，必须恰当地选择尺寸基准，即尺寸基准的选择应符合零件的设计要求并便于加工和测量。零件的底面、端面、对称面、主要的轴线、对称中心线等都可作为尺寸基准。

1. 主要基准

每个零件都有长、宽、高三个方向的尺寸，每个方向至少有一个尺寸基准，且都有一个主要基准，即决定零件主要尺寸的基准。如图 7-8 中蜗轮减速器箱体底面为高度方向的主要基准，左端面为长度方向的主要基准，前后对称面为宽度方向的主要基准。

2. 辅助基准

为了便于加工和测量，通常还附加一些尺寸基准，这些除主要基准外另选的基准为辅助基准。辅助基准必须有尺寸与主要基准相联系。如蜗轮减速器箱体长度方向的主要基准是左端面，右端面为辅助基准（工艺基准），辅助基准与主要基准之间的联系尺寸为 173。

二、标注尺寸应注意的几个问题

1. 功能尺寸应直接标注

为保证设计的精度要求，功能尺寸应直接注出。如图 7-9a 所示的装配图表明了零件凸块与凹槽之间的配合要求。如图 7-9b 所示，在零件图中直接注出功能尺寸 $20^{-0.020}_{-0.041}$ 和 $20^{+0.033}_{0}$，以及尺寸 6、7，能保证两零件的配合要求。而图 7-9c 中的功能尺寸，则需经计算才能得出，是错误的注法。

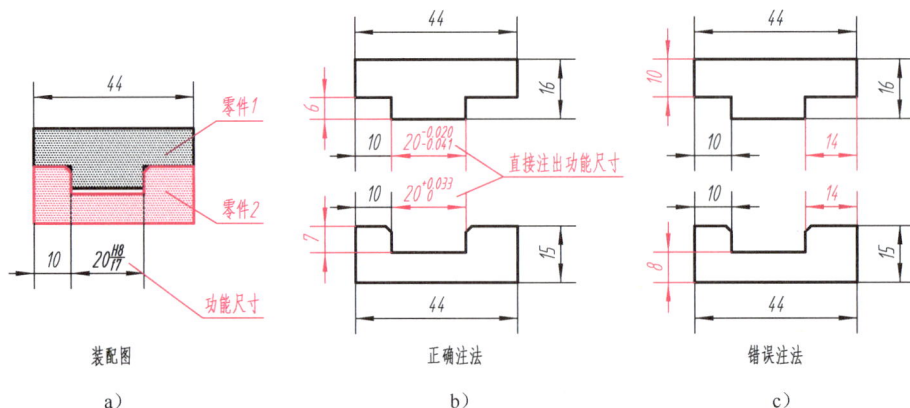

a) 装配图　　　　b) 正确注法　　　　c) 错误注法

图 7-9　直接注出功能尺寸

2. 避免注成封闭的尺寸链

图 7-10a 中的阶梯轴，其长度方向的尺寸 24、9、38、71 首尾相接，构成一个封闭的尺寸链，这种情况应避免。因为封闭尺寸链中每一尺寸的尺寸精度，都将受链中其他各尺寸的误差的影响，在加工时就很难确保总长尺寸 71 的尺寸精度。

在这种情况下，应当挑选一个最不重要的尺寸空出不注，以使所有的尺寸误差都积累在此处，阶梯轴凸肩宽度尺寸 9 属于非主要尺寸，故断开不注，如图 7-10b 所示。

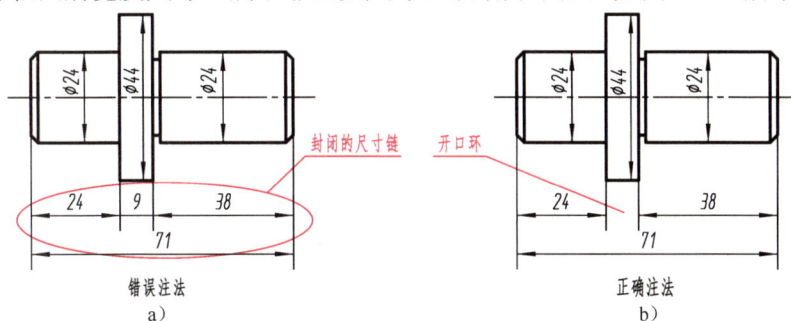

图 7-10　避免注成封闭的尺寸链

3. 应考虑加工方法，符合加工顺序

为便于不同工种的工人看图，应将零件上的加工面与非加工面尺寸尽量分别注在图形的两侧，如图 7-11 所示。对同一工种加工的尺寸，要适当集中标注，以便于加工时查找，如图 7-12 所示。

图 7-11　加工面与非加工面的尺寸注法　　　图 7-12　同工种加工的尺寸注法

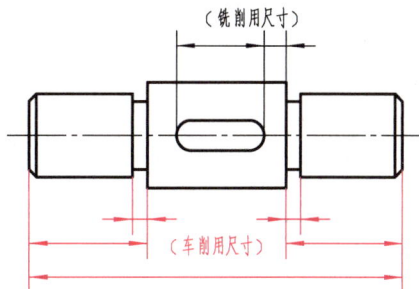

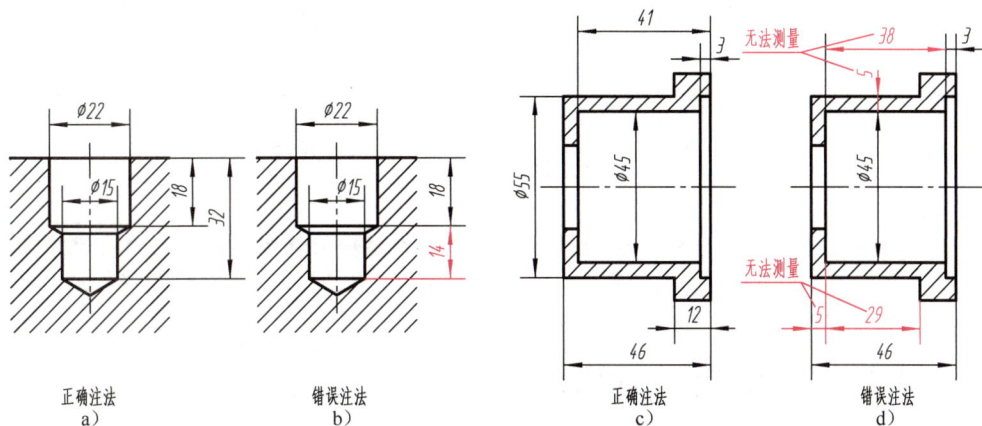

图 7-13　标注尺寸应便于测量

4．考虑测量方便

孔深尺寸的标注，除了便于直接测量，也要便于调整刀具的进给量。如图 7-13b 所示，孔深尺寸 14 的注法，不便于用深度尺直接测量；如图 7-13d 所示，标红的尺寸 5、5、29、38 在加工时无法直接测量，套筒的外径需经计算才能得出。

三、零件上常见孔的尺寸标注

零件上常见的光孔、锪平孔、沉孔、螺纹孔等结构，可参照表 7-1 标注尺寸。它们的尺寸标注分为普通注法和旁注法两种形式，两种注法为同一结构的两种注写形式。

表 7-1　零件上常见孔的简化注法

类型	普通注法	旁注法（简化后）	说　明
光孔			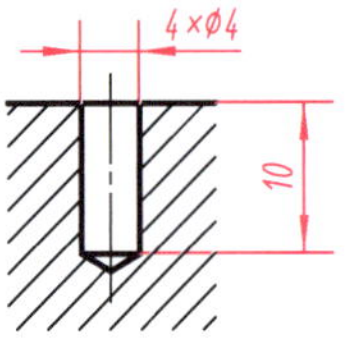 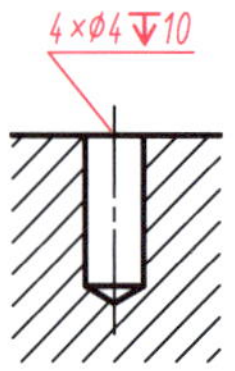 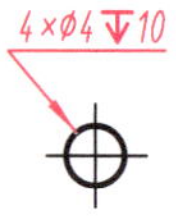 "▽" 为深度符号 四个相同的孔，直径为 $\phi 4$ mm，孔深为 10mm
锪平孔			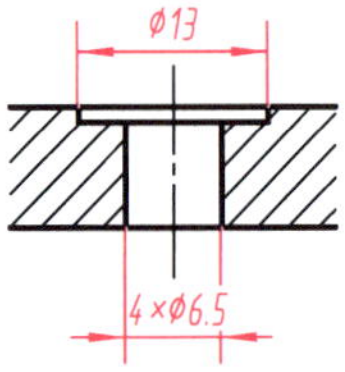 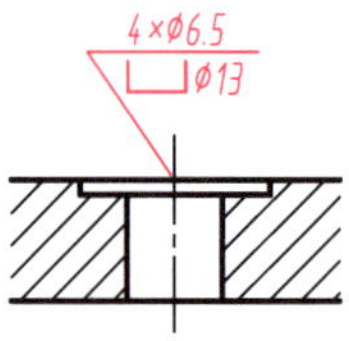 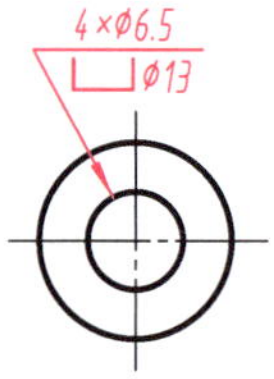 "⊔" 为锪平符号。锪孔通常只需锪出圆平面即可，故锪平深度一般不注 四个相同的孔，直径为 $\phi 6.5$ mm，锪平直径为 $\phi 13$ mm
沉孔			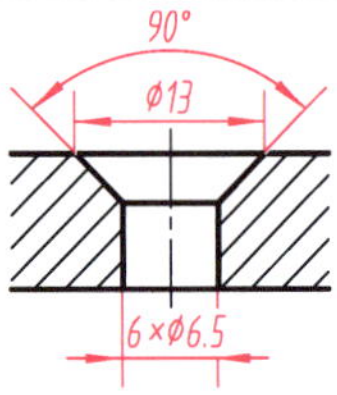 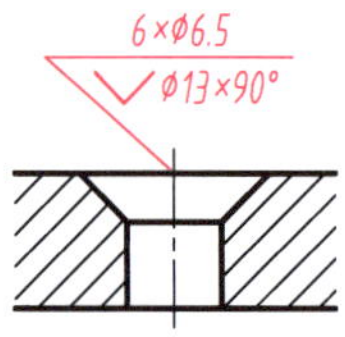 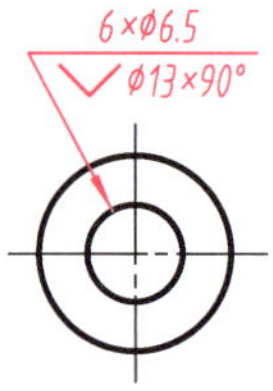 "∨" 为埋头孔符号。该孔为安装开槽沉头螺钉所用 六个相同的孔，直径为 $\phi 6.5$ mm，沉孔锥顶角为 90°，大口直径为 $\phi 13$ mm
螺纹孔			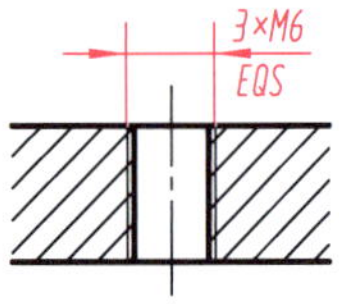 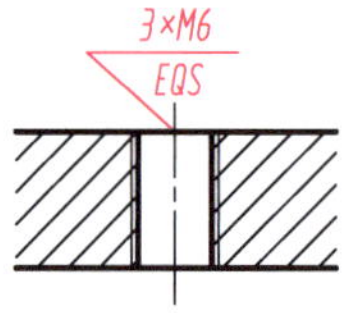  "EQS" 为均布孔的缩写词 三个相同的螺纹通孔均匀分布，公称直径 D=M6，螺纹公差为 6H（省略未注）

第三节　零件图上技术要求的注写

零件图中除了图形和尺寸外，还应具备加工和检验零件的技术要求。技术要求主要是指几何精度方面的要求，如表面粗糙度、尺寸公差、零件的几何公差、材料的热处理和表面处理，以及对指定加工方法和检验的说明等。

一、表面结构的表示法（GB/T 131—2006）

在机械图样上，还要根据零件的功能需要，对零件的表面质量——表面结构提出要求。

表面结构是表面粗糙度、表面波纹度、表面缺陷、表面纹理和表面几何形状的总称。表面结构的各项要求在图样上的表示法在 GB/T 131－2006《产品几何技术规范（GPS） 技术产品文件中表面结构的表示法》中均有具体规定。这里主要介绍常用的表面粗糙度表示法。

1. 表面粗糙度的基本概念

零件在机械加工过程中，由于机床、刀具的振动，以及材料在切削时产生塑性变形、刀痕等原因，经放大后可见其加工表面是高低不平的，如图 7-14 所示。零件加工表面上具有较小间距与峰谷所组成的微观几何形状特性，称为表面粗糙度。表面粗糙度与加工方法，刀具形状及进给量等各种因素都有密切关系。

表面粗糙度是评定零件表面质量的一项重要技术指标，对于零件的配合、耐磨性、耐蚀性以及密封性等都有显著影

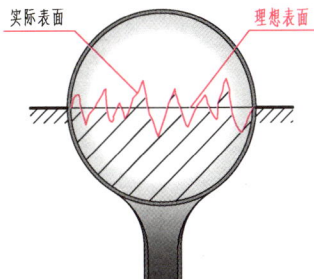

图 7-14 零件的真实表面

响，是零件图中必不可少的一项技术要求。一般情况下，凡是零件上有配合要求或有相对运动的表面，表面粗糙度参数值要小。表面粗糙度参数值越小，表面质量越高，加工成本也越高。因此，在满足使用要求的前提下，应尽量选用较大的参数值，以降低成本。

国家标准规定评定粗糙度轮廓中的两个高度参数 Ra 和 Rz，是我国机械图样中最常用的评定参数。

（1）评定轮廓的算术平均偏差 Ra 在一个取样长度内，纵坐标值 $Z(x)$ 绝对值的算术平均值，如图 7-15 所示。

（2）轮廓的最大高度 Rz 在一个取样长度内，最大轮廓峰高和最大轮廓谷深之和的高度，如图 7-15 所示。

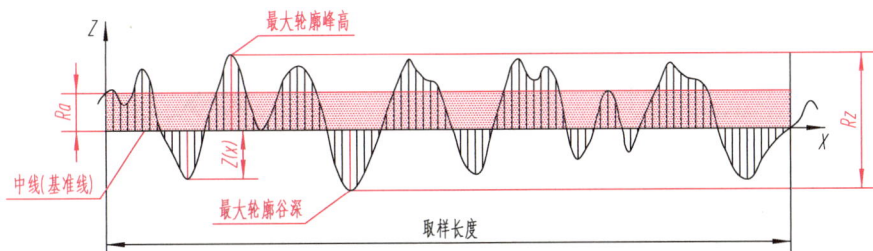

图 7-15 算术平均偏差 Ra 和轮廓最大高度 Rz

2. 表面粗糙度的图形符号

标注表面粗糙度时，其图形符号的种类、名称、尺寸及含义见表 7-2。

3. 表面粗糙度在图样中的注法

在图样中，零件表面粗糙度是用代号标注的。表面粗糙度符号中注写了具体参数代号及数值等要求后，即称为表面粗糙度代号。

1）表面粗糙度对每一表面一般只注一次，并尽可能注在相应的尺寸及其公差的同一视图上。除非另有说明，所标注的表面粗糙度是对完工零件表面的要求。

2）表面粗糙度的注写和读取方向与尺寸的注写和读取方向一致，如图 7-2、图 7-4、

表 7-2　图形符号的含义

符号名称	符 号	含 义
基本图形符号（简称基本符号）	符号粗细为 h/10 h=字体高度	对表面粗糙度有要求的图形符号 仅用于简化代号标注，没有补充说明时不能单独使用
扩展图形符号（简称扩展符号）		对表面粗糙度有指定要求（去除材料）的图形符号 在基本图形符号上加一短横，表示指定表面是用去除材料的方法获得的，如通过机械加工获得的表面；仅当其含义是"被加工表面"时可单独使用
		对表面粗糙度有指定要求（不去除材料）的图形符号 在基本图形符号上加一圆圈，表示指定表面是用不去除材料的方法获得的
完整图形符号（简称完整符号）	允许任何工艺　去除材料　不去除材料	对基本图形符号或扩展图形符号扩充后的图形符号 当要求标注表面粗糙度特征的补充信息时，在基本图形符号或扩展图形符号的长边上加一横线

图 7-6、图 7-8、图 7-16 所示。

3）表面粗糙度可标注在轮廓线上，其符号应从材料外指向并接触表面，如图 7-16、图 7-17 所示。必要时，表面粗糙度也可用带箭头或黑点的指引线引出标注，如图 7-18 所示。

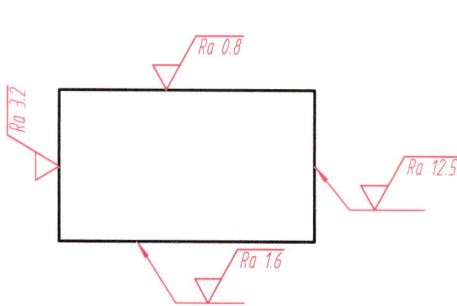

图 7-16　表面粗糙度的注写方向

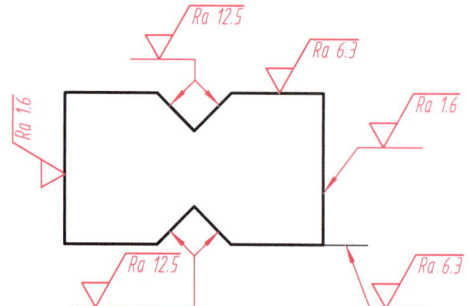

图 7-17　表面粗糙度在轮廓线上的标注

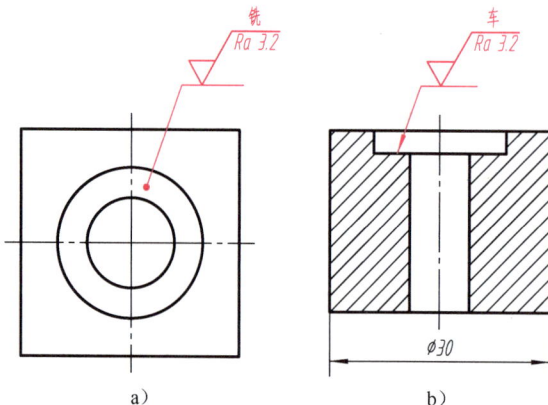

图 7-18　用指引线引出标注表面粗糙度

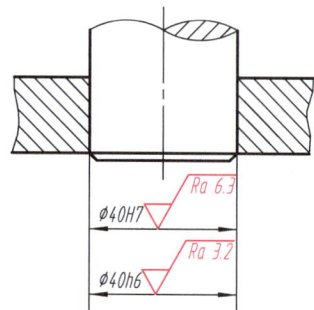

图 7-19　表面粗糙度标注在尺寸线上

4）在不致引起误解时，表面粗糙度可以标注在给定的尺寸线上，如图 7-19 所示。

5）圆柱表面的表面粗糙度只标注一次，如图 7-20 所示。

6）表面粗糙度可以直接标注在延长线上，或用带箭头的指引线引出标注，如图 7-20、图 7-21 所示。

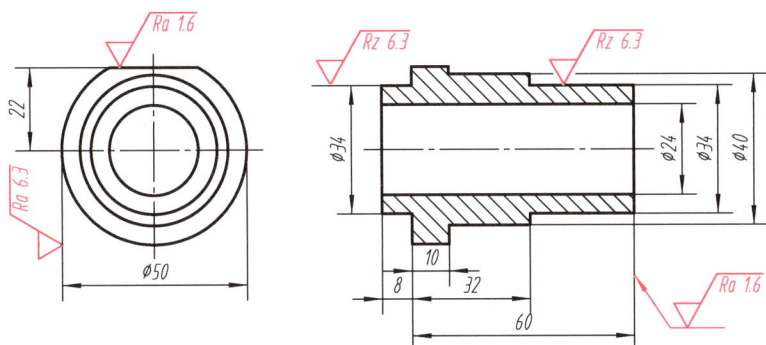

图 7-20 表面粗糙度标注在圆柱特征的延长线上

4. 表面粗糙度的简化注法

1）如果工件的全部表面具有相同的表面粗糙度时，则其表面粗糙度可统一标注在图样的标题栏附近（右上方），如图 7-21a 所示。

2）如果工件的多数表面有相同的表面粗糙度时，则其表面粗糙度可统一标注在图样的标题栏附近（右上方），并在表面粗糙度符号后面的圆括号内，给出无任何其他标注的基本符号，如图 7-21b 所示；或将已在图形上注出不同的表面粗糙度代号，一一抄注在圆括号内，如图 7-21c 所示。

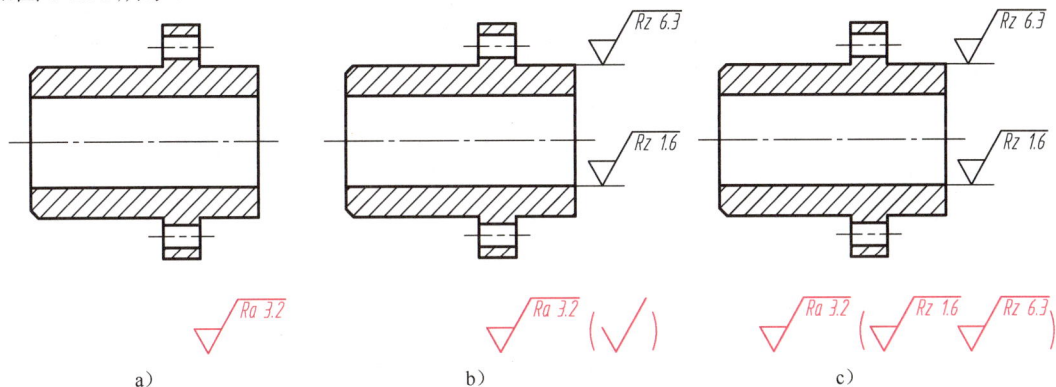

图 7-21 大多数表面有相同表面粗糙度的简化注法

3）只用表面粗糙度符号的简化注法。如图 7-22 所示，用表面粗糙度符号，以等式的形式给出对多个表面共同的表面粗糙度。

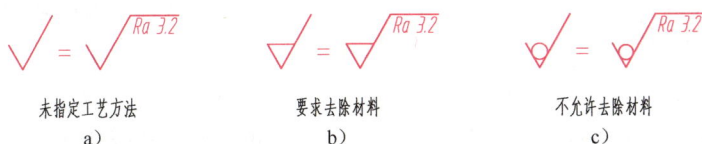

图 7-22 只用表面粗糙度符号的简化注法

5．表面粗糙度代号的识读

在图样中，零件表面粗糙度是用代（符）号标注的，它由规定的符号和有关参数组成。表面粗糙度代号一般按下列方式识读：

—— √ *Ra 3.2* ，读作"表面粗糙度 *Ra* 的上限值为 3.2μm（微米）"；

—— √ *Rz 6.3* ，读作"表面粗糙度的最大高度 *Rz* 为 6.3μm（微米）"。

二、极限与配合（GB/T 1800.1—2020）

在一批相同的零件中任取一个，<u>不需修配便可装到机器上并能满足使用要求的性质，称为互换性。</u>

就尺寸而言，互换性要求尺寸的一致性，并不是要求零件都准确地制成一个指定的尺寸，而只是限定其在一个合理的范围内变动。对于相互配合的零件，这个范围，一是要求在使用和制造上是合理、经济的；再就是要求保证相互配合的尺寸之间形成一定的配合关系，以满足不同的使用要求。前者要以"公差"的标准化——极限制来解决，后者要以"配合"的标准化来解决，由此产生了"极限与配合"制度。

1．尺寸公差与公差带

如图 7-23a、b 所示，轴的直径尺寸 $\phi40^{+0.050}_{+0.034}$ 中，$\phi40$ 是由图样规范定义的理想形状要素的尺寸，称为公称尺寸。$\phi40$ 后面的 $^{+0.050}_{+0.034}$ 的含义分别是：

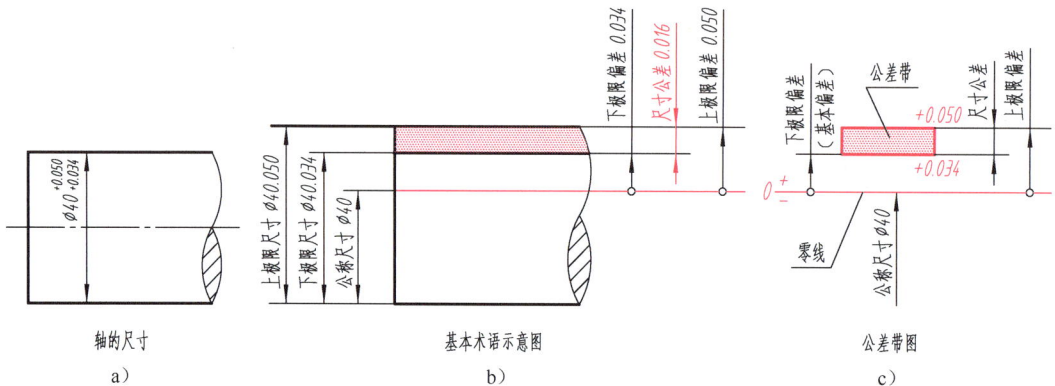

图 7-23 基本术语和公差带示意图

<u>上极限尺寸</u>：尺寸要素（轴的直径）<u>允许的最大尺寸</u>，即 40mm+0.05mm=40.05mm。

<u>下极限尺寸</u>：尺寸要素（轴的直径）<u>允许的最小尺寸</u>，即 40mm+0.034mm=40.034mm。

<u>上极限偏差</u>：上极限尺寸减其公称尺寸所得的代数差，即 40.05mm-40mm=+0.05mm。

<u>下极限偏差</u>：下极限尺寸减其公称尺寸所得的代数差，即 40.034mm-40mm=+0.034mm。

<u>公差</u>：上极限尺寸与下极限尺寸之差；也可以是上极限偏差与下极限偏差之差。即

公差=上极限尺寸-下极限尺寸，即 40.05mm-40.034mm=0.016mm；

或公差=上极限偏差-下极限偏差，即+0.05mm-（+0.034）mm=+0.016mm。

也就是说，轴的直径最粗（上极限尺寸）为 $\phi40.05$mm、最细（下极限尺寸）为 $\phi40.034$mm。轴径的实际尺寸只要在 $\phi40.034\sim\phi40.05$mm 的范围内，就是合格的。

极限偏差是一个带符号的值，可以是正值、负值或零。公差是一个没有符号的绝对值，恒为正值，不能是零或负值。

在机械加工过程中，不可能将零件的尺寸加工得绝对准确，而是允许零件的实际尺寸在合理的范围内变动。公差越小，零件的精度越高，实际尺寸的允许变动量也越小；反之，公差越大，尺寸的精度越低。

在公差分析中，常把公称尺寸、极限偏差及尺寸公差之间的关系简化成公差带图，如图7-23c 所示。

在公差带图解中，由代表上、下极限偏差的两条直线所限定的一个区域，称为公差带。在极限与配合图解中，表示公称尺寸的一条直线称为零线，以其为基准确定极限偏差和尺寸公差。

2．标准公差与基本偏差

公差带由公差带大小和公差带位置两个要素来确定。

（1）标准公差　线性尺寸公差ISO代号体系中的任一公差，称为标准公差。缩略语字母"IT"代表"国际公差"，标准公差等级用字符IT和等级数字表示，如IT7。标准公差分为20个等级，即IT01、IT0、IT1、IT2……IT18。其中，IT01公差值最小，精度最高；IT18公差值最大，精度最低。标准公差数值可在表C-1中查得。公差带大小由标准公差来确定。

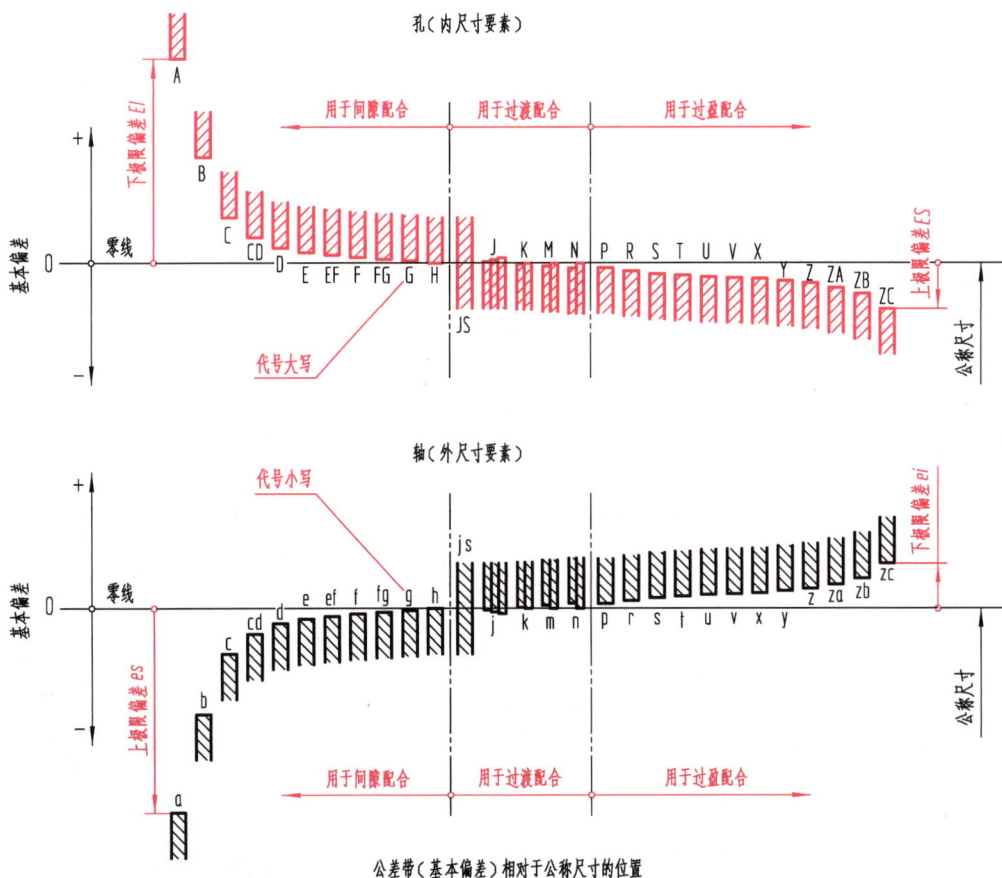

图7-24　公差带（基本偏差）相对于公称尺寸的位置示意图

（2）基本偏差　确定公差带相对公称尺寸位置的那个极限偏差，称为基本偏差。基本偏差是指最接近公称尺寸的那个极限偏差，它可以是上极限偏差或下极限偏差。当公差带在零线上方时，基本偏差为下极限偏差（EI，ei）；当公差带在零线下方时，基本偏差为上极限偏差（ES，es），如图 7-24 所示。公差带相对零线的位置由基本偏差来确定。

GB/T 1800.1—2020《产品几何技术规范（GPS）　线性尺寸公差 ISO 代号体系　第 1 部分：公差、偏差和配合的基础》对孔和轴各规定了 28 个不同的基本偏差。基本偏差代号用拉丁字母表示。其中，用一个字母表示的有 21 个，用两个字母表示的有 7 个。从 26 个拉丁字母中去掉了易与其他含义相混淆的 I、L、O、Q、W（i、l、o、q、w）5 个字母。大写字母表示孔，小写字母表示轴。轴和孔的基本偏差代号与数值可在表 C-2、表 C-3 中查得。

如果基本偏差和标准公差确定了，那么，孔和轴的公差带大小和位置就确定了。

> 提示：如图 7-24 所示，各公差带只表示了公差带位置，即基本偏差，另一端开口，由相应的标准公差确定。

3. 配合

类型相同且待装配的外尺寸要素（轴）和内尺寸要素（孔）之间的关系，称为配合。根据使用要求的不同，配合有松和有紧。

（1）间隙配合　孔和轴装配时总是存在间隙的配合。此时，孔的下极限尺寸大于或在极端情况下等于轴的上极限尺寸。也就是说孔的最小尺寸大于或等于轴的最大尺寸，如图 7-25 所示。

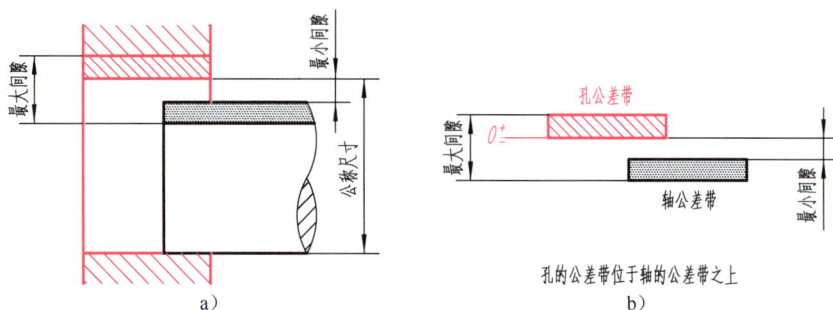

图 7-25　间隙配合

（2）过盈配合　孔和轴装配时总是存在过盈的配合。此时，孔的上极限尺寸小于或在极端情况下等于轴的下极限尺寸。也就是说轴的最小尺寸大于或等于孔的最大尺寸，如图 7-26 所示。

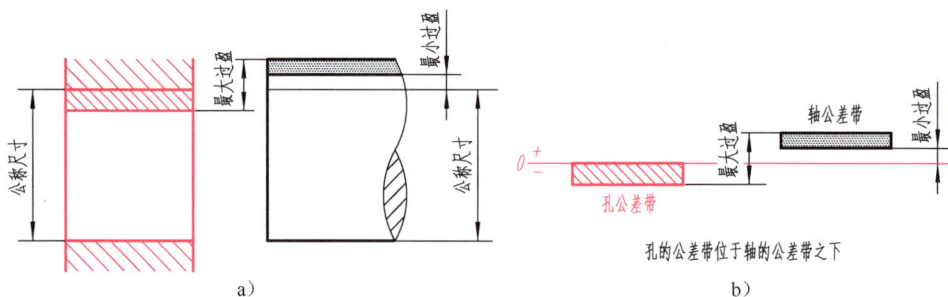

图 7-26　过盈配合

（3）过渡配合 孔和轴装配时可能具有间隙或过盈的配合。孔和轴的公差带或完全重叠或与部分重叠，因此，是否形成间隙配合或过盈配合取决于孔和轴的实际尺寸。也就是说轴与孔配合时，有可能产生间隙，也可能产生过盈，产生的间隙或过盈都比较小，如图7-27所示。

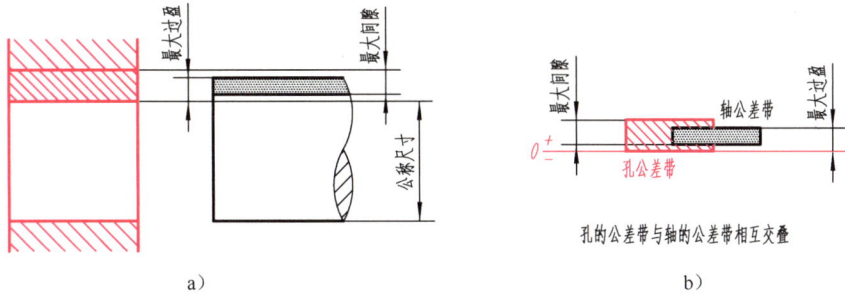

图 7-27 过渡配合

4．配合制

在加工制造相互配合的零件时，选取其中一个零件作为基准件，使其基本偏差不变，通过改变另一零件的基本偏差以达到不同的配合要求，即为配合制。国家标准规定了两种配合制。

（1）基孔制配合 孔的基本偏差为零的配合，即其下极限偏差等于零。基孔制配合是孔的下极限尺寸与公称尺寸相同的配合制。所要求的间隙或过盈，由不同公差带代号的轴与一基本偏差为零的基准孔相配合得到，如图7-28所示。在基孔制配合中选作基准的孔，称为基准孔（其特点是：基本偏差为H，下极限偏差为0）。由于轴比孔易于加工，所以应优先选用基孔制配合。

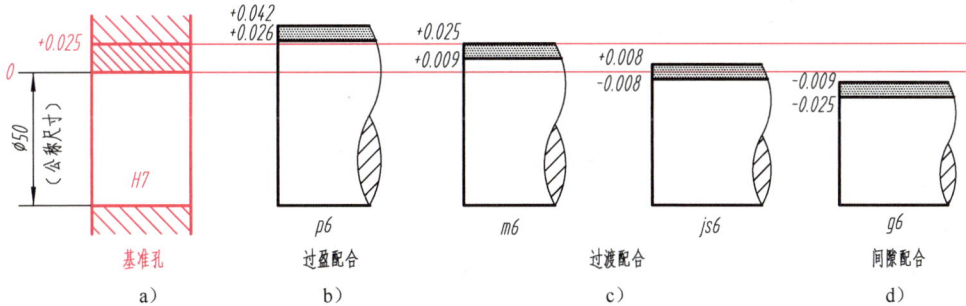

图 7-28 基孔制配合

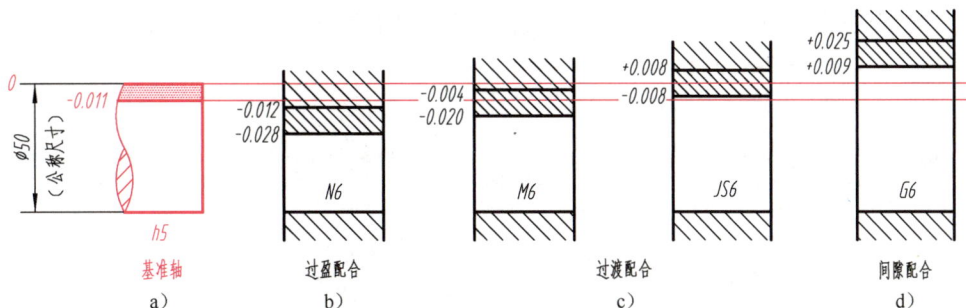

图 7-29 基轴制配合

（2）基轴制配合 轴的基本偏差为零的配合，即其上极限偏差等于零。基轴制配合是轴的上极限尺寸与公称尺寸相同的配合制。所要求的间隙或过盈，由不同公差带代号的孔与一基本偏差为零的基准轴相配合得到，如图 7-29 所示。在基轴制配合中选作基准的轴，称为基准轴（其特点是：基本偏差为 h，上极限偏差为 0）。

5．极限与配合的标注

（1）装配图中的注法 在装配图中，极限与配合一般采用代号的形式标注。分子表示孔的公差带代号（大写），分母表示轴的公差带代号（小写），如图 7-30a 所示。

（2）零件图中的注法 在零件图中，与其他零件有配合关系的尺寸可采用三种形式标注。一般采用在公称尺寸后面标注极限偏差的形式；也可以采用在公称尺寸后面标注公差带代号的形式；或采用两者同时注出的形式，如图 7-30b 所示。

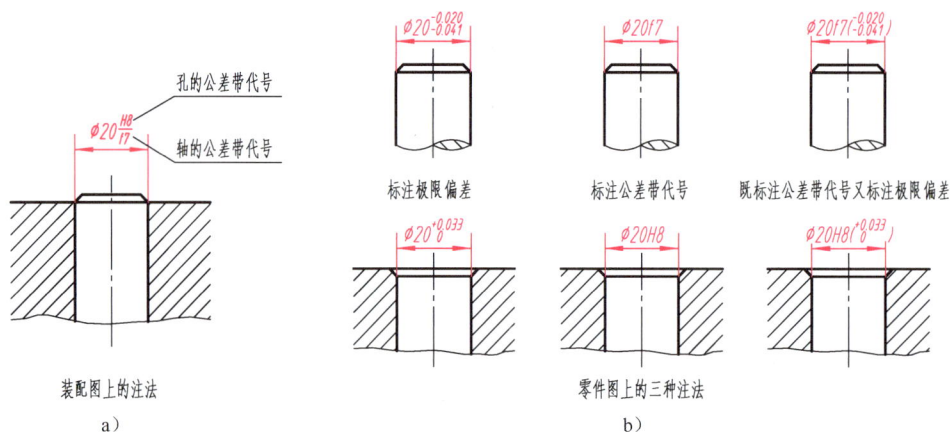

图 7-30 极限与配合的标注

（3）极限偏差数值的写法 标注极限偏差数值时，极限偏差数值的数字比公称尺寸数字小一号，下极限偏差与公称尺寸注在同一底线，且上、下极限偏差的小数点必须对齐，如图 7-30b 所示。同时，还应注意以下几点；

1）上、下极限偏差符号相反，绝对值相同时，在公称尺寸右边注 "±" 号，且只写出一个极限偏差数值，其字体大小与公称尺寸相同，如图 7-31a 所示。

2）当某一极限偏差（上极限偏差或下极限偏差）为 "0" 时，必须标注 "0"。数字 "0" 应与另一极限偏差的个位数对齐注出，如图 7-31b 所示。

3）上、下极限偏差中的某一项末端数字为 "0" 时，为了使上、下极限偏差的位数相同，用 "0" 补齐，如图 7-31c 所示；当上、下极限偏差中小数点后末端数字均为 "0" 时，"0" 一般不需注出，如图 7-31d 所示。

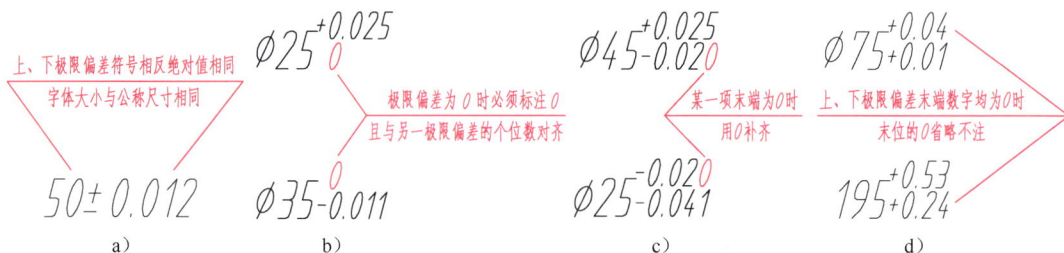

图 7-31 极限偏差数值的写法

6. 极限与配合应用举例

由图 7-30 中可以看出，极限与配合代号一般用基本偏差代号（拉丁字母）和标准公差等级（阿拉伯数字）组合来表示。通过查阅国家标准（表 C-1～表 C-5）可获得标准公差和极限偏差的数值。

查表时，首先要查阅"优先选用的轴（孔）的公差带"（表 C-4、表 C-5），直接获得极限偏差数值。若表中没有，再通过查阅"标准公差数值"（表 C-1）和"轴（孔）的基本偏差数值"（表 C-2、表 C-3）两个表，通过计算获得。

通过以下例题中"含义"的解释，可了解极限与配合代号的识读方法。

【例 7-1】 试解释 $\phi35H7$ 的含义，直接查表确定其极限偏差数值。

解 ① 公差代号的含义为：公称尺寸为 $\phi35$、公差等级为 IT7 的基准孔。

② 查表 C-5（优先选用的孔的公差带）：查竖列 H→7、横排 30 ～ 40 的交点，得到其下极限偏差为 0（基准孔的下极限偏差为 0）上极限偏差为+25μm。写作 $\phi35^{+0.025}_{0}$。

【例 7-2】 试解释 $\phi50f7$ 的含义，直接查表确定其极限偏差数值。

解 ① 公差代号的含义为：公称尺寸为 $\phi50$、基本偏差为 f、公差等级为 IT7 的轴。

② 查表 C-4（优先选用的轴的公差带）：查竖列 f→7、横排 40 ～ 50 的交点，得到其上极限偏差为-25μm，下极限偏差为-50μm。写作 $\phi50^{-0.025}_{-0.050}$。

【例 7-3】 试解释 $\phi30g7$ 的含义，查表并计算其极限偏差数值。

解 ① 公差代号的含义为：公称尺寸为 $\phi30$、基本偏差为 g、公差等级为 IT7 的轴。

② 查表 C-1：查竖列 IT7、横排 18 ～ 30 的交点，得到其标准公差为+21μm。

③ 查表 C-2：查竖列"上极限偏差"→g、横排 24 ～ 30 的交点，得到上极限偏差为-7μm（因为 g 位于零线下方，所以其上、下极限偏差均为负值）。

④ 计算其下极限偏差。因为上极限偏差-下极限偏差=公差，所以下极限偏差=上极限偏差-公差，即下极限偏差=（-0.007）mm-（0.021）mm=-0.028mm。写作 $\phi30^{-0.007}_{-0.028}$。

【例 7-4】 试解释 $\phi55E8$ 含义，查表并计算其极限偏差数值。

解 ① 公差代号的含义为：公称尺寸为 $\phi55$、基本偏差为 E、公差等级为 IT8 的孔。

② 查表 C-1：查竖列 IT8、横排 50 ～ 80 的交点，得到其标准公差+46μm。

③ 查表 C-3：查竖列"下极限偏差"→E、横排 50 ～ 65 的交点，得到下极限偏差为+60μm（因为 E 位于零线上方，所以其上、下极限偏差均为正值）。

④ 计算其上极限偏差。因为上极限偏差-下极限偏差=公差，所以上极限偏差=公差+下极限偏差，即上极限偏差=（+0.06）mm+（+0.046）mm=+0.106mm。写作 $\phi55^{+0.106}_{+0.060}$。

【例 7-5】 试写出孔 $\phi25H7$ 与轴 $\phi25n6$ 的配合代号，并说明其含义。

解 ① 配合代号写作：$\phi25\dfrac{H7}{n6}$。

② 配合代号的含义为：公称尺寸为 $\phi25$、公差等级为 IT7 的基准孔，与相同公称尺寸、基本偏差为 n、公差等级为 IT6 的轴所组成的基孔制过渡配合。

【例 7-6】 试写出孔 $\phi40G6$ 与轴 $\phi40h5$ 的配合代号，并说明其含义。

解 ① 配合代号写作：$\phi40\dfrac{G6}{h5}$。

② 配合代号的含义为：公称尺寸为 $\phi40$、公差等级为 IT5 的基准轴，与相同公称尺寸、基本偏差为 G、公差等级为 IT6 的孔所组成的基轴制间隙配合。

三、几何公差简介（GB/T 1182—2018）

零件的几何公差是指形状公差、方向公差、位置公差和跳动公差。对于精度要求较高的零件，要规定其几何公差，合理地确定几何公差是保证产品质量的重要措施。

1．几何公差的几何特征和符号

GB/T 1182—2018《产品几何技术规范（GPS） 几何公差 形状、方向、位置和跳动公差标注》规定，几何公差的几何特征、符号共分为 19 项（符号 14 个），详见表 7-3。

表 7-3 几何公差的分类、几何特征及符号（摘自 GB/T 39645—2020）

公差类型	几何特征	符号	有无基准	公差类型	几何特征	符号	有无基准
形状公差	直线度	—	无	位置公差	位置度	⊕	有或无
	平面度	▱	无		同心度（用于中心点）	◎	有
	圆 度	○	无		同轴度（用于轴线）	◎	有
	圆柱度	⌭	无		对称度	=	有
	线轮廓度	⌒	无		线轮廓度	⌒	有
	面轮廓度	⌓	无		面轮廓度	⌓	有
方向公差	平行度	//	有	跳动公差	圆跳动	↗	有
	垂直度	⊥	有		全跳动	↗↗	有
	倾斜度	∠	有		—	—	—
	线轮廓度	⌒	有		—	—	—
	面轮廓度	⌓	有		—	—	—

2．几何公差的标注

几何公差要求在矩形框格中给出。该框格由两格或多格组成，框格中的内容从左到右按几何特征符号（比例和尺寸见 GB/T 39645—2020）、公差数值、基准字母的次序填写，其标注的基本形式及其指引线、框格、几何特征符号、数字规格、基准符号的画法等，如图 7-32 所示。

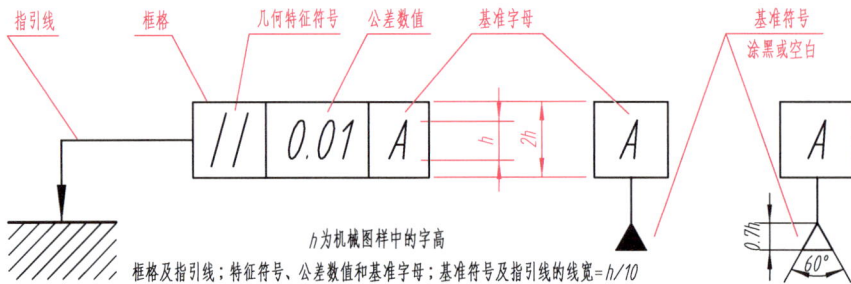

图 7-32 几何特征符号及基准符号

图 7-33 是标注几何公差的示例。从图中可以看到，当被测要素是表面或素线时，从框格引出的指引线箭头，应指在该要素的轮廓线或其延长线上；当被测要素是轴线时，应将箭头

与该要素的尺寸线对齐（如 M8×1 轴线的同轴度要求的注法）；当基准要素是轴线时，应将基准符号中的三角形与该要素的尺寸线对齐（如基准 A）。

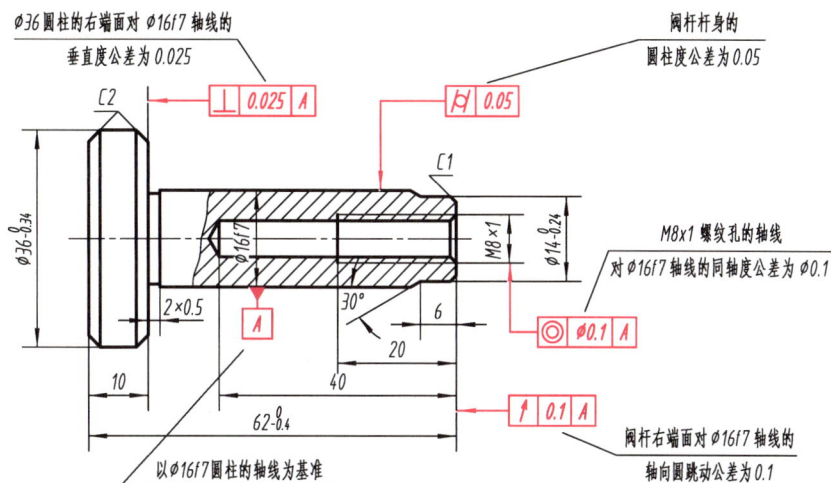

图 7-33　几何公差的标注示例

第四节　零件上常见的工艺结构

零件的结构形状，是由它在机器中的作用来决定的。除了满足设计要求而外，还要考虑零件在加工、测量、装配过程中的一系列工艺要求，使零件具有合理的工艺结构。下面介绍一些常见的工艺结构。

一、铸造工艺对零件结构的要求

1. 起模斜度

在铸造零件毛坯时，为了便于在砂型中取出木模，一般沿着起模方向设计出起模斜度（通常为 1∶20，约 3°），如图 7-34a、b 所示。铸造零件的起模斜度在图中可不画出、不标注。必要时，可在技术要求中用文字说明，如图 7-34c 所示。

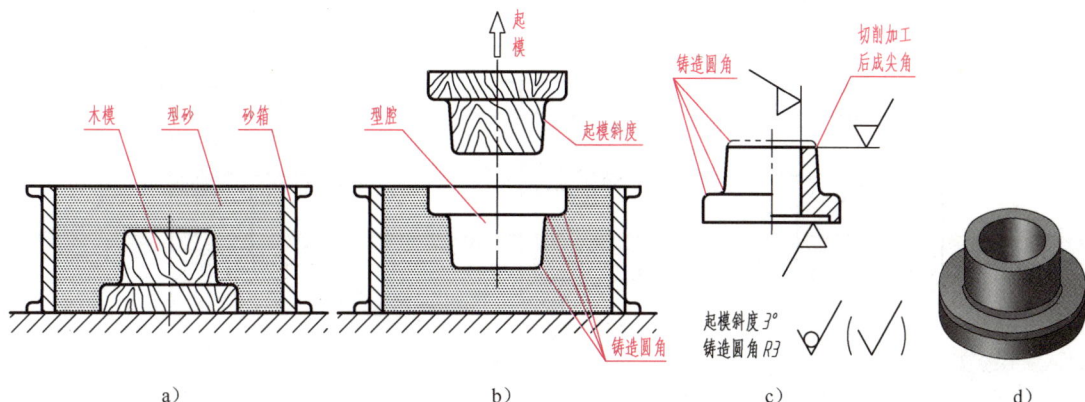

图 7-34　起模斜度和铸造圆角

2. 铸造圆角及过渡线

为便于铸件造型时起模，防止铁液冲坏转角处或冷却时产生缩孔和裂纹，将铸件的转角处制成圆角，此种圆角称为铸造圆角，如图 7-34a 所示。圆角尺寸通常较小，一般为 R2～R5，在零件图上可省略不画。圆角尺寸常在技术要求中统一说明，如"全部圆角 R3"或"未注圆角 R4"等，不必一一注出，如图 7-34b 所示。

由于铸件表面的转角处有圆角，因此其表面产生的交线不清晰。为了看图时便于区分不同的表面，在图中仍要画出理论上的交线，但两端不与轮廓线接触，此线称为过渡线。过渡线用细实线绘制。图 7-35 所示为两圆柱面相交的过渡线画法。

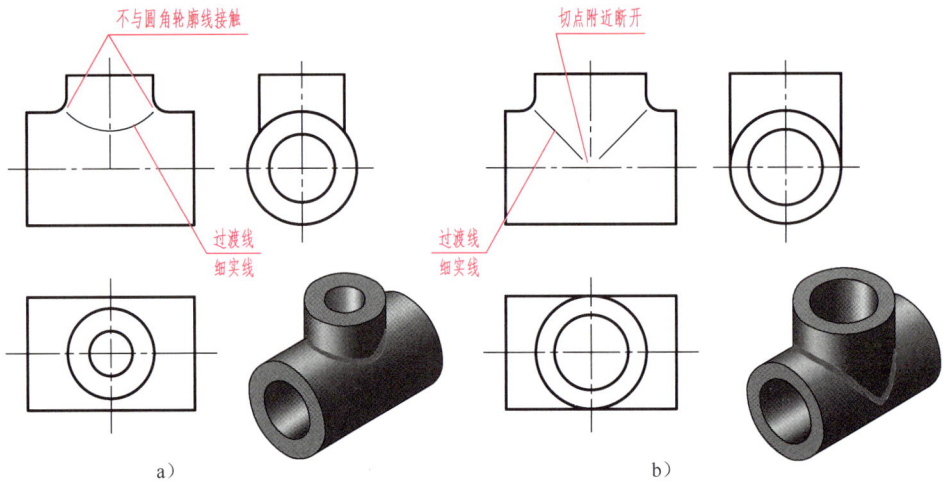

a)   b)

图 7-35 圆柱面相交的过渡线

二、机械加工工艺结构

1. 倒角和倒圆

为便于安装和安全，轴或孔的端部，一般都加工成倒角。45°倒角的注法如图 7-36a 所示，非 45°倒角的注法如图 7-36b 所示；为避免应力集中产生裂纹，在轴肩处往往加工成圆角过渡，称为倒圆。倒圆的注法如图 7-36c 所示。

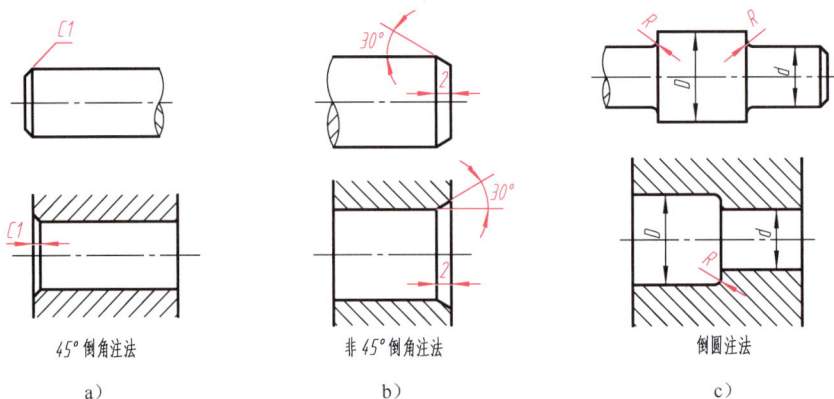

a)   b)   c)

图 7-36 倒角与倒圆的注法

2．退刀槽和砂轮越程槽

在车削螺纹和磨削轴表面时，为便于退出刀具或使砂轮可以稍越过加工面，常在待加工面的末端预先制出退刀槽或砂轮越程槽。退刀槽或砂轮越程槽的尺寸可按"槽宽×槽深"的形式标注，如图 7-37a、c 所示。退刀槽也可按"槽宽×直径"的形式标注，如图 7-37b 所示。

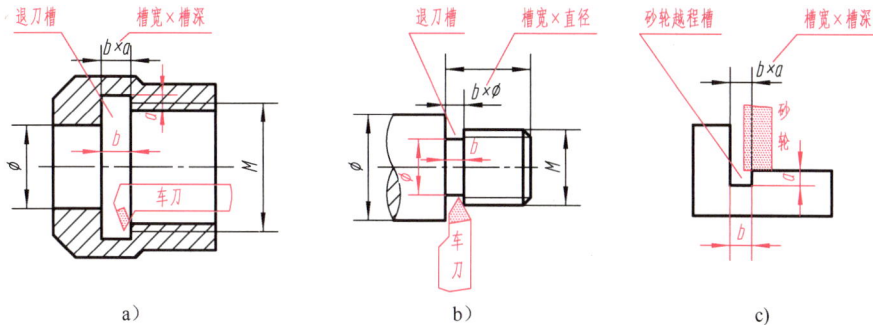

图 7-37　退刀槽和砂轮越程槽的注法

第五节　读零件图

零件的设计、生产加工以及技术改造过程中，都需要读零件图。因此，准确、熟练地读懂零件图，是工程技术人员必须掌握的基本技能之一。

读零件图的目的是：

1）了解零件的名称、用途、材料等。

2）了解零件各部分的结构、形状，以及它们之间的相对位置。

3）了解零件的大小、制造方法和所提出的技术要求。

现以减速器箱盖零件图（图 7-32）为例，说明读零件图的一般方法和步骤。

一、概括了解

首先看标题栏，了解零件名称、材料和比例等内容。由零件名称可判断该零件属于哪一类零件；由材料可大致了解其加工方法；根据比例可估计零件的实际大小。对不熟悉的比较形状复杂零件的零件图，可对照装配图了解该零件在机器或部件中与其他零件的装配关系等，从而对零件有初步了解。

如图 7-38 所示，箱盖是减速器上的主要零件，它与箱体合在一起，起到支承齿轮轴及密封减速器的作用。零件的材料为灰铸铁，牌号 HT200，说明零件毛坯的制造方法为铸造，因此应具备铸造的一些工艺结构。零件的绘图比例为 1∶1，由图形大小，可估计出该零件的真实大小。

二、分析视图

分析视图，首先应找出主视图，再分析零件各视图的配置以及视图之间的关系，进而识别出其他视图的名称及投射方向。若采用剖视或断面的表达方法，还需确定出剖切位置。要运用形体分析法读懂零件各部分结构，想象出零件的结构形状。

零件的结构形状是读零件图的重点，组合体的读图方法仍适用于读零件图。读零件图的一般顺序是先整体、后局部；先主体结构、后局部结构；先读懂简单部分，再分析复杂部分。

163

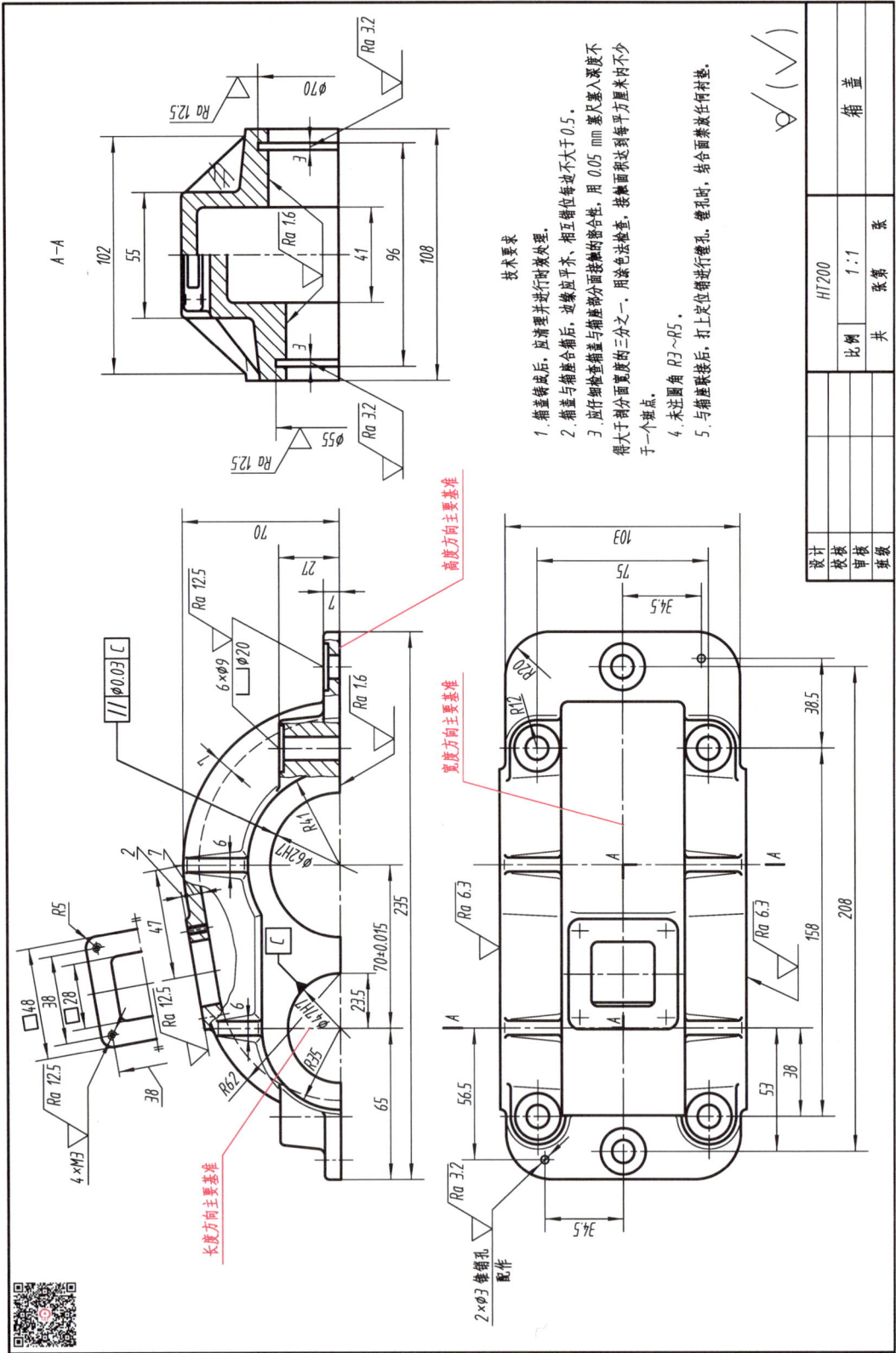

图 7-38 箱盖零件图

主视图的选择符合箱盖的工作位置。采用三个基本视图和一个局部视图。

主视图中采用了三个局部剖视，分别表达联接螺栓孔和视孔的结构。左视图是采用两个平行的剖切平面获得的全剖视图，主要表达两个轴孔的内部结构和两块肋板的形状。俯视图只画箱盖的外形，主要表达螺栓孔、锥销孔、视孔和肋板的分布情况，同时表达了箱盖的外形。

综合三个视图，由形体分析方法可知，箱盖主体结构的下方是一长方形板，中间凸起左低右高两圆柱，其内部是空腔，如图 7-39 所示。为与箱体准确地合在一起（便于加工和装配），加工出两个定位销孔和六个螺钉沉孔；为支承齿轮轴，加工出 $\phi47H7$ 和 $\phi62H7$ 两个轴孔；为安装嵌入透盖和嵌入闷盖，加工出槽宽为 3、直径为 $\phi55$ 和 $\phi70$ 的两道槽；起模斜度、铸造圆角等均为铸造工艺结构。

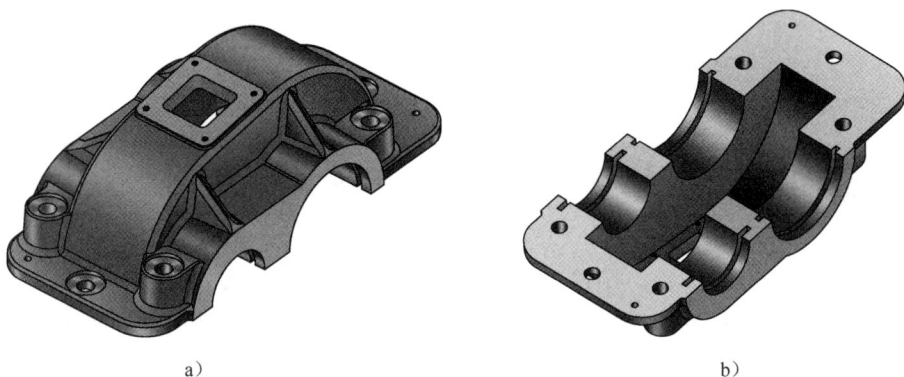

a)   b)

图 7-39　箱盖轴测图

三、分析尺寸

零件图上的尺寸是制造、检验零件的重要依据。分析尺寸的主要目的是：根据零件的结构特点、设计和制造的工艺要求，找出尺寸基准，分清设计基准和工艺基准，明确尺寸种类和标注形式；分析影响性能的主要尺寸标注是否合理，标准结构要素的尺寸标注是否符合要求，其他尺寸是否满足工艺要求；校核尺寸标注是否完整等。

长度方向的主要基准为左侧的竖向中心线，以此来确定两轴孔中心距 70 ± 0.015、箱盖左端面到中心线的距离 65 等。左端面是长度方向的辅助基准，以此确定箱盖的总长 235。

宽度方向的尺寸基准为箱盖前后方向的对称面，箱盖的宽度 108、内腔的宽度 41、槽的定位尺寸 96 等由此注出。

高度方向的尺寸基准为箱盖的底面，底板的高度 7、凸台的高度 27、箱盖的总高 70 等由此注出。两轴孔 $\phi47H7$ 和 $\phi62H7$ 及其中心距 70 ± 0.015，是加工和装配所需的重要尺寸，分别标有尺寸公差和几何公差。

四、了解技术要求

零件图上的技术要求是零件的制造质量指标。读图时应根据零件在机器中的作用，分析配合面或主要加工面的加工精度要求，了解其表面结构要求、尺寸公差、几何公差及其代号含义；再分析其余加工面和非加工面的相应要求，了解零件的热处理、表面处理及检验等其他技术要求，以便根据现有加工条件，确定合理的加工工艺，保证这些技术要求。

箱盖有配合要求的加工面为两（半圆）轴孔，分别为 ϕ47H7 和 ϕ62H7（基孔制间隙配合），其表面粗糙度代号为 Ra1.6(表面粗糙度 Ra 的上限值为 1.6μm)。两轴孔中心距 70±0.015 是重要尺寸，其尺寸公差为 0.03。两个定位销孔与箱体同钻铰，其表面粗糙度代号为 Ra3.2（表面粗糙度 Ra 的上限值为 3.2μm）。箱盖底面与箱体上面为接触面，其表面粗糙度代号为 Ra1.6（表面粗糙度 Ra 的上限值为 1.6μm）。非加工面为毛坯面，由铸造直接获得。

箱盖两（半圆）轴孔有几何公差的要求。ϕ47H7 轴孔的轴线为基准线，ϕ62H7 轴孔的轴线对 ϕ47H7 轴线的平行度公差为 ϕ0.03。

标题栏上方的技术要求，则用文字说明了零件的热处理要求、铸造圆角的尺寸，以及镗孔加工时的要求等。

通过上述方法和步骤读图，可对零件有全面的了解，但对某些比较复杂的零件，还需参考有关技术资料和相关的装配图，才能彻底读懂其零件图。读图的各个步骤也可视零件的具体情况，灵活运用，交叉进行。

第六节　零件测绘

零件测绘是针对现有零件，进行分析，目测尺寸，徒手绘制草图，测量并标注尺寸及技术要求，经整理画出零件图的过程。在仿制和修配机器、设备及其部件时，常要对零件进行测绘。因此，测绘是工程技术人员必须掌握的基本技能之一。

一、零件测绘的方法和步骤

1．了解和分析零件

测绘前，要了解零件的名称、用途、材料及其在机器或部件中的位置和作用。对零件的结构形状和制造方法进行分析，以便考虑选择零件表达方案和标注尺寸。

2．确定表达方案

先根据零件的形状特征、加工位置、工作位置等情况选择主视图；再按零件内外结构特点选择其他视图及剖视、断面等表达方法。

图 7-40 所示零件为填料压盖，用来压紧填料，其主要结构分为腰圆形板和圆筒两部分。选择其加工位置方向为主视图的投射方向，并采用全剖视，表达填料压盖的轴向板厚、圆筒长度、三个通孔等内外结构形状。选择 K 向（右）视图，表达填料压盖的腰圆形板结构和三个通孔的相对位置。

图 7-40　填料压盖轴测图

3．画零件草图

目测比例，徒手画成的图，称为草图。零件草图是绘制零件图的依据，必要时还可以直接指导生产，因此它必须包括零件图的全部内容。绘制零件草图的步骤如下：

1）布置视图，画出主、K 向（右）视图的定位线，如图 7-41a 所示。

2）以目测比例，徒手画出主视图（全剖视）和 K 向（右）视图，如图 7-41b 所示。

3）画剖面线；选定尺寸基准，画出全部尺寸界线、尺寸线和箭头，如图 7-41c 所示。

4）测量并填写全部尺寸，标注各表面的表面粗糙度代号，确定尺寸公差；填写技术要求和标题栏，如图 7-41d 所示。

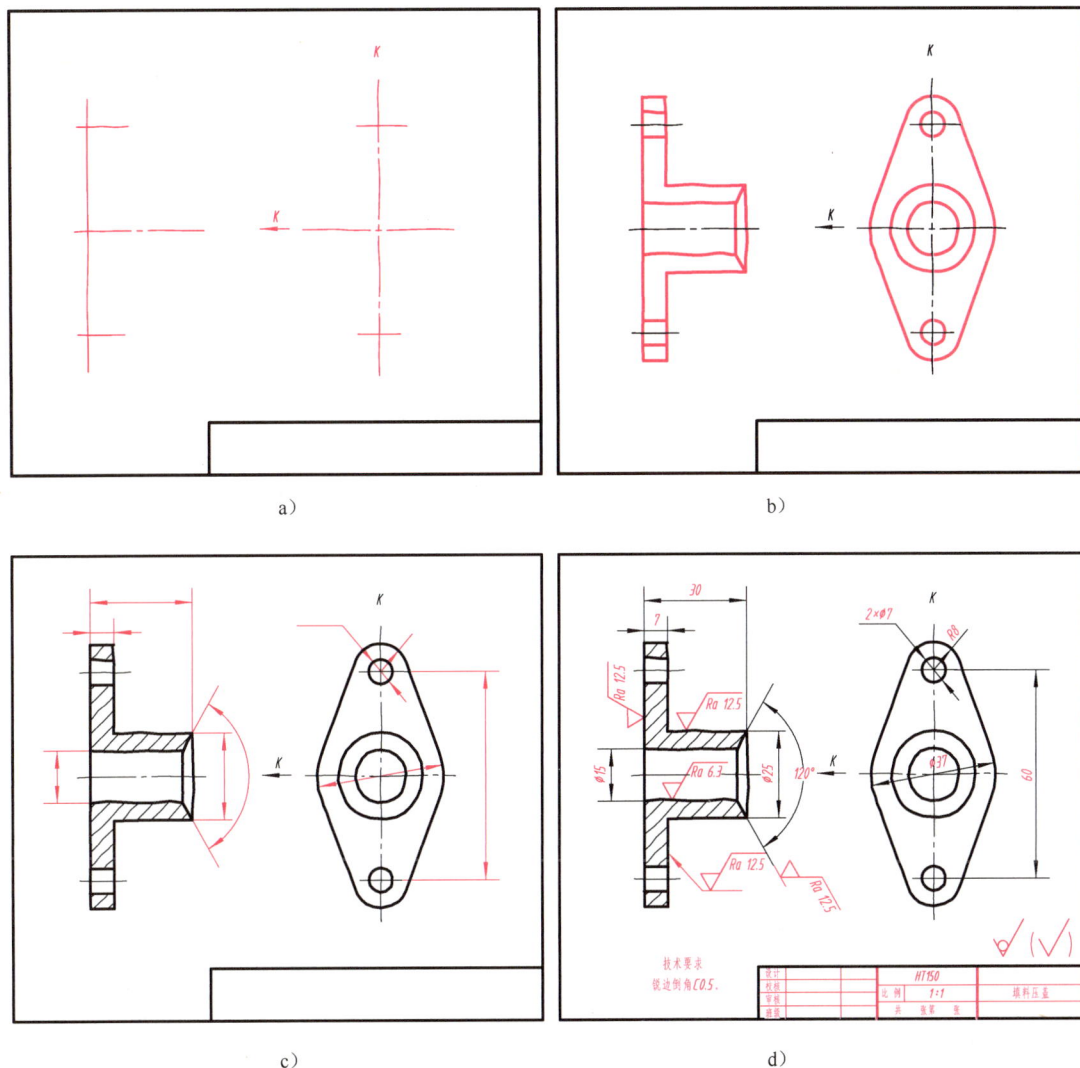

图 7-41　绘制零件草图的步骤

4. 审核草图，根据草图画零件图

零件草图一般是在现场绘制的，受时间和条件所限，有些部分只要表达清楚就可以了，不一定是完善的。因此，画零件图前需对草图的视图表达方案、尺寸标注、技术要求等进行审核，经过补充、修改后，即可根据草图绘制零件图。

二、零件测绘应注意的几个问题

零件测绘是一项比较复杂的工作，要认真对待每个环节，测绘时应注意以下几点：

1）对于零件制造过程中产生的缺陷（如铸造时产生的缩孔、裂纹，以及该对称的结构不对称等）和使用过程中造成的磨损、变形等，画草图时应予以纠正。

2）零件上的工艺结构，如倒角、圆角、退刀槽等，虽小也应完整表达，不可忽略。

3）严格检查尺寸是否遗漏或重复，相关零件尺寸是否协调，以保证零件图、装配图的顺利绘制。

4）对于零件上的标准结构要素，如螺纹、键槽、轮齿等尺寸，以及与标准件配合或相关联结构（如轴承孔、螺栓孔、销孔等）的尺寸，应将测量结果与标准进行核对，并圆整成标准数值。

第八章 装　配　图

第一节　装配图的表达方法

一、装配图的作用和内容

装配图是表示产品及其组成部分的联接、装配关系及其技术要求的图样。它主要反映机器（或部件）的工作原理、各零件之间的装配关系、传动路线和主要零件的结构形状，是设计和绘制零件图的主要依据，也是装配生产过程中调试、安装、维修的主要技术文件。

图 8-1 所示为传动器的轴测剖视图。图 8-2 所示为传动器的装配图，从图中可以看出，一张完整的装配图具备以下五方面内容。

（1）一组视图　用来表达机器的工作原理、装配关系、传动路线，以及各零件的相对位置、联接方式和主要零件结构形状等。

（2）必要的尺寸　装配图中只需标注表达机器（或部件）规格、性能、外形的尺寸，以及装配和安装时所必需的尺寸。

（3）技术要求　用文字说明机器（或部件）在装配、调试、安装和使用过程中的技术要求。

（4）零件序号和明细栏　为了便于生产管理和看图，装配图中必须对每种零件进行编号，并在标题栏上方绘制明细栏，明细栏中要按编号填写零件的名称、材料、数量，以及标准件的规格尺寸等。

（5）标题栏　装配图标题栏包括机器（或部件）名称、图号、比例，以及图样责任者的签名等内容。

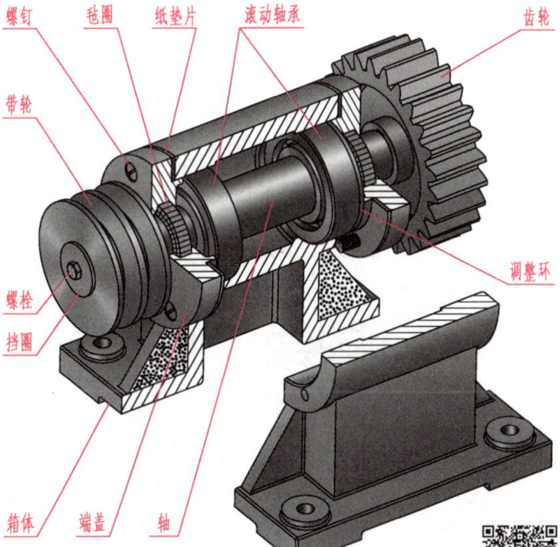

图 8-1　传动器轴测剖视图

二、装配图的规定画法

装配图的表达方法和零件图基本相同，零件图中所应用的各种表达方法，同样适用于装配图。此外，根据装配图的特点，还制定了一些规定画法和特殊表达方法。

1. 相邻两零件的画法

相邻两零件的接触面和配合面，只画一条轮廓线。当相邻两零件有关部分的基本尺寸不同时，即使间隙很小，也要画出两条线。

如图 8-3 所示，滚动轴承与轴和机座上的孔均为配合面，滚动轴承端面与轴肩为接触面，对应结构只画一条线；轴与填料压盖的孔之间为非接触面，对应结构必须画两条线。

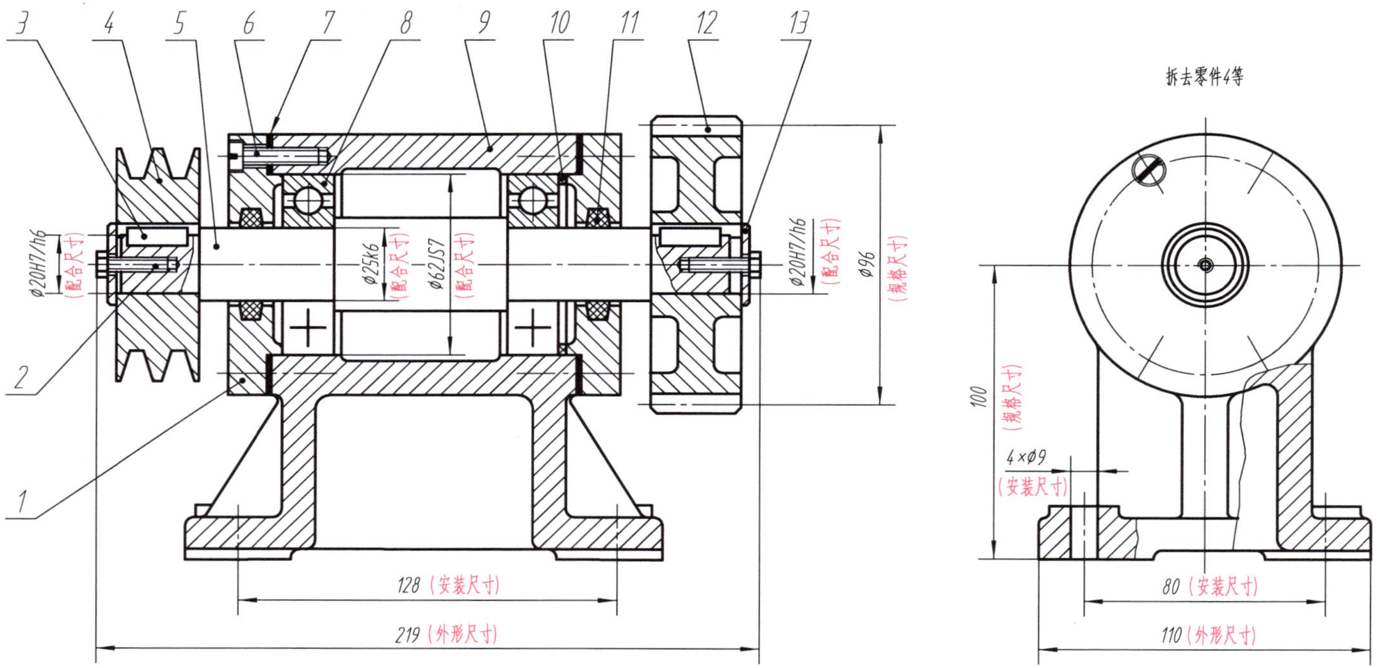

图 8-2　传动器装配图

2. 装配图中剖面线的画法

同一零件在不同的视图中，剖面线的方向和间隔应保持一致；相邻两零件的剖面线，应有明显区别，即倾斜方向相反或间隔不等，以便在装配图中区分不同的零件。

如图 8-3 所示，机座与端盖的剖面线倾斜方向相反。

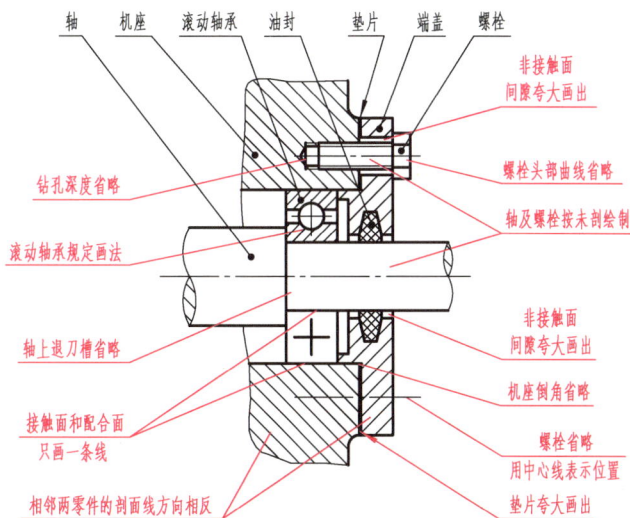

图 8-3　装配图的规定画法和简化画法

3. 螺纹紧固件及实心件的画法

螺纹紧固件及实心的轴、手柄、键、销、连杆、球等零件，若按纵向剖切，即剖切平面通过其轴线或基本对称面时，这些零件均按未剖绘制，如图 8-3 所示的螺栓和轴；当剖切平面垂直于轴线或基本对称面剖切时，则应按剖开绘制，如图 8-4 所示 A—A 剖视中的螺栓剖面按剖开绘制。

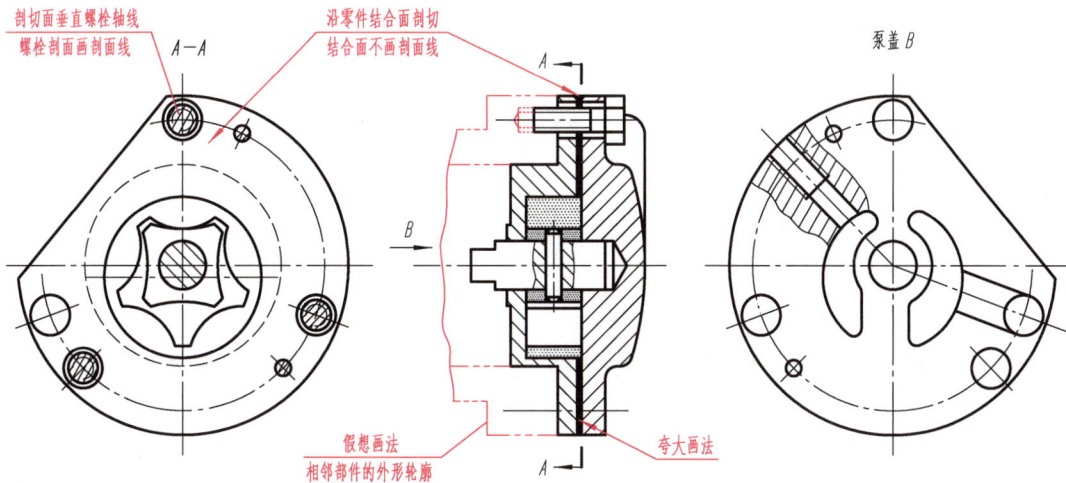

图 8-4　沿零件结合面剖切的画法

三、装配图的特殊表达方法和简化画法

1．拆卸画法

在装配图的某一视图中，当某些零件遮住了需要表达的结构，或者为避免重复，简化作图，可假想将某些零件拆去后绘制，这种表达方法称为拆卸画法。

采用拆卸画法后，为避免误解，在该视图上方加注"拆去件××"。拆卸关系明显，不至于引起误解时，也可不加标注。如图 8-2 中的左视图是拆去螺栓、挡圈、带轮、键、齿轮等零件后绘制的，这种画法需要加注"拆去××"，如"拆去零件 4 等"。

2．沿零件的结合面剖切画法

装配图中，可假想沿着两个零件的结合面剖切，这时，零件的结合面不画剖面线，其他被横向剖切的轴、螺钉及销的断面要画剖面线。如图 8-4 所示的 $A—A$ 剖视即是沿两个零件结合面剖切画出的，螺栓和心轴的断面要画出剖面线。

3．假想画法

在装配图中，为了表示本零部件与相邻零部件的相互位置关系，或运动零件的极限位置，可用细双点画线画出相邻零部件的外形轮廓或运动零件的极限位置。如图 8-4 中的主视图所示，用细双点画线表示相邻部件的局部外形轮廓；如图 8-5 所示，用细双点画线表示手柄的另一极限位置。

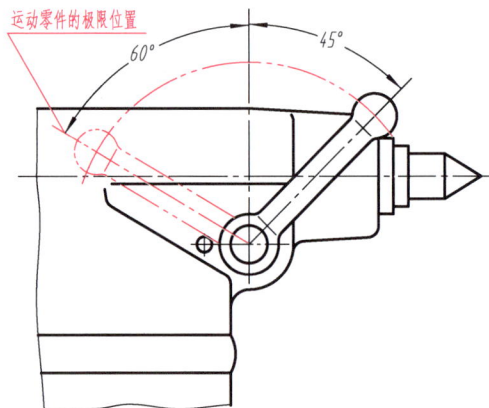

图 8-5　假想画法

4．夸大画法

在装配图中，对一些薄、细、小零件或间隙，当无法按其实际尺寸画出时，可不按比例而适当夸大画出。厚度或直径小于 2mm 的薄、细零件，其剖面符号可涂黑表示，如图 8-3、图 8-4 中垫片的画法。

5．简化画法

1）在装配图中，对于若干相同的零件或零件组，如螺栓联接等，可仅详细地画出一处，其余只需用细点画线表示出其位置，如图 8-3 主视图中的螺栓画法。

2）在装配图中，零件上的工艺结构（如倒角、小圆角、退刀槽等）可省略不画。六角螺栓头部及螺母的倒角曲线也可省略不画，如图 8-2、图 8-3 中螺栓头部及螺母的画法。

3）在装配图中，剖切平面通过某些标准产品组合件（如油杯、油标、管接头等）轴线时，可以只画外形。对于标准件（如滚动轴承、螺栓、螺母等）可采用简化画法或示意画法，如图 8-3 中滚动轴承的画法。

第二节　装配图的尺寸标注、技术要求及零件编号

一、装配图的尺寸标注

装配图和零件图在生产中的作用不同，因此，在图上标注尺寸的要求也不同。装配图中需注出一些必要的尺寸，这些尺寸按作用不同，可分为以下几类：

（1）性能（规格）尺寸　表示机器性能（规格）的尺寸，称为性能（规格）尺寸，它是设计产品时的主要依据。如图 8-2 中传动器的外连齿轮分度圆直径 $\phi96$，主轴中心线高度 100，就是性能（规格）尺寸。

（2）装配尺寸　保证机器中各零件装配关系的尺寸，称为装配尺寸。装配尺寸包括配合尺寸和主要零件相对位置尺寸。如图 8-2 中滚动轴承外圈与箱体间的配合尺寸 $\phi62JS7$，滚动轴承内圈与主轴间的配合尺寸 $\phi25k6$，带轮、齿轮与主轴间的配合尺寸 $\phi20H7/h6$，就是装配尺寸。

（3）安装尺寸　机器和部件安装时所需的尺寸，称为安装尺寸。如图 8-2 中传动器箱体安装孔直径 $4\times\phi9$、四个孔的中心距 128 和 80，就是安装尺寸。

（4）外形尺寸　表示机器或部件外形轮廓的尺寸，即总长、总宽和总高，称为外形尺寸。根据外形尺寸，可考虑机器或部件在包装、运输、安装时所占的空间。如图 8-2 中传动器总长 219、总宽 110，就是外形尺寸。

（5）其他重要尺寸　其他重要尺寸是指根据装配体的特点和需要，必须标注的尺寸。如经过计算的重要设计尺寸、重要零件间的定位尺寸、主要零件的尺寸等。

装配图上的尺寸标注要根据情况具体分析，上述五类尺寸并不是每一张装配图都必须标注的，有时，同一尺寸兼有多种含义。

二、装配图的技术要求

用文字或符号在装配图上说明对机器或部件的装配、检验要求和使用方法等。装配图上的技术要求，一般包括以下几方面内容：

1）对机器或部件在装配、调试和检验时的具体要求。

2）关于机器性能指标方面的要求。

3）有关机器安装、运输及使用方面的要求。

技术要求一般写在明细栏上方或图样左下方的空白处。

三、装配图的零件编号和明细栏

为了便于看图和管理图样，装配图中必须对每种零件进行编号，并根据零件编号绘制相应的明细栏。

1）装配图中的所有零件，均应按顺序编写序号，相同零件只编一个序号，一般只注一次。

2）零件序号应标注在视图周围，按水平或竖直方向排列整齐。应按顺时针或逆时针方向排列，如图 8-2 所示。

3）零件序号应填写在指引线一端的横线上（或圆圈内），指引线的另一端应自所指零件的可见轮廓内引出，并在末端画一圆点；当所指部分内不宜画圆点（零件很薄或涂黑的剖面）时，可在指引线一端画箭头指向该部分的轮廓，如图 8-6a 所示。

4）序号的字号应比图中尺寸数字大一号或大两号，如图 8-2 所示。

5）一组紧固件或装配关系明显的零件组，可采用公共指引线，如图 8-6b 所示。

6）零件的明细栏应画在标题栏上方，当标题栏上方位置不够时，可在标题栏左边继续列表，如图 8-2 所示。明细栏的格式画法、内容见图 1-4。

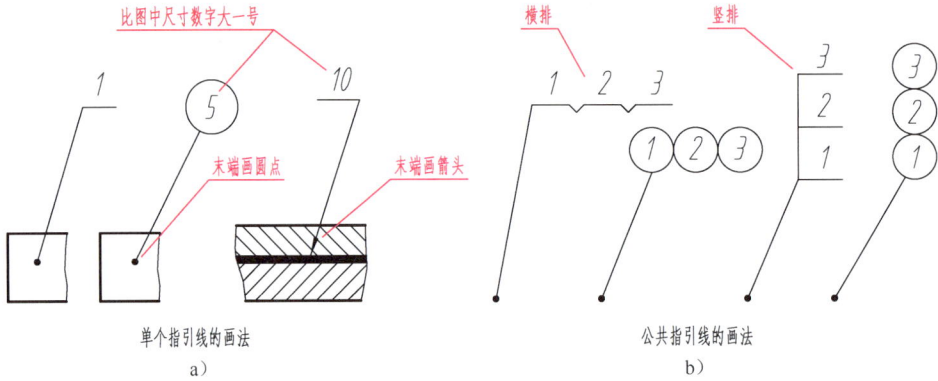

比图中尺寸数字大一号　　横排　　竖排

末端画圆点　　末端画箭头

单个指引线的画法
a)

公共指引线的画法
b)

图 8-6　零件序号的编写形式

第三节　装配结构简介

在设计和绘制装配图的过程中，应考虑到装配结构的合理性，以保证机器或部件的性能要求，并给零件的加工和装拆带来方便。

一、接触面的数量

为了避免装配时不同的表面相互干涉，两零件在同一个方向上的接触面数量，一般不得多于一个，否则会给加工和装配带来困难，如图 8-7 所示。

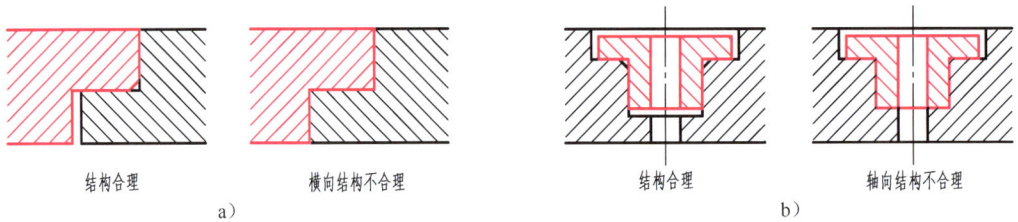

结构合理　　横向结构不合理
a)

结构合理　　轴向结构不合理
b)

图 8-7　接触面的画法

二、轴与孔的配合

轴与孔配合且轴肩与端面相互接触时，在两接触面的交角处（孔端或轴的根部）应加工

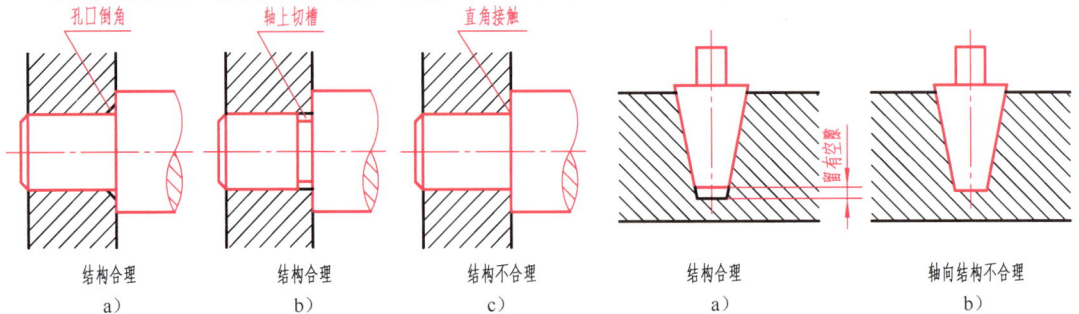

孔口倒角　　轴上切槽　　直角接触

结构合理　　结构合理　　结构不合理
a)　　b)　　c)

图 8-8　轴与孔的配合

结构合理　　轴向结构不合理
a)　　b)

图 8-9　锥面的配合

出倒角、退刀槽或不同大小的倒圆，以保证两个方向的接触面均接触良好，确保装配精度。如图 8-8a 所示的孔口倒角、图 8-8b 所示的轴肩处切槽，能保证孔口端面与轴肩有良好接触。图 8-8c 所示的结构是错误的。

三、锥面的配合

由于锥面配合能同时确定轴向和径向的位置，因此当锥孔不通时，锥体顶部与锥孔底部之间必须留有间隙，否则得不到稳定的配合，如图 8-9 所示。

四、滚动轴承的轴向固定结构

为了防止滚动轴承产生轴向窜动，必须采用一定的结构来固定其内、外圈。常用的轴向固定结构形式有轴肩、台肩、弹性挡圈、端盖凸缘、圆螺母、止退垫圈和轴端挡圈等。若轴肩过高或座孔直径过小，会给滚动轴承的拆卸带来困难，如图 8-10 所示。

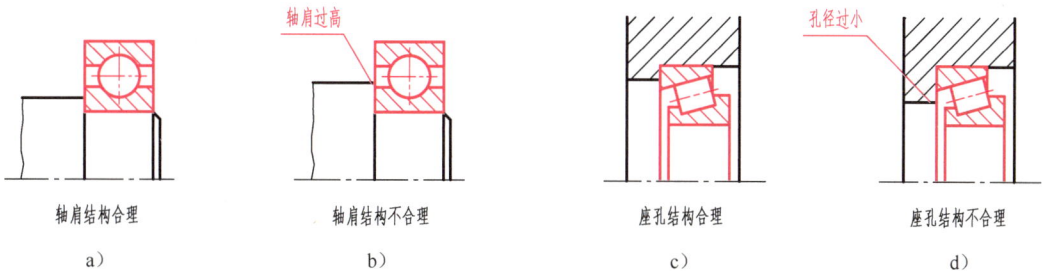

图 8-10　滚动轴承的轴向固定结构

五、螺纹联接防松结构

为了防止螺纹联接在工作中由于机器振动而松动，常采用螺纹防松装置。例如双螺母防松，其结构形式如图 8-11a 所示；弹簧垫圈防松，其结构形式如图 8-11b 所示；开口销防松，其结构形式如图 8-11c 所示。

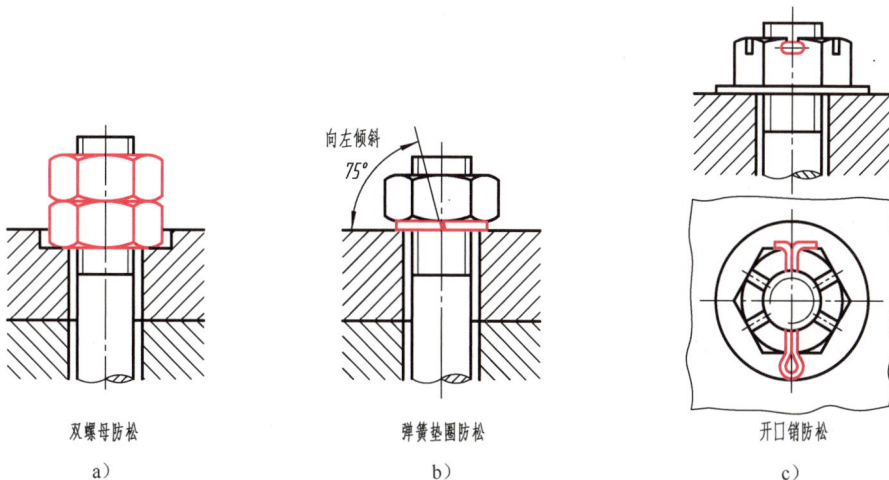

图 8-11　螺纹联接防松结构

六、螺栓联接结构

采用螺栓联接时，孔的位置与箱壁之间应有足够的空间，以保证装配的可能和方便，如图 8-12 所示。

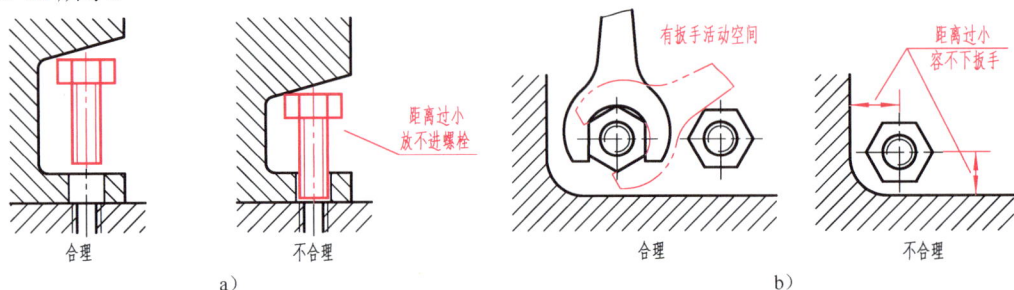

图 8-12　螺栓联接结构

第四节　读装配图和拆画零件图

在机器或部件的设计、装配、检验和维修工作中，或进行技术交流的过程中，都需要装配图。因此，熟练地阅读装配图，正确地由装配图拆画零件图，是每个工程技术人员必须具备的基本技能之一。读装配图的目的是：

1）了解机器或部件的性能、用途和工作原理。

2）了解各零件间的装配关系及拆卸顺序。

3）了解各零件的主要结构形状和作用。

一、读装配图的方法和步骤

1. 概括了解

读装配图时，首先要看标题栏、明细栏，从中了解该机器或部件的名称、组成该机器或部件的零件名称、数量、材料以及标准件的规格等。根据视图的大小、画图的比例和装配体的外形尺寸等，对装配体有一个初步印象。

图 8-13 所示为机用虎钳装配图。由标题栏可知该部件名称为机用虎钳，对照图上的序号和明细栏，可知它由十一种零件组成，其中垫圈 5 和 11、圆锥销 7、螺钉 10 是标准件（明细栏中有标准编号），其他为非标准件。根据实践知识或查阅说明书及有关资料，大致可知：机用虎钳是安装在机床工作台上，用于夹紧工件，以便进行切削加工的一种通用工具。

2. 分析视图，明确表达目的

首先要找到主视图，再根据投影关系识别出其他视图；找出剖视图、断面图所对应的剖切位置，识别出表达方法的名称，从而明确各视图表达的意图和重点，为下一步深入看图做准备。

机用虎钳装配图采用了主、俯、左三个基本视图，并采用了单件画法、局部放大图、移出断面图等表达方法。各视图及表达方法的分析如下：

（1）主视图　采用了全剖视，主要反映机用虎钳的工作原理和零件的装配关系。

（2）俯视图　主要表达机用虎钳的外形，并通过局部剖视表达钳口板 2 与固定钳身 1 联接的局部结构。

176

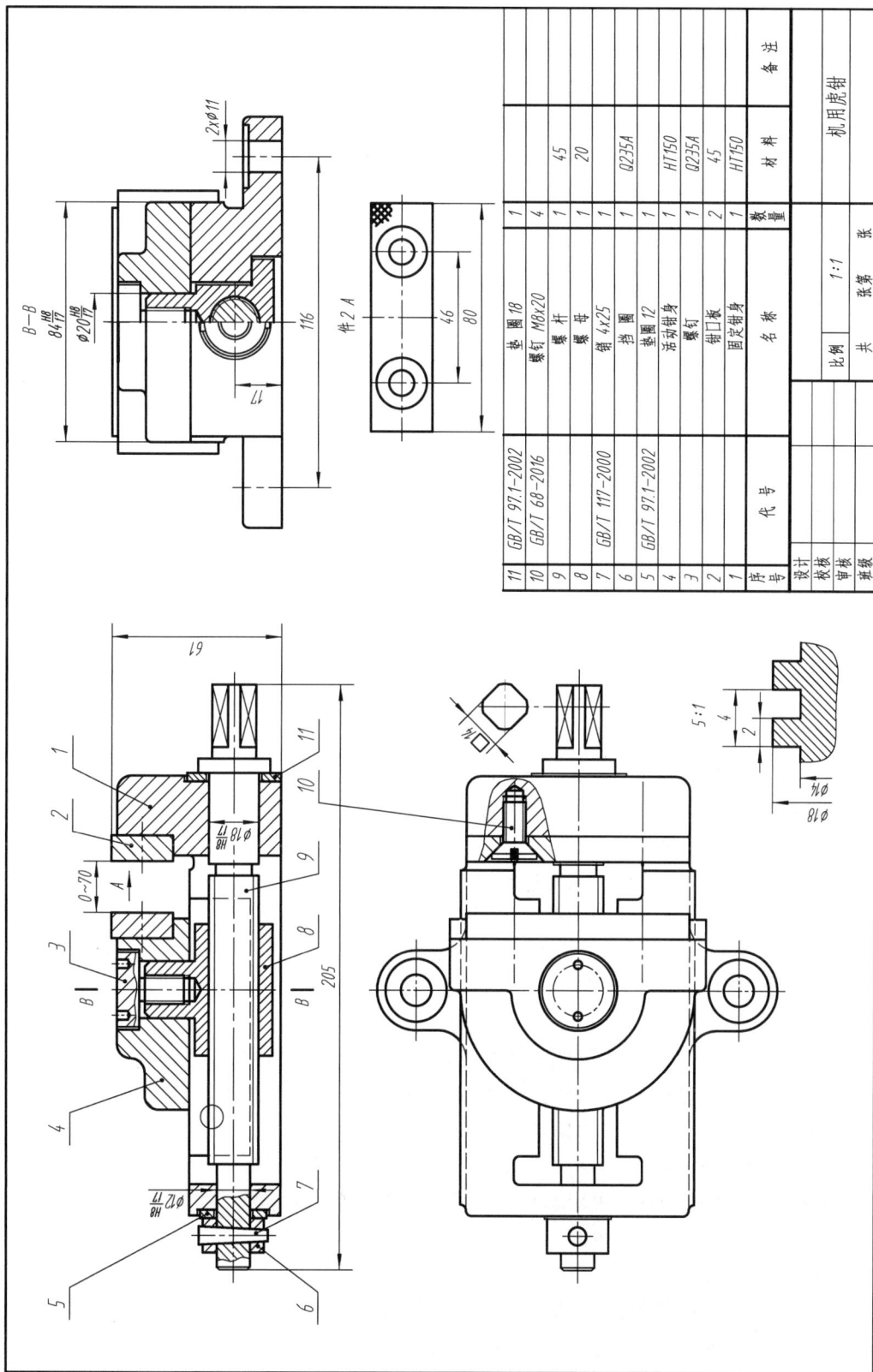

图 8-13 机用虎钳装配图

序号	代号	名 称	数量	材 料	备 注
11	GB/T 97.1-2002	垫圈 18	1		
10	GB/T 68-2016	螺钉 M8×20	4		
9		螺 杆	1	45	
8		螺 母	1	20	
7	GB/T 117-2000	销 4×25	1		
6		挡 圈	1	Q235A	
5	GB/T 97.1-2002	垫圈 12	1		
4		活动钳身	1	HT150	
3		螺 钉	1	Q235A	
2		钳口板	2	45	
1		固定钳身	1	HT150	

机用虎钳 比例 1:1

（3）左视图 采用 $B-B$ 半剖视，表达固定钳身 1、活动钳身 4 和螺母 8 三个零件之间的装配关系。

（4）单件画法 件 2 的 A 向视图，用来表达钳口板 2 的形状。

（5）局部放大图 用以表达螺杆 9 上螺纹（矩形螺纹）的结构和尺寸。

（6）移出断面图 用以表达螺杆 9 右端的断面形状。

3. 分析工作原理和零件的装配关系

对于比较简单的装配体，可以直接对装配图进行分析。对于比较复杂的装配体，需要借助于说明书等技术资料来阅读图样。读图时，可先从反映工作原理、装配关系较明显的视图入手，抓主要装配干线或传动路线，分析研究各相关零件间的联接方式和装配关系，判明固定件与运动件，搞清传动路线和工作原理。

（1）工作原理 机用虎钳的主视图基本反映出其工作原理：旋转螺杆 9，使螺母 8 带动活动钳身 4 在水平方向右或向左移动，进而夹紧或松开工件。机用虎钳的最大夹持厚度为 70mm。

（2）装配关系 主视图反映了机用虎钳主要零件间的装配关系：螺母 8 从固定钳身 1 下方的空腔装入工字形槽内，再装入螺杆 9，用垫圈 11、垫圈 5 及挡圈 6 和圆锥销 7 将螺杆轴向固定；螺钉 3 用于联接活动钳身 4 与螺母 8，最后用螺钉 10 将两块钳口板 2 分别与固定钳身 1、活动钳身 4 联接。

4. 分析视图，看懂零件的结构形状

在弄清上述内容的基础上，还要看懂每一个零件的形状。读装配图时，借助序号指引的零件上的剖面线，利用同一零件在不同视图中的剖面线方向与间隔一致的规定，对照投影关系以及与相邻零件的装配情况，逐步想象出各零件的主要结构形状。

分析时，一般先从主要零件着手，然后是次要零件。有些零件的具体形状可能表达得不够清楚，这时需要根据该零件的作用及其与相邻零件的装配关系进行推想，完整构思出零件的结构形状，为拆画零件图做准备。

固定钳身、活动钳身、螺杆、螺母是机用虎钳的主要零件，它们在结构和尺寸上都有非常密切的联系，要读懂装配图，必须看懂它们的结构形状。

（1）固定钳身 根据主、俯、左视图，可知其结构左低右高，下部有一空腔，且有一工字形槽（因矩形槽的前后各凸起一个长方形而形成）。空腔的作用是放置螺杆和螺母，工字形槽的作用是使螺母带动活动钳身沿水平方向左右移动。

（2）活动钳身 由三个基本视图可知其主体左侧为阶梯半圆柱，右侧为长方体，前后向下探出的部分包住固定钳身，二者的结合面采用基孔制、间隙配合（84H8/f7）。中部的阶梯孔与螺母的结合面采用基孔制、间隙配合（ϕ20H8/f7）。

（3）螺杆 由主视图、俯视图、断面图和局部放大图可知，螺杆的中部为矩形螺纹，两端轴径与固定钳身两端的圆孔采用基孔制、间隙配合（ϕ12H8/f7、ϕ18H8/f7）。螺杆左端加工出锥销孔，右端加工出矩形平面。

（4）螺母 由主、左视图可知，其结构为上圆下方，上部圆柱与活动钳身相配合，并通过螺钉调节松紧度；下部方形内的螺纹孔可旋入螺杆，将螺杆的旋转运动转变为螺母的左右水平移动，带动活动钳身沿螺杆轴线移动，达到夹紧或松开工件的目的；底部凸台的上表

面与固定钳身工字形槽的下导面相接触，故而应有较高的表面结构要求。

把机用虎钳中每个零件的结构形状都看清楚之后，将各个零件联系起来，便可想象出机用虎钳的完整形状，如图8-14所示。

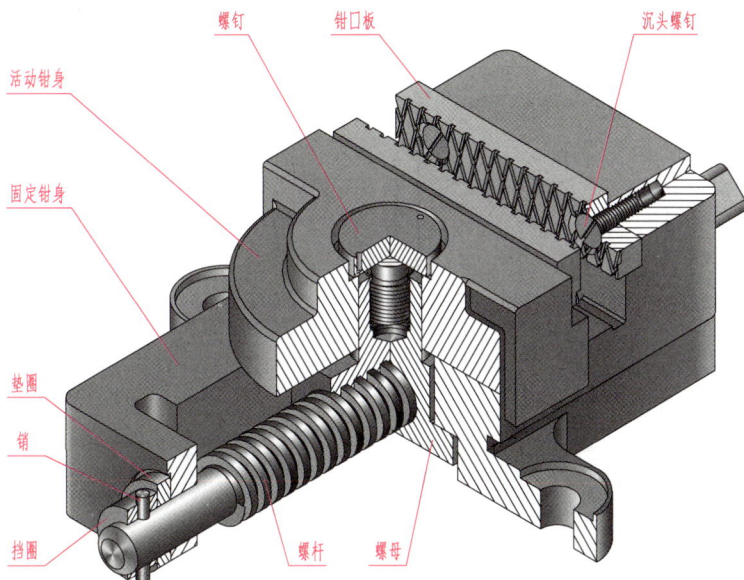

图8-14　机用虎钳轴测剖视图

5. 归纳总结

在以上分析的基础上，还要对技术要求、尺寸等进行研究，并综合分析总体结构，从而对装配体有一个全面了解。

二、拆画零件图

由装配图拆画零件图的过程简称拆图，即在完全读懂装配图的基础上，按照零件图的内容和要求，设计性地拆画出零件图。拆图时，先要正确地分离零件。一般应先拆主要零件，然后再逐一画出有关零件，以便保证各零件的结构形状合理，并使尺寸配合性质和技术要求等协调一致。

下面以固定钳身1为例，介绍拆画零件图的方法。

1. 分离零件

由装配图分离零件，主要步骤如下：

1）根据零件序号和明细栏，找到要分离零件的序号、名称，再根据序号指引线所指的部位，找到该零件在装配图中的位置。如固定钳身是1号零件，根据序号的指引线起始端圆点，可找到固定钳身的位置和大致轮廓范围。

2）根据同一零件在所有剖视图中剖面线方向一致、间隔相等的规定，把所要分离的零件从有关的视图中区分出来。如果要分离的零件较复杂，而其他零件相对较简单，也可以采用"排除法"，即先在装配图上将其他零件一一去掉，留下的就是要分离的零件。

① 先在机用虎钳装配图上去掉螺杆装配线上的垫圈5、挡圈6、销7、螺杆9、垫圈11等（将被遮挡的图线补齐），如图8-15所示。

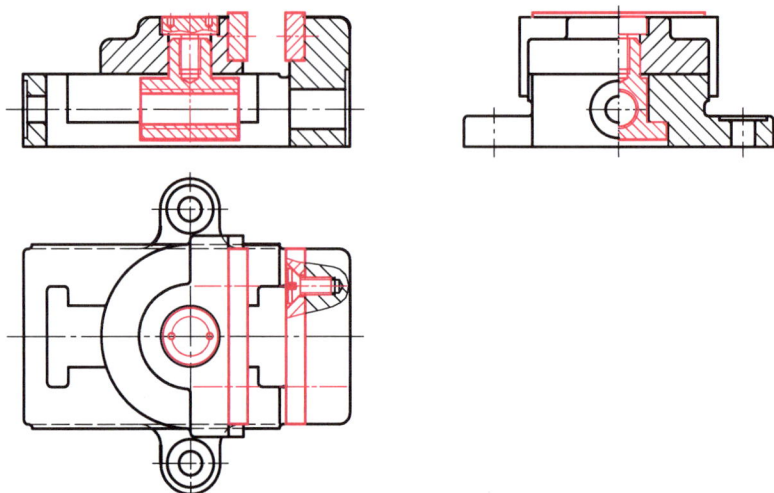

图 8-15　去除螺杆装配线上的零件

② 参照图 8-15，再去掉螺钉 3 和 10、钳口板 2、螺母 8（将被遮挡的图线补齐），如图 8-16 所示。

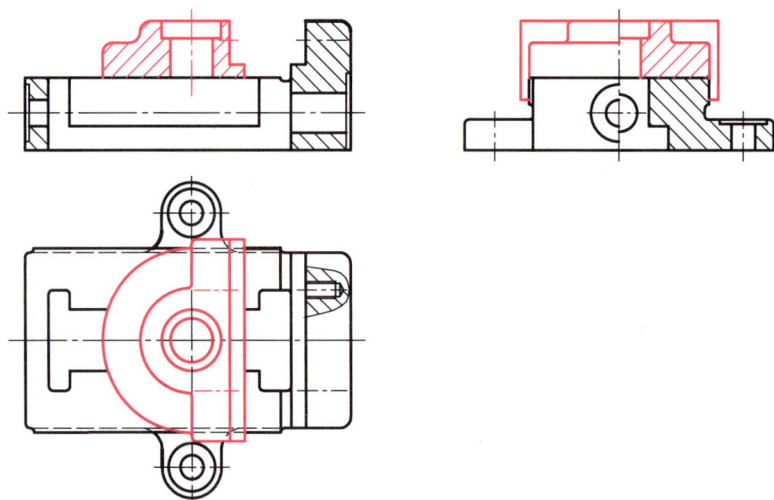

图 8-16　去除螺钉、钳口板和螺母

③ 参照图 8-16，最后去掉活动钳身 4，余下的即为固定钳身。根据零件各视图之间的投影关系，进行投影分析，进一步确定固定钳身的结构形状，如图 8-17 所示。

2．确定零件的视图表达方案

装配图的表达方案是从整个机器或部件的角度考虑的，重点是表达工作原理和装配关系，而零件图的表达方案则是从零件的设计和工艺要求出发，根据零件的结构形状来确定的。因此，在确定零件的视图表达方案时，不能简单照搬装配图，而应根据零件的结构形状、按照零件图的视图选择原则重新选定。

固定钳身的主视图应按工作位置原则选择，即与装配图一致。根据其结构形状，增加俯视图和左视图。为表达内部结构，主视图采用全剖视，左视图采用半剖视，俯视图采用局部剖视，如图 8-18 所示。

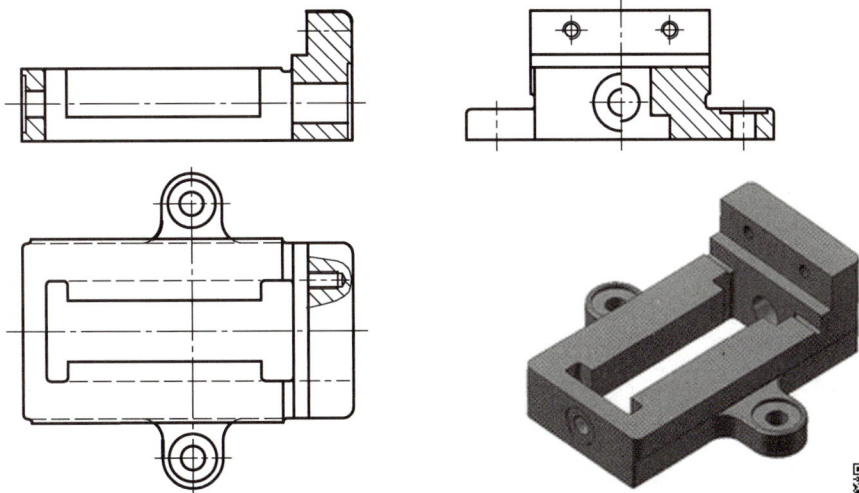

图 8-17 去除活动钳身后的固定钳身

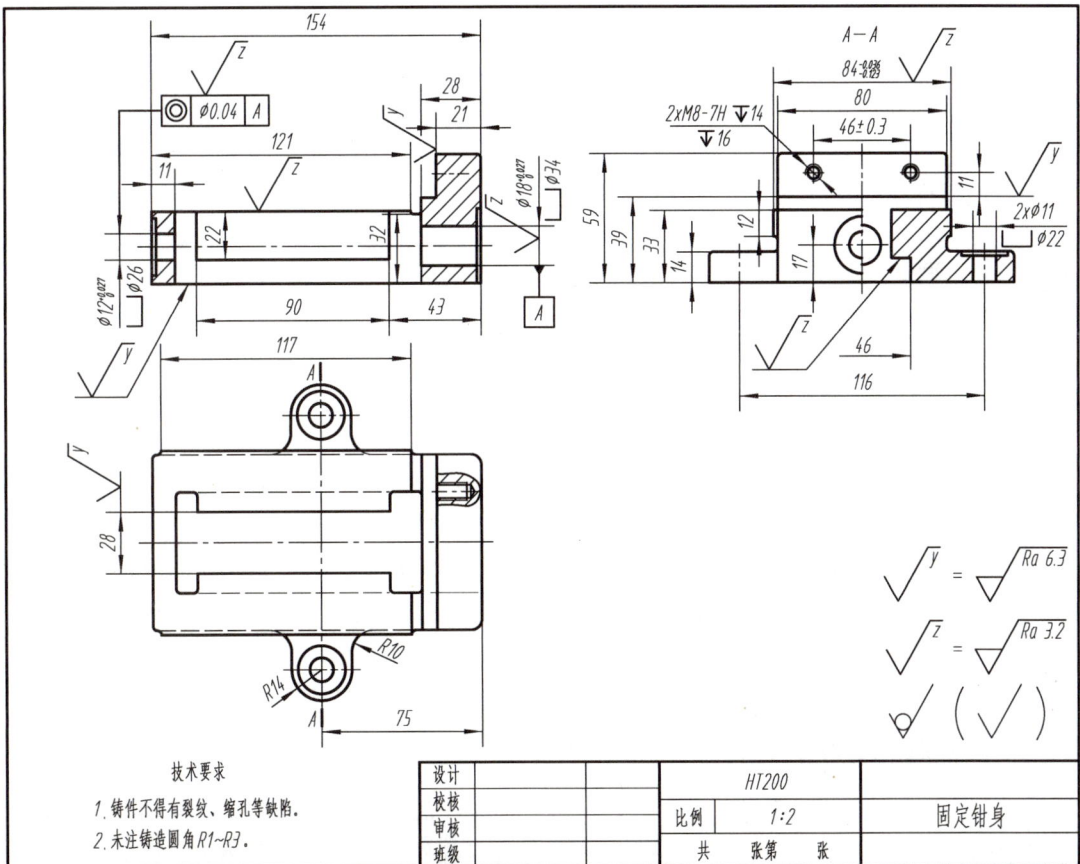

技术要求

1. 铸件不得有裂纹、缩孔等缺陷.
2. 未注铸造圆角 R1~R3.

设计			HT200		固定钳身
校核			比例	1:2	
审核					
班级			共 张第 张		

图 8-18 固定钳身零件图

3．确定零件图上的尺寸

在零件图上正确、完整、清晰、合理地标注尺寸，是拆画零件图的一项重要内容。应根据零件在装配体中的作用，从零件设计、加工工艺等方面来选择尺寸基准。先确定长、宽、高三个方向尺寸的主要基准，再根据加工和测量的需要，适当选择一些辅助基准。装配图上的尺寸很少，零件图上必须将缺少的尺寸补齐。确定零件图尺寸的方法有以下几种：

（1）直接移注　对于装配图上已标注的尺寸和明细栏中注出的零件规格尺寸，可直接移注。如图 8-18 中，固定钳身底部安装孔的尺寸 $2\times\phi11$、安装孔定位尺寸 116、左右装配孔的直径 $\phi12$、$\phi18$ 等。

（2）查表确定　对于零件上标准结构的尺寸，如螺栓通孔、倒角、退刀槽、键槽、沉孔等，可查阅有关标准确定。如图 8-18 中的沉孔尺寸及螺纹孔尺寸，可查阅标准后确定。

（3）计算确定　零件上比较重要的尺寸，可通过计算确定。如拆画齿轮零件图时，需根据齿轮参数 m、z 等，计算齿轮的各部分尺寸。

（4）直接量取　零件上大部分不重要或非配合的尺寸，一般可从装配图上按比例直接量取。量得的尺寸，应圆整成整数。如固定钳身的总长 154、总高 59 等。

4．确定零件图上的技术要求

零件上各表面粗糙度的要求，应根据表面的作用和两零件间的配合性质进行选择。为了使活动钳身、螺母在水平方向上移动自如，固定钳身工字形槽的上、下导面必须提出较高的表面结构要求，选择表面粗糙度 Ra 的上限值为 3.2μm。

对于配合表面，应根据装配图上给出的配合性质、公差等级等，查阅相关标准和手册来确定其极限偏差。

5．填写标题栏

根据装配图中的明细栏，在零件图的标题栏中填写零件的名称、材料、数量等，并填写绘图比例和绘图者姓名等。

6．检查校对

这是拆画零件图的最后一步。首先看零件是否表达清楚，投影关系是否正确，然后校对尺寸是否有遗漏，相互配合的相关尺寸是否一致，以及技术要求与标题栏等内容是否完整。

第五节　装配体测绘

根据现有的装配体（机器或部件），绘制出全部非标准零件的草图，然后将这些草图进行整理，绘制出装配图和零件图的过程，称为装配体（机器或部件）测绘。实际修配工作中，在没有现成图样的情况下，测绘工作是必不可少的，也是工程技术人员必备的技能。

现以图 8-19 所示的齿轮泵为例，说明装配体的测绘方法和步骤。

一、了解和分析装配体

装配体测绘时，首先要对装配体进行分析，通过产品说明书或使用者的介绍，初步掌握机器或部件的名称、用途、规格、工作原理，以及零部件之间的连接关系等。

齿轮泵是机床润滑系统的供油泵，该泵由装在泵体内的一对啮合齿轮、轴、密封装置、泵盖及带轮等主要零件组成。主动轴的轴端伸出泵体外与带轮通过键联结，以传递动力。

齿轮泵的工作原理如图 8-20 所示。当主动轮顺时针转动时，从动轮按逆时针转动。两个

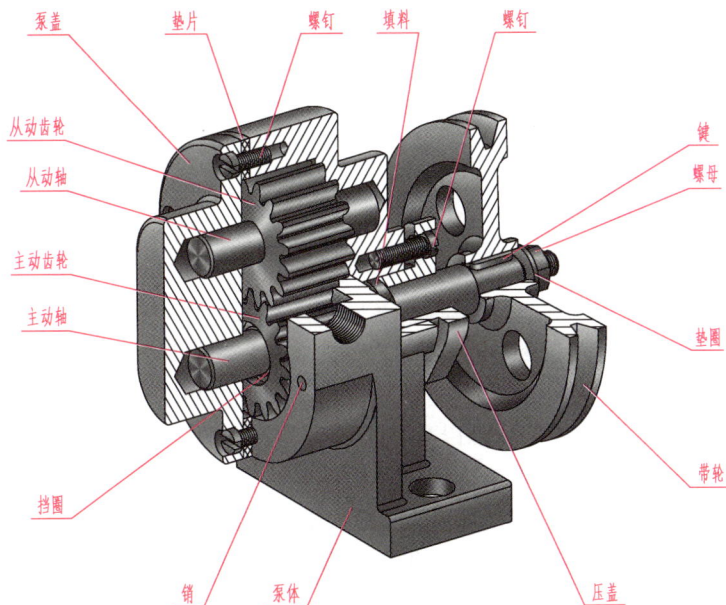

图 8-19 齿轮泵的轴测剖视图

齿轮啮合传动时，啮合区内吸油腔由于压力下降而产生局部真空，油池内的油在大气压力作用下，进入齿轮泵低压区内的进油口；随着齿轮的连续转动，齿槽中的油不断地沿箭头方向，被带至左边的压油腔，从齿间被挤出的油形成高压油，从压油腔经出油口把油压出，送往润滑管路中。

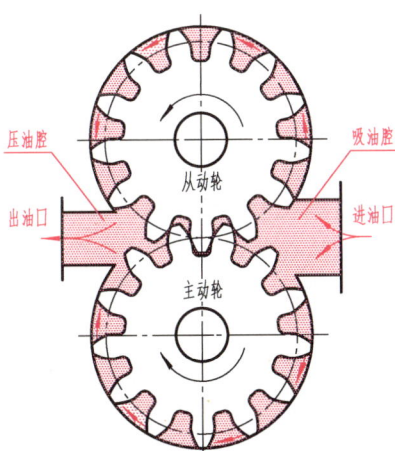

图 8-20 齿轮泵工作原理

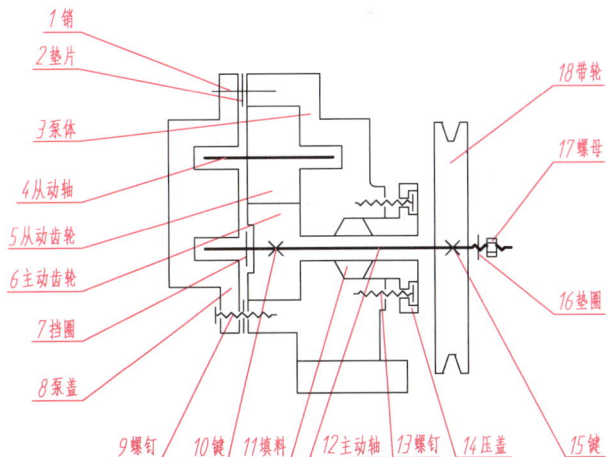

图 8-21 齿轮泵装配示意图

二、画装配示意图、拆卸装配体

在了解和分析装配体的基础上，为了记录零件间相对位置、工作原理和装配关系，为绘制装配图做好准备，首先应画出装配示意图。

装配示意图，是采用国家标准 GB/T 4460—2013《机械制图　机构运动简图用图形符号》

规定的图形符号，用简单的线条徒手画出零件的大致轮廓，并将各零件编写序号或写出名称。齿轮泵的装配示意图如图 8-21 所示。

在拆卸零件时应注意以下几点：

1）注意拆卸次序，严防破坏性拆卸，以免损坏机器零件或影响零件的精度。

2）拆卸后将各零件按类妥善保管，防止混淆和丢失。

3）对所有零件进行编号、登记，并注写零件名称，每个零件最好挂一个对应的标签。

三、画零件草图

画零件草图是装配体测绘的重要步骤和基础工作。装配体中的零件可分为两类。

（1）标准件　如螺栓、垫圈、螺母、键、销及滚动轴承等，只需测出其规格尺寸，然后查阅标准手册，将其规定标记登记在明细栏内，不必画草图。

（2）非标准件　对非标准件应画出其全部零件草图。

零件草图是用目测的方法徒手画出的图，而不是潦草的图，草图的内容与零件图相同，区别仅在于零件草图是徒手完成的，零件图是用绘图仪器画出的。零件草图是绘制零件图和装配图的依据。画零件草图的方法、步骤见第七章第六节。

四、画装配图和零件图

根据装配示意图和零件草图绘制装配图，再由装配图拆画零件图的过程不是简单的拼凑和重复，而是从装配体的整体功用、工作原理出发，对零件草图和装配示意图进行一次校对。发现它们有不协调，甚至错误之处，应立即改正。

绘制装配图的方法和步骤，与画零件图基本相同，关键在于要从整体出发，选择好表达方案。把装配体所有零件都显示出来是装配图最基本的要求。在此基础上，再将装配体的工作原理、装配关系、连接方式和基本结构等表达清楚。

绘制装配图的一般步骤如下：

1. 选择视图

（1）选择主视图　主视图的选择应符合装配体的工作位置或习惯放置位置，并尽可能反映该装配体的结构特点及零件之间的装配联接关系；能明显地表示出装配体的工作原理；主视图通常取剖视，以表达零件主要装配干线（如工作系统、传动线路）。如图 8-22 所示的齿轮泵装配图，它的主视图采用局部剖视，将齿轮之间的啮合情况、所有零件之间的装配关系表示得比较清楚，同时也符合其工作位置。

（2）选择其他视图　其他视图的选择应能补充主视图尚未表达或表达不够充分的部分。一般情况下，每一种零件至少应在视图中出现一次。图 8-22 中增加的一个左视图，能表达出齿轮泵的工作原理及泵盖的定位、装配形式，同时表达了泵体上两个安装孔的位置。

2. 画装配图的步骤

（1）确定比例、合理布局　根据装配体大小和复杂程度，确定比例和图幅，同时要考虑标题栏、明细栏、零件序号、尺寸标注和技术要求等内容的布置，如图 8-23 中的"第一步"所示。

（2）画装配体的主要结构　一般可先从主视图画起，从主要结构入手，由主到次；从装配干线出发，由内向外，逐层画出，如图 8-23 中的"第二步"所示。

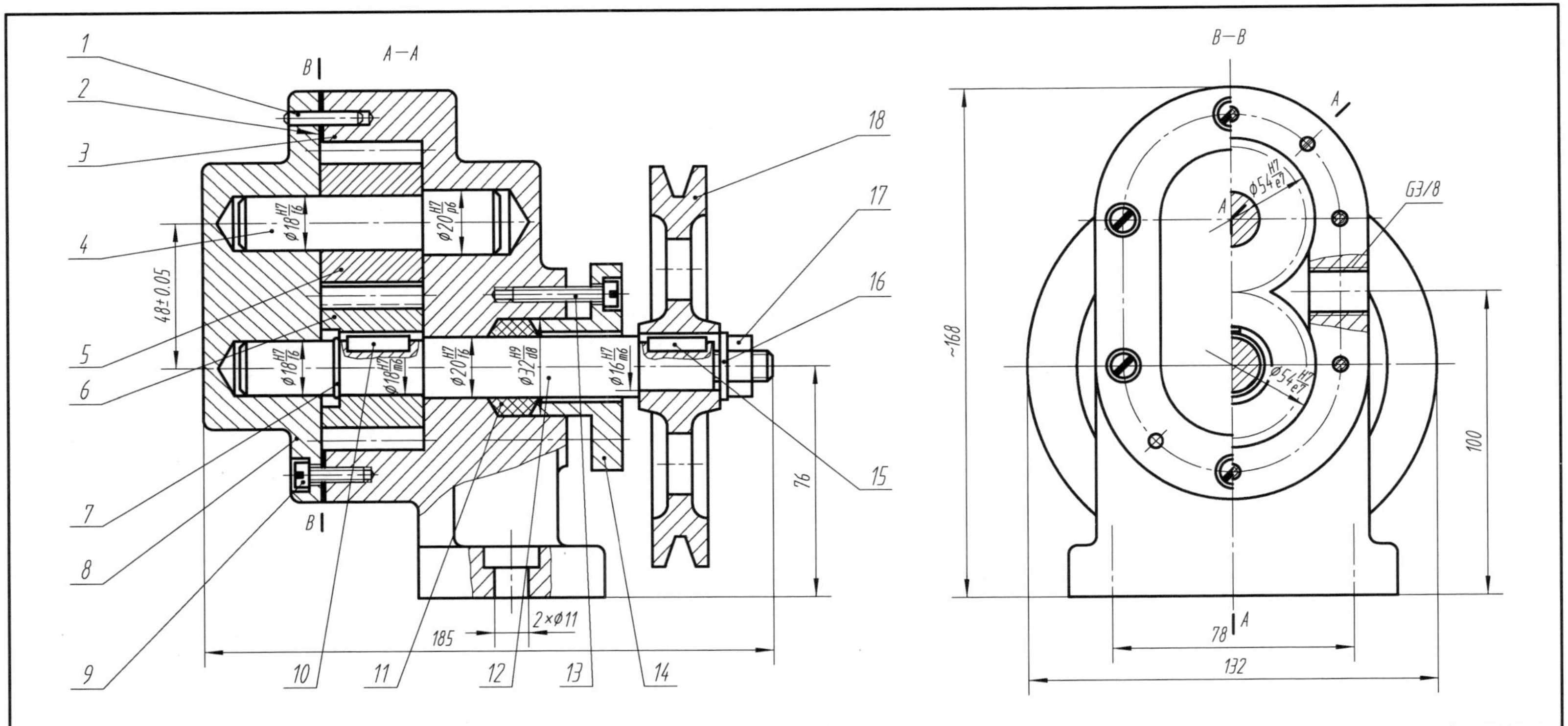

图 8-22 齿轮泵装配图

18		带 轮	1	HT200	
17	GB/T 6170-2015	螺母 M12	1		
16	GB/T 97.1-2002	垫圈 10-140HV	1		
15	GB/T 1096-2003	键 5x5x20	1		
14		压 盖	1	HT150	
13	GB/T 65-2016	螺钉 M6x25	2		
12		主动轴	1	45	
11		填 料	1	棉麻绳	
10	GB/T 1096-2003	键 6x6x20	1		
9	GB/T 65-2016	螺钉 M6x16	6		
8		泵 盖	1	HT200	
7	GB/T 895.2-1986	挡圈 18	1	弹簧钢丝	

6		主动齿轮	1	45	
5		从动齿轮	1	45	
4		泵 体	1	HT200	
3		垫 片	1	纸 板	
2	GB/T 119.1-2000	销 6m6x20	2		
1					
序号	代 号	名 称	数量	材 料	备注

设计　比例 1:2　齿轮泵
装校　共 张 第 张
审核
班级

技术要求
1. 齿轮安装后,用手转动传动齿轮时齿轮转动灵活。
2. 两齿轮齿的啮合面应占齿长的 3/4 以上。

（3）画出次要结构和细节　画出各视图中的泵体、泵盖、带轮、压盖等详细结构形状，如图 8-23 中的"第三步"所示；画出螺母、螺栓、垫片、键等，画出剖面线，如图 8-23 中的"第四步"所示。

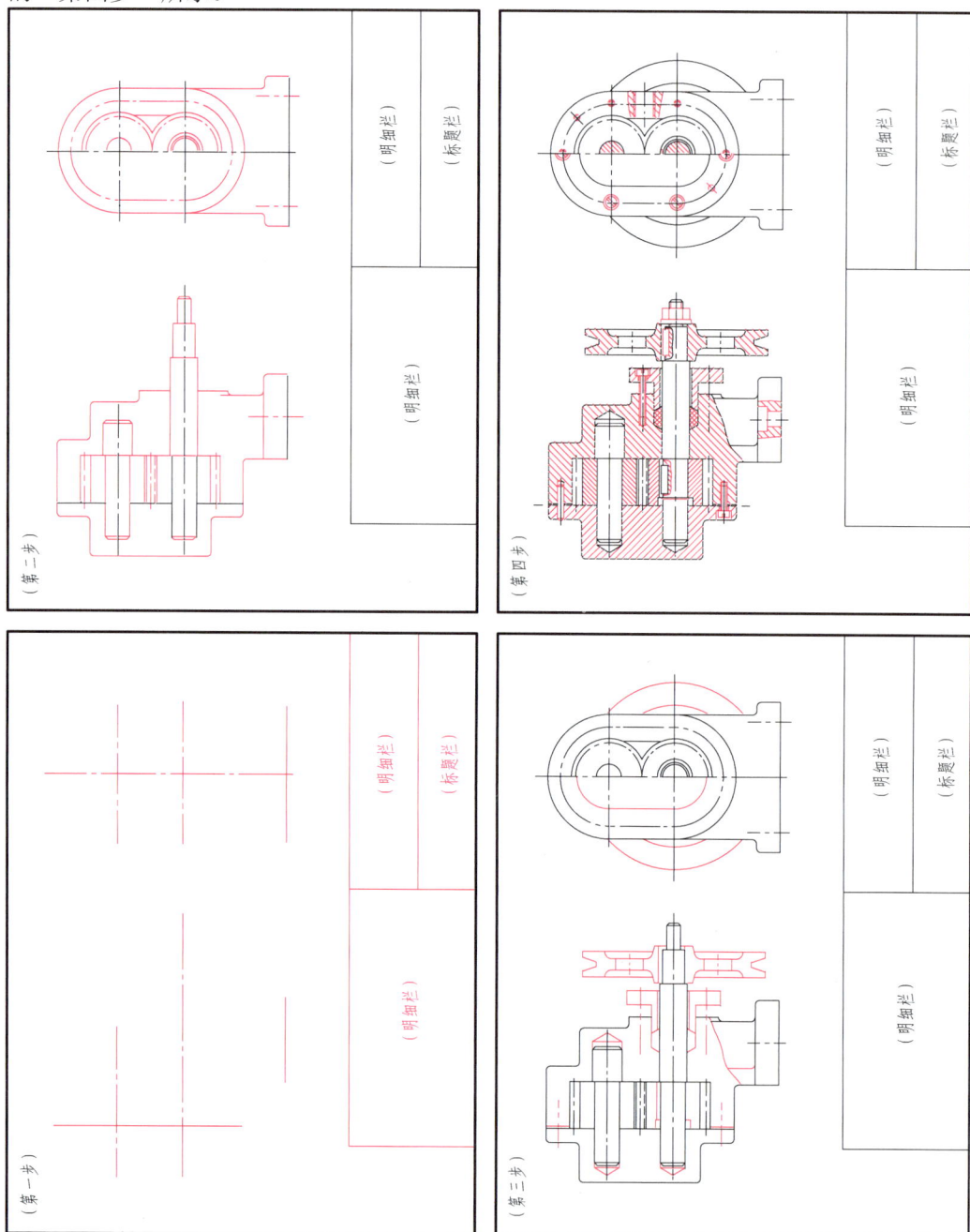

图 8-23　装配图画图步骤

（4）描深加粗、标注尺寸、编排序号、填写标题栏和明细栏　装配图底稿绘制完成后，应仔细检查校对，无误后描深加粗全图。最后，标注必要的尺寸，编排零件序号，填写标题栏、明细栏和技术要求，完成齿轮泵装配图的绘制，如图 8-22 所示。

装配图绘制完成之后，根据装配图绘制出全部零件图（略）。

第九章 金属焊接图

第一节 焊接的表示法

焊接是采用加热或加压，或两者并用，用或不用填充金属，使分离的两工件材质间达到原子间永久结合的一种加工方法。用来表达金属焊接件的工程图样，称为金属焊接图（简称焊接图）。焊接是一种不可拆卸的连接形式，由于它施工简便、连接可靠，在工程中被广泛采用。国家标准GB/T 324—2008《焊缝符号表示法》规定，推荐用焊缝符号表示焊缝或接头，也可以采用一般的技术制图方法表示。

一、焊缝的规定画法

1. 焊接接头形式

两焊接件用焊接的方法连接后，其熔接处的接缝称焊缝，在焊接处形成焊接接头。由于两焊接件间相对位置不同，焊接接头有对接、搭接、角接和T形接头等基本形式，如图9-1a所示。

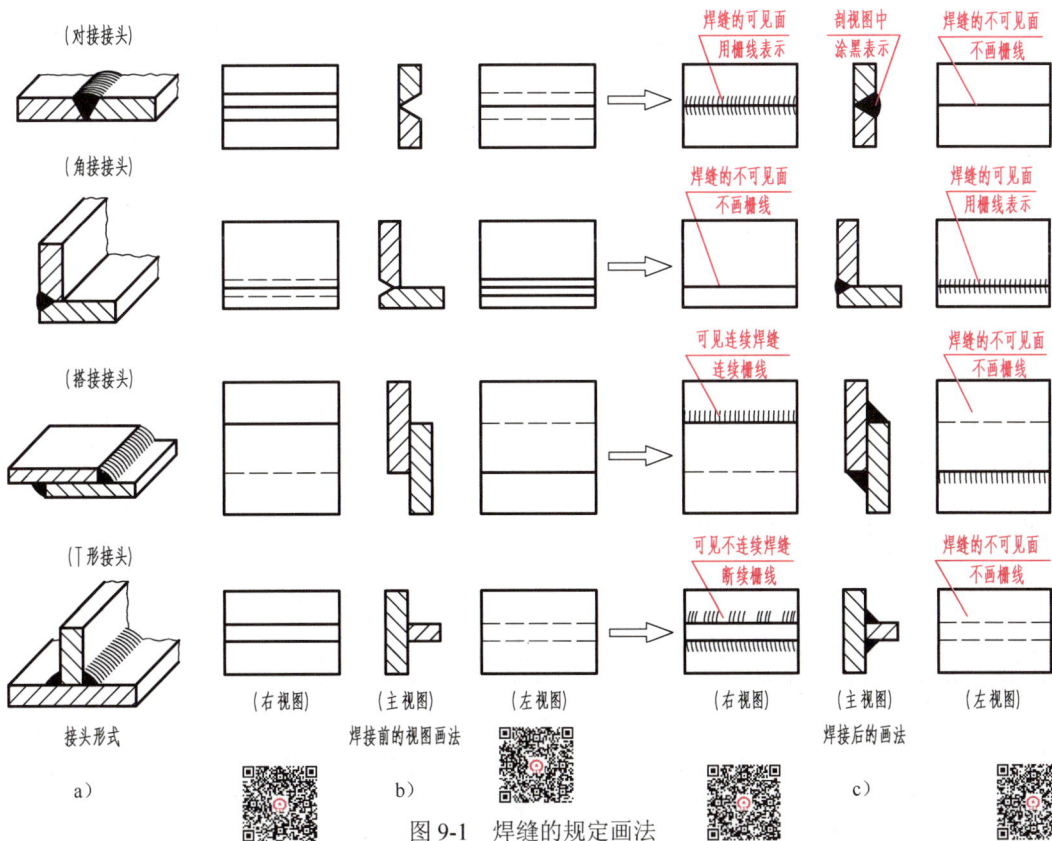

图 9-1 焊缝的规定画法

187

2．可见焊缝的画法

用视图表示焊缝时，当施焊面（或带坡口的一面）可见时，焊缝用栅线（一系列细实线）表示。此时表示两个被焊接件相接的轮廓线应保留，如图 9-1c 右视图中的第一个图例所示。

3．不可见焊缝的画法

当施焊面（或带坡口的一面）处于不可见时，表示焊缝的栅线省略不画，如图 9-1c 左视图中的第一个图例所示。

4．剖视图中焊缝的画法

用剖视图或断面图表示焊缝接头或坡口的形状时，焊缝的金属熔焊区通常应涂黑表示，如图 9-1c 中的主视图所示。

对于常压、低压设备，在剖视图上的焊缝，按焊接接头的形式画出焊缝的剖面，剖面符号用涂黑表示；视图中的焊缝，可省略不画，如图 9-2 所示。

对于中压、高压设备或设备上某些重要的焊缝，则需用局部放大图（亦称节点图），详细地表示出焊缝结构的形状和有关尺寸，如图 9-3 所示。

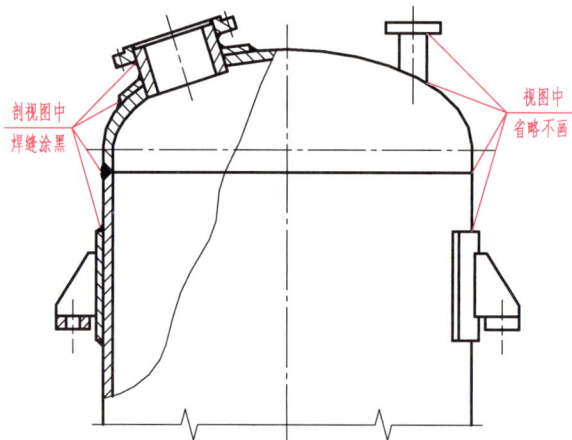

图 9-2　常压设备中焊缝的画法　　　　图 9-3　焊缝的局部放大图

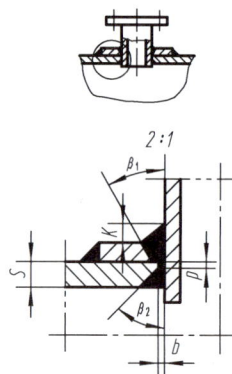

二、焊缝的符号表示法

国家标准 GB/T 324－2008《焊缝符号表示法》规定，完整的焊缝符号包括基本符号、指引线和基准线、补充符号、尺寸符号及数据等。为了简化，在图样上标注焊缝时通常只采用基本符号、指引线和基准线，其他内容一般在有关的文件（如焊接工艺规程等）中明确。

1．焊缝的基本符号

焊缝的基本符号表示焊缝横截面的形式或特征，常见焊缝的基本符号见表 9-1。

表 9-1　常见焊缝的基本符号（摘自 GB/T 324—2008）

名　称	图形符号	示　意　图	标注示例
I 形焊缝	‖		

（续）

名 称	图形符号	示 意 图	标注示例
V 形焊缝	∨		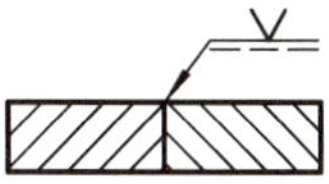
单边 V 形焊缝	⋁	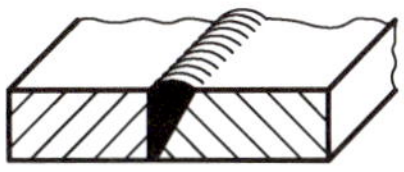	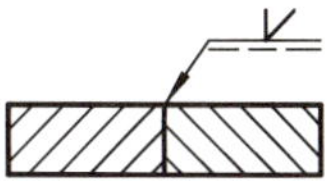
带钝边 V 形焊缝	Y	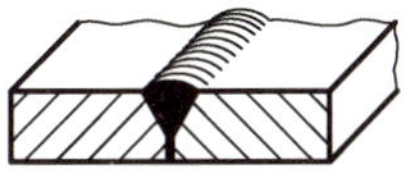	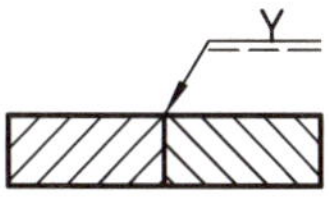
带钝边单边 V 形焊缝	⋎		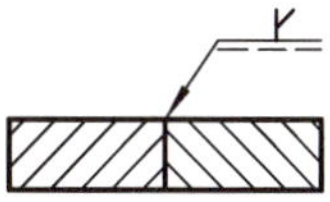
带钝边 U 形焊缝	⋃		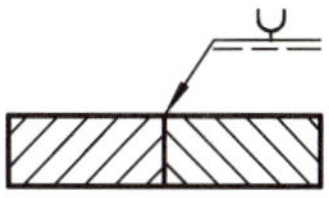
带钝边 J 形焊缝	⋃	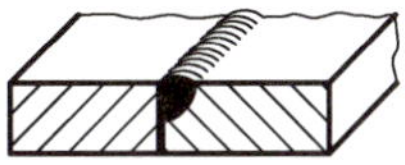	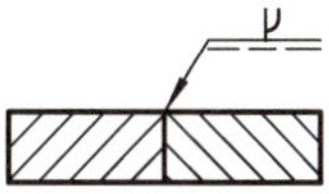
封底焊缝	⌣	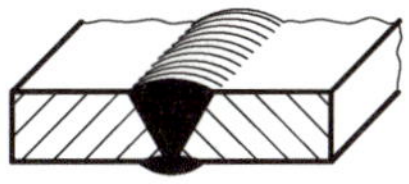	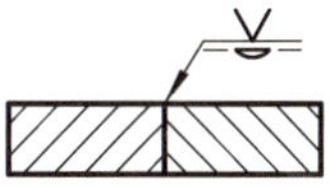
角焊缝	△	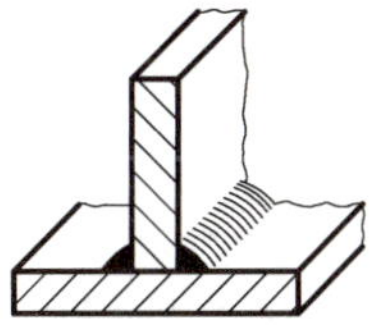	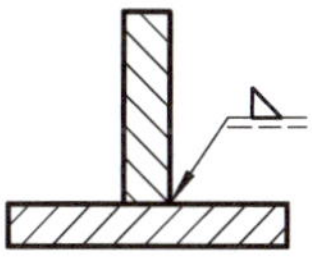
点焊缝	○	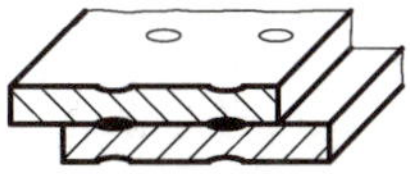	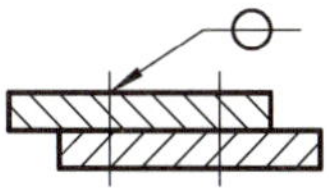

注：焊缝基本符号的线宽 d' 与图中数字的高度 h 成一定比例，即 $d'=h/10$。

2. 焊缝的补充符号

焊缝的补充符号是补充说明有关焊缝或接头的某些特征，如表面形状、焊缝分布、施焊地点等，见表9-2。

表9-2 焊缝的补充符号（摘自 GB/T 324—2008）

名称	图形符号	示 意 图	标注示例	示例的说明
平面	—		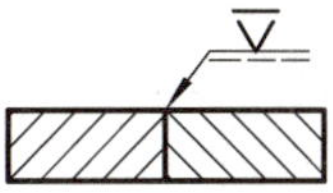	平齐的 V 形焊缝，焊缝表面经过加工后平整

（续）

名称	图形符号	示 意 图	标注示例	示例的说明
凹面	⌣	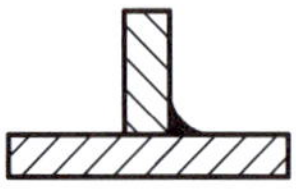	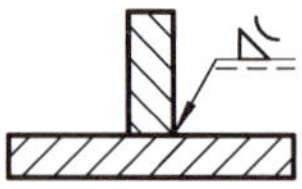	角焊缝表面凹陷
凸面	⌢		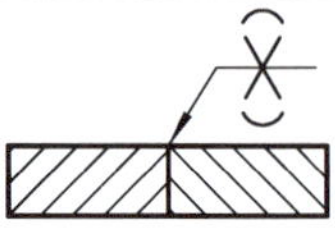	双面 V 形焊缝，焊缝表面凸起
圆滑过渡	⌣	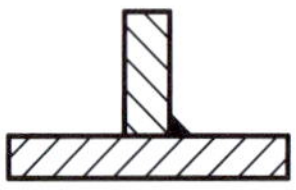	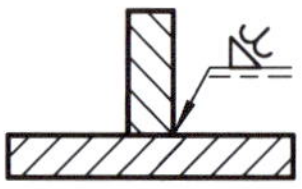	焊缝表面与母材交接处圆滑过渡
永久衬垫	⌴M⌴	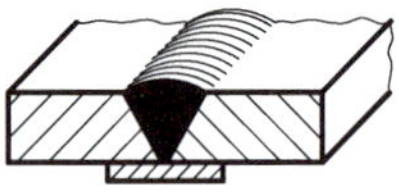	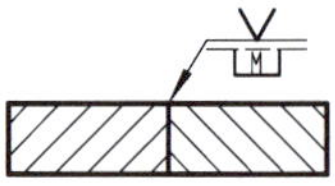	V 形焊缝背面的衬垫永久保留
临时衬垫	⌴MR⌴	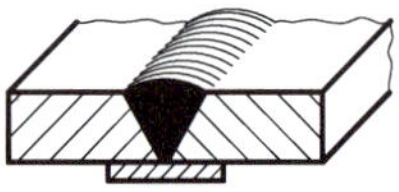	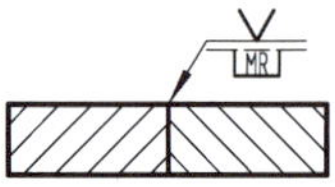	V 形焊缝背面的衬垫在焊接完成后拆除
三面焊缝	⊏	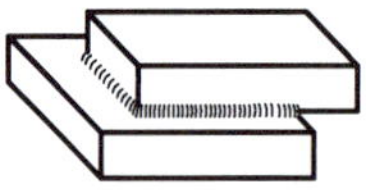	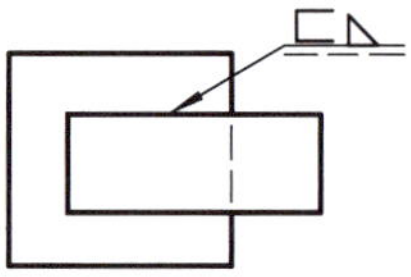	三面带有（角）焊缝，符号开口方向与实际方向一致
周围焊缝	○	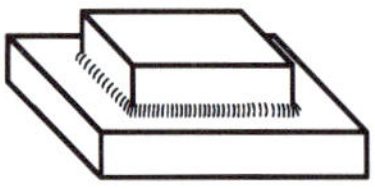	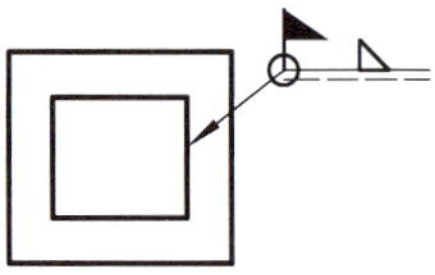	沿着工件周边施焊的焊缝，周围焊缝符号标注在基准线与指引线的交点处
现场焊缝	▶			在现场焊接的焊缝
尾部	<	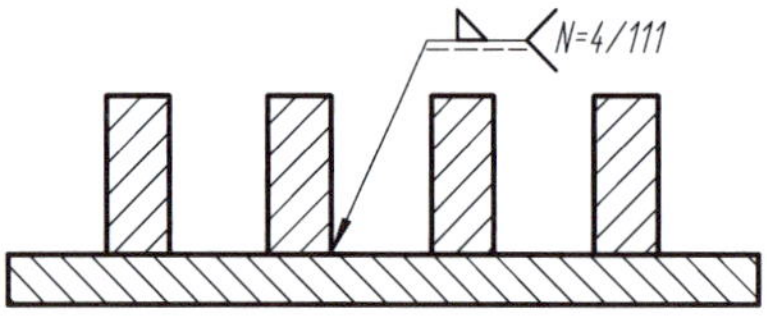	N=4/111	表示有 4 条相同的角焊缝，采用焊条电弧焊

注：焊缝补充符号的线宽 d' 与图中数字的高度 h 成一定比例，即 $d'=h/10$。

3．焊缝的尺寸符号

焊缝的尺寸符号是用字母代表对焊缝的尺寸要求，当需要注明焊缝尺寸时才标注。焊缝尺寸符号的含义见表 9-3。

4．焊缝符号的尺寸注法

焊缝符号的基准线由两条相互平行的细实线和细虚线组成，如图 9-4 所示。基准线一般与标题栏的长边平行。焊缝符号的指引线箭头直接指向的接头侧为"接头的箭头侧"，与之相对的则为"接头的非箭头侧"。

必要时，可以在焊缝符号中标注表 9-3 中的焊缝尺寸，焊缝尺寸在焊接符号中的标注位置如图 9-4 所示。其标注规则如下：

表 9-3　焊缝尺寸符号的含义（摘自 GB/T 324—2008）

名　称	符号	符　号　含　义
工件厚度	δ	
坡口角度	α	
坡口面角度	β	
根部间隙	b	
钝　边	p	
坡口深度	H	
焊缝宽度	c	
余　高	h	
焊缝有效厚度	S	
根部半径	R	
焊脚尺寸	K	
焊缝长度	l	
焊缝间距	e	
焊缝段数	n	
相同焊缝数量	N	

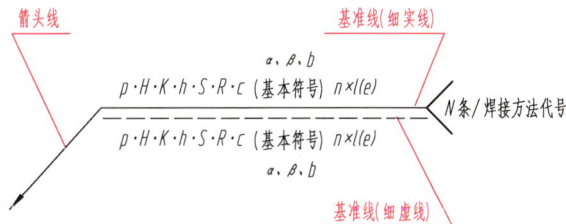

图 9-4　焊缝标注指引线

——焊缝的横向尺寸标注在基本符号的左侧。

——焊缝的纵向尺寸标注在基本符号的右侧。

——焊缝的坡口角度、坡口面角度、根部间隙尺寸标注在基本符号的上侧或下侧。

——相同焊缝数量及焊接方法代号等可以标在尾部。

——当尺寸较多不易分辨时，可在尺寸数值前标注相应的尺寸符号。

5．焊接工艺方法代号

国家标准 GB/T 5185－2005《焊接及相关工艺方法代号》规定，用阿拉伯数字代号表示各种焊接工艺方法，并可在图样中标出。焊接工艺方法采用三位数字表示：

① 一位数代号表示工艺方法大类；

② 二位数代号表示工艺方法分类；

③ 三位数代号表示某种工艺方法。

常用的焊接工艺方法代号见表 9-4。

表 9-4 常用的焊接工艺方法代号（摘自 GB/T 5185—2005）

代号	工艺方法	代号	工艺方法	代号	工艺方法	代号	工艺方法
1	电弧焊	2	电阻焊	3	气焊	72	电渣焊
101	金属电弧焊	21	点焊	311	氧乙炔焊	74	感应焊
11	无气体保护的电弧焊	211	单面点焊	312	氧丙烷焊	81	火焰切割
111	焊条电弧焊	212	双面点焊	4	压力焊	82	电弧切割
112	重力焊	22	缝焊	41	超声波焊	84	激光切割
12	埋弧焊	221	搭接缝焊	42	摩擦焊	91	硬钎焊
131	熔化极惰性气体保护电弧焊	23	凸焊	5	高能束焊	911	红外线硬钎焊
135	熔化极非惰性气体保护电弧焊	231	单面凸焊	51	电子束焊	912	火焰硬钎焊
141	钨极惰性气体保护电弧焊	232	双面凸焊	52	激光焊	94	软钎焊
15	等离子弧焊	24	闪光焊	521	固体激光焊	942	火焰软钎焊

第二节 常见焊缝的标注方法

指引线相对焊缝的位置一般没有特殊要求，指引线可以标在有焊缝一侧，也可以标在没有焊缝一侧。

一、基本符号相对基准线的位置

如图 9-5a 所示，某焊缝的坡口朝右时，如果基本符号在基准线的细实线上，则表示焊缝在接头的箭头侧，如图 9-5b 所示；如果基本符号在基准线的细虚线上，则表示焊缝在接头的非箭头侧，如图 9-5c 所示。

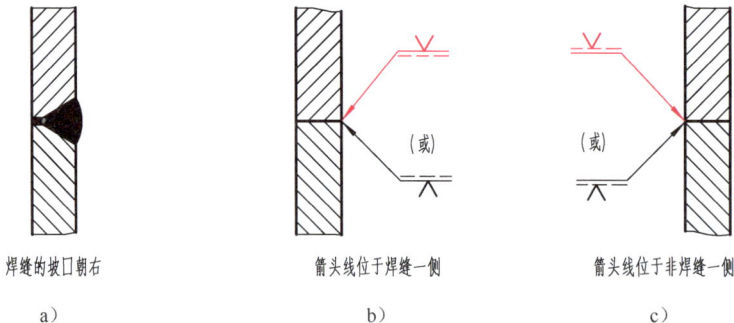

图 9-5 基本符号相对基准线的位置

二、双面焊缝的标注

图9-6a所示为双面V形焊缝，可以省略基准线的细虚线，如图9-6b所示。图9-6c所示为双面焊缝（左侧为角焊缝，右侧为I形焊缝），也可以省略基准线的细虚线，如图9-6d所示。

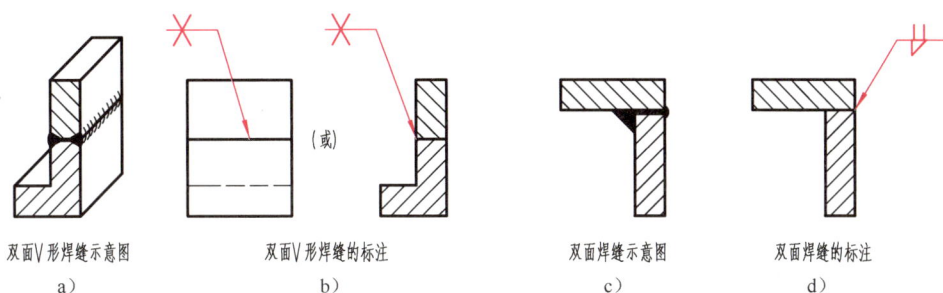

图 9-6　双面焊缝的注法

三、对称焊缝的标注

有对称板的焊缝在两面焊接时，称为对称焊缝。标注对称焊缝时，要注意"对称板"的选择，如图9-7a所示。对称焊缝的正确注法，如图9-7b所示。图9-7c所示的注法是错误的。

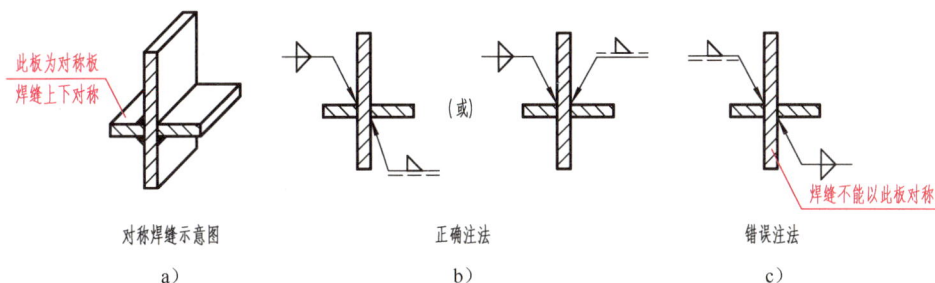

图 9-7　对称焊缝的注法

四、常见焊缝的标注示例

常见焊缝的标注方法如下。

【例 9-1】　一对对接接头，焊缝形式及尺寸如图 9-8a 所示。其接头板厚 10mm，根部间隙为 2mm，钝边 3mm，坡口角度 60°。共有 4 条焊缝，每条焊缝长 100mm，采用埋弧焊进行焊接。试用焊缝符号表示法，将其标注出来。

解　标注结果如图 9-8b 所示。

图 9-8　对接接头的标注方法

【例 9-2】　一对角接接头，焊缝形式及尺寸如图 9-9a 所示。该焊缝为双面焊缝，上面为带钝边单边 V 形焊缝，下面为角焊缝。钝边为 3mm，坡口面角度为 50°，根部间隙为 2mm，焊脚尺寸为 6mm。试用焊缝符号表示法，将其标注出来。

解　标注结果如图 9-9b 所示。

【例 9-3】 一对搭接接头，焊缝形式及焊缝符号标注如图 9-10 所示。试解释焊缝符号的含义。

解 "⊏"表示三面焊缝，"◿"表示单面角焊缝，"*K*"表示焊脚尺寸。

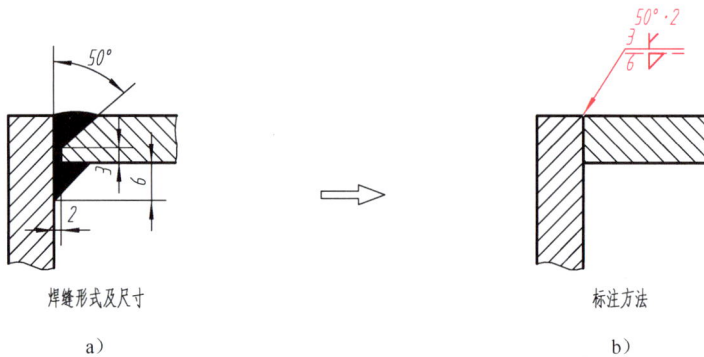

图 9-9 角接接头的标注方法

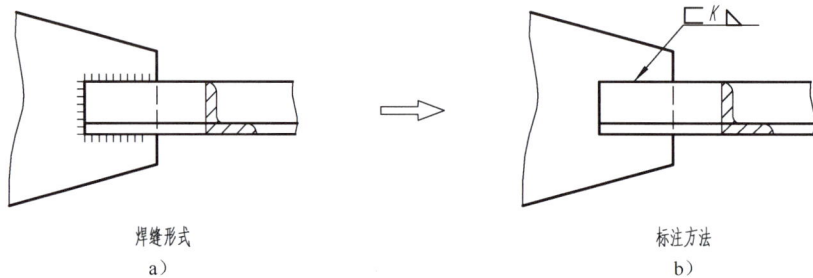

图 9-10 解释焊缝符号的含义

【例 9-4】 一对 T 形接头，焊缝形式及尺寸如图 9-11a 所示。该焊缝为对称角焊缝，焊脚尺寸为 4mm，在现场装配时进行焊接。试用焊缝符号表示法，将其标注出来。

解 标注结果如图 9-11b 所示。

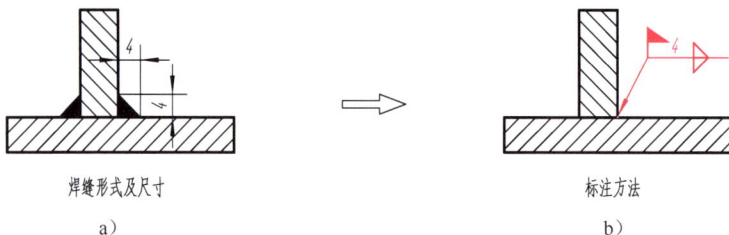

图 9-11 T 形接头的标注方法

【例 9-5】 图 9-12 为某化工设备的支座焊接图。试解释图中三种不同焊缝符号所表示的含义。

解 ① 件 1（垫板）与设备吻合，与设备之间吊装现场焊接，四周全部采用角焊缝焊接，焊脚尺寸为 8mm。

② 件 2（支承板）与件 1（垫板）之间采用四周全部角焊缝焊接，焊脚尺寸为 8mm。

③ 件 3（底板）与件 2（支承板）之间采用双面角焊缝焊接，焊脚尺寸为 6mm。

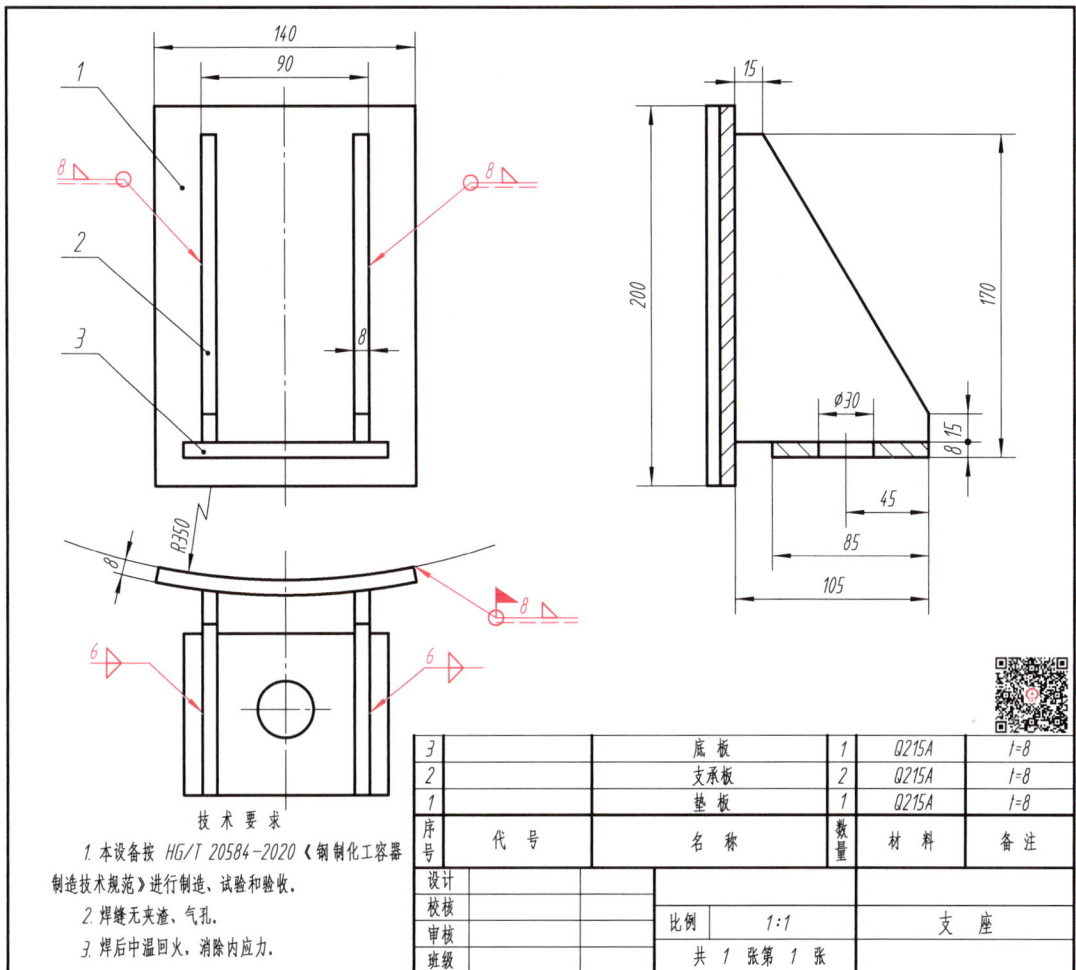

技术要求

1. 本设备按 *HG/T 20584-2020*《钢制化工容器制造技术规范》进行制造、试验和验收。

2. 焊缝无夹渣、气孔。

3. 焊后中温回火，消除内应力。

3			底　板	1	Q215A	t=8
2			支承板	2	Q215A	t=8
1			垫　板	1	Q215A	t=8
序号	代　号		名　称	数量	材　料	备　注
设计						
校核			比例		1:1		支　座
审核						
班级			共 1 张第 1 张			

图 9-12　支座焊接图

第十章　建筑施工图

第一节　建筑施工图的表达方法

工艺设计与土建工程，特别是房屋建筑，有着密切的联系。从事化工、仪表、电子、矿冶以及机械制造等专业的工程技术人员，在工艺设计过程中，应对厂房建筑设计提出工艺方面的要求。例如，厂房必须满足生产设备的布置和检修的要求；建筑物和道路的布置，必须符合生产工艺流程和运输的需要；要考虑到生产辅助设施的各种管线（包括给排水、采暖通风、供电、煤气、蒸汽、压缩空气等）、地沟的敷设要求等。因此，工艺人员应该掌握房屋建筑的基本知识和具备识读建筑施工图的初步能力。

建筑施工图是用以表达设计意图和指导施工的成套图样。它将房屋建筑的内外形状、大小及各部分的结构、装饰等，按国家工程建设制图标准的规定，用正投影法准确而详细地表达出来。由于建筑物的形状、大小、结构以及材料等，与机器存在很大差别，所以在表达方法上也就有所不同。在学习本章时，必须弄清建筑施工图与机械图的区别，了解建筑制图国家标准的有关规定，基本掌握建筑施工图的图示特点和表达方法。

一、房屋建筑的构成

房屋分为工业建筑（如厂房、仓库等）、农业建筑（如粮站、饲养场等）和民用建筑三大类。其中民用建筑又分为居住建筑（如住宅、公寓等）和公共建筑（如商场、旅馆、车站、学校、医院、机关等）。虽然各种房屋功能不同，但其基本组成部分和作用是相似的。

图 10-1 是一幢四层实验楼的轴测剖视图，从图上可以清楚地看到房屋建筑由以下几部分组成。

（1）承重结构　如基础、柱、墙、梁、板等。
（2）围护结构　如屋面、外墙、雨篷等。
（3）交通结构　如门、走廊、楼梯、台阶等。
（4）通风、采光和隔热结构　如窗、天井、隔热层等。
（5）排水结构　如天沟、雨水管、勒脚、散水、明沟等。
（6）安全和装饰结构　如扶手、栏杆、女儿墙等。

建筑施工图简称"建施"，主要反映建筑物的整体布置、外部造型、内部布置、细部构造、内外装饰以及一些固定设备、施工要求等，是房屋施工放线、砌筑、安装门窗、室内外装修和编制工程概算及组织施工的主要依据。一套建筑施工图包括施工总说明、总平面图、建筑平面图、建筑立面图、建筑剖面图、建筑详图和门窗表等。

二、建筑施工图样与机械图样的区别

1. 执行的标准不同

机械图样是按照技术制图和机械制图国家标准绘制的，而建筑施工图样一般是按照

GB/T 50001－2017《房屋建筑制图统一标准》、GB/T 50103－2010《总图制图标准》、GB/T 50104－2010《建筑制图标准》、GB/T 50105－2010《建筑结构制图标准》、GB/T 50106－2010《建筑给水排水制图标准》、GB/T 50114－2010《暖通空调制图标准》六个国家标准绘制的。

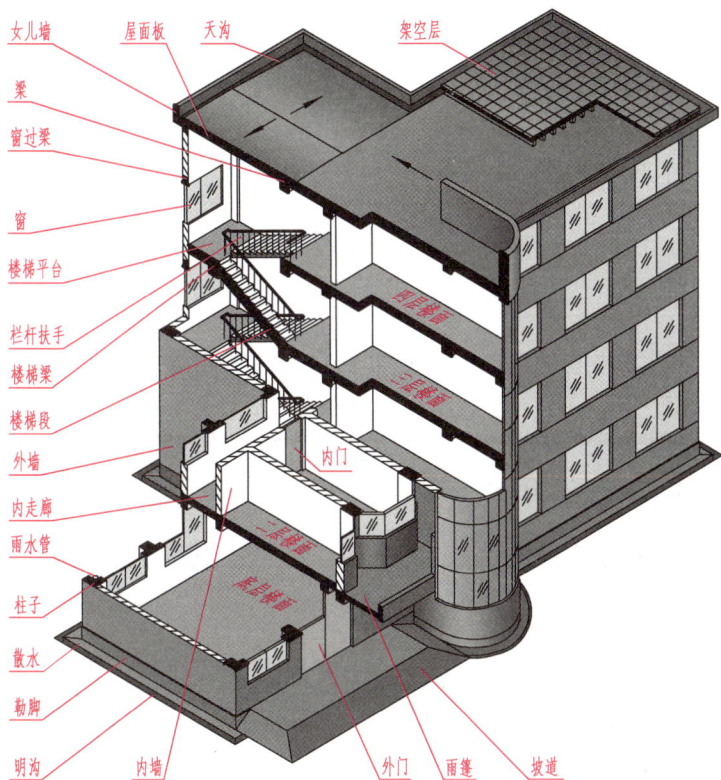

图 10-1　房屋的基本结构

2．图样的名称与配置不同

1）　建筑施工图样与机械图样都是按正投影法绘制的，但建筑施工图样与机械图样的图名不同，二者的区别详见表 10-1。

表 10-1　建筑施工图样与机械图样的图名对照

类　别	图　　名　　对　　照								
建筑图样	正立面图	平面图	左侧立面图	右侧立面图	底面图	背立面图	剖面图	断面图	建筑详图
机械图样	主视图	俯视图	左视图	右视图	仰视图	后视图	剖视图	断面图	局部放大图

2）　建筑施工图的视图配置（排列），通常是将平面图画在正立面图的下方。如果需要绘制侧立面图，也常将左侧立面图画在正立面图的左方，右侧立面图画在正立面图的右方。也可将平面图、立面图分别画在不同的图纸上。

3．线宽比不同

绘制机械图样有 9 种规格的图线，绘制建筑图样有 11 种规格的图线。机械图样的线宽比为"粗线∶细线=2∶1"，而建筑图样的线宽比为"粗线∶中粗线∶中∶细＝1∶0.7∶0.5∶0.25"，见表 10-2。

表 10-2　机械图样与建筑图样的线宽比（摘自 GB/T 4457.4—2002、GB/T 50104—2010）

（机械图样）图线名称	线宽 d	（建筑图样）图线名称		线宽 b
粗实线	d	实线	粗	b
细实线	$0.5d$		中粗	$0.7b$
细虚线	$0.5d$		中	$0.5b$
细点画线	$0.5d$		细	$0.25b$
波浪线	$0.5d$	虚线	中粗	$0.7b$
双折线	$0.5d$		中	$0.5b$
粗虚线	d		细	$0.25b$
粗点画线	d	单点长画线	粗	b
细双点画线	$0.5d$		细	$0.25b$
—	—	折断线	细	$0.25b$
—	—	波浪线	细	$0.25b$

4. 绘图比例不同

由于建筑物的形体庞大，所以平面图、立面图、剖面图一般都采用较小的比例绘制。建筑施工图中常用的比例，见表 10-3。

表 10-3　建筑施工图常用的比例（摘自 GB/T 50104—2010）

图　名	比　例	图　名	比　例
建筑物或构筑物的平面图、立面图、剖面图	1∶50、1∶100、1∶150、1∶200、1∶300	配件及构造详图	1∶1、1∶2、1∶5、1∶10、1∶15、1∶20、1∶25、1∶30、1∶50
建筑物或构筑物的局部放大图	1∶10、1∶20、1∶25、1∶30、1∶50		

5. 尺寸标注不同

① 建筑图样中的起止符号一般不用箭头，而用与尺寸界线成顺时针旋转 45°角、长度为 2～3mm 的中粗斜短线表示，其标注的一般形式如图 10-2 所示。直径、半径、角度与弧长的尺寸起止符号，用箭头表示。

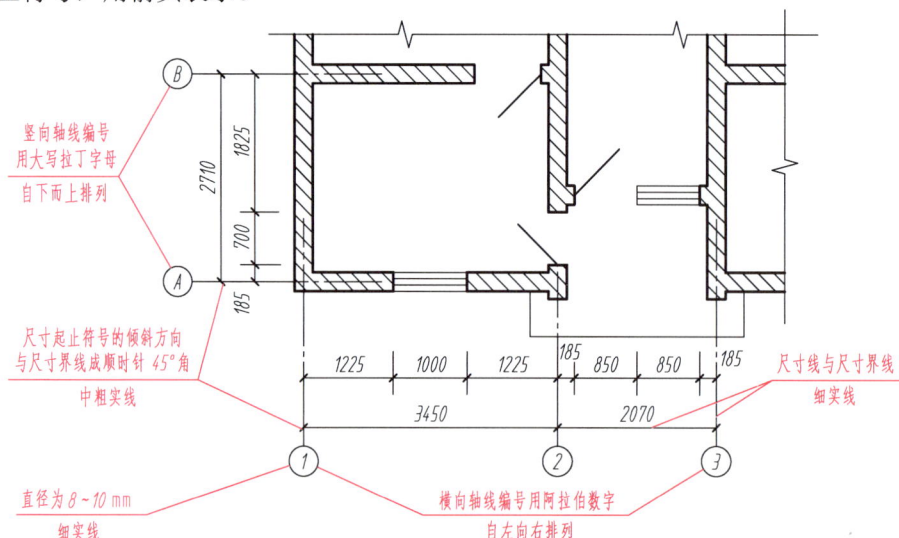

图 10-2　尺寸标注示例

② 一般情况下，建筑图样中的尺寸要注成封闭的。

③ 建筑图样中的尺寸单位，除标高及总平面图以 m 为单位外，其他必须以 mm 为单位。

三、建筑施工图的基本表示法

建筑施工图是从总体上表达建筑物的内外形状和结构情况，通常要画出它的平面图、立面图和剖面图（简称"平、立、剖"），是建筑施工图中的基本图样。

1．平面图

假想用一水平的剖切平面沿门窗洞的位置将建筑物剖开，移去剖切平面以上部分，将余下部分向水平面投射所得的剖视图，称为建筑平面图，简称平面图，如图 10-3b 所示。从图中可以看出，平面图相当于机械制图中全剖的俯视图。

平面图主要表示建筑物的平面布局，反映各个房间的分隔、大小、用途；墙（或柱）的位置；内外交通联系；门窗的类型和位置等内容。如果是楼房，还应表示楼梯的位置、形式和走向。

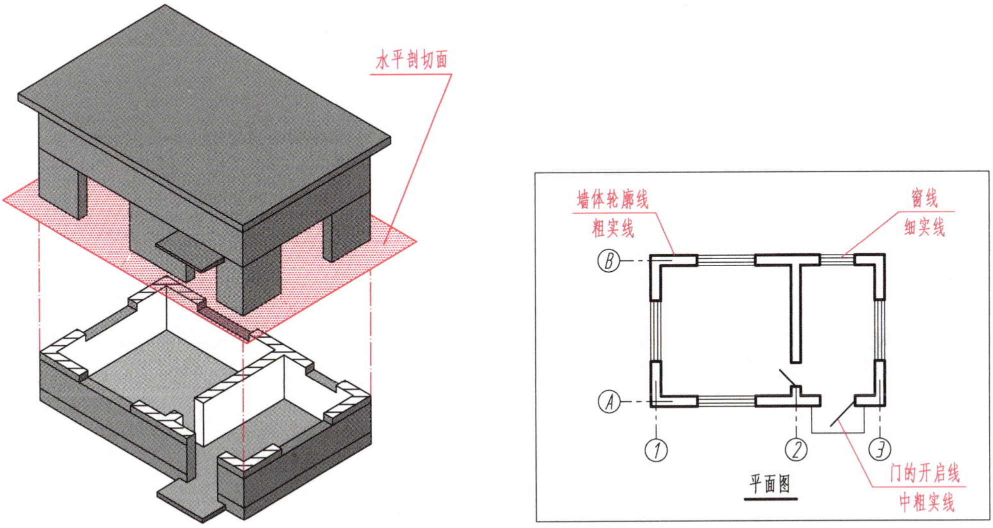

a)   b)

图 10-3　平面图

2．立面图

在与建筑立面平行的铅直投影面上所做的正投影图，称为建筑立面图，简称立面图，如图 10-4 所示。

立面图主要表示建筑物的外貌，反映建筑物的长度、高度和层数，门窗、雨篷、凉台等细部的形式和位置，以及墙面装饰的做法等内容。由于立面图主要表示建筑物某一立面的外貌，所以建筑物内部不可见部分省略不画。立面图采用的比例与平面图相同。立面图的名称，一般以反映主要出入口和建筑物外貌特征的那一面，称为正立面图（相当于机械制图中的主视图）；从建筑物的左侧（或右侧）由左向右（或由右向左）投射所得的立面图，称为侧立面图；而从建筑物的背面（由后向前）投射所得的立面图，则称为背立面图。

图 10-4 立面图

3．剖面图

假想采用一个或多个垂直于外墙的切平面将建筑物剖开，移去观察者和剖切面之间的部分，将余下部分向投影面投射所得的剖视图，称为建筑剖面图，简称剖面图，如图 10-5b 所示。该剖面图相当于机械制图中全剖的左视图或右视图。

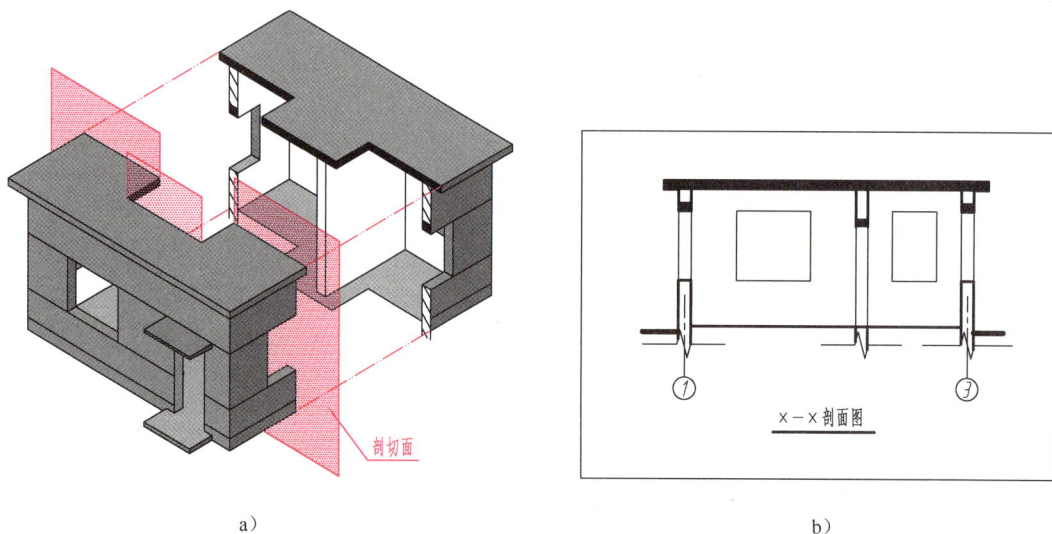

图 10-5 剖面图

剖面图主要表示建筑物内部在垂直方向上的情况，如屋面坡度、楼房的分层、楼板的厚度，以及地面、门窗、屋面的高度等。剖面图采用的比例与平面图、立面图相同。剖面图所选取的剖切位置，应该是建筑物内部有代表性或空间变化较复杂的部位，并尽可能通过门窗洞、楼梯间等部位。

四、建筑施工图常用的符号和图例

1．定位轴线

定位轴线是用来确定房屋主要承重构件位置及标注尺寸的基线。在建筑施工图中，建筑物是个整体，为了便于施工时定位放线和查阅图样，采用定位轴线表示墙、柱的位置，并对各定位轴线加以编号。

定位轴线用单点长画线表示，轴线编号注写在轴线端部的圆圈内。编号圆用细实线绘制，直径为 8～10mm。在平面图上，横向编号采用阿拉伯数字，自左向右依次编写；竖向编号用大写拉丁字母（I、O、Z 除外）自下而上顺序编写，轴线编号一般注写在平面图的下方及左侧，如图 10-2 所示。在立面图或剖面图上，一般只需画出两端的定位轴线，如图 10-4、图 10-5b 所示。

2．标高符号

在建筑施工图中，用标高表示建筑物的地面或某一部位的高度。用绝对标高和建筑标高表示不同的相对高度。标高尺寸以 m 为单位，不需在图上标注。

建筑标高用来表示建筑物各部位的高度，用于除总平面图以外的其他施工图上。常以建筑物的首层室内地面作为零点标高（注写成±0.000）；零点标高以上为正，标高数字前不必注写"+"号；零点标高以下为负，标高数字前必须加注负号"−"；标高尺寸注写到小数点后第三位。

3．图例

由于建筑施工图是采用较小比例绘制的，有些内容不可能按实际情况画出，因此常采用各种图形符号（称为图例）来表示建筑材料和建筑配件。画图时，要按照建筑制图国家标准的规定，正确地画出这些图例。总平面图常用图例见表 10-4，建筑施工图常用图例见表 10-5。

表 10-4　总平面图常用图例（摘自 GB/T 50103—2010）

名称	图例	说明	名称	图例	说明
新建建筑物	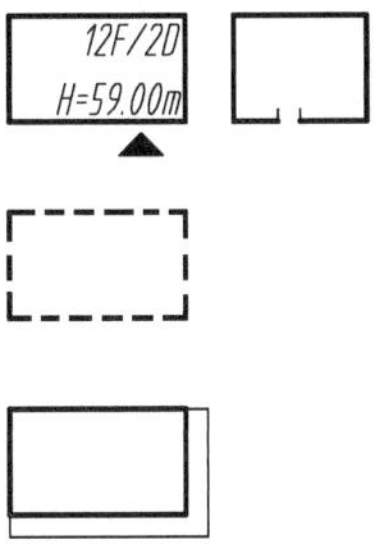 12F/2D H=59.00m	新建建筑物以粗实线表示与室外地坪相接处±0.00 外墙定位轮廓线 根据不同设计阶段标注地上（F）、地下（D）层数，建筑高度，建筑出入口位置 地下建筑物以粗虚线表示其轮廓 建筑上部（±0.00 以上）外挑建筑用细实线表示	围墙及大门		—
			其他材料、露天堆场或露天作业场	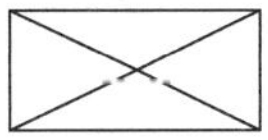	需要时可注明材料名称
原有的建筑物	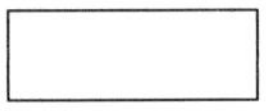	用细实线表示	填挖边坡	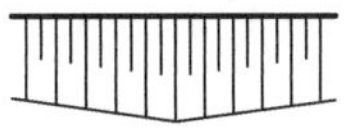	—
计划扩建预留地或建筑物		用中粗虚线表示	挡土墙	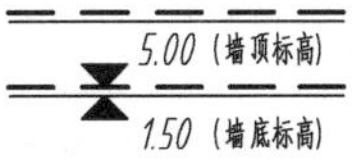 5.00（墙顶标高） 1.50（墙底标高）	挡土墙根据不同设计阶段的需要标注
拆除的建筑物	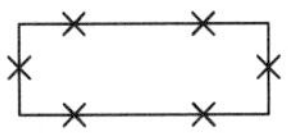	用细实线表示	人行道	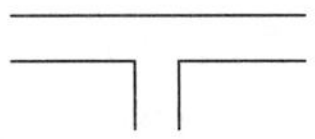	用细实线表示
坐标	1. 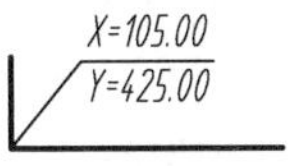 X=105.00 Y=425.00 2. A=105.00 B=425.00 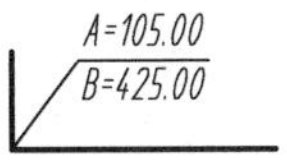	1.表示地形测量坐标系 2.表示自设坐标系 坐标数字平行于建筑标注	绿化	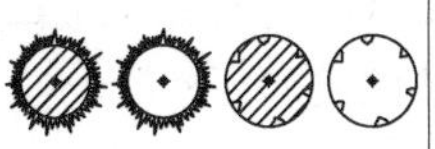	从左至右：常绿针叶乔木、落叶针叶乔木、常绿阔叶乔木、落叶阔叶乔木
					从左至右：常绿阔叶灌针、落叶阔叶灌木、花卉、人工草坪

表 10-5　建筑施工图常用图例（摘自 GB/T 50001—2017、GB/T 50104—2010）

名　称		图　例	说　明	名　称		图　例	说　明
建筑材料	自然土壤		包括各种自然土壤	建筑构造及配件	单面开启单扇门（包括平开或单面弹簧）		①门的名称代号用 M 表示 ②平面图中，下为外，上为内 ③剖面图中，左为外，右为内 ④立面图中，开启线实线为外开，虚线为内开。开启线交角的一侧为安装合页的一侧
	夯实土壤		—				
	普通砖		包括实心砖、多孔砖、砌块等砌体。断面较窄不易绘出图例线时，可涂红，并在图纸备注中加注说明，画出该材料图例				
	混凝土		①本图例指能承重的混凝土及钢筋混凝土 ②包括各种强度等级、骨料、添加剂的混凝土 ③在剖面图上画出钢筋时，不画图例线 ④断面图形小，不易画出图例线时，可涂黑		单层外开平开窗		①窗的名称代号用 C 表示 ②平面图中，下为外，上为内 ③剖面图中，左为外，右为内 ④立面图中，开启线实线为外开，虚线为内开。开启线交角的一侧为安装合页的一侧
	钢筋混凝土						
其他	指北针	北　或　N	圆的直径宜为 24mm，用细实线绘制；指针尾部的宽度宜为 3mm，指针头部应注"北"或"N"字		孔洞		阴影部分亦可填充灰度或涂色代替
					坑槽		—

第二节　建筑施工图的识读

　　建筑施工图所表达内容很多，对于非建筑专业人员而言，只要知道房屋的形状就行了，不需要了解其构件的内部结构、材料性能和施工要求，所以本节只对建筑施工图的识读方法做简要介绍。

一、总平面图

　　将拟建的建筑物及四周一定范围内原有和准备拆除的建筑物，连同其周围地形、地貌状况，用水平投影法和有关图例所画出的图样，称为总平面图。

　　总平面图能反映建筑物的平面形状、位置、朝向和周围环境的关系。它是新建建筑物定位、放线以及施工组织设计的依据，也是其他专业人员绘制设备布置图和管线布置图的依据。

　　图 10-6 是某拟建实验楼的总平面图，图中符号按表 10-4 中的图例绘制。

　　总平面图因包括范围较大，常采用较小的比例，如 1∶2000、1∶1000、1∶500 等。

　　图 10-6 中用粗实线按底层外轮廓线绘制拟建的新建筑物（新建实验楼）；用细实线绘制原有建筑物（配房）；用中粗虚线绘制计划扩建的建筑物（教学楼）；4F 表示楼的层数，打"×"的（库房）表示要拆除的建筑物。

总平面图中所有尺寸都是以 m 为单位标注的；新建房屋应注底层室内地面和室外整平后地坪的绝对标高（以青岛黄海海平面为零点而测定的高度尺寸），标高保留小数点后两位。

图中右上方画出风玫瑰，表示了房屋的朝向和本地全年的最大风向频率。

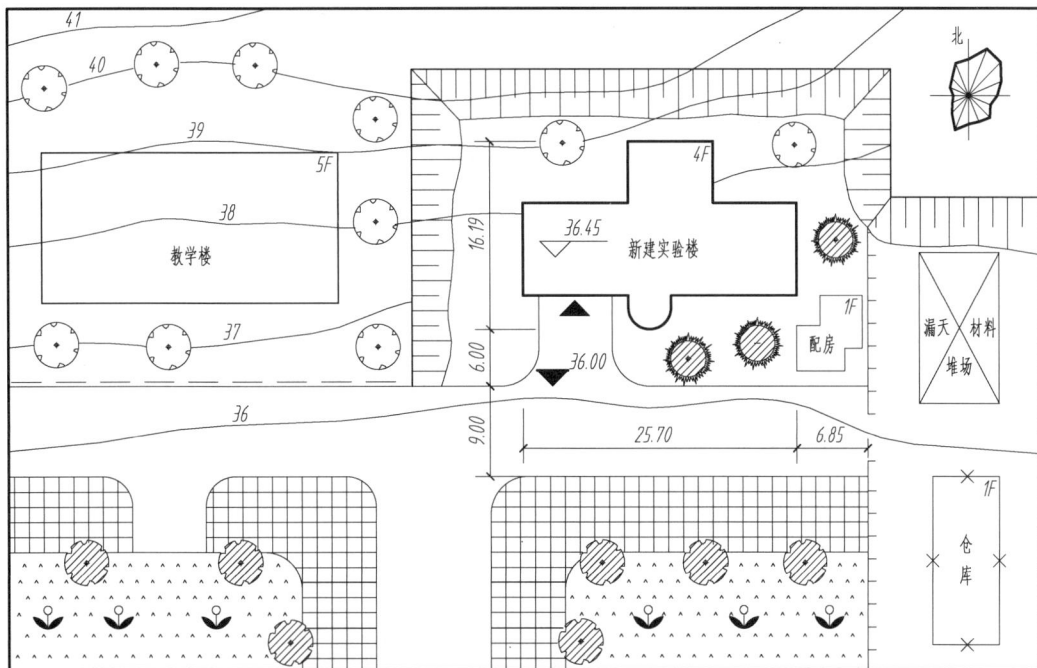

图 10-6 总平面图

二、平面图

平面图是假想经过门窗的水平面把房屋剖开，移走上部，从上向下投射得到的水平剖视图，称为平面图，如图 10-7 中"首层平面图"所示。如果是楼房，沿底层切开的，称为底（首）层平面图，沿二层切开的称为二层平面图，依次有三层、四层……平面图。

平面图主要表示房屋的平面形状和内部房间的分隔、大小、用途、门窗的位置，以及交通联系（楼梯、走廊）等内容。

在施工过程中，放线、砌筑、安装门窗、室内装修及编制工程预算、备料等，都要用到平面图。平面图应包括如下一些基本内容：

（1）定位轴线及编号 定位轴线是施工定位、放线的重要依据。本例横向轴线为①～⑧号，竖向轴线为Ⓐ～Ⓓ号。其中⑴/5为⑤号轴线后的一条附加轴线，⑴/C 为Ⓒ号轴线后的一条附加轴线。定位轴线用单点长画线绘制。

（2）图线和比例 平面图中的线型粗细要分明，凡是被水平切平面剖切到的墙、柱等截面轮廓线为粗实线；门扇的开启示意线为中粗实线；其余可见轮廓线和尺寸线等为细实线。

（3）材料图例 平面图上的断面，一般应画出材料图例，但当比例等于或小于 1∶100 时，可用简化的材料图例来表示。如砖墙断面涂红、钢筋混凝土断面涂黑等。

（4）门窗 平面图中的门窗应按标准规定的图例画出。门的代号为"M"，窗的代号为"C"，在代号后面加上编号，如 M1、M2…和 C1、C2…等。同一编号表示同一类型的门窗，

203

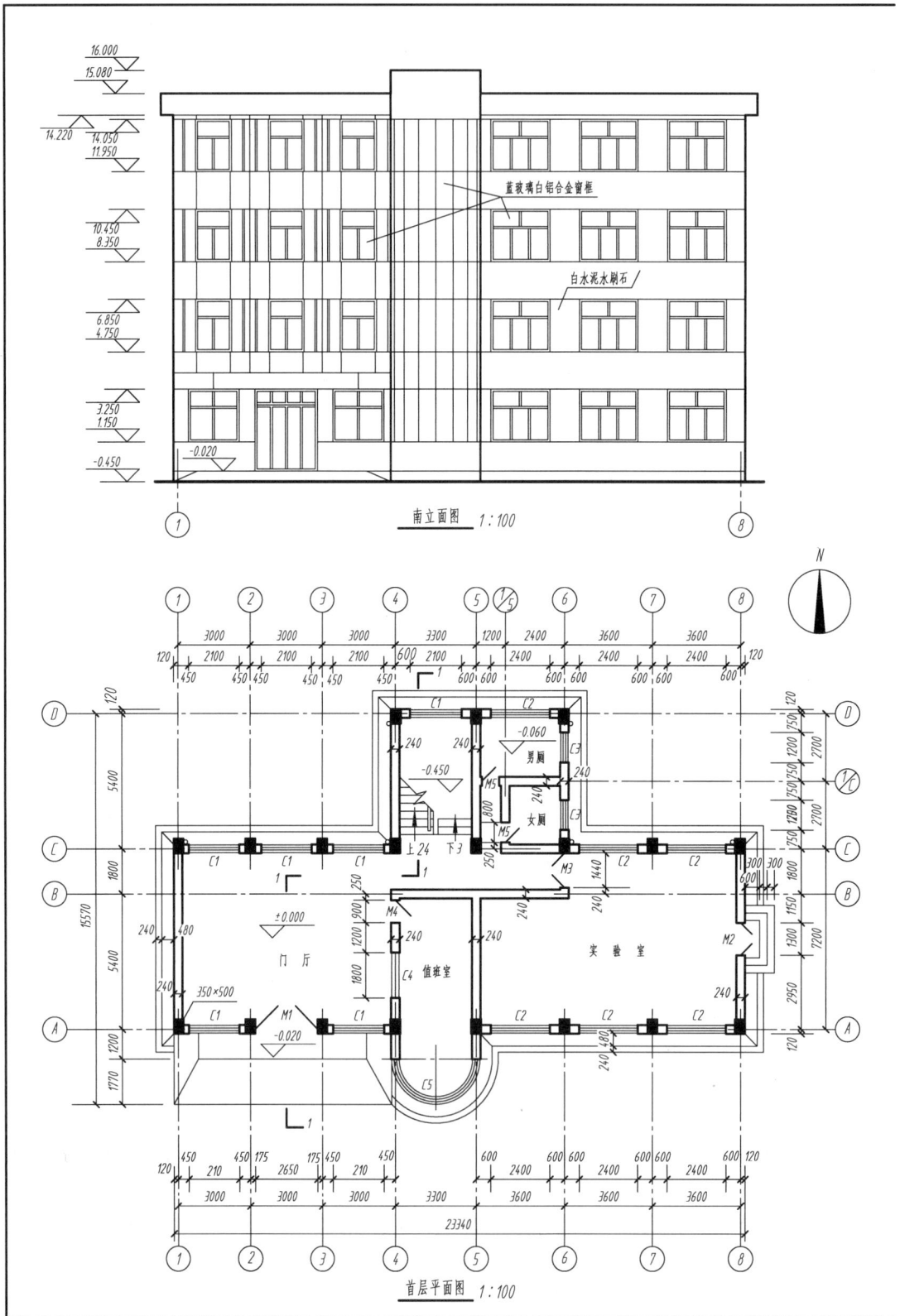

南立面图　1:100

首层平面图　1:100

图 10-7　某实验楼

16.000
15.080

14.050　14.220
11.950

10.450
8.350

白水泥水刷石

6.850
4.750

3.250
1.150

3.130

-0.450

Ⓐ　　　Ⓓ

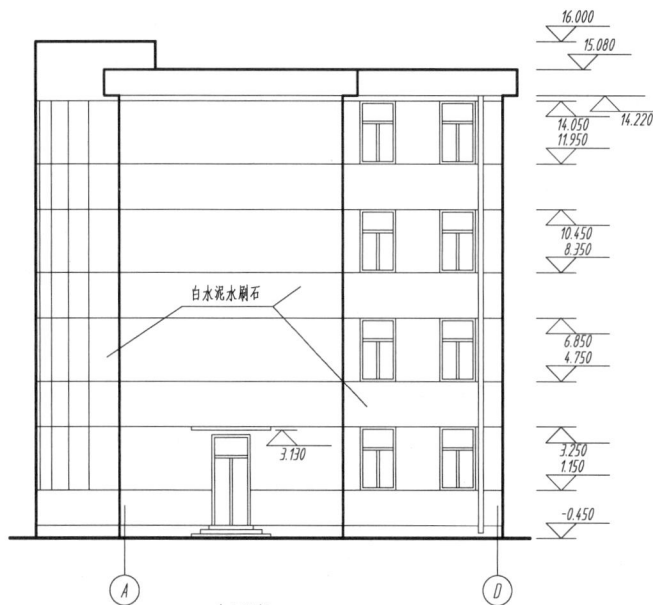

东立面图　1:100

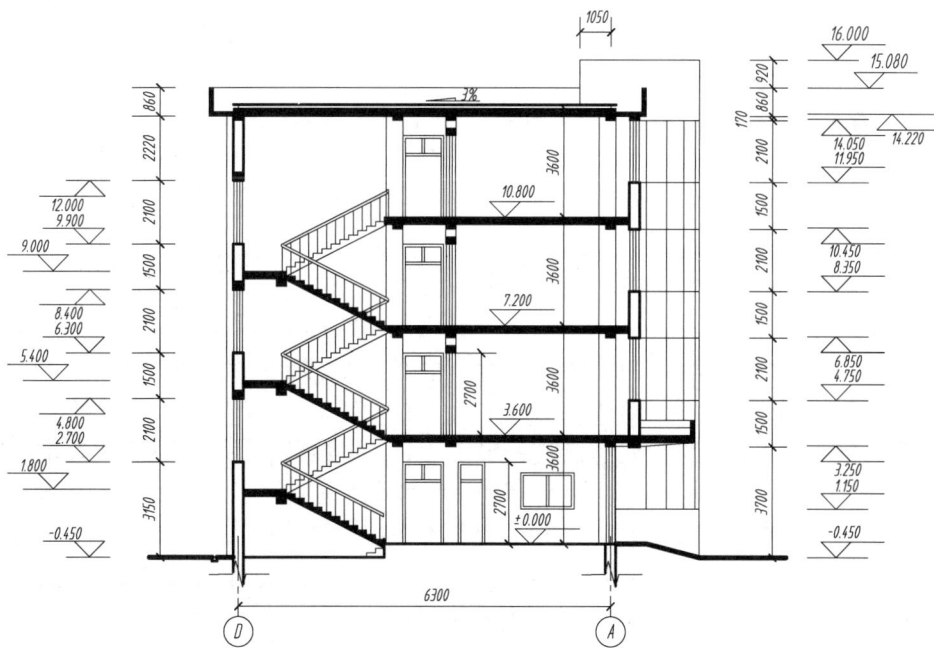

1050

3%

16.000
15.080

860 | 920
170 | 860 | 920

2220
860

2700
3600

10.800

14.050　14.220
11.950

12.000
9.900

3600

9.000

2700

1500
7.200

10.450
8.350

8.400
6.300

3600

5.400

1500

2700

3.600
2700

6.850
4.750

4.800
2.700

3600

1.800

2700

2700
±0.000

3.250
1.150

3150

-0.450

3700

-0.450

6300

Ⓓ　　　Ⓐ

1—1 剖面图　1:100

建筑施工图（部分）

如平面图中有 2 处标有 M5、有 6 处标有 C2，说明它们的构造和尺寸都一样。

（5）楼梯　平面图中的楼梯应按标准规定的图例来表示，楼梯的踏面数和平台宽应按实际画出。

（6）尺寸和标高　平面图中应标注外部尺寸和内部尺寸。

① 外部尺寸。在水平方向和竖直方向各标注三道尺寸。

——最外面一道标注外轮廓的总尺寸，表明实验楼的总长和总宽，通过其长度和宽度，即可计算建筑面积和占地面积；

——中间一道是轴线尺寸，表明房间的开间及进深。一般两相邻竖直轴线间的距离称为开间，两相邻水平轴线间的距离称为进深；

——最里一道表示外墙各细部的位置及大小，如门窗洞口、墙垛的宽度和位置等。

② 内部尺寸。应标出内墙的厚度、内墙上门窗洞的宽度尺寸和定位尺寸等。

③ 标高。平面图中应注明地面的相对标高。规定底层地面为标高零点（写成±0.000），其余各处地面的标高值即相对于底层地面的相对高度，如底层厕所地面标高为-0.060，即表示该处地面比底层地面低 60mm。

（7）指北针　在平面图旁的明显位置上画出指北针，指北针所指的方向应与总平面图一致。从图中可以看出，该实验楼坐北朝南。

（8）其他　底层平面图画出大门门口处的坡道和右侧的台阶、室外散水、明沟，并标明剖面图的剖切位置、投射方向和编号。

三、立面图

从正面观察房屋的视图，称为正立面图；从侧面观察房屋所得的视图，称为侧立面图；从背面观察房屋所得的视图，称为背立面图。立面图也可以按房屋的朝向分别称为东立面图、西立面图、南立面图、北立面图，如图 10-7 中正立面图为南立面图。

立面图表示房屋的外貌，反映房屋的高度、门窗的形式、大小和位置，屋面的形式和墙面的做法等内容，一般包括下列基本内容：

（1）内容　本例的立面图采用建筑物的朝向来命名，图 10-7 中给出了南立面图（即正立面图）和东立面图（即侧立面图）。立面图的比例，一般与平面图一致，以便对照阅读。从南立面图可看到大门上方的折角雨篷，及折角墙面上的折角窗，中间的半圆弧窗和右边墙上各层窗户的分布情况。从东立面图可看到半圆弧窗的右侧面、东侧外门、台阶和雨篷。各立面图上均统一画上了墙面分隔线。

（2）图线　为了使立面图轮廓清晰、层次分明，增强立面效果，通常用粗实线画出立面的最外轮廓线。地坪线用特粗实线（粗实线的 1.4 倍）画出。立面上自成一体的形体轮廓线用中粗实线画出，门、窗、雨篷、台阶、墙面分隔线、勒脚、雨水管等用细实线画出。

（3）标注　在立面图中，一般只注写相对标高而不注写大小尺寸。用标高表示建筑物的总高度，标注室外地坪、顶面、门窗洞上下口、雨篷、屋檐下口、屋面等处的标高，标高注在图形外，各标高符号大小一致，并对齐排在同一铅直线上；标注立面两端墙的定位轴线及编号，图 10-7 中正立面图（南立面图）标注①、⑧轴线，侧立面图（东立面图）标注Ⓐ、Ⓓ轴线，并在图的下方注写图名、比例；用文字来说明立面上的装修做法，如外墙为"白水泥水刷石"。

四、剖面图

假想用正平面或侧平面沿铅垂方向把房屋剖开（如果剖切平面不能同时剖开外墙上的门或窗时，可将剖切平面转折一次），将处于观察者和剖切平面之间的部分移去，而将其余部分向投影面投射所得的图形，称为剖面图，如图 10-7 中的"1—1 剖面"所示。

剖面图主要用来表示房屋内部的结构形式、分层情况、主要构件的相互关系以及从屋面到地面各层的高度等内容，剖面图一般包括下列基本内容：

（1）图名与轴线编号　将图名与轴线编号、平面图上的剖切位置和轴线编号相对照，可知"1—1 剖面图"是一个纵向剖面图，剖面图的比例与平、立面图一致。

（2）图线　剖面图的线型与平面图一样，即凡剖切到的墙、板、梁构件的断面轮廓线为粗实线，剖切面后面的可见轮廓线为细实线。

（3）标注　标注室内外地坪、楼地面、楼梯平台、门窗、檐口、屋顶等处的标高；标注两端外墙的竖直连续线性尺寸和内部可见的建筑构造、构配件的高度尺寸、层高尺寸；标注两端被剖切的外墙的定位轴线（本例标注了Ⓐ、Ⓓ号轴线），并标出两轴线间的尺寸。

第十一章 电气专业制图

第一节 电气图的基础知识

一、电气图及其分类

电气工程图是按电子技术的要求，用规定的图形符号、字符、代号、图线等按一定的规定绘制而成的图样。

电气图种类很多，有强电、弱电和强弱电混合的电气图。按照表达的内容和用途的不同，电气图可分为以下几类。

（1）系统图或框图　用符号或带注释的线框，概略表示系统或分系统的基本组成、相互关系及主要特征的一种简图，如图 11-1 所示。

（2）电路图　电路图是按工作顺序用图形符号自上而下、从左到右排列，详细表示电路、设备或成套装置的全部组成和连接关系，而不考虑其实际位置的一种简图。其目的是便于详细理解设备工作原理，分析和计算电路特性及参数。这种图又称为电气原理图或原理接线图，如图 11-2 所示。

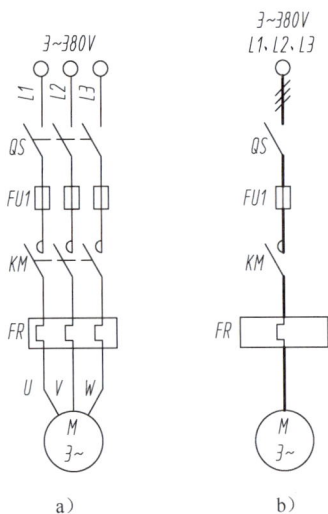

图 11-1　电动机供电系统图

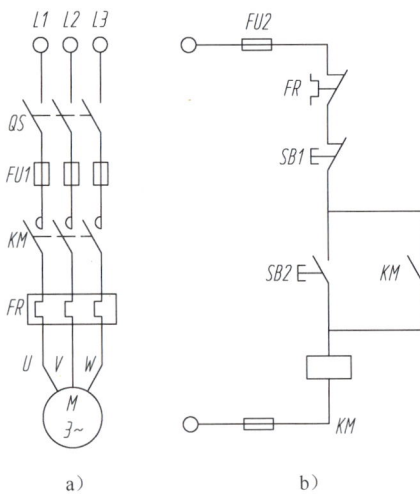

图 11-2　电动机控制电路图

（3）接线图　接线图是用于表示电气装置内部元件间及外部装置之间物理连接关系的一种简图。它是便于制作、安装及维修人员接线和检查的一种简图，如图 11-3 所示。

二、电气图的图形符号、文字符号和项目代号

电气图的图形符号是构成电气图的基本单元，是电工电子技术文件中的"象形文字"，是电气"工程语言"的"词汇"和"单词"。因此，正确、熟练地理解、绘制和识别各种电气图的图形符号，是绘图与读图的基本功。

1. 电气图的图形符号

用于图样或文件，以表示一个设备或概念的图形、标记或字符，称为图形符号。图形符号通常由一般符号和限定符号构成。

用以表示一类产品或此类产品特征的符号，称为一般符号。用以提供附加信息、加在其他符号上的符号，称为限定符号，如图 11-4 所示。

电气图形符号均按无电压、无外力作用的状态画出。某些设备元件有多个图形符号，在选用时应遵循以下原则：

尽可能采用优选形；在满足需要的前提下，尽量采用最简单的形式；在同一图号的图中，使用同一种形式。

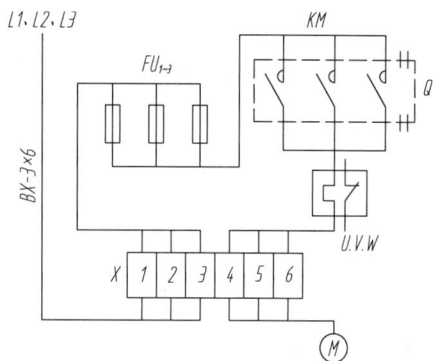

图 11-3　磁力起动器接线图

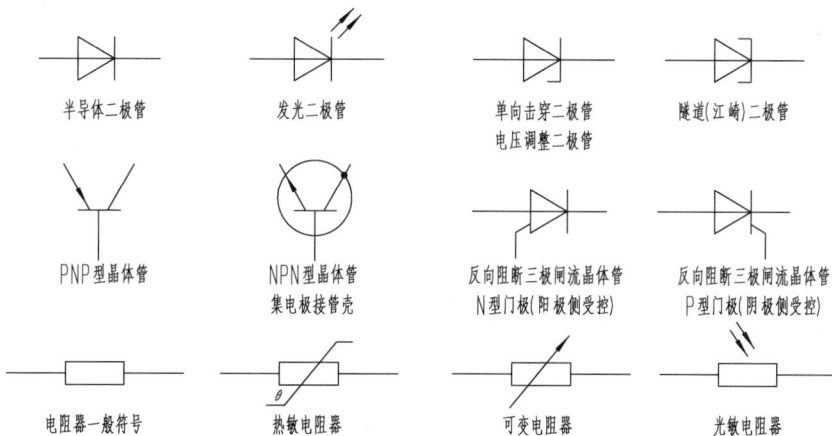

图 11-4　限定符号应用示例

2. 电气设备的图形符号

电气设备的图形符号，是完全区别于电气图的图形符号的另一类符号。设备的图形符号主要适用于各种类型的电气设备或电气设备部件上，使操作人员了解其用途和操作方法；也可用于安装或移动电气设备的场合，以指示诸如补充、限制、禁止或警告等事项。

图 11-5 所示的电路中，为了补充 R1、R3、R4 的功能，在其符号旁使用了设备图形符号，从而使阅读和使用这个图时，非常明确地知道：R1 是"亮度"调整用电位器，R3 是"对比度"调整用电位器，R4 是"彩色饱和度"调整用电位器。

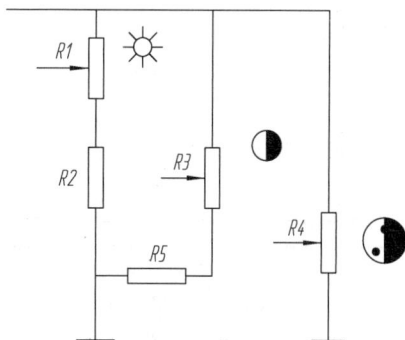

图 11-5　附加有设备用图形符号的电气图

3. 电气图的文字符号

一个电气系统或一种电气设备都是由各种元器件、部件、组件等组成的。为了在电气图上或文件中区分这些元器件、部件和组件，除了各种图形符号外，还必须标注文字符号，以区别其名称、功能、状态、特征、相互关系和安装位置等。

文字符号分为基本文字符号和辅助文字符号。基本文字符号又分为单字母符号和双字母符号。

（1）单字母符号 单字母符号用大写拉丁字母将电气设备、装置和元器件划分为二十三大类，每大类用一个字母表示，其中 I、O、J 不允许使用，详见表 11-1。

表 11-1 单字母符号

字母代码	项 目 种 类	举 例
A	组件、部件	分离元件放大器、磁放大器、激光器、微波激发器、印刷电路板等组件及部件
B	变换器（从非电量到电量或相反）	热电传感器、热电偶、光电池、测功计、晶体换能器、传声器、扬声器、耳机、自整角机、旋转变压器等
C	电容器	
D	二进制单元、延迟器件、存储器件	数字集成电路和器件、延迟线、双稳态元件、单稳态元件、磁心存储器、寄存器、磁带记录机、盘式记录机
E	杂项	光器件、热器件等元件
F	保护器件	熔断器、过电压放电器件、避雷器
G	发电机、电源	旋转发电机、旋转变频机、电池、振荡器、石英晶体振荡器
H	信号器件	光指示器、声指示器
K	继电器、接触器	—
L	电感器或电抗器	感应线圈、线路陷波器、电抗器（并联和串联）
M	电动机	—
N	模拟集成电路	运算放大器、模拟/数字混合器件
P	测量设备、试验设备	指示、记录、计算、测量设备、信号发生器、时钟
Q	电力电路的开关	断路器、隔离开关
R	电阻器	可变电阻器、电位器、变阻器、分流器、热敏电阻
S	控制电路的开关选择器	控制开关、按钮、限制开关、选择开关、选择器、拨号接触器
T	变压器	电压互感器、电流互感器
U	调制器、变换器	鉴频器、解调器、变频器、编码器、逆变器、变流器、电报译码器
V	电真空器件、半导体器件	电子管、气体放电管、晶体管、晶闸管、二极管
W	传输通道、波导、天线	导线、电缆、母线、波导、波导定向耦合器、偶极天线、抛物面天线
X	端子、插头、插座	插头和插座、测试塞孔、端子板、焊接端子、连接片、电缆封端和接头
Y	电气操作的机械装置	制动器、离合器、气阀
Z	终端设备、混合变压器、滤波器、均衡器、限幅器	电缆平衡网络、压缩扩展器、晶体滤波器、网络

（2）双字母符号 双字母符号是由一个表示种类的单字母符号与另一个字母组成，其组合形式是单字母符号在前、另一个在后的次序列出。

双字母符号可以较详细地表述电气设备、装置和元器件的名称。双字母符号中的另一个字母通常选用该类设备、装置和元器件的英文名词的首位字母，或常用缩略语或习惯用字母。常用的双字母符号见表 11-2。

表 11-2　常用的双字母符号

序号	名称	单字母	双字母	序号	名称	单字母	双字母	序号	名称	单字母	双字母
1	发电机	G	—	5	变压器	T	—	7	脚踏开关	S	SF
	直流发电机	G	GD		电力变压器	T	TM		按钮开关	S	SB
	交流发电机	G	GA		控制变压器	T	TC		接近开关	S	SP
	同步发电机	G	GS		升压变压器	T	TU	8	继电器	K	—
	异步发电机	G	GA		降压变压器	T	TD		电压继电器	K	KV
	永磁发电机	G	GM		自耦变压器	T	TA		电流继电器	K	KA
	水轮发电机	G	GH		整流变压器	T	TR		时间继电器	K	KT
	汽轮发电机	G	GT		电炉变压器	T	TF		频率继电器	K	KF
	励磁机	G	GE		稳压器	T	TS		压力继电器	K	KP
2	电动机	M	—		电流互感器	T	TA	9	电磁铁	Y	YA
	直流电动机	M	MD		电压互感器	T	TV		制动电磁铁	Y	YB
	交流电动机	M	MA	6	断路器	Q	QF		牵引电磁铁	Y	YT
	同步电动机	M	MS		隔离开关	Q	QS		起重电磁铁	Y	YL
	异步电动机	M	MA		自动开关	Q	QK		电磁离合器	Y	YC
	笼型电动机	M	MC		转换开关	Q	QC	10	电阻器	R	—
3	控制开关	S	SA		刀开关	Q	QK		变阻器	R	—
	行程开关	S	ST	7	控制开关	S	SA		电位器	R	RP
4	定子绕组	W	WS		行程开关	S	ST		起动电阻器	R	RS
	转子绕组	W	WR		限位开关	S	SL		制动电阻器	R	RB
	励磁绕组	W	WE		终点开关	S	SE		频敏电阻器	R	RF
	控制绕组	W	WC		微动开关	S	SS		附加电阻器	R	RA

（3）辅助文字符号　辅助文字符号是用以表示电气设备、装置、元器件以及线路的功能、状态和特征。一般构成有如下三种：

① 由英文单词的前一、两个字母构成。如"RD"表示红色（Red）。

② 辅助文字符号放在基本文字符号的后边，构成组合文字符号。例如"Y"是电气操作的机械装置的基本文字符号，"B"是表示制动的辅助文字符号，则"YB"是制动电磁铁的组合符号。

③ 同类设备或元器件在其文字后面加序号。例如，两个时间继电器其符号分别为 KT1 和 KT2。常用的辅助文字符号见表 11-3。

表 11-3　常用的辅助文字符号

序号	名称	符号	序号	名称	符号	序号	名称	符号	序号	名称	符号
1	高	H	9	反	R	17	电压	V	25	自动	A, AUT
2	低	L	10	红	RD	18	电流	A	26	手动	M, MAN
3	升	U	11	绿	GN	19	时间	T	27	起动	ST
4	降	D	12	黄	YF	20	闭合	ON	28	停止	STP
5	主	M	13	白	WH	21	断开	OFF	29	控制	—
6	辅	AUM	14	蓝	BL	22	附加	ADD	30	信号	S
7	中	M	15	直流	DC	23	异步	ASY	—	—	—
8	正	FW	16	交流	AC	24	同步	SYN	—	—	—

4. 电气技术中的项目代号

在电气图上，通常用一个图形符号表示的基本件、部件、组件、设备、系统等，称为项目。如电阻器、端子板、发电机、电力系统等都可称为项目。

用以识别图、表图、表格中和设备上的项目种类，并提供项目的层次关系、实际位置等信息的一种特定的代码，称为项目代号。通过项目代号，可以将不同的图或其他技术文件上的项目（软件），与实际设备中的该项目（硬件）一一对应和联系在一起。例如，图上某开关的代码为"=F=B4–S7"，则可根据规定的方法，在高层代号为"F"系统内含有"B4"的子系统中，找到开关"S7"。

一个完整的项目代号含有四个代号段。分别是：

高层代号段，其前缀符号为"="；种类代号段，其前缀符号为"–"；位置代号段，其前缀符号为"+"；端子代号段，其前缀符号为"："。

（1）高层代号　系统或设备中任何较高层次（对给予代号的项目而言）项目的代号，称为高层代号。高层代号具有该项目"总代号"的含义。例如，某电力系统（H）中第一个变电所中第三个电压表（PV3）可表示为"=H=1–PV3"，简化为"=H1–PV3"。其中"=H1"为高层代号。

（2）种类代号　用以识别项目种类的代号，称为种类代号。种类代号段是项目代号的核心部分。表示方法有以下三种：

① 由字母代码和数字组成种类代号。其中的字母代码为规定的文字符号（单字母、双字母、辅助字母符号）。例如，某系统的第 2 个继电器可表示为

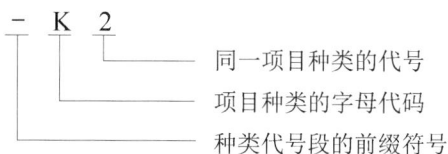

② 用顺序数字表示图中的各个项目，同时将这些顺序数字和它所代表的项目，排列于图中或另外的说明中。例如，–1、–2、–3 等。

③ 对不同种类的项目采用不同组别的数字编号。例如，在具有多种继电器的图中，对电流继电器用 11、12、13……表示，对电压继电器用 21、22、23……表示。

对于以上三种方法表示项目的相似部分，可在数字后加"·"，再用数字来区别。例如，第一种方法，继电器 K1，触点 K1·1、K1·2；第二种方法，继电器 1，触点 1·1、1·2；第三种方法，继电器 11，触点 11·1、11·2。具体标注方法如图 11-6 所示。

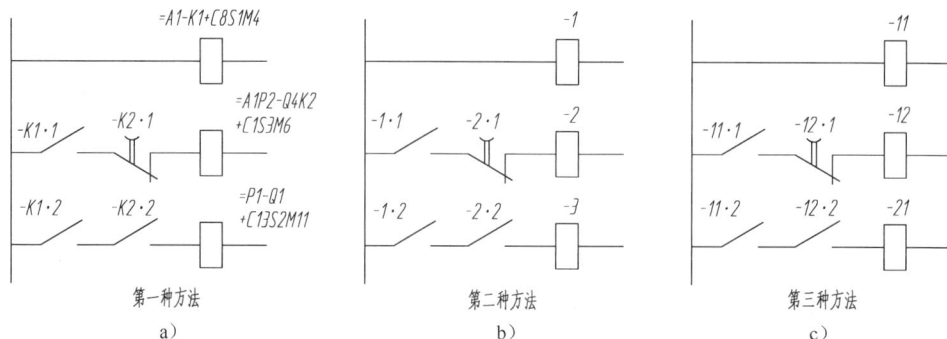

图 11-6　种类代号的三种表示法

（3）位置代号　项目在组件、设备、系统或建筑物中的实际位置的代号，称为位置代号。位置代号通常由自行规定的拉丁字母或数字组成。在使用位置代号时，应给出表示该项目位置的示意图。

图 11-7 是一个包括 4 个开关柜和控制柜的控制室，其中每列分别由若干机柜构成。各列用字母表示，各机柜用数字表示。例如，A 列柜的第 4 机柜的位置代号为"+A+4"。

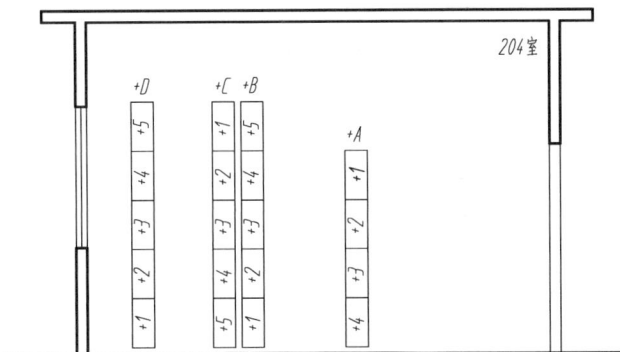

图 11-7　位置代号示意图

（4）端子代号　当项目具有接线端子标记时，项目代号还应有端子代号段。为简便起见，端子代号通常不与前三段组合在一起，而只与种类代号组合即可。端子代号可采用数字或大写拉丁字母，由使用者自定。例如，"-S4：A"表示控制开关 S4 的 A 号端子。

5. 项目代号的应用

项目代号是用来识别项目的特定代码。一个项目可以由一个代号段组成，也可以由几个代号段组成。通常，种类代号可单独表示一个项目，其余大多应与种类代号组合起来，才能较完整地表示一个项目。一般项目代号在电气技术文件中的书写格式如下：

$$= \boxed{高层代号段} - \boxed{种类代号段} + \boxed{位置代号段}$$

在电气图上，由于受图纸幅面的限制，位置代号段可以书写在前两段的上方或下方。如图 11-6a 所示，"=A1P2-Q4K2+C1S3M6"的含义是，在 A1 装置 P2 系统、Q4 开关中的继电器 K2，其位置在 C1 区间 S3 列操作柜 M6 柜中。

三、电气制图的一般规则（GB/T 6988.1—2008）

电气图样作为一种工程图样，和其他工程图样在绘制规则上有许多相同的地方，如图纸幅面和格式、图线、字体、比例等（详见第一章）。以下简要介绍电气制图的特殊规定。

1. 箭头和指引线

电气图中使用两种形状的箭头，如图 11-8a、b 所示。开口箭头主要用于电气能量和电气设备的传递方向；实心箭头主要用于可变性、力和运动方向，以及指引线方向。两种箭头的画法及应用如图 11-8c 所示。

指引线（细实线）用来指示注释的对象，并在其末端加注如下标记：

指向轮廓线内，用一黑点，如图 11-9a 所示；指到轮廓线上，用一实心箭头，如图 11-9b 所示；指向电气连线上，加一短画线，如图 11-9c 所示。

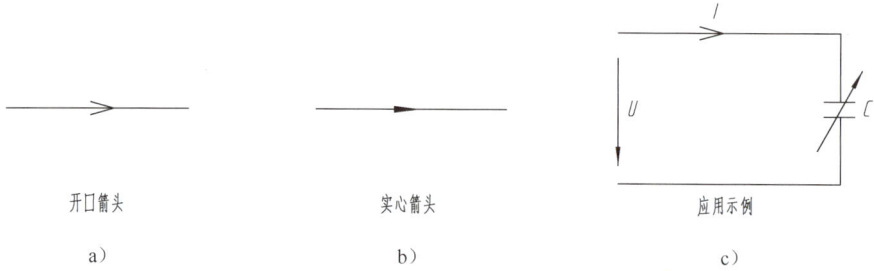

开口箭头　　　　　　实心箭头　　　　　应用示例

a)　　　　　　　　b)　　　　　　　　c)

图 11-8　电气图中的箭头

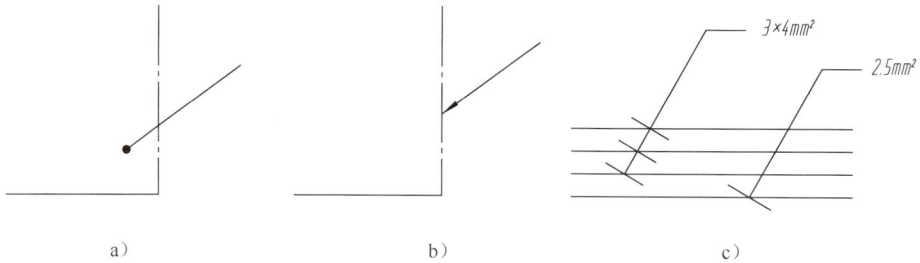

a)　　　　　　　　b)　　　　　　　　c)

图 11-9　指引线末端的指示标记

2．围框

当需要在图上显示出图的某一部分，如功能单元、项目组（电位器、继电器装置）等，可用细点画线围框表示。围框一般是规则的，但有时为了不使图的布局复杂化，也可以是不规则的，如图 11-10a 所示。如果在图上含有安装在别处，而功能与本图相关的部分，这部分功能等资料能在其他文件上查阅，则这部分可加细双点画线围框，简化和省略该部分的电路等，如图 11-10b 所示。

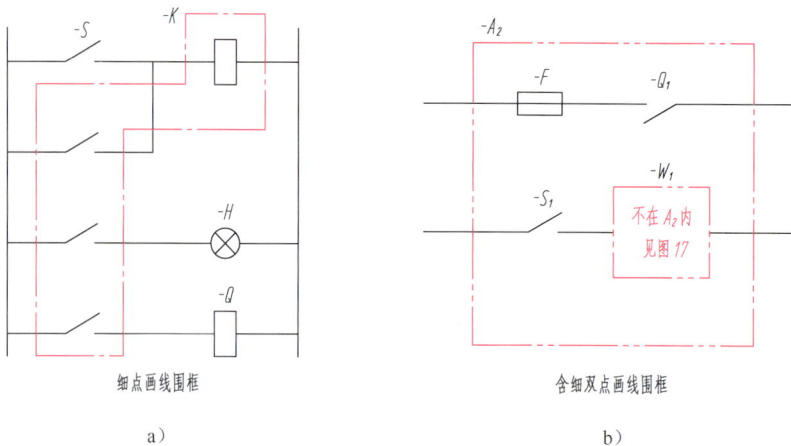

细点画线围框　　　　　　　　　含细双点画线围框

a)　　　　　　　　　　　　　　b)

图 11-10　围框示例

3．比例

大部分电气图（如电路图等）都是不按比例绘制的，但位置图等一般按比例绘制，并且多按缩小比例绘制。电气图通常采用 1∶10、1∶20、1∶50、1∶100、1∶200、1∶500 等比例，如需要选用其他比例，可从表 1-2 中选取。

四、电气图的基本表示方法

1. 电路的多线表示法和单线表示法

（1）多线表示法　每根连接线或导线各用一条图线表示的方法，称为多线表示法，如图 11-1a 所示。在各相或各线内容不对称的情况下，多采用这种方法。

（2）单线表示法　两根或两根以上的连接线或导线，只用一条图线表示的方法，称为单线表示法，如图 11-1b 所示。这种方法多用于三相或多线基本对称的情况。也可引伸用于用单个图形符号表示多个相同的元器件，如图 11-11 所示。

（3）混合表示法　在一张图中，一部分用单线表示法，一部分用多线表示法，称为混合表示法。这种表示方法既有单线表示法简洁、精练的优点，又有多线表示法对描述对象精确、充分的优点。

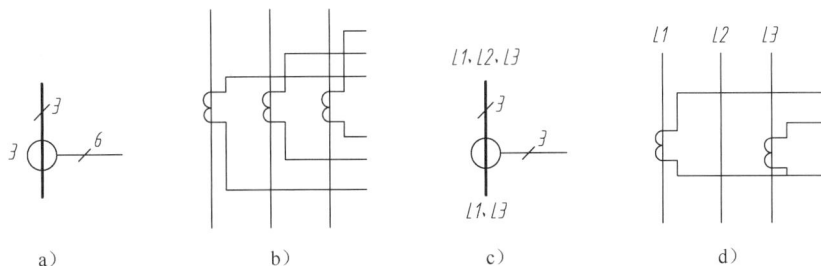

图 11-11　单线表示法用于单个图形符号示例

2. 电气元件的集中表示法和分开表示法

把设备或成套装置中一个项目各组成部分的图形符号，在简图上绘制在一起的方法，称为集中表示法，如图 11-12a 所示；把一个项目中某些部分的图形符号，在简图上分开布置，并用机械连接线表示他们之间关系的方法，称为半集中表示法，如图 11-12b 所示；把一个项目中某些部分的图形符号，在简图上分开布置，并仅用项目代号表示他们之间关系的方法，称为分开表示法，如图 11-12c 所示。

3. 项目代号和技术数据的标注方法

在图形符号旁，通常还需标注项目代号。其标注方法如下：

采用集中表示法和半集中表示法绘制的元件，其项目代号标注在符号旁，且只标注一次。如图 11-12a、b 所示。采用分开表示法绘制的元件，其项目代号应在项目的每一部分的符号旁标注。如图 11-12c 所示。

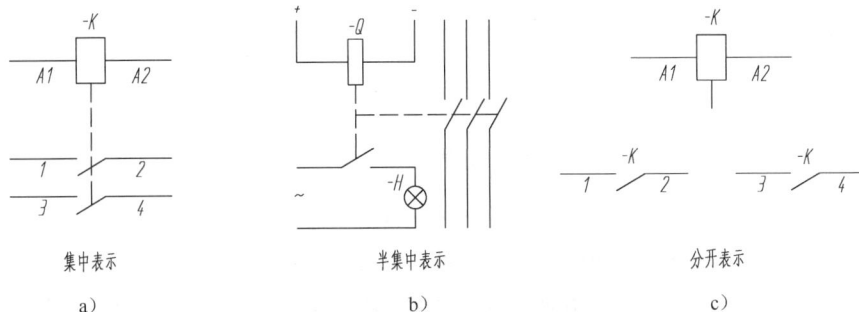

图 11-12　电气元件的表示法

当电路水平布置时，项目代号标注在符号的上方；当电路垂直布置时，项目代号标注在符号的左方。无论是水平布置还是垂直布置，项目代号一律水平书写，可以自上而下或从左到右排列，如图 11-13 所示。

技术数据的标注方法：当连接线水平布置时，元器件的技术数据标注在图形符号的下方；垂直布置时，标在项目代号的下方，如图 11-14 所示。

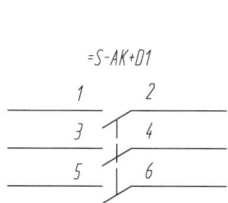

图 11-13　项目代号的标注方法　　　　　　　图 11-14　技术数据的标注方法

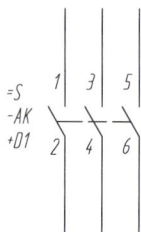

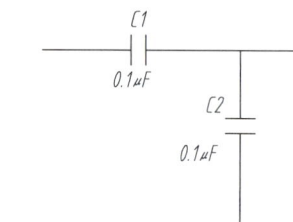

第二节　基本电气图

一、电气系统图和框图

1. 系统图和框图的基本特征和用途

系统图和框图在表示方法上没有原则性的区别。但在实际应用中，两者所描述的对象有些区别。系统图通常用于表示系统或成套装置，而框图通常用于表示分系统或设备。

2. 绘制系统图和框图的基本原则和方法

（1）符号的运用　系统图和框图多采用方框符号或带注释的框绘制。框的形式有粗实线框和细点画线框，细点画线框包含的容量大一些。框内注释可以分别采用符号、文字或同时采用符号与文字，如图 11-15 所示。

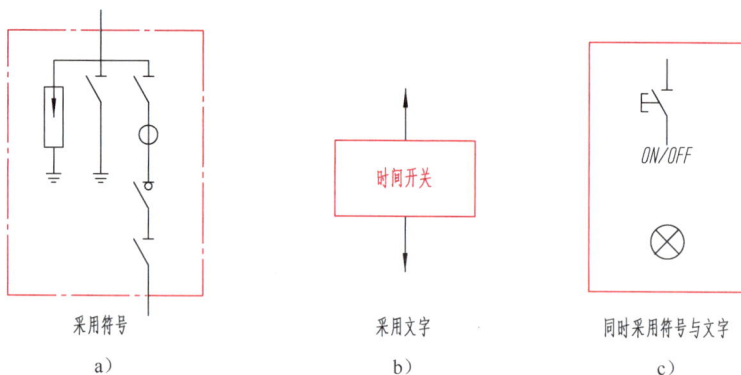

采用符号　　　　　　　采用文字　　　　　同时采用符号与文字
a)　　　　　　　　　　b)　　　　　　　　　c)

图 11-15　框的注释方法示例

（2）层次划分　系统图和框图均可在不同层次上绘制。在较高层次上绘制的系统图和框图，可反映对象的粗略概况；在较低层次上绘制的系统图和框图，可将对象表达得较为详细。

（3）项目代号的标注方法　在系统图和框图上，各框一般应标注项目代号。在较高层次的系统图上，标注高层代号；在较低层次框图上，一般标注种类代号。若不需要标注项目代号时，也可不标注。系统图和框图的项目代号一般标注在各框的上方或左上方，如图 11-16 所示。

（4）连接线的表示法　当采用细点画线框绘制时，连接线接到该框内的图形符号上；当采用方框符号或带注释的粗实线框时，连接线接到框的轮廓线上。

电连接线采用与图中图形符号相同的细实线表示；电源电路和主信号电路的连接线，用粗实线表示；机械连接线一般用细虚线表示；非电过程流向的连接线，采用粗实线表示。

控制信号流向与过程流向垂直绘制。在连接线上用开口箭头表示电信号流向，实心箭头表示非电过程和信息的流向，如图 11-16 所示。

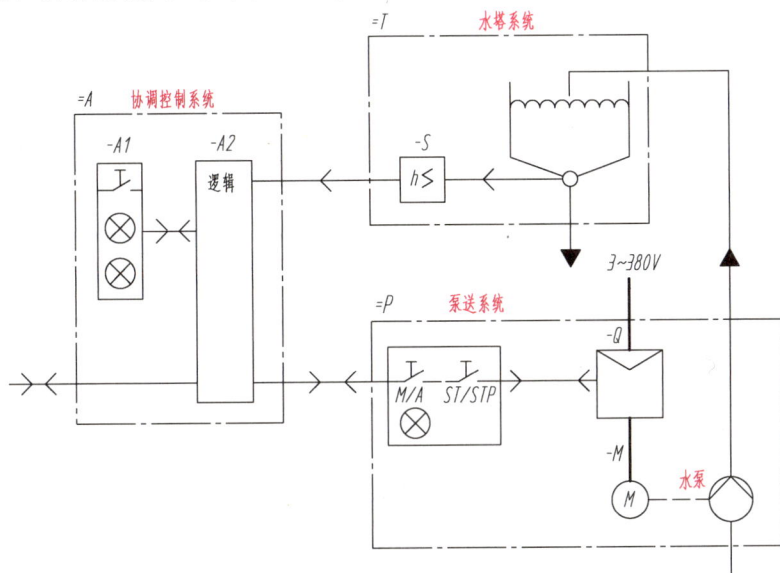

图 11-16　某冷却供应系统的系统图

二、电路图

1．电路图的基本特征和主要用途

用图形符号并按工作顺序排列，详细表示电路、设备或成套装置的全部基本组成和连接关系，而不考虑其实际位置的简图，称为电路图，如图 11-2 所示。电路图的主要用途是：供详细表达和理解设计对象的作用原理，分析和计算电路特性；作为编制接线图的依据；为测试和寻找故障提供信息。电路图具有以下特点：

① 该图按供电电源和功能分为两部分，即主电路按能量流（即电流）流向绘制；辅助电路按动作顺序绘制。

② 主电路采用垂直布置，在图面的左方或上方；辅助电路垂直或水平布置，在主电路的右方或下方。

③ 各元器件均用图形符号表示，与他们的外形结构和实际位置无关。

2．绘制电路图的原则和方法

（1）图上位置的表示方法　图上位置的表示方法有以下三种：

① 图幅分区法。其基本方法是用行、列和行列结合标记表明图上的位置。在图的边框处，竖边方向用大写拉丁字母，横边方向用阿拉伯数字，编号顺序从左上角开始，分区数应

是偶数，如图 11-17 所示。

在采用图幅分区法的电路图中，对水平布置的电路，一般只注明行的标记（阿拉伯数字）；对垂直布置的图中，一般只注明列的标记（拉丁字母）；复杂的电路图才需注明组合标记（区的代号是字母在左，数字在右），如图 11-18 所示。

在图 11-18a 中，表示了导线的去向。电源线 L1、L2、L3 接至配电系统=E 的第 24 张图的 D 列。在图 11-18b 中，表示了项目在图上的位置。触点 1-2 的驱动线圈在第 3 张图上的 4 行，而触点 5-6 的驱动线圈在第 4 张图上的 D 列。

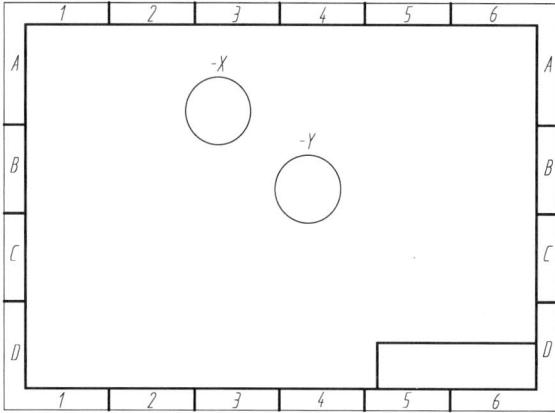

图 11-17　图幅分区示例

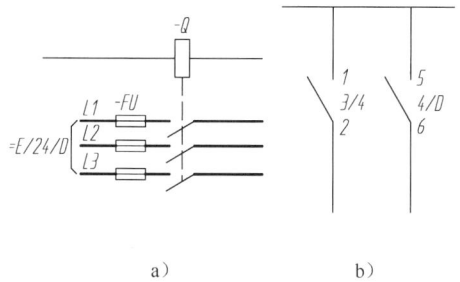

图 11-18　图幅分区法表示图上位置示例

② 电路编号法。在支路较多的电路中，对每个支路按一定顺序编号，图 11-19 有 4 个支路，编号为 1～4。图中编号上边的框格，表示各继电器触点的位置。框格上部用图形符号表示触点，框格下边的数字，表示该触点所在支路编号，"-" 表示未用的触点。

③ 表格法。对于项目种类较少而同类项目数量较多的电路图，可在图的边缘部分绘制一个以项目代号分类的表格，表格中的项目代号和图中相应的图形符号，按垂直或水平方向对齐，如图 11-20 所示。

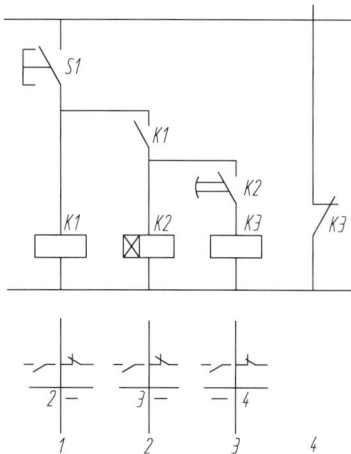

图 11-19　电路编号法示例

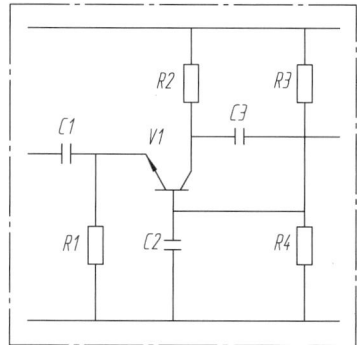

图 11-20　表格法示例

（2）项目代号的标注和项目目录的编制　电路图中项目代号的标注，可根据电路的用途和繁简程度，采用不同的标注方法。

与项目代号相对应，在电路图适当位置（如标题栏）或另页，一般还应编制图中全部元器件的目录表。目录表应按电气设备的常用基本文字、符号顺序逐项填写。它包括位号（填写各项目的项目代号）、代号（填写项目的标准号或技术条件号）、名称和型号（填写各项目名称、型号及某些参数）、数据（填写同种型号规格的台、件数）、备注（填写补充说明的内容）等。

3．电路图的简化画法

（1）主电路的简化　主电路通常为三相三线或三相四线，可将主电路或其一部分用单线表示。为了表示互感器、热电器的连接方法，可部分用多线表示。表示多相电源的导线符号，按相序自上而下或从左到右排列，中性线应排在相线的下方或右方，如图11-21所示。

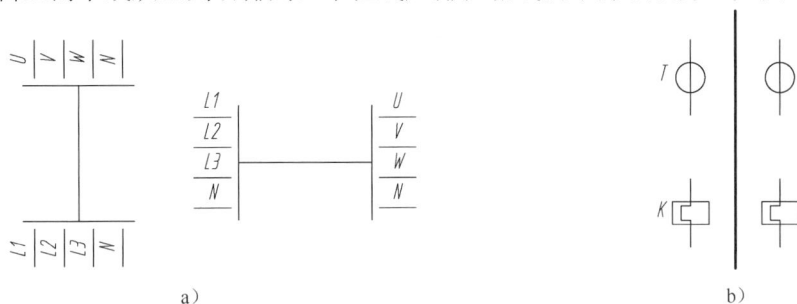

图 11-21　主电路的简化画法

（2）并联电路的简化　多个相同支路并联时，可用标有公共连接符号的一个支路来表示，但仍应标上全部项目代号和并联支路数，如图11-22所示。

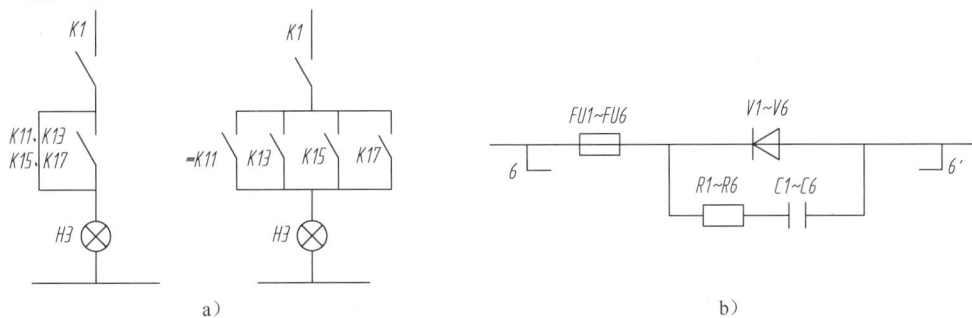

图 11-22　并联电路的简化画法

（3）相同电路的简化　相同电路重复出现时，仅需详细地表示出其中一个，其余电路可用细点画线围框表示，如图11-23a所示。围框内加注说明，并绘出该电路与外部连接的有关部分，简化部分的元件代号标注在括号内。图11-23b是六个相同电路的简化画法，注明了项目代号。

（4）功能单元和外部电路的简化　对功能单元，可用方框符号或端子功能图加以简化。在方框符号或端子功能图上加注标记，以便查找其代表的详细电路。这种简化的实质是将电路图分成若干层次，然后逐层展开。

（5）某些基础电路的简化模式　某些常用基础电路的布局，若按统一的形式出现在电路图上则容易识别，也简化了电路图。无源二端网络的两个端，一般画在同一侧，如图 11-24a 所示。无源四端网络的四个端，应画在两侧，如图 11-24b 所示。

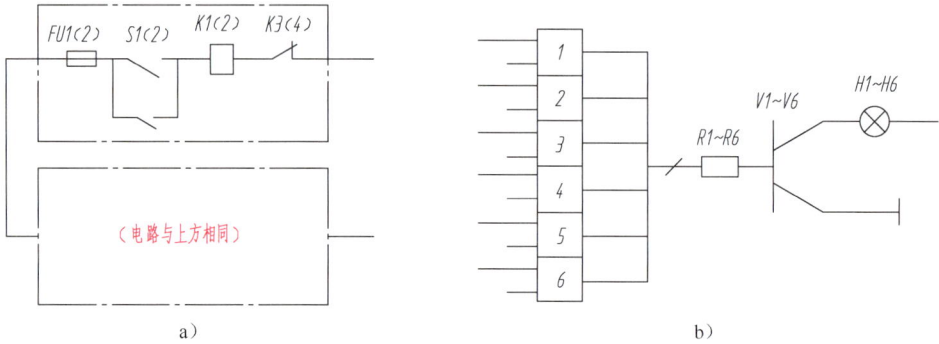

图 11-23　相同电路的简化画法

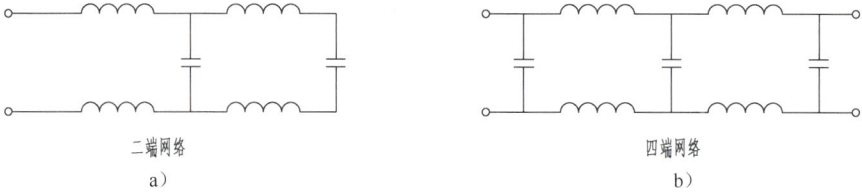

图 11-24　网络端的简化模式

三、接线图和接线表

接线图是表示成套装置、设备或装置的连接关系的一种简图，接线表则是用表格表示这种连接关系。接线图和接线表可以单独使用，也可以组合使用。接线图和接线表是一种最基本的电气图，它是进行安装接线、线路检查、维修和故障分析处理的主要依据。

1. 接线图和接线表的一般表示法

（1）项目的表示法　接线图中的项目，一般采用简化外形符号（正方形、长方形、圆形等）表示。对简单的元件，如电阻、电容等，也可用一般符号表示。简化外形符号常用细实线绘制，如图 11-25a 所示。在某些情况下，也可用细点画线围框，但有引接线的边要用细实线，如图 11-25b 所示。

在接线图项目符号旁要标注项目代号，但一般只标注种类代号段和位置代号段。

（2）端子的表示法　端子一般用图形符号和端子代号表示。在图 11-25a 中，端子符号（圆圈）旁标

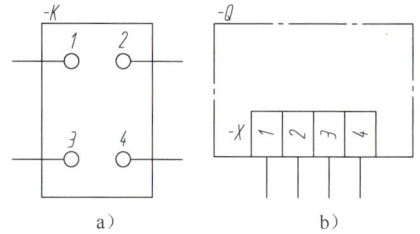

图 11-25　项目及端子的表示方法

注的数字就是端子代号，详细书写为-K：1、：2、…。当用简化外形表示端子所在的项目（如端子排）时，可不画端子符号，仅用端子代号表示。在图 11-25b 中，端子排-X 用简化外形表示，其端子代号为-Q-X：1、：2、…。

（3）导线的表示法　端子间的连接导线可用连续线表示，也可以用中断线表示。用中断线表示时，要分别在中断处标明导线的去向。

导线组、电缆、线束等可用多线表示，也可用单线表示。用单线表示时，线条应加粗，在不致引起误解的情况下，可部分地加粗。当一个单元成套装置中包括几处导线组时，用数

字或文字加以区别。

（4）导线的标记　接线图中导线的标记方法有以下三种：

一是等电位编号法，用两位号码表示。第一位表示电位的顺序号，第二位表示同一电位内的导线顺序号，两个号码间用短横线隔开，如"2-3"表示第2等电位线中的第3条线。

二是顺序法编号，即将所有导线按顺序编号。

三是呼应法（或称相对编号法），通常按导线的另一端去向标记，如图11-28c所示。

2．单元接线图和单元接线表

（1）单元接线图的绘制方法　在单元接线图上，代表项目的简化外形和图形符号，是按一定规则布置的，即大体按各个项目的相对位置进行布置，项目间的距离不以实际距离为准，而以连接线的复杂程序决定。

单元接线图的视图，应能清晰地表示出各个项目的端子和布线情况。当一个视图不能清楚的表示多面布线时，可用多个视图。在图11-26中，为了表示箱内正面（后壁）和左、右侧面、顶面项目间的接线情况，采用了以正面为主的展开视图，其连接关系表示得更清楚。

对于转换开关、组合开关之类的项目，具有多层接线端子，上层端子遮盖了下层端子，可延长被遮盖端，标明各层接线关系。如图11-27中，Ⅰ层1-4号端子本来被Ⅱ层5-8号端子遮盖，将Ⅰ层端子延长后，便将其接线关系表示得更加清楚。

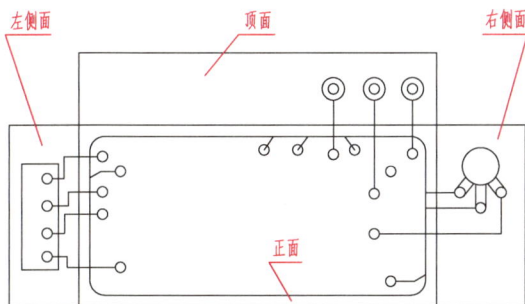

图 11-26　单元接线图的视图　　　　　　图 11-27　延长被遮盖端子示例

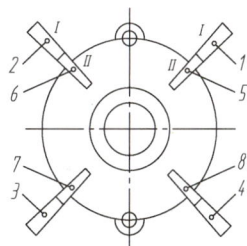

（2）单元接线表的绘制　单元接线表一般包括线缆号、线号、导线型号、规格、长度、连接点号、所属项目代号等内容。

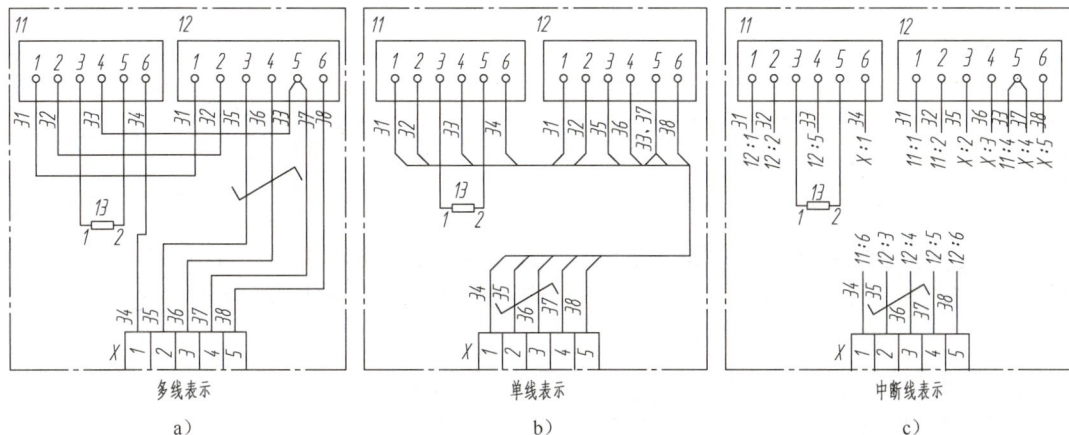

a)　多线表示　　　　　　　b)　单线表示　　　　　　　c)　中断线表示

图 11-28　单元接线图示例

图 11-28 和表 11-5 是单元接线图和接线表，该单元包括四个项目，其中 11、12 用简化外形符号表示，项目 13（电阻）、项目 X（端子排）用一般符号表示。该单元内 10 根相互连接线，其中 8 根采用独立标记，顺序号为 31～38。项目 11 和项目 13 间两根互连线，因相距很近没有编号。

在采用中断表示的图 11-28c 中，导线标记采用独立标记和从属远端标记。

在接线图中，33 号线和 37 号线一端都接项目 12 的端子 5，二者属于等电位线。在表 11-4 中，编号 37，连接点 1 的参考栏内填"33"，表示 37 与 33 是等电位线。

表 11-4　单元接线表示例

线缆号	线　号	线缆型号及规格	连接点 I			连接点 II			附注
			项目代号	端子号	参　考	项目代号	端子号	参　考	
	31		11	1		12	1		
	32		11	2		12	2		
	33		11	4		12	5		
	34		11	6		X	1		
	35		12	3		X	2		T_1
	36		12	4		X	3		T_1
	37		12	5	33	X	4		
	38		12	6		X	5		
	—		11	3		13	1		
	—		11	5		13	2		

在接线图中，35、36 号线均有标记"√"，表示两根线为同一绞合线。在接线表"附注"栏中，写有 T_1，也是说明这两根线为同一绞合线。

第三节　专业电气图

一、建筑电气安装平面图（GB/T 50786—2012）

1．建筑电气安装平面图的特点

建筑电气安装平面图是应用最广泛的电气工程图，是电气工程设计图的主要组成部分。它是用图形符号绘制的，表示一个区域或一幢建筑物的电气装置、设备、线路的安装位置、连接关系，以及安装方法的简图。

建筑电气安装平面图的主要用途是提供建筑电气安装的依据，如设备的安装位置、接线、安装方法、设备的编号、容量及有关型号等；在运行、维护管理中，建筑电气安装图是必不可少的技术文件。

2．电力和照明平面图

表示建筑物电力、照明设备和线路平面布置的电气工程图，称为电力和照明平面图。电力和照明平面图主要表示电力和照明线路、设备的安装位置和接线等。通常按建筑物不同标高的楼层平面分别绘制，电力和照明是分开表示的。

（1）电力和照明线路的表示法　在平面图上采用图线和文字符号结合的方法，表示电力和照明线路的走向、导线的型号、规格、根数、长度、配线方式和用途等。

文字符号基本上是按汉语拼音字母组合的。例如，M——明配线；A——暗配线；CP——

瓷珠或瓷瓶配线；SPG——蛇铁皮管配线；LM——沿梁或屋架下弦明配线；DA——在地面下或地板下暗配线等。线路标注的一般格式如下：

$$a\text{–}b\text{–}e\times f\text{–}g\text{–}h$$

式中　a——线路编号或功能的符号；

$\quad\quad b$——导线型号；

$\quad\quad e$——导线根数；

$\quad\quad f$——导线截面积（mm²），不同截面积应分别表示；

$\quad\quad g$——导线敷设方式和管径；

$\quad\quad h$——导线敷设部位。

例如，某线路上标注的文字符号"2LFG-BLX-3×4-VG20-QA"，其含义是：2 号动力干线（2LFG）；铝芯橡皮绝缘线（BLX）；3 根导线，横截面积为 4 mm²；穿直径（外径）为 20 的硬塑料管（VG20）；沿墙暗敷（QA）。

（2）照明器具的表示法　照明器具采用图形符号和文字标注相结合的方法。

（3）电气照明平面图　图 11-29 是某建筑物第六层的电气照明平面图。

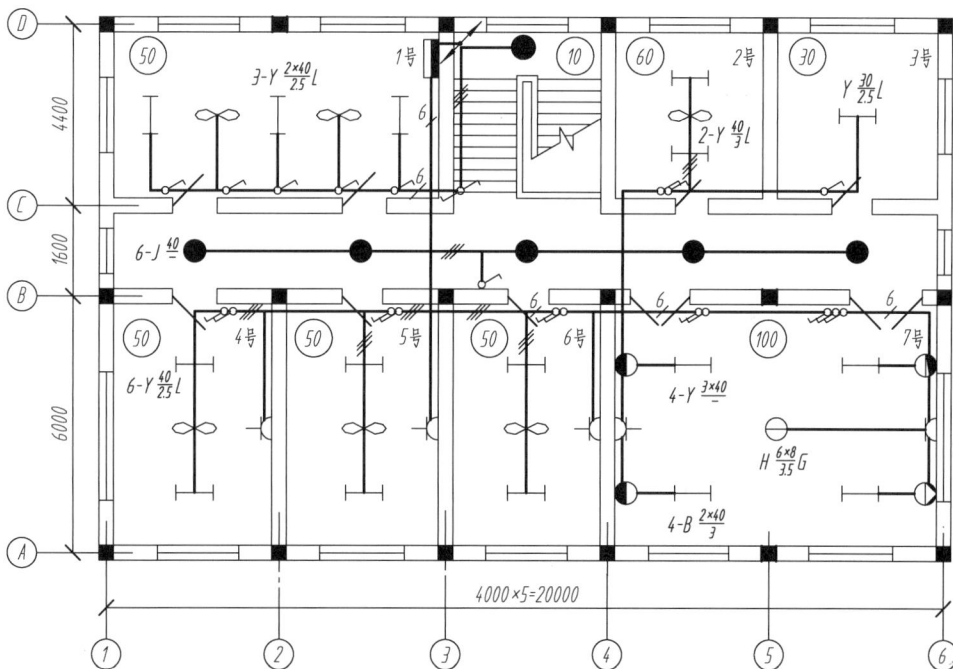

图 11-29　某建筑物第六层电气照明平面图

照明平面图中，用定位轴线①～⑥、Ⓐ～Ⓒ和尺寸线，表示了各部分的尺寸关系。线路的文字标注，在施工说明中表示，以使图样清晰。

根据 1 号房间灯具标注的格式 $3\text{-Y}\dfrac{2\times40}{2.5}$ L 可知：该房间有 3 盏荧光灯，每盏灯 2 支 40W，安装高度 2.5 m，链吊式安装。

根据走廊及楼道灯具标注的格式 $6\text{-J}\dfrac{1\times40}{=}$ 可知：走廊及楼道有 6 盏灯具，水晶底罩灯（J），每灯 40W，吸顶安装。图上还标出了照度，如 1 号房间为 50 lx，走廊及楼道为 10 lx。

（4）电力平面图　用来表示电动机等动力设备、配电箱的安装位置，以及供电线路敷

223

设路径、方法的平面图，称为电力平面图。

图 11-30 是某车间的电力平面图，它是在建筑平面图上绘制的，该建筑物采用尺寸数值定位。电力平面图主要表示了线缆配置和电力设备配置情况。

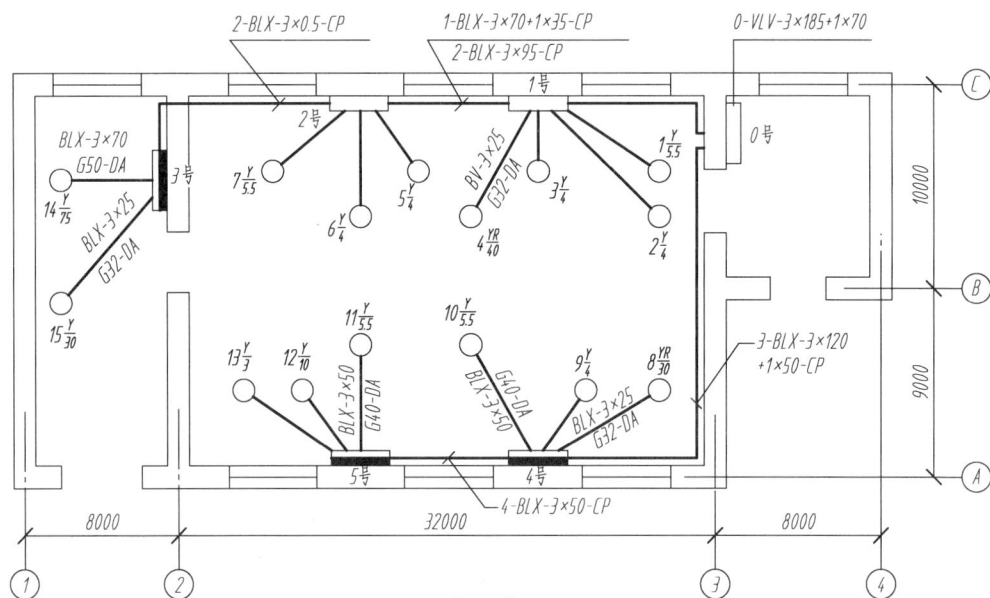

图 11-30　某车间电力平面图

例如，由总电力配电箱（0 号）至 4 号配电箱的线缆，标注为"BLX-3×120+1×50-CP"，它表示导线型号为铝芯橡皮绝缘线（BLX），截面积为 $3×120+1×50 \text{mm}^2$，沿墙瓷瓶敷设（CP），长度约为 40m（由建筑物尺寸确定）。

又如，由 5 号配电箱至 11 号电动机的线缆，标注为"BLX-3×50-G40-DA"，它表示导线的型号为铝芯橡皮绝缘线（BLX），截面积为 $3×50 \text{mm}^2$，穿入 $\phi40$ 的钢管，地中暗敷（DA）。

电力平面图中表示了电动机位置、型号、容量等。如 3 号电动机标注符号及含义是：

$$3 \begin{array}{l} \dfrac{Y}{4} \end{array}$$

Y —— 电动机型号
4 —— 容量（kW）
—— 编号

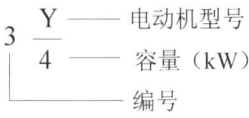

二、二次电路图和接线图

实现电能转换与传输的发、供、用电设备，通常称为一次设备，对一次设备与系统进行监视、测量、保护及控制的设备，称为二次设备。如果一次系统为低压，这时二次设备又称为辅助设备。将二次设备按一定顺序连接起来，用来说明电气工作原理的图，称为二次电路图；用来说明电气安装接线的图，称为二次接线图。

该部分内容不做详述，请参考建筑电气专业教材。

第十二章　AutoCAD Mechanical 软件的基本操作及应用

第一节　AutoCAD Mechanical 软件的基本操作

一、AutoCAD Mechanical 软件的启动

启动 AutoCAD Mechanical 2022 软件简体中文版（以下简称 AM）的方法有两种：

1）双击桌面上"AutoCAD Mechanical 2022-简体中文（Simplified Chinese）"软件的快捷图标 ![A]。

2）单击 Windows 系统桌面上"开始" ➤ "程序" ➤ "AutoCAD Mechanical 2022-简体中文（Simplified Chinese）"文件夹 ➤ "AutoCAD Mechanical 2022-简体中文（Simplified Chinese）"程序图标 ![AutoCAD Mechanical 2022]。

二、文件操作

用计算机绘制的图形都是以文件的形式存储在计算机中，故称之为图形文件。AM 提供了方便、灵活的文件管理功能。

1. 建立新文件

启动 AM 后，首先进入图 12-1 所示的 AM 开始界面。

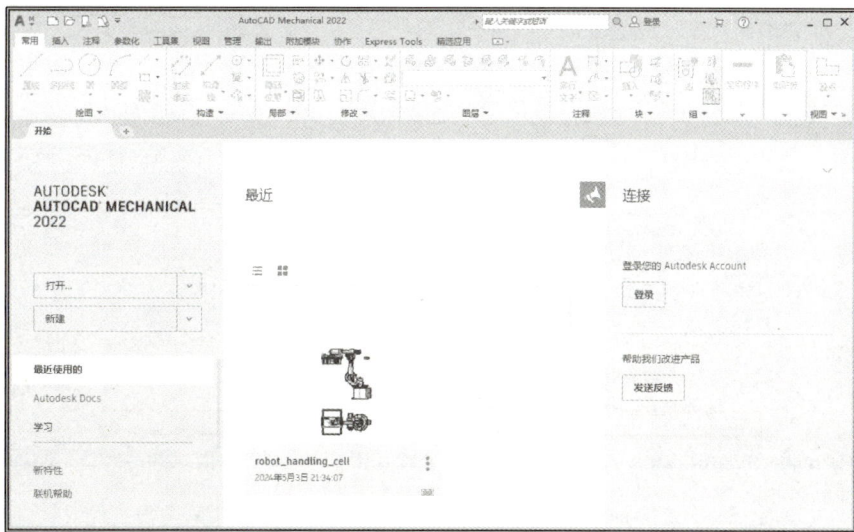

图 12-1　AM 开始界面

AM 新建一个文件的方式有以下几种：

1）单击"开始"选项卡 ➤ "新建"下拉菜单按钮 ➤ "浏览模板…"。

2）单击"应用程序" ➤ "新建" ![]。

3）单击快速访问工具栏上的"新建" ![] 按钮。

4）快捷键 Ctrl+N 。

225

在弹出如图 12-2 所示"选择模板"对话框后，选择"am_gb.dwt"，然后单击 打开(O) ▼
按钮，即可进入图 12-3 所示的 AM 工作空间界面，并建立一个名为"Drawing*.dwg"文件，
文件名中的"*"号为顺序数字，AutoCAD 图形文件的后缀名为.dwg。

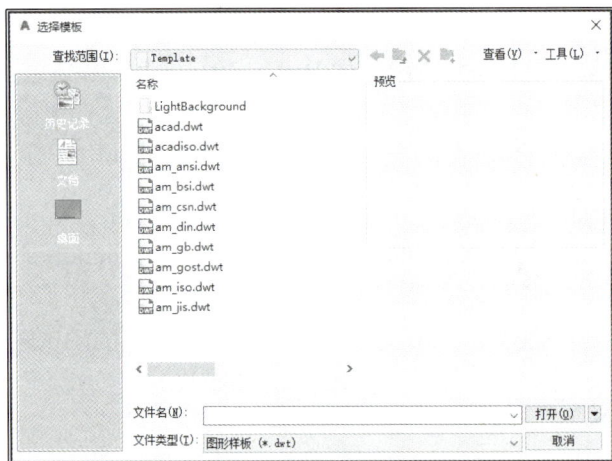

图 12-2　选择模板对话框

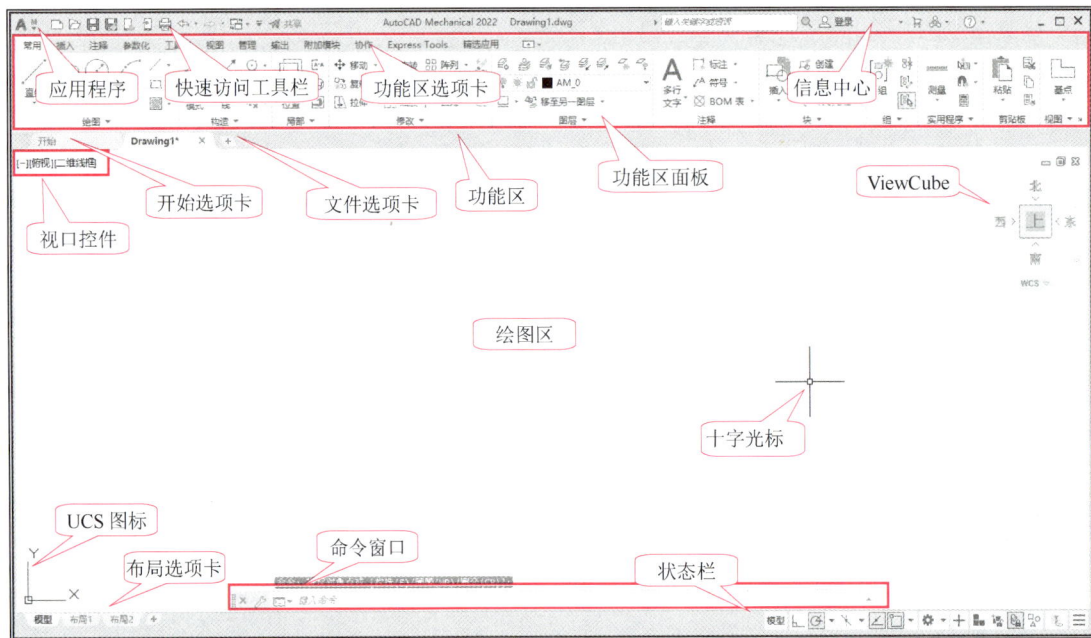

图 12-3　AM 工作空间界面

　　①功能区。由一系列的选项卡组成，每个选项卡包含了多个面板，为创建或修改图形
提供了所需要的工具。功能区的面板可以从选项卡中拉出，放到绘图区成为"浮动面板"，
也可以将"浮动面板"再放回到选项卡中。

　　单击功能区面板下方标题旁边的三角箭头 ▾，面板将展开以显现被折叠隐藏的工具，单
击其他面板时，展开的面板自动关闭。要保持面板的展开状态，单击展开面板左下角图钉
按钮 。

② 命令窗口。用于接受命令和系统变量输入，显示引导用户完成命令的提示信息。可以用 ctrl+9 的组合键或单击"视图"选项卡 ➤ "选项板" ➤ "命令行" 来切换窗口的关闭和显示。

用 F2 键显示或隐藏命令窗口的提示或错误信息。

可以将"命令窗口"拖拽到绘图区的顶部和底部进行固定，固定的"命令窗口"与应用程序窗口等宽。

③ 状态栏。显示光标位置、设置绘图环境的工具。默认的情况下，状态栏不会显示所有工具，单击状态栏最右侧的"自定义" 按钮，在弹出的菜单中选中"栅格"、"动态输入"和"线宽"以显示在状态栏上。

5）单击"文件"选项卡上的"+"号，或"开始"选项卡中的"新建"，直接建立一个新文件。

2. 保存文件

保存文件的方式有以下几种：

1）单击"应用程序" ➤ "保存" 。

2）单击快速访问工具栏上的"保存" 按钮。

3）快捷键 Ctrl+S。

如果当前文件未曾保存过，则系统弹出一个"图形另存为"对话框，如图 12-4 所示。在对话框的文件名输入框内输入文件名，单击 保存(S) 按钮，系统即按所给文件名及路径存盘。单击"文件类型"选择框右侧的，可以将文件存储为不同版本和格式。

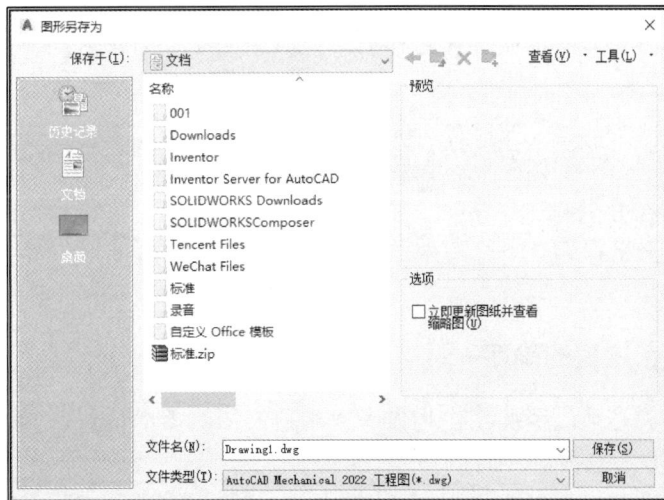

图 12-4　"图形另存为"对话框

如果新文件或已保存的文件被修改编辑没有保存，在"文件"选项卡上文件名的右上角会出现"*"号。

3. 打开文件

打开文件就是要调出一个已存盘的图形文件。打开文件的方式有：

1）单击"应用程序" ➤ "打开" 。

2）单击快速访问工具栏中的"打开" 按钮。

3）单击"开始"选项卡 ➤ "打开…"。

在弹出的图 12-5 所示"选择文件"对话框中，单击 "查找范围"下拉按钮，可以查找存放文件的文件夹，在文件列表窗口中选择要打开的文件名，单击 打开(O) 按钮，系统即打开一个已经创建并保存的图形文件。单击 打开(O) ▼ 右侧的黑三角下拉按钮，可以选择以"以只读方式打开"图形文件进行查看，不能保存，防止文件被更改。

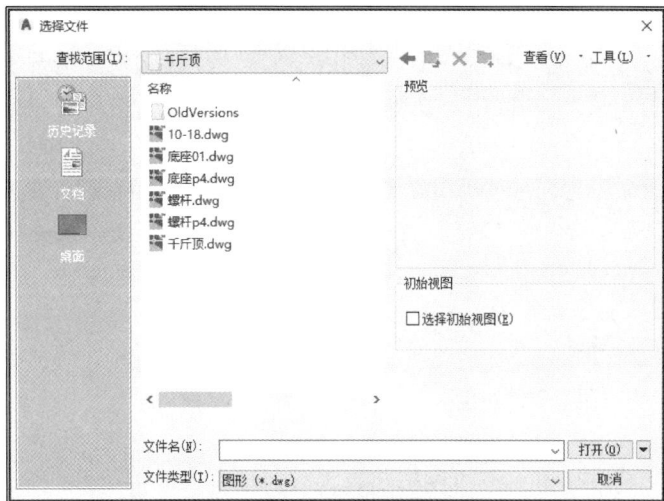

图 12-5 选择文件对话框

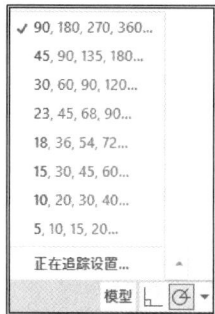

图 12-6 追踪角度指定

4. 另存文件

另存文件就是将当前图形文件换名存盘，并以新的文件名作为当前文件名。图形文件另存的方式有以下三种：

- 单击"应用程序" ➤ "另存为" 🖫。
- 单击快速访问工具栏中的"另存为" 🖫 按钮。
- 快捷键 Ctrl+Shift+S 。

在弹出的"图形另存为"对话框中，输入新文件名，单击 保存(S) 按钮，系统即按新命名的文件名存盘。

三、绘图中点位置的确定

在绘图过程中，必须以坐标系作为参考来指定绘图对象的位置，当系统提示输入点位置时，可以用多种方法来指定。

1. 鼠标输入

移动光标到绘图区指定的位置单击鼠标左键（后简称单击）确定点的位置，这是最简单的方式。

2. 鼠标与键盘组合

用鼠标指定点相对于基准点的方向，用键盘直接输入指定点与基准点的直线距离。

单击状态栏"极轴追踪" 🧭 右侧的下拉按钮，在图 12-6 的列表中选择追踪角度，当光标与基准点的连线与 X 轴正方向夹角接近追踪角度时，系统自动出现一条与 X 轴正向夹角为追踪角度的绿色引导线。单击底部的"正在追踪设置"可以增加追踪角度。

3. 坐标输入

1）绝对直角坐标。以 UCS 原点（0,0）为基准点来输入点坐标。当已知点坐标的 x 和 y 坐标值时，使用绝对直角坐标输入，格式为"x,y"，坐标值之间用英文逗号隔开。

2）相对直角坐标。以上一输入点为基准点来输入坐标的变化值。如果知道某点与前一点的 x 和 y 相对位置关系，使用相对直角坐标输入，格式为"$@x,y$"。

3）绝对极坐标。以 UCS 原点（0,0）为基准点，使用距离和角度确定点位置，坐标格式为"$l<\alpha$"。例如，输入坐标 3<45，表示该点距离原点有 3 个单位，点与坐标原点连线与 X 轴正向逆时针成 45° 角。l 数值为负，表示反向指定点；α 为负，表示点与坐标原点连线与 X 轴的正向成顺时针夹角。

4）相对极坐标。以上一输入点为基准点，使用距离和角度确定下一点位置，格式为"$@l<\alpha$"。例如，输入@3<45，此点距离上一点 3 个单位，点与上一点连线与 X 轴正向成逆时针 45° 夹角。

4. 自动捕捉对象特征点

AM 系统提供了自动捕捉图元对象特征点的功能。单击状态栏"对象捕捉"图 右侧的下拉按钮，选择快捷菜单中"对象捕捉设置…"，打开图 12-7 所示"草图设置"对话框，选择自动捕捉对象模式后，单击 确定 完成设定。

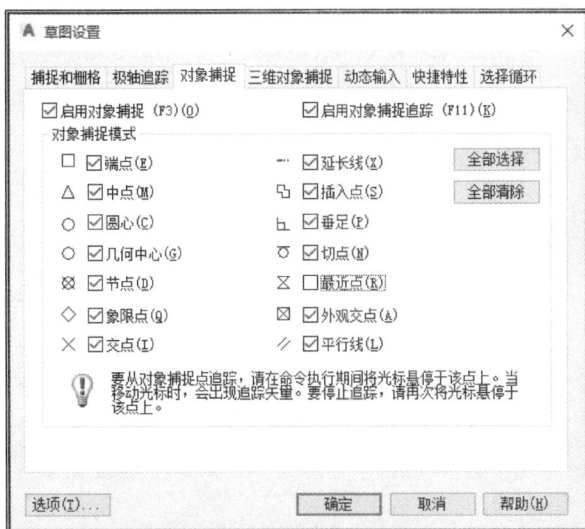

图 12-7　对象捕捉模式设置　　　　　　图 12-8　对象捕捉快捷菜单

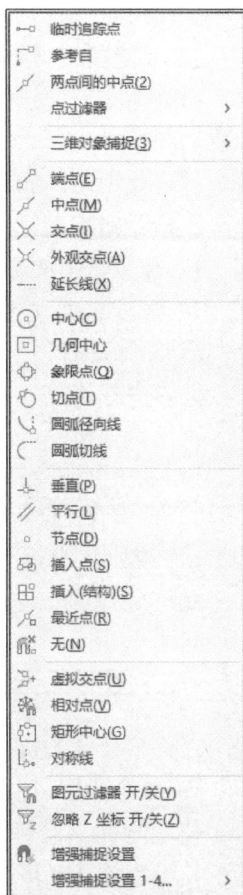

启动对象捕捉被激活，当系统提示输入点时，光标移动到捕捉对象的特征点附近位置时，会自动将光标磁吸到捕捉点上，并显示捕捉点的特征符号和捕捉点的说明。

5. 捕捉单一对象特征点

系统提示输入点时，按下 Shift 键同时单击鼠标右键（后简称右键），显示图 12-8 对象捕捉快捷菜单，用鼠标选择要捕捉的对象特征点后对话框消失，鼠标移动要捕捉对象特征点附近，光标被自动磁吸到特征点，并显示特征符号。

在快捷菜单上方有三个特殊选项：

1）临时追踪点（tt）⌐，指定临时点作为定位点，在追踪和捕捉模式被激活情况下使用。

2）参考自（from）⌐，指定一个临时基准点，以便使用相对坐标来定位下一个点。

3）两点间的中点（mtp）╱，定位指定两点间的中间位置点。

四、命令的执行与终止

AM 有多种命令输入方式，虽然各种方式略有不同，但均能实现绘图的目的。

1. 命令的执行

1）单击功能区选项卡面板中相应命令按钮。

2）在命令窗口直接输入 AutoCAD 命令，按 Enter 或 空格 键。

3）键盘的快捷键。

执行命令后，按命令窗口的提示信息进行操作，当输入命令选项或数值后，按 Enter 键或 空格 键确认。

结合使用不同的命令执行方式可以大大提高绘图速度。

2. 命令的终止

1）按键盘上的 Esc 键，即可终止正在执行的操作。

2）命令执行过程中，单击右键，在弹出的快捷菜单中选择"取消"结束命令。

3）直接选择另一个命令，系统会自动退出当前命令而执行新命令。

3. 命令的重复

重复执行命令，采用以下方式：

1）当一个命令结束后，直接按下 Enter 或 空格 键可以重复执行刚结束的命令。

2）按键盘的 ↑ 或 ↓ 键，在命令窗口显示已经使用过的命令，当显示要执行的命令后，按 Enter 或 空格 键执行该命令。

3）单击右键，选择快捷菜单中刚结束的命令。

五、图形元素的选择

在许多命令的执行过程中，常需要选择图形元素，常用的选择方式有以下几种：

1. 单个拾取

移动光标，使待选图形元素位于光标拾取盒内，图线高亮显示，单击左键，该元素被选中，可连续选择多个图形元素。

按下 Shift 键用左键选择已高亮的图形元素，可将被选择的图形元素从选择集中删除。

2. 窗口选择

如图 12-9a 所示，移动光标到预选图形左侧的空白处，单击后松开左键并向右侧移动光标，出现一粘附的蓝色矩形框，被选择的图形元素完全落在蓝色选择区域内时，单击左键完成选择。窗口选择如图 12-9b 所示，只能选中完全处于窗口内的图元，不包括与窗口相交的图元。

3. 窗交选择

如图 12-10a 所示，移动光标到预选图形右侧的空白处，单击后松开左键并向左侧移动光标，出现一粘附的矩形框，当被选图形高亮显示时，单击完成选择。窗交选择如图12-10b所示，完全处于窗口内的图元以及与窗口相交的图元均被选择。

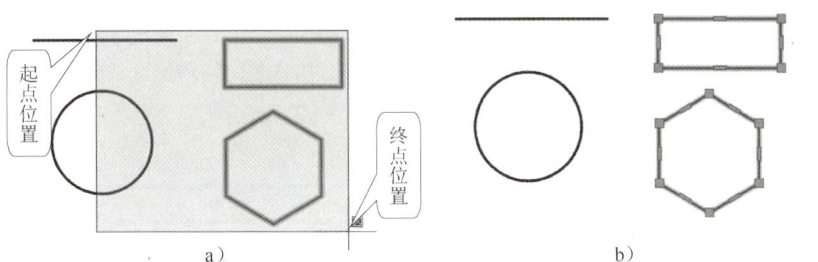

图 12-9　窗口选择

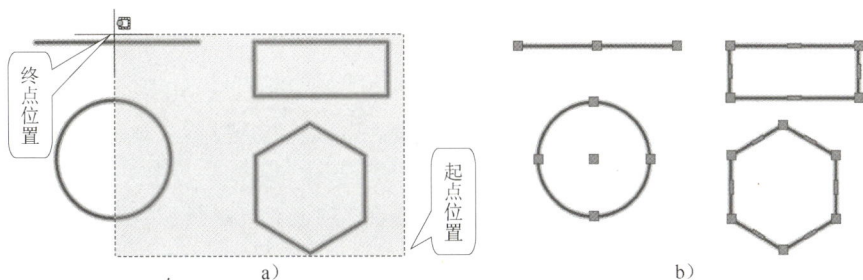

图 12-10　窗交选择

4. 栏选

当系统提示选择对象时，输入"f"，按 Enter 键，然后移动光标在图 12-11a 的 1、2、3 点处单击，光标移动到 4 点位置时不单击，按 Enter 键创建一个 1-2-3 不闭合的多边选择路径，与路径相交的图元均被选择且高亮显示，选择结果如图 12-11b 所示。如果在 4 点位置单击后再按 Enter 键，则创建一个 1-2-3-4 的多边选择路径，六边形也被选择。

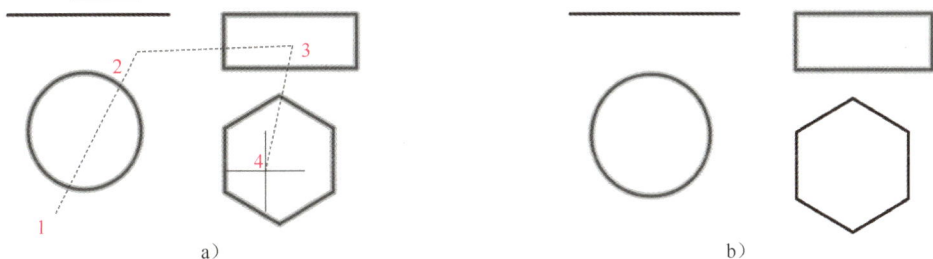

图 12-11　栏选

5. 全选

● 通过快捷键 Ctrl+A 可以快速选择当前图形文件中所有可以被选择的图元。

● 在系统提示选择对象时，输入 all。

选择对象: all↙

找到 4 个

【例 12-1】　绘制图 12-12 所示的平面图形，不注尺寸。

① 新建一个以"am_gb.dwt"为模板的图形文件，用"点的应用"为文件名存盘。

② 单击状态栏上的"动态输入" 按钮（或按

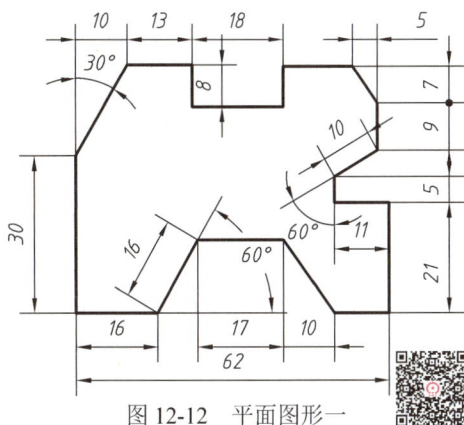

图 12-12　平面图形一

231

（F12），关闭动态输入模式。激活"线宽" 图 显示。激活"极轴追踪" 图 ，设定追踪角度为 30°。激活"对象捕捉追踪" 图 。激活对象捕捉 图 ，并按图 12-7"草图设置"对话框中的 "对象捕捉"选项卡进行设定，设定完成状态栏如图 12-13 所示。"自定义" 图 用来定义状态栏中显示的项目。

图 12-13　状态栏图标

③ 单击"常用"选项卡 ➤ "绘图"面板 ➤ "直线" ／ 。

命令:_line

指定第一个点：　//鼠标在屏幕中拾取一点

指定下一点或[放弃(U)]: 16✓　//光标沿水平引导线向右移动任意位置，输入距离 16

指定下一点或[放弃(U)]: @16<60✓

指定下一点或[闭合(C)/放弃(U)]:17✓　　//水平向右移动光标，输入距离 17

指定下一点或[闭合(C)/放弃(U)]: _tt 指定临时对象追踪点:10✓　　Shift+右键，选择点捕捉快捷菜单中的"临时追踪点" ，水平向右移动光标指定方向，输入距离"10"，临时追踪点显示为小"+"

指定下一点或[闭合(C)/放弃(U)]:　　//光标移动到长度为 16mm 水平线的右端点，捕捉到端点信息后（不单击鼠标），水平向右移动光标，如图 12-14 所示，与过临时追踪点垂直引导线相交时，单击左键，

指定下一点或[闭合(C)/放弃(U)]: from✓　　//Shift+右键，选择点捕捉快捷菜单中的"参考自"

参照点：　//单击长度为 16mm 水平线的左端点

相对点: @62,0✓

指定下一点或[闭合(C)/放弃(U)]: 21✓　　//垂直向上移动光标，输入距离 21

指定下一点或[闭合(C)/放弃(U)]: 11✓　　//水平向左移动光标，输入距离 11

指定下一点或[闭合(C)/放弃(U)]: 5✓　　//垂直向上移动光标，输入距离 5

指定下一点或[闭合(C)/放弃(U)]: @10<30✓

指定下一点或[闭合(C)/放弃(U)]: 9✓　　//垂直向上移动光标，输入距离 9

指定下一点或[闭合(C)/放弃(U)]: @-5,7✓

指定下一点或[闭合(C)/放弃(U)]:✓

绘图结果如图 12-15 所示。

④ 直接按 Enter 或 空格 键，重复执行上次的命令。

命令:_LINE

指定第一个点：　//单击长度为 16mm 水平线的左端点

指定下一点或[放弃(U)]: 30✓　　//垂直向上移动光标，输入距离 30

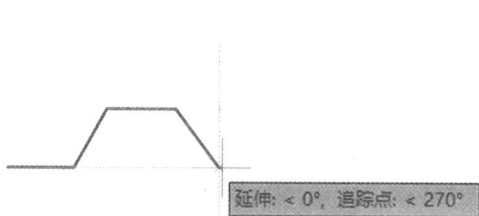

图 12-14　临时追踪点的使用　　　　图 12-15　直线绘图

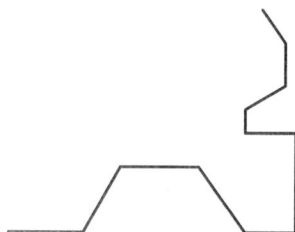

指定下一点或[放弃(U)]: tt↙　　　//输入 "tt"，指定临时追踪点

指定临时对象追踪点: 10↙　　　//水平向右移动光标，输入距离 10，显示临时追踪点

指定下一点或[放弃(U)]:　　　//向右上沿 60°引导线移动光标，与过临时追踪点垂直引导线相交时，单击左键

指定下一点或[闭合(C)/放弃(U)]: 13↙　　　//水平向右移动光标，输入距离 13

指定下一点或[闭合(C)/放弃(U)]: 8↙　　　//垂直向下移动光标，输入距离 8

指定下一点或[闭合(C)/放弃(U)]: 18↙　　　//水平向右移动光标，输入距离 18

指定下一点或[闭合(C)/放弃(U)]:　　　//移动光标捕捉第③步绘图终点信息后，水平左移光标，出现水平和垂直引导线相交时，单击左键

指定下一点或[闭合(C)/放弃(U)]:　　　//单击绘图终点

指定下一点或[闭合(C)/放弃(U)]: *取消*　　　//按 Esc 键结束命令

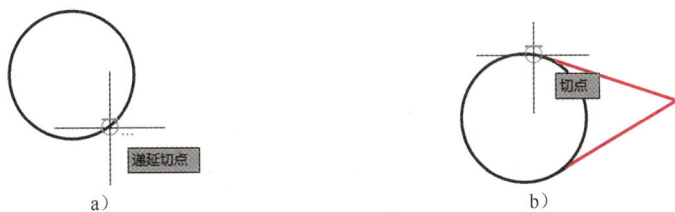

【例 12-2】 绘制图 12-16 所示的圆与切线。

操作步骤

① 新建一个以 "am_gb.dwt" 为模板的图形文件。

② 绘制圆。单击 "常用" 选项卡 ▶ "绘图" 面板 ▶ "圆心,半径" ⊙。

命令:_circle

指定圆的圆心或[三点(3P)/两点(2P)/切点、切点、半径(T)]: //用鼠标拾取绘图区的一点

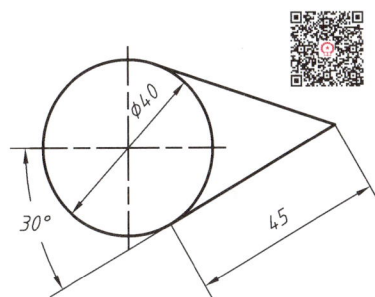

图 12-16　平面图形二

指定圆的半径或[直径(D)]:20↙　　　//输入圆半径值

③ 绘制切线。单击 "常用" 选项卡 ▶ "绘图" 面板 ▶ "直线" ╱。

命令:_line

指定第一个点:_tan 到　　　//Shift+右键，选择点捕捉快捷菜单中的 "切点"，移动光标到圆与直线切点附近，出现图 12-17a 所示的切点特征符号时，单击左键

指定下一点或[放弃(U)]: @45<30↙

指定下一点或[放弃(U)]:　　　//移动光标捕捉图 12-17b 中与圆切点后单击左键，完成绘图

指定下一点或[闭合(C)/放弃(U)]: *取消*　　　//按 Esc 键

图 12-17　绘制圆与切线

④ 绘制十字中心线。单击 "常用" 选项卡 ▶ "绘图" 面板 ▶ "中心线" ╱ 下拉菜单 ▶ "十字中心线" ┼。

命令: amcencross

指定中心点<对话框>:　　　//单击 φ40 的圆心

指定直径<10>:　　　//单击 φ40 圆的象限点

六、显示控制

1．窗口颜色

没有执行命令时，在绘图区单击右键，选择快捷菜单中的"选项"，弹出图 12-18a "选项"对话框，单击"显示"选项卡，将"颜色主题"改为"明"。单击 颜色(C)... 按钮，弹出图 12-18b "图形窗口颜色"对话框，将"统一背景"颜色设定为"白"，单击 应用并关闭(A) ，再单击 确定 ，本章界面的模式设置完成。

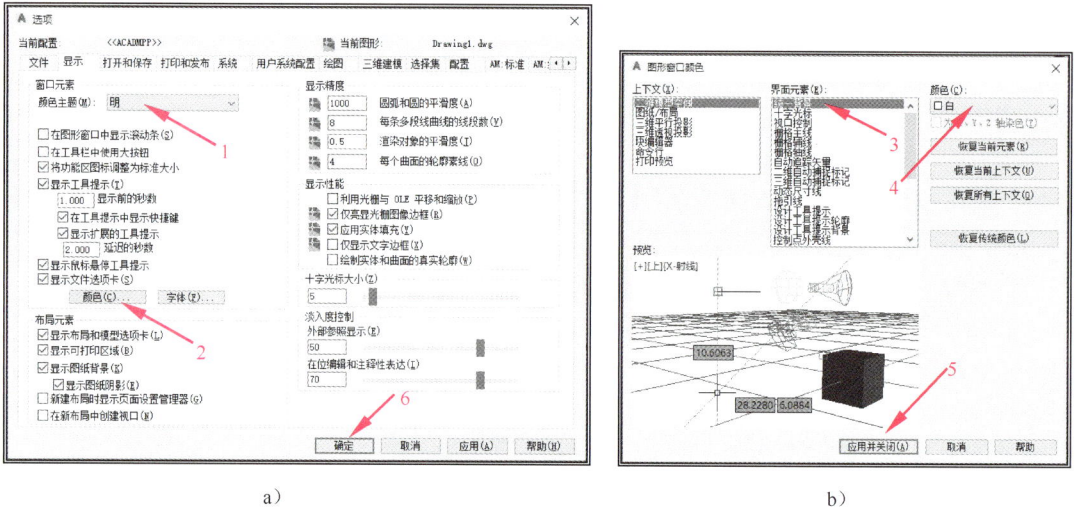

a）　　　　　　　　　　　　　　　　　　b）

图 12-18　系统窗口颜色设定

2．放大或缩小

光标在绘图区时，滚动鼠标的中间轮，可实现图形的放大或缩小，但不改变图形的尺寸，光标位置不变。缩放速率由系统参数"ZOOMFACTOR"来进行设定，默认为60。

3．图形的平移

光标在绘图区时，按下鼠标的中键并拖动，可以实现图形的平移。

4．范围缩放

● 文件没有绘制图形时，双击鼠标中间轮，将图形界限范围以全屏显示。

● 文件已绘制有图形时，双击鼠标中间轮，将所有图形对象显示在屏幕上。

第二节　平面图形的绘制

图层用于图形对象的组织和管理，不同的图层用于管理不同类型的图形对象。

AutoCAD Mechanical 软件与AutoACD软件的图层管理有一些区别，AutoCAD 软件在绘制对象前必须先创建好用于管理对象类型的图层，并在当前图层上绘制图形对象。

AutoCAD Mechanical 软件预先配置了"自动特性管理"的功能，无论哪个图层为当前图层，在使用 AM 工具集命令时，这些命令都在特定的图层上绘制图形，如果该图层不存在，系统将自动建立。AM 指定了 31 个管理不同对象的图层。

● 工作图层：图层 AM_0 到 AM_12。大多的几何图形都是在工作图层上创建的。

单击"常用"选项卡 ➤ "图层"面板 ➤ "轮廓"图层 □ ˙右侧的下拉菜单，显示图 12-19所示的13个工作图层，作图时直接选用即可。

● 标准零件图层：图层 AM_0N 到 AM_12N。

● 特定图层：AM_BOR（用于工程图边框），AM_PAREF（用于零件参照），AM_CL（用于构造线），AM_VIEW（用于视口）和 AM_INV（用于不可见线）。

【例 12-3】　按 1∶1 的比例，绘制图 12-20 所示的平面图形，不标注尺寸。将所绘图形以"平面图形.dwg"为文件名存盘。

绘图步骤

1. 新建文件

新建一个以"am_gb.dwt"为模板的图形文件，用"平面图形"为文件名存盘。新文件默认的工作图层为"AM_0"，以粗实线绘制可见的轮廓线。

2. 绘制矩形

单击"常用"选项卡 ➤ "绘图"面板 ➤ "矩形:角点、角点" ⬚。

命令:_amrectang

角点

指定第一个角点或[角点(R)/基础(B)/高度(H)/中心点(C)/倒角(M)/圆角(F)/中心线(L)/对话框(D)]:F　//单击"圆角(F)"选项

修剪模式=开当前圆角半径=2.5

输入选项[使用现有(E)/设置(S)]<使用现有(E)>:S　//单击"设置(S)"选项，弹出图 12-21 的"圆角"对话框，设定圆角半径为 20，单击 确定 ，继续执行矩形命令

角点

指定第一个角点或[角点(R)/基础(B)/高度(H)/中心点(C)/倒角(M)/圆角(F)/中心线(L)/对话框(D)]:　//单击绘图区中一点，指定矩形左下角位置点

指定另外的角点或[面积(A)/旋转(R)]:@200,120↙

绘图结果如图 12-22a 所示。

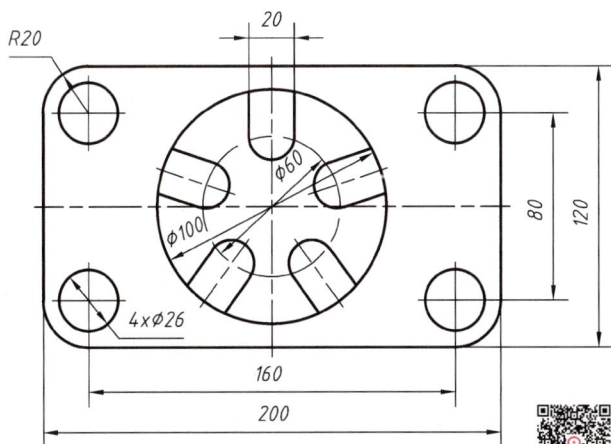

图 12-19　工作图层

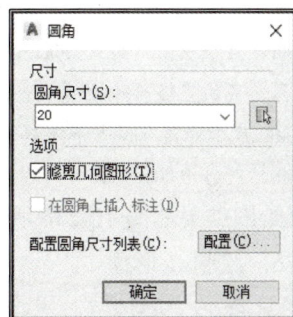

图 12-20　平面图形三

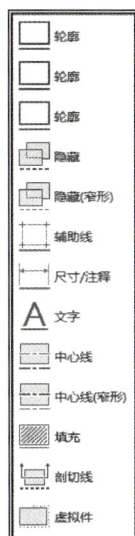

图 12-21　"圆角"对话框

3. 绘制圆角处的四个圆

单击"常用"选项卡 ➤ "绘图"面板 ➤ "中心线" ╱下拉菜单 ➤ "过平板的十字中

心线" 。

命令: amcencrplate

指定轮廓到十字中心线的偏移<10>:20↙

选择边框图元　//选择矩形

选择对象:找到 1 个

选择对象:↙

要插入的一边:　//在矩形内部单击左键

指定孔的直径或[标准零件(S)/没有孔(N)] <20>:26↙

绘图结果如图 12-22b 所示。

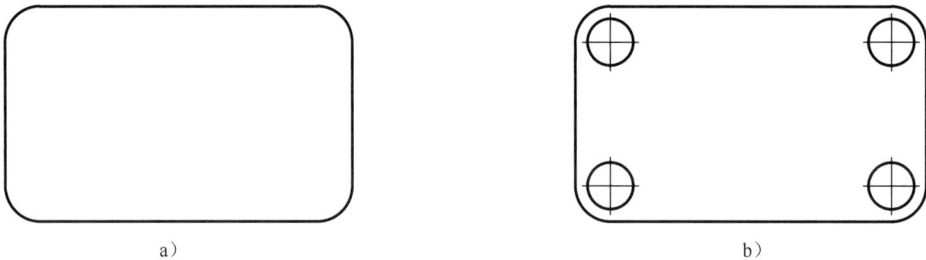

图 12-22　平面图形的绘制（一）

4. 绘制中间 ϕ100 大圆

单击"常用"选项卡 ➤ "绘图"面板 ➤ "圆"下拉菜单 ➤ "圆心,直径" 。

命令:_circle

指定圆的圆心或 [三点(3P)/两点(2P)/切点、切点、半径(T)]:　//单击矩形的中心

指定圆的半径或 [直径(D)] <13.00>: _d 指定圆的直径<26.00>: 100↙

绘图结果如图 12-23a 所示。

5. 绘制均布的 5 个圆

单击"常用"选项卡 ➤ "绘图"面板 ➤ "中心线"下拉菜单 ➤ "过整圆的十字中心线" 。

命令: amcencrfullcircle

指定中心点<对话框>:　//单击 ϕ100 圆的圆心

指定直径或圆上的点<60|120>:60↙　//输入定位圆的直径并确认

指定孔的直径或[标准零件(S)/没有孔(N)] <26>:20↙

360 度中分布有多少条中心线<6>:5↙

指定旋转角<0>:90↙　//指定第一个圆的起始角度

绘图结果如图 12-23b 所示。

6. 绘制 U 形槽

① 绘制小圆切线。单击"常用"选项卡 ➤ "绘图"面板 ➤ "直线"。

命令:_line

指定第一个点:　//单击最上边 ϕ20 圆的左象限点

指定下一点或[放弃(U)]:　//垂直向上移动光标到 ϕ100 圆上，出现交点特征符号时单击左键

指定下一点或[放弃(U)]:*取消*　//按 Esc，完成切线的绘制

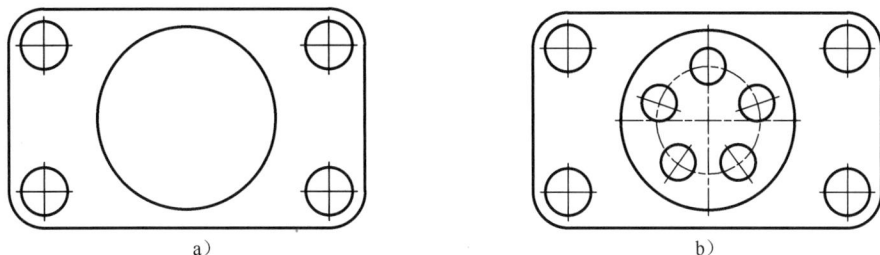

图 12-23　平面图形的绘制（二）

② 单击"常用"选项卡 ➤ "修改"面板 ➤ "镜像" ⚠️。

命令:_mirror

选择对象:找到 1 个　　　//选择 φ20 圆的切线，按 空格 键确认

选择对象:指定镜像线的第一点:　　　//单击 φ100 的圆心

指定镜像线的第二点:　　　//单击最上方 φ20 的圆心

要删除源对象吗？[是(Y)/否(N)]<否>:↙

③ 删除 φ20 圆中心线。用左键连续单选 5 个 φ20 圆的中心线，按 Delete 键删除，结果如图 12-24 所示。

④ 重画中心线。

单击"常用"选项卡 ➤ "绘图"面板 ➤ "中心线" ╱。

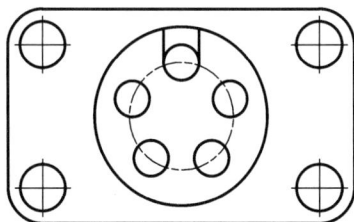

图 12-24　对象删除

命令: amcentline

指定中心线起点<对话框>:　　　//单击位于 90°位置的 φ20 圆下方的象限点

指定中心线终点:　　　//单击 φ100 圆上方的象限点

重复中心线绘制命令，绘制矩形的对称线。

⑤ 环形阵列。

单击"常用"选项卡 ➤ "修改"面板 ➤ "环形阵列" ⬡。

命令:_arraypolar

选择对象:找到 1 个　　　//用左键连续选择刚绘制的中心线和两条 φ20 圆的切线

选择对象:找到 1 个，总计 2 个

选择对象:找到 1 个，总计 3 个

选择对象:↙

类型=极轴　关联=否

指定阵列的中心点或[基点(B)/旋转轴(A)]:　　　//单击 φ100 圆的圆心，在功能区出现图 12-25 所示"阵列创建"上下文选项卡

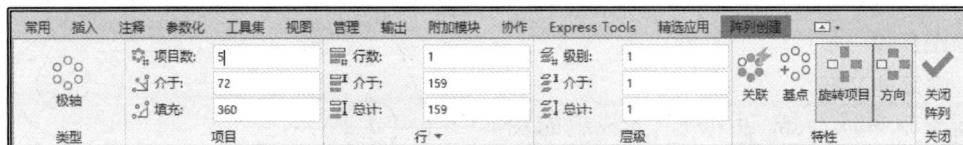

图 12-25　"阵列创建"上下文选项卡

选择夹点以编辑阵列或[关联(AS)/基点(B)/项目(I)/项目间角度(A)/填充角度(F)/行(ROW)/层(L)/旋转项目(ROT)/退出(X)] <退出>:

将"项目"面板的"项目数"设定为"5",关闭"特性"选项卡的"关联"特性,其他设置为默认,预览阵列符合要求,单击选项卡"关闭阵列"。阵列结果如图 12-26a 所示。

⑥ 修剪多余线条。单击"常用"选项卡 ➤ "修改"面板 ➤ "修剪" ✂ 。

命令:_trim

当前设置:投影=UCS,边=无,模式=快速

选择要修剪的对象,或按住 Shift 键选择要延伸的对象或[剪切边(T)/窗交(C)/模式(O)/投影(P)/删除(R)]:
//用左键连续单击要修剪的对象,结果如图 12-26b 所示

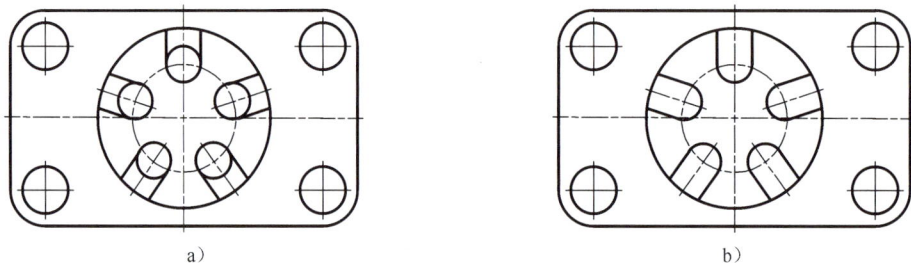

a)   b)

图 12-26　U 形槽绘制

7. 删除重复对象

单击"常用"选项卡 ➤ "修改"面板 ➤ "删除重复对象" ⛏ ,该命令被折叠在"修改面板"中。

命令:_overkill

选择对象: all　　//选择所有图形对象

找到 37 个

选择对象:↙　　//按 Enter 键,弹出"删除重复对象"参数设定对话框,单击 确定 按钮

0 个重复项已删除

1 个重叠对象或线段已删除

8. 保存文件

检查全图,按 Ctrl+S 组合键保存文件。

【例 12-4】按 1∶2 的比例绘制图 12-27 所示的平面图形,并标注尺寸。用文件名"画平面图形"存盘。

本例题要求按 1∶2 的比例绘图,但为使作图方便、快捷,应先按图中所注尺寸 1∶1 绘制图形,待图形绘制完成后,再进行比例缩放,使之达到题目绘图要求。

绘图步骤

1. 建立新文件

新建一个以"am_gb.dwt"为模板的图形文件,用"抄画平面图形"为文件名存盘。

2. 绘制同心圆

① 单击"常用"选项卡 ➤ "绘图"面板 ➤ "中心线" ╱ 下拉菜单 ➤ "带孔十字中

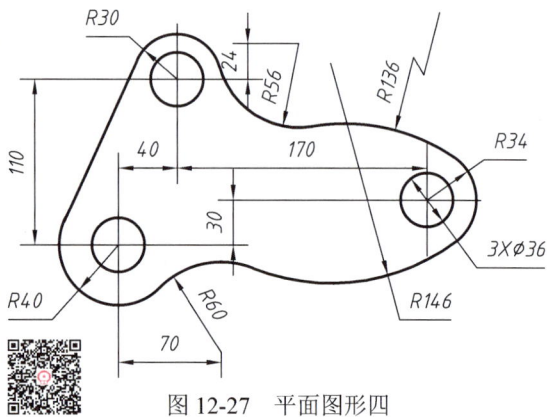

图 12-27　平面图形四

心线"⊕。

命令: amcencrhole

指定中心点<对话框>:　　　//在绘图区单击左键，确定左下角同心圆的位置

指定孔的直径或[没有孔(N)] <10|20|30>: 80|36✓　　　//同心圆的直径值用"|"分开

指定中心点<对话框>:　　//按 Esc 键

② 按 空格 键。

命令: AMCENCRHOLE

指定中心点<对话框>:　　//Shift+右键，选择点捕捉快捷菜单中"参考自"

参照点:　//单击 φ80 的圆心

　相对点: @210,30✓

指定孔的直径或[没有孔(N)] <80|36>:68|36✓

指定中心点<对话框>:　　//按 Esc 键

③ 按 空格 键。

命令: AMCENCRHOLE

指定中心点<对话框>:　　//Shift+右键，选择点捕捉快捷菜单中"参考自"

参照点:　//单击 φ80 的圆心

　相对点: @40,110✓

指定孔的直径或[没有孔(N)] <68|36>:36|60✓

　绘图结果如图 12-28 所示。

3．绘制两圆的公切线

单击"常用"选项卡 ➤ "绘图"面板 ➤ "直线" ╱ 。

命令: _line

指定第一个点:_tan 到　　//Shift+右键，选择点捕捉快捷菜单中"切点"，光标靠近 φ80 切点附近的边线，出现切点特征符号时，单击左键

指定下一点或[放弃(U)]:_tan 到　　//Shift+右键，选择点捕捉快捷菜单中"切点"，光标靠近 φ60 切点附近的边线，出现切点特征符号时，单击左键

指定下一点或[放弃(U)]:*取消*　　//按 空格 键

　绘图结果如图 12-29 所示。

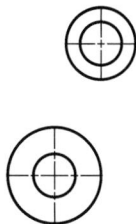

图 12-28　绘制同心圆　　　　　　　　　图 12-29　绘制两圆公切线

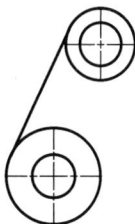

4．利用"构造线"绘制 R60 和 R56 中间弧

① 单击"常用"选项卡 ➤ "构造"面板 ➤ "构造线" ╱ 下拉菜单 ➤ "全距离平行" 。

命令:_amconstpar

选择直线,射线或构造线:　　//选择 φ80 圆的竖直中心线

指定插入点或距离(xx|xx|xx..) <10|20|30>:70↙　　　　//构造线到 φ80 圆的竖直中心线距离

在要偏移的一侧指定点:　　//光标在 φ80 圆竖直中心线右侧任意位置单击左键

选择直线,射线或构造线:*取消*　　//按 Esc 键

② 单击"常用"选项卡 ➤ "构造"面板 ➤ "构造圆" ⊙。

命令:_amconst_circle

指定中心点:　　//单击 φ80 圆的圆心

半径:100↙

_circle

指定圆的圆心或[三点(3P)/两点(2P)/切点、切点、半径(T)]:

指定圆的半径或[直径(D)] <18.00>:100_.draworder

选择对象:找到 1 个

选择对象:

输入对象排序选项[对象上(A)/对象下(U)/最前(F)/最后(B)] <最后>:_back

③ 单击"常用"选项卡 ➤ "绘图"面板 ➤ "圆心,半径" ⊙。

命令:_circle

指定圆的圆心或[三点(3P)/两点(2P)/切点、切点、半径(T)]:　　//单击构造线与构造圆的交点

指定圆的半径或[直径(D)] <100.00>:60↙

绘图结果如图 12-30a 所示。

④ 重复①至③步骤,绘制 R56 中间弧,绘图结果如图 12-30b 所示。

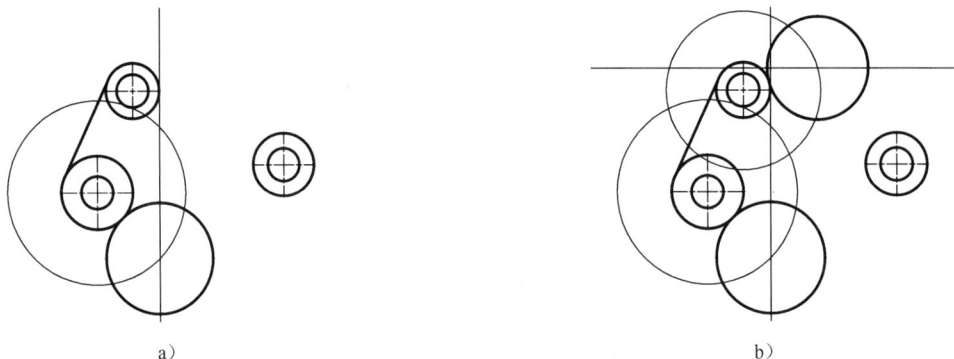

a)　　　　　　　　　　　　　　　　b)

图 12-30　绘制中间弧

⑤ 单击"常用"选项卡 ➤ "构造"面板 ➤ "全部" 。删除全部的构造线。

"选定" 命令仅删除选择的构造线。"选定" 和"全部" 命令重叠在"构造"面板的一个按钮中。

5. 绘制连接弧

① 单击"常用"选项卡 ➤ "绘图"面板 ➤ "圆"下拉菜单 ➤ "相切、相切、半径" 。

命令:_circle

指定圆的圆心或[三点(3P)/两点(2P)/切点、切点、半径(T)]:_ttr

指定对象与圆的第一个切点:　　//移动光标至 R56 圆与连接弧实际切点附近,单击左键

指定对象与圆的第二个切点:　　//移动光标至 φ68 圆与连接弧实际切点附近,单击左键

指定圆的半径<56.00>:136↙

绘图结果如图 12-31a 所示。

② 同样的操作步骤绘制 R146 的中间弧，结果如图 12-31b 所示。

③ 单击"常用"选项卡 ➤ "修改"面板 ➤ "修剪" ✂，用"修剪"命令去除多余图线。

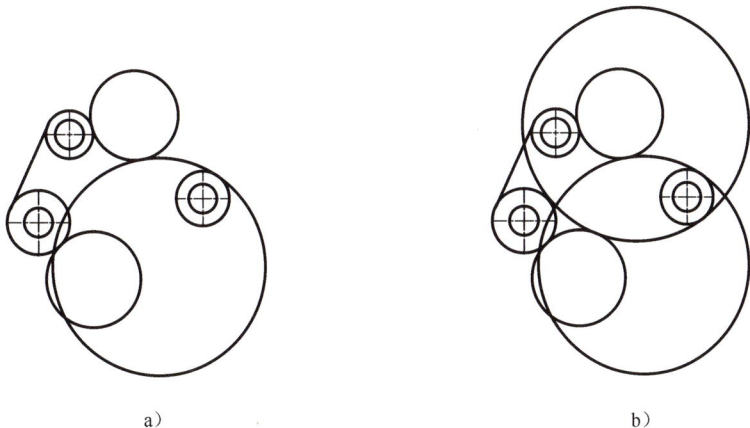

图 12-31　绘制连接弧

6. 缩放图形

单击"常用"选项卡 ➤ "修改"面板 ➤ "缩放" ⬚。

命令:_scale

选择对象:指定对角点:找到 17 个　//框选所有对象

选择对象:　//按 空格 键结束选择

指定基点:　//单击 R34 的圆心

指定比例因子或[复制(C)/参照(R)]: 0.5↙

图形缩小为原来的 1/2。

7. 标注尺寸

① 设置文字样式。

单击"注释"选项卡 ➤ "文字"面板 ➤ "文字样式"下拉菜单 Standard ➤ "管理文字样式…"。弹出图 12-32 "文字样式"对话框，AM 提供了 3 种符合国标要求的中文字形，gbeitc.shx、gbenor.shx 用于标注斜体和直体字母及数字，gbcbig.shx 用于标注中文。

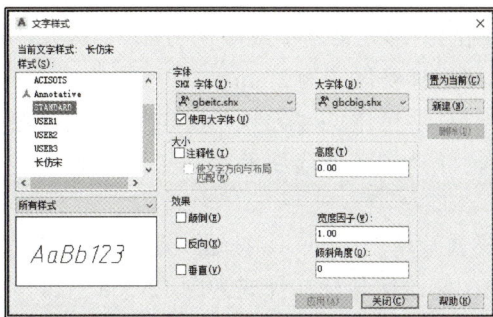

图 12-32　"文字样式"对话框

选中"STANDARD"样式，选用"SHX 字体"为"gbeitc.shx"，勾选☑使用大字体，选用"大字体"为"gbcbig.shx"，单击 应用(A) 按钮。

单击 新建(N)... 按钮，"样式名"为"长仿宋"，单击 确定 按钮，返回"文字样式"对话框。清除勾选□使用大字体(U)，字体选用"仿宋"，"宽度因子"改为"0.7"，单击 应用(A) 按钮。选择"ATANDARD"样式，单击 置为当前(C)，单击 关闭(C)。

② 设置标注样式。

单击"注释"面板 ➤ "标注"选项卡 ➤ "标注设置"按钮 ，打开图 12-33a 的"标注设置"对话框。当前标注样式为"AM_GB"，单击 编辑(E)... 按钮，弹出图 12-33b 所示的"编辑标注样式"对话框，"AM_GB"为选中状态时，单击 修改(O)... 按钮，弹出"修改标注样式:AM_GB"对话框，按图 12-34a 修改"线"选项卡中的"超出尺寸线"和"起点偏移量"数值，将"主单位"选项卡中的"比例因子"设定为"2"，如图 12-34b 所示，单击 确定 按钮，返回"编辑标注样式"对话框。

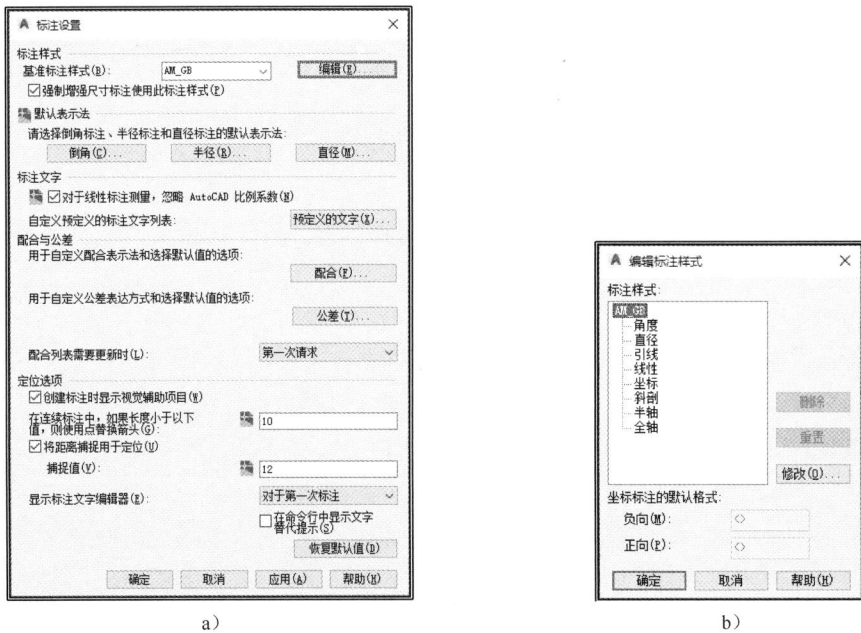

a)

b)

图 12-33　标注设置（一）

测量单位的"比例因子"，为要标注线性尺寸数值与对应的图形元素线性尺寸之比。按 1:2 图形绘制的图形，绘制的图形元素缩小成原来的 1/2，因此"比例因子"设定为 2，这样长度为 1mm 的线段，标注的长度尺寸为 2mm。

选择"编辑标注样式"对话框中的"角度"，单击 修改(O)... 按钮，弹出"修改标注样式:AM_GB:角度"对话框，将"文字"选项卡中的"文字对齐"方式改为"水平"，单击 确定。

删除<样式替代>标注样式，单击 确定 按钮，返回"标注设置"对话框。

单击 倒角(C)... 按钮，修改倒角标注样式为图 12-35a 中的"10×45°"方式，标注完成后，将"10×45°"倒角尺寸改为"C10"，因为图 12-35a 中"C10"倒角表示方法中指线引出方式不符合国标要求，所以才这样操作。

单击 半径(R)... 按钮，参照图 12-35b 修改"半径"标注样式。

单击 直径(M)... 按钮，参照图 12-35c 修改"直径"标注样式。

勾选"标注设置"对话框中的 ☑强制增强尺寸标注使用此标注样式(P) 。

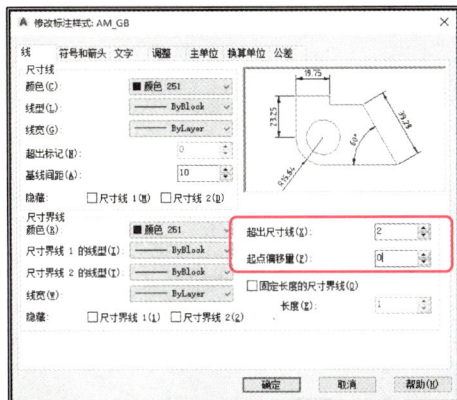

a)

b)

图 12-34 标注设置（二）

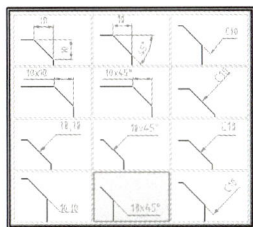

a)

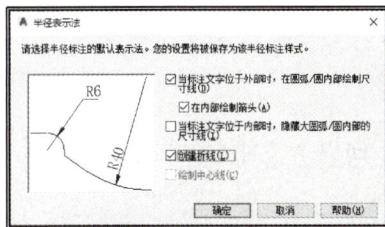

b)

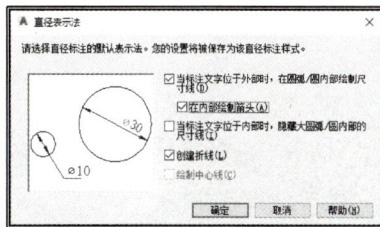

c)

图 12-35 标注设置（三）

取消勾选 □对于线性标注测量，忽略 AutoCAD 比例系数(N) 选项，单击随后弹出对话框中的 遵照 DIMLFAC 按钮，依次单击 应用(A) 和 确定 按钮，完成标注样式的设定。

③ 标注圆的直径尺寸。

单击"注释"选项卡 ➤ "标注"面板 ➤ "直径"按钮 ⊘。

命令:_ampowerdim_dia

选择圆弧或圆: //单击最上边圆的边线

指定尺寸线位置或[线性(L)/选项(O)]: //单击放置尺寸位置，在<φ36>前输入"3x"，按 Enter 键

选择圆弧或圆:*取消* //按 Esc 键

④ 标注半径尺寸。

单击"注释"选项卡 ➤ "标注"面板 ➤ "半径"按钮 ⟋。

命令:_ampowerdim_rad

选择圆弧或圆: //单击 R30 的弧

指定尺寸线位置或[线性(L)/选项(O)]: //单击放置尺寸的位置

同样操作，标注出图 12-36a 中的其他半径尺寸。

选择圆弧或圆:*取消* //按 Esc 键

⑤ 标注折弯半径尺寸。

243

单击"注释"选项卡 ➤ "标注"面板 ➤ "折弯"按钮 。

命令:_ampowerdim_jog

选择圆弧或圆:　　//单击 R136 的弧

指定中心位置替代:　　//单击圆弧替代中心点位置

指定尺寸线位置:　　//移动光标，单击放置尺寸线位置

指定折弯位置:　　//移动光标，单击折弯位置，如图 12-36b 所示，按 Enter 键

选择圆弧或圆:*取消*　　//按 Esc 键

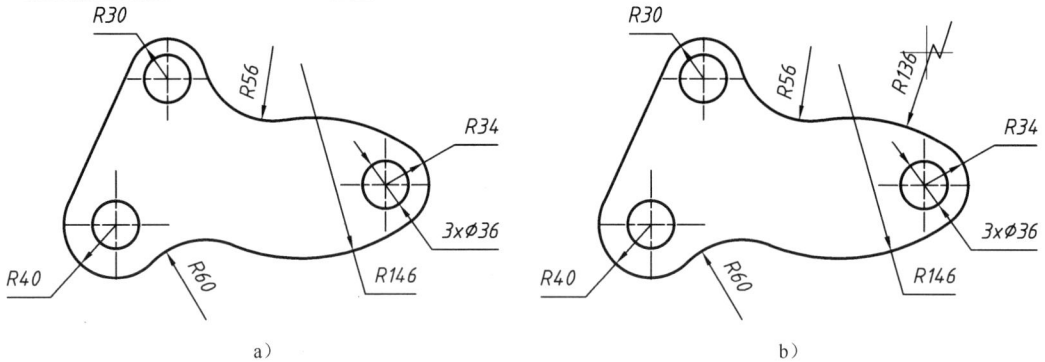

图 12-36 尺寸标注（一）

⑥ 标注线性尺寸。

单击"注释"选项卡 ➤ "标注"面板 ➤ "增强尺寸标注" 按钮。

命令:_ampowerdim

指定第一个尺寸界线原点或[线性(L)/角度(A)/斜剖(R)/倒角(M)/基线(B)/连续(C)/更新(U)]<选择对象>:
//单击上方 φ36 圆水平中心线的左端点

指定第二个尺寸界线原点:　　//单击左下方 φ36 圆水平中心线的左端点

指定尺寸线位置或[水平(H)/竖直(V)/对齐(A)/已旋转(R)/定位选项(P)]:　　//光标右移，尺寸线被自动吸附后，单击左键，移动光标离开尺寸数值再单击左键，完成标注 110 尺寸

重复上述步骤标注出图 12-37a 中 70、24、30 的尺寸，标注 70 和 24 尺寸时要捕捉圆心点。

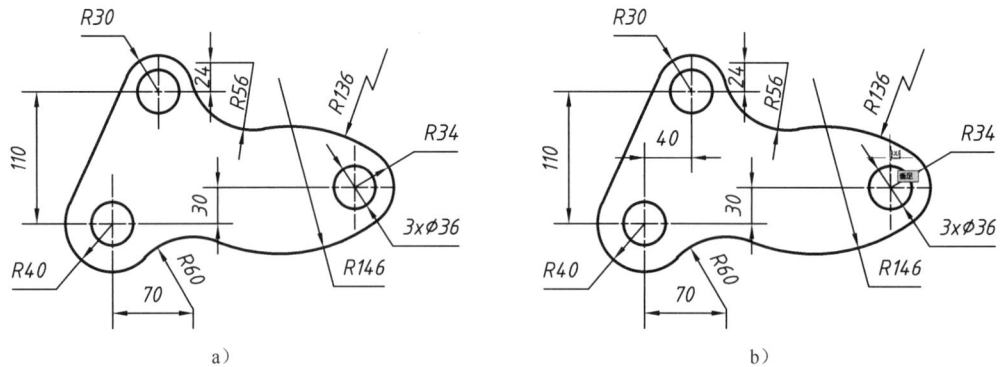

图 12-37 尺寸标注（二）

指定第一个尺寸界线原点或[线性(L)/角度(A)/斜剖(R)/倒角(M)/基线(B)/连续(C)/更新(U)]<选择对象>:
//单击左下方 φ36 圆竖直中心线的上端点

244

指定第二个尺寸界线原点: //单击上方 φ36 圆竖直中心线的下端点

指定尺寸线位置或[水平(H)/竖直(V)/对齐(A)/已旋转(R)/定位选项(P)]:H↙ //仅标注水平尺寸

指定尺寸线位置或[拖放(D)/竖直(V)/对齐(A)/已旋转(R)/定位选项(P)]: //单击 40 尺寸放置位置

指定第一个尺寸界线原点或[线性(L)/角度(A)/斜剖(R)/倒角(M)/基线(B)/连续(C)/更新(U)]<选择对象>: C
//单击"连续（C）"选项，标注连续尺寸

指定下一个尺寸界线原点或[放弃(U)/选择(S)/基线(B)]: //在右侧 φ36 圆竖直中心线上移动光标，出现图 12-37b 所示垂直特征符号时单击左键

指定下一个尺寸界线原点或[放弃(U)/选择(S)/基线(B)]: //按 Esc 键

8. 保存文件

检查全图，保存文件。

第三节 零件图的绘制

【例 12-5】 按 1：1 的比例，抄画图 12-38 所示的支承座三视图，不标注尺寸。

1. 新建文件

新建一个以"am_gb.dwt"为模板的图形文件，用"支承座-01"为文件名存盘。

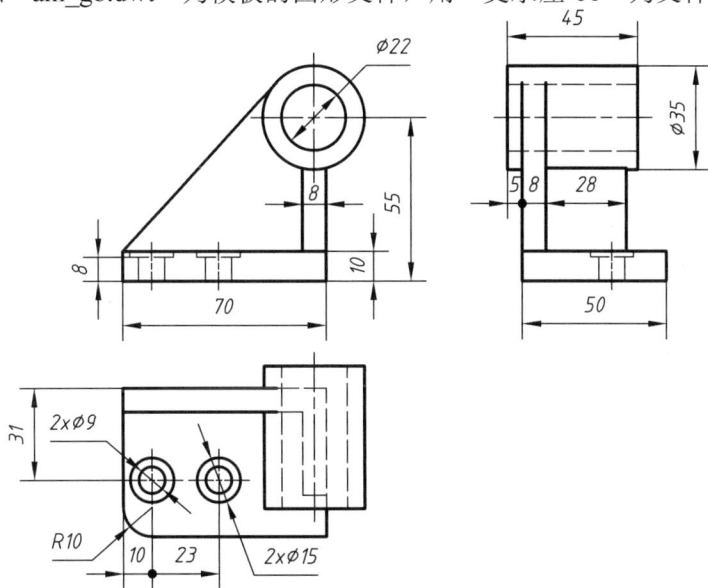

图 12-38 支承座三视图

2. 绘制主视图可见轮廓线

在当前图层"AM_0"上绘制图形。

① 利用"带孔十字中心线"命令，绘制 φ22 和 φ35 的同心圆。

② 绘制底座矩形。

单击"常用"选项卡 ▶ "绘图"面板 ▶ "矩形:角点、角点" ⬚。

命令:_amrectang

角点

指定第一个角点或[角点(R)/基础(B)/高度(H)/中心点(C)/倒角(M)/圆角(F)/中心线(L)/对话框(D)]:

//Shift+右键，快捷菜单选择"参考自"

　　参照点:　　　//单击两个同心圆的圆心

　　　　相对点: @-66,-55↙　　//确定矩形的左下角点位置

指定另外的角点或[面积(A)/旋转(R)]: @70,10↙

　　绘图结果如图 12-39a 所示。

　　③ 用直线命令绘制可见轮廓线。

命令:_line

指定第一个点:　　　//单击矩形的右上角点

指定下一点或[放弃(U)]:　　//垂直向上移动光标，出现与 ϕ35 圆的交点特征符号时单击左键

指定下一点或[放弃(U)]: *取消*　　//按 Esc 键，绘图结果如图 12-39b 所示

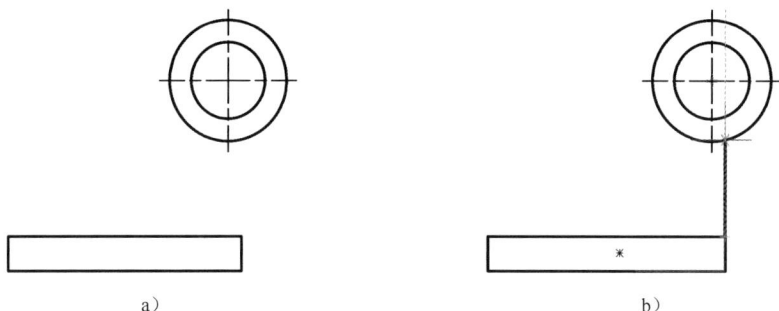

图 12-39　主视图可见轮廓线的绘制

　　重复直线命令，绘制 ϕ35 圆的切线。

　　④ 单击"常用"选项卡 ➤ "修改"面板 ➤ "偏移" ⟆。

命令:_amoffset

模式=普通(N)

指定偏移距离或[通过(T)/模式(M)] <10|20|30>:8↙

选择要偏移的对象或<退出>:　　//选择肋板右侧的边线

在要偏移的一侧指定点:　　//向左移动光标，然后单击左键

选择要偏移的对象或<退出>:*取消*　　//按 Esc 键

3．绘制底板和圆筒水平投影可见轮廓线

　　① 绘制底板俯视图的轮廓外形。

　　单击"常用"选项卡 ➤ "绘图"面板 ➤ "矩形:角点、角点" ⬜。

命令:_amrectang

角点

指定第一个角点或[角点(R)/基础(B)/高度(H)/中心点(C)/倒角(M)/圆角(F)/中心线(L)/对话框(D)]:　　//用左键捕捉主视图矩形的左下角点坐标信息，垂直向下移动光标，在合适位置单击左键

指定另外的角点或[面积(A)/旋转(R)]: @70,-50↙

　　按空格键或 Enter 键，重复执行矩形命令。

命令:_AMRECTANG

角点

指定第一个角点或[角点(R)/基础(B)/高度(H)/中心点(C)/倒角(M)/圆角(F)/中心线(L)/对话框(D)]:

//Shift+右键，快捷菜单选择"参考自"

参照点：　　//单击俯视图矩形的右后角点

　　　相对点:@13.5,5↙

指定另外的角点或[面积(A)/旋转(R)]:@-35,-45↙　　　//完成圆筒水平投影的绘制

② 利用"中心线" ✏ 命令，以圆筒前后端面的水平投影中点为端点绘制中心线。

③ 单击"常用"选项卡 ➤ "修改"面板 ➤ "圆角" 。

命令：_amfillet2d 当前设置:标注模式=关,修剪模式=开,当前圆角半径=2.50

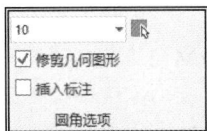

图 12-40　圆角选项面板

//在功能区弹出图 12-40 所示的上下文"圆角选项"面板，将圆角半径设定为 10，按 Enter 键确认

选择第一个对象或[多段线(P)/添加标注(D)]:　　//用左键拾取倒圆角的第一条

边线，光标移动到倒圆角的第二条边时预览圆角，圆角正确单击左键确认。按下 Shift 键再选择第二条线，则创建圆角半径值为"0"的直角

命令:当前设置:标注模式=关, 修剪模式=开, 当前圆角半径=10.00

选择第一个对象或 [多段线(P)/添加标注(D)]: *取消*　　//按 Esc 键

绘图结果如图 12-41 所示。

4. 绘制安装孔

① 单击"工具集"选项卡 ➤ "孔"面板 ➤ "沉头孔" 。

命令:_amcountb2d　　//选择图 12-42a 中的"自定义沉孔"类型，两次单击右侧窗口中"俯视"图标

指定插入点：　　//Shift+右键，选择快捷菜单中"参考自"

参照点：　　//单击俯视图底板投影的左后角点

　　　相对点:@10,-31↙

(*** ***)

指定旋转角<0>:↙

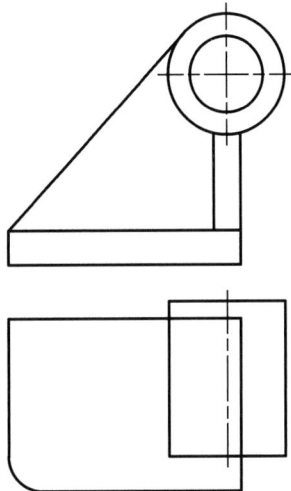

图 12-41　底板和圆筒的水平投影

弹出图 12-42b 的对话框，参照此对话框设定好沉孔参数，然后单击 完成 按钮。

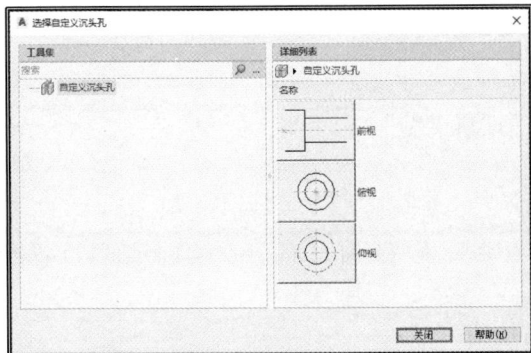

a)

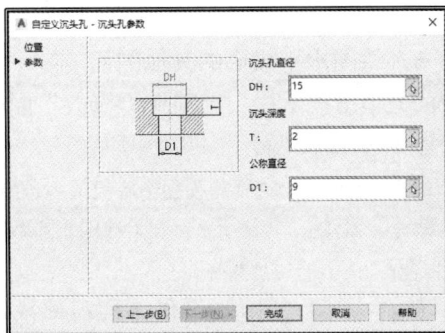

b)

图 12-42　沉头孔参数设定

② 单击"常用"选项卡 ➤ "修改"面板 ➤ "增强复制" 。

命令:_ampowercopy

选择对象: //选择 φ9沉头孔的水平投影，系统自动选定孔中心为复制距离的基准点

指定插入点:23✓   //水平向右移动光标，键入复制距离"23"，按 Enter 键

指定旋转角<0>:✓

③ 单击"常用"选项卡 ➤ "图层"面板 ➤ "图层"下拉菜单 ➤ "隐藏" 。将"AM_3"设定为当前图层，绘制虚线。

④ 单击"工具集"选项卡 ➤ "工具"面板 ➤ "增强视图" 。

命令:_ampowerview

选择对象: //鼠标选择 φ9沉头孔的水平投影，选择"选择新视图"对话框中的"前视"图标

指定插入点: //垂直向上移动光标到底板主视图的上边线，出现如图 12-43a"垂直"特征符合时，单击左键

指定孔深度: //垂直向下移动光标到底板主视图的下边线，出现"垂直"特征符合时，单击左键

同样方法绘制另一个沉孔的主视图投影，绘图结果如图 12-43b 所示。

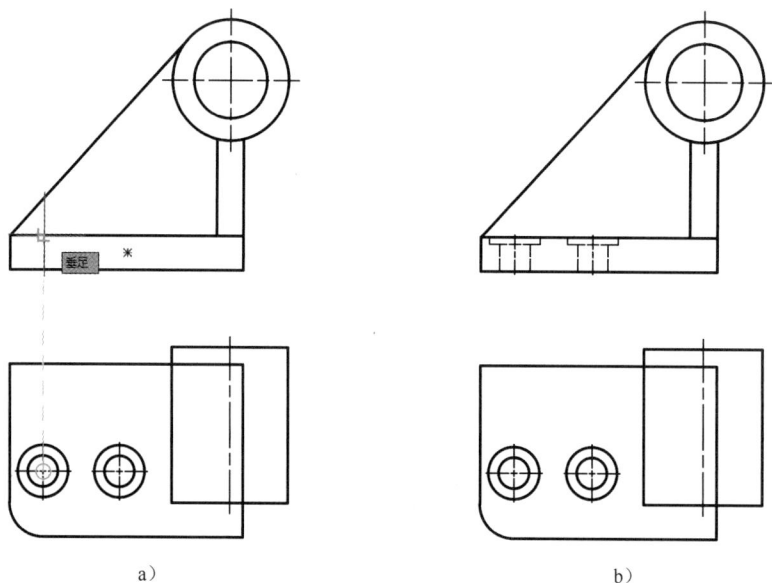

图 12-43   安装孔的绘制

5．绘图水平投影的其他图元

① 单击"常用"选项卡"修改"面板 ➤ "打断于点" 。

命令:_breakatpoint

选择对象: //选择俯视图中底板的后边线

指定打断点: //移动光标到主视图直线与圆的切点附近，捕捉到图 12-44a 中交点或端点的特征符号后，单击左键，选中的线被断开

同样方法打断图 12-44b 中底板俯视图的右边线。

② 单击"常用"选项卡 ➤ "图层"面板 ➤ "移至另一图层" 。

命令:_amlaymove

选择对象:找到 1 个　　　//选要俯视图中被遮挡的粗实线

选择对象:↙

通过使用对象、图层表或键盘指定新的图层(按回车键显示对话框):ACADM~HLDW

新图层:AM_3　　　//单击"轮廓" □▾下拉菜单，选择"隐藏"图层

③ 利用"直线"、"修剪"以及"偏移"等命令，完成俯视图其他图形元素的绘制，注意图层的使用，绘制过程不再赘述。

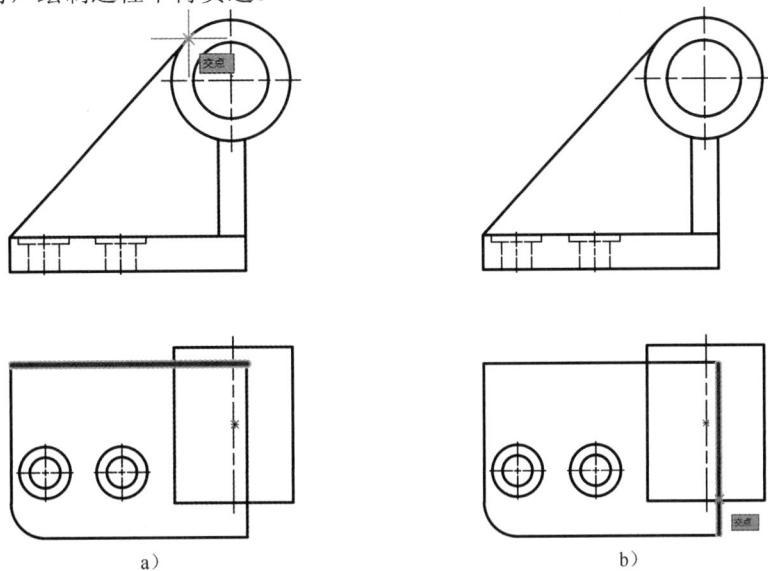

图 12-44　图形元素分割

6. 利用"投影"绘制左视图

① 单击"常用"选项卡 ➤"构造"面板 ➤"投影" ✕。

命令:_amprojo

投影[关(OFF)/开(ON)]<关(OFF)>: ON　　　//单击"开（ON）"选项，启用投影线的创建

指定插入点:　　　//在绘图区合适位置单击左键，指定投影的插入点

指定旋转角:　　　//水平向右移动光标到任意位置，单击左键，完成投影的创建

② 单击"常用"选项卡 ➤"构造"面板 ➤"构造线" ╱下拉菜单 ➤"水平" ──。

命令:_amconsthor

指定插入点:　　　//光标移动到主、俯视图的任一轮廓线上，当系统出现图形对象的特征符号时，单击左键，创建一条水平构造线，水平构造线遇到投影中 45°的角平分线时自动向上折弯

重复指定插入点，完成需要创建的水平构造线。

指定插入点:*取消*　　　//按 Esc 键

③ 在图 12-45 所示的侧面投影上（还未全部完成），水平和竖直构造线的交点确定了左视图中图形元素的位置和大小。在不同的图层，利用"绘图"和"修改"面板中的命令，完成左视图的绘制，具体过程不再赘述。在绘图过程中，构造线随时建立或删除，不必一次建全。

④ 利用"全部" ✕全部命令，删除所有的构造线和投影坐标轴。

【例 12-6】　绘制图 12-46 所示支承座的零件图。

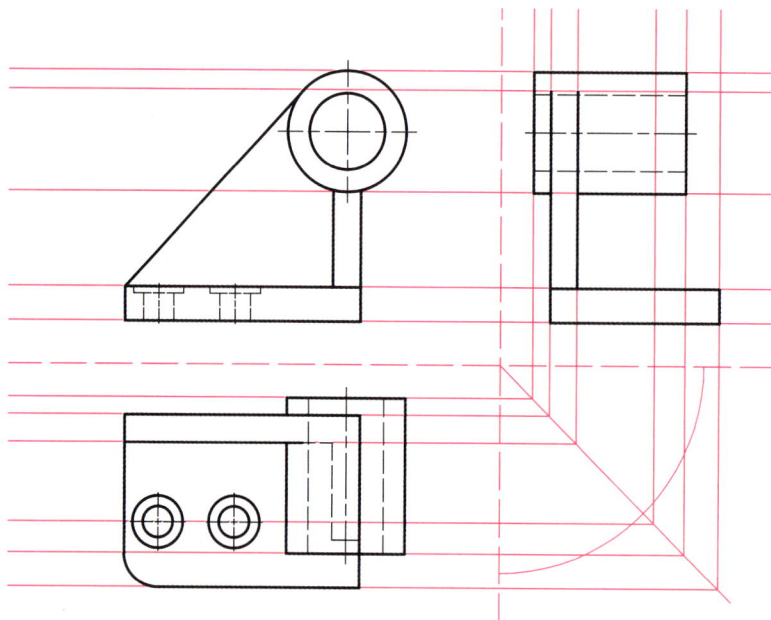

图 12-45 利用投影线补画三视图

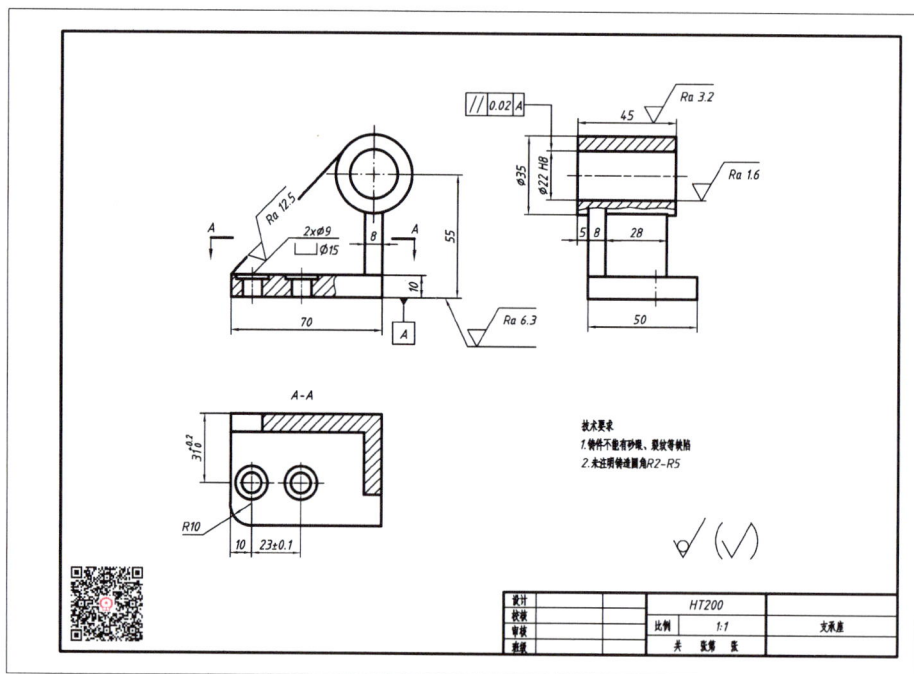

图 12-46 支承座零件图

绘图步骤

1. 新建文件

新建一个以"am_gb.dwt"为模板的图形文件，用"支承座-02"为文件名存盘。

2. 绘制图框

① 利用"矩形:角点、角点"□命令，绘制左下角在 0,0 点，右上角在 420,297 点的矩形框。

② 利用"偏移" 命令，绘制偏移距离为 5mm 的图框线。

③ 利用图元夹点编辑内框的大小。未执行命令时，选中内部的矩形框，矩形框边线上出现蓝色夹点，单击左边框的中点，系统提示：

拉伸

指定拉伸点:20↙　　//如图 12-47 所示，向右沿水平引导线移动光标，输入拉伸距离 20

命令:*取消*　　//按 Esc 键

④ 利用"移至另一图层" 命令，将图幅边框线移动到"辅助线"图层。

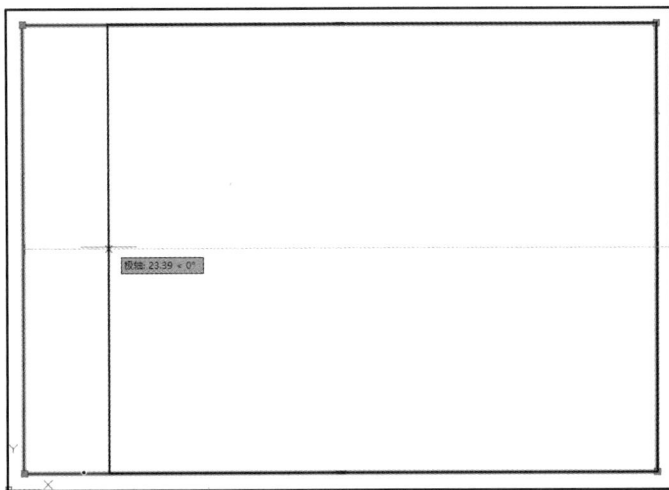

图 12-47　利用夹点编辑

3．绘图支承座的基本视图

参照【例 12-5】的绘制方法，绘制支承座的基本图形。

4．绘图剖切符号及断裂线

① 单击"常用"选项卡 ➤ "局部"面板 ➤ "剖切线" 。

命令:_amsectionline

选择点或[可见性(V)]:　　//在剖切线的起始位置单击左键

指定剖切线的下一个点或[圆心(C)]:　　//水平移动光标，在剖切线的终点位置单击左键

指定剖切线的下一个点或[半剖(H)/名称(N)/圆弧(A)]:↙　　//按空格键或 Enter 键，完成剖切位置确定

指定第一个剖切符号<A>↙　　//输入视图名称

指定剖视方向　　//沿投射方向移动光标到合适位置单击左键

指定视图名称的原点　　//在放置剖视图名称位置单击左键，如图 12-48a 中 A-A 位置

② 单击"常用"选项卡 ➤ "修改"面板 ➤ "分解" 。

命令:_amexplode

选择对象:找到 1 个　　//选择剖切符号

选择对象:_EXPLODE　　//按空格键或 Enter 键

③ 将剖切符号分解后，利用"移至另一图层"命令，将视图名称字母、投射方向移动到"尺寸/注释"图层，字母和投射方向箭头变为细实线，绘图结果如图 12-48b 所示。

④ 单击"常用"选项卡 ➤ "局部"面板 ➤ "局部剖切线" 。按系统提示完成图 12-49

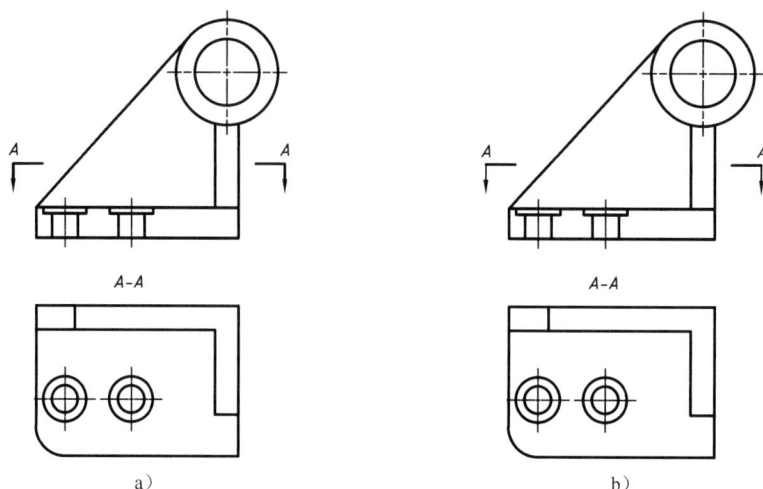

图 12-48 剖切符号的标注

中的主、左视图中局部剖切线的绘制，局部剖切线的端点要落在图形元素上以形成封闭区域。

⑤ 用"直线"命令绘图俯视图中支承板的剖切边界线。

⑥ 利用"修剪"命令，将多余的线条修剪。

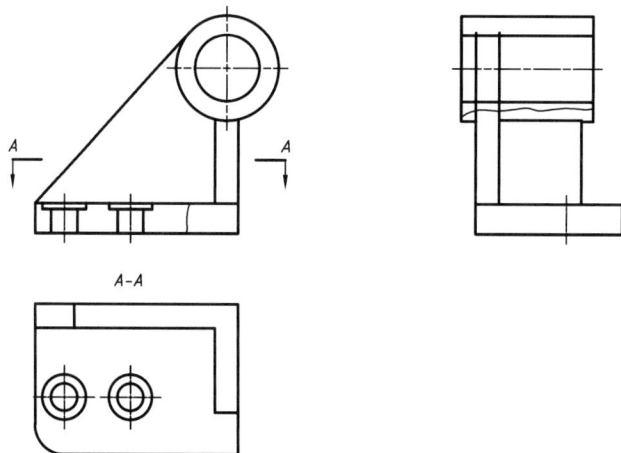

图 12-49 局部剖切线的绘制

5. 图案填充

① 单击"常用"选项卡 ➤ "图层"面板 ➤ "图层"下拉列表 ⬚ ➤ "填充" ▨。将"AM_8"设定为当前图层，绘制剖面线。

② 单击"常用"选项卡 ➤ "绘图"面板 ➤ "填充" ▨ 下拉菜单 ➤ "填充" ▨。

在功能区出现图 12-50 的"图案填充创建"上下文选项卡。

● "图案"面板。用于选择填充图案。

● "特性"面板。"角度"确定剖面线的倾斜方向，常用 0°和 90°，当填充轮廓线倾斜为45°时，填充角度常用 15°或 75°。"填充图案比例"设定了剖面线间隔的大小。

● "选项"面板。激活"关联"选项时，当改变填充图案的边界形状自动更新图案填充。

命令:_hatch

252

图 12-50　"图案填充"选项卡

　　拾取内部点或[选择对象(S)/放弃(U)/设置(T)]:正在选择所有对象...　　　//用左键依次单击主视图中底板安装孔周围填充剖面线的封闭区域内部的任意位置

　　正在选择所有可见对象...

　　正在分析所选数据...

　　正在分析内部孤岛...

　　......

　　拾取内部点或[选择对象(S)/放弃(U)/设置(T)]:　　　//单击"图案填充创建"选项卡中的"关闭图案填充创建"按钮，结束图案填充命令

　　③ 按 空格 键或 Enter 键，重复"填充"命令，完成俯视图的填充。再次执行"填充"命令，完成左视图的填充，结果如图 12-51 所示。

　　若是一次填充完不同视图的剖面线，在单独移动某个基本视图时，剖面线不随图形移动。

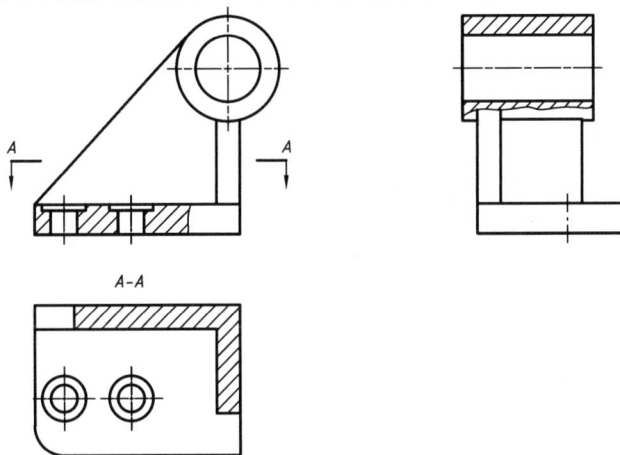

图 12-51　图案填充

6. 标注尺寸

　　① 按【例12-4】的方法设定文字和标注样式，将标注样式"主单位"选项卡中的"比例因子"设定为"1"。

　　② 单击"注释"选项卡 ➤ "标注"面板 ➤ "增强尺寸标注" 按钮。

　　选择左视图φ22内孔两条素线的左端点作为线性尺寸的分界点，向左移动光标，尺寸线被吸附到固定位置时单击左键，在功能区上下文的"增强尺寸标注"选项卡上的所有面板才能被激活。

　　将光标移动尺寸数字"<22>"的前面，单击如图 12-52 所示"插入面板"中的直径符号。

　　将光标移动到尺寸数字"<22>"的后面，单击"配合/公差"面板 ➤ X₇ 配合。单击"表示法"下拉按钮，选择图 12-53a 样式列表中最下方中间的样式。单击"符号" h7 的下拉

图 12-52 "增强尺寸标注"选项卡

按钮，单击 配合对话框... ，弹出图12-53b的"配合"对话框，在"孔"选项卡中正确选择基本偏差代号和公差等级，单击 确定 ，单击"关闭编辑器" ✔ 按钮。

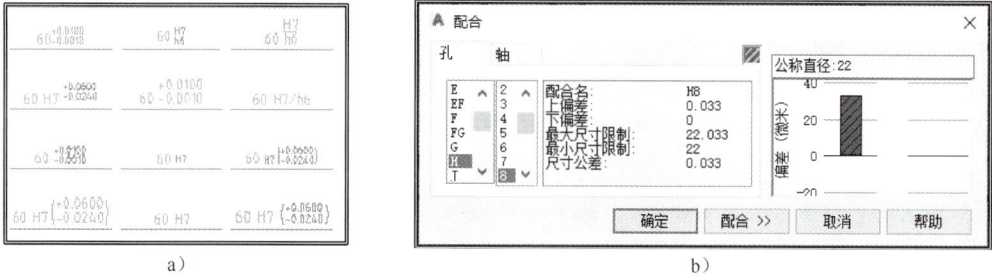

a)

b)

图 12-53 尺寸配合公差设定

如果尺寸不标注公差，将光标移到尺寸数字后面，单击"配合/公差"面板 ▶ X_{h7} 配合 按钮，关闭"配合"标注即可。

③ 标注完俯视图连续尺寸10 和23 后，双击 23 尺寸，然后单击"插入"面板中的"±"号，再输入"0.1"，单击"关闭编辑器" ✔ 按钮，完成 23±0.1 的尺寸标注。

④ 标注俯视图的 31 尺寸，退出尺寸标注前，单击"配合/公差"面板的 X_{±1} 公差，上限值输入"0.2"，下限值输入"0"，单击"关闭编辑器" ✔ 按钮，完成 31 尺寸标注。

⑤ 标注其他尺寸。

7. 引线注释

单击"注释"选项卡 ▶ "标注"面板 ▶ "引线注释" ⌐ᴬ。

命令:_amnote

选择装入的对象或[重新组织(E)/库(L)]:   //单击主视图底板的上边线

指定起点: //单击孔轴线与底板上边线的交点

指定下一点或[符号(S)/起点(P)]<符号>:   //移动光标左键，单击放置注释文本的位置

指定下一点或<符号>:↙

符号已经装入   //在功能区弹出图12-54的"引线注释"上下文选项卡

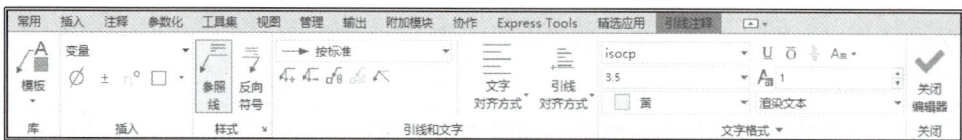

图 12-54 "引线注释"选项卡

单击"引线和文字"面板的 ➡按标准 引线样式下拉按钮，选择箭头样式为"无"，"文字对齐方式"设定为"居中对齐"，"引线对齐方式"设定为"参照线上的顶行文字"，设定完成后，输入"2×φ9"，按 Enter 键，再输入"⌴φ15"，注释中的 ∅ 和⌴符号，在插入面板符号列表中选择，单击"关闭编辑器"按钮，结果如图 12-55 所示。

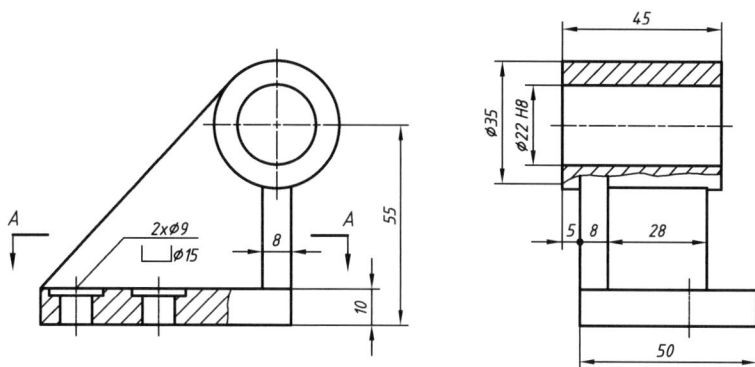

图 12-55　引线注释

8. 几何公差标注

① 单击"注释"选项卡 ➤ "符号"面板 ➤ "基准标识符号" ⒜。

命令:_amdatumid

选择要装入的对象: 　//单击主视图的底边

输入选项[下一个(N)/接受(A)] <接受(A)>:✓　 　//按空格或 Enter 键

指定起点或[曲面(F)]: 　//移动光标到放置基准符号的位置，单击左键

指定下一点或[符号(S)/起点(P)] <符号>: 　//向下移动光标到合适位置单击左键放置基准框格

指定下一点或<符号>:✓　 //按空格键或 Enter 键

符号已经装入 　//在弹出图 12-56 所示的"基准标识符号"对话框中，输入基准符号，单击 确定 按钮

② 单击"注释"选项卡 ➤ "符号"面板 ➤ "形位公差符号" ⊕1 ▾。

命令:_amfcframe

选择装入的对象或[库(L)]: 　//单击左视图 φ22H8 尺寸上边界

指定起点或[曲面(F)]: 　//移动光标捕捉 φ22H8 尺寸线的端点后，单击左键

指定下一点或[符号(S)/起点(P)] <符号>: 　//向上移动光标到合适位置单击左键

指定下一点或<符号>: 　//向放置几何公差框格的一侧移动光标，然后单击右键确认

符号已经装入 　//弹出图 12-57 所示的"形位公差符号"对话框

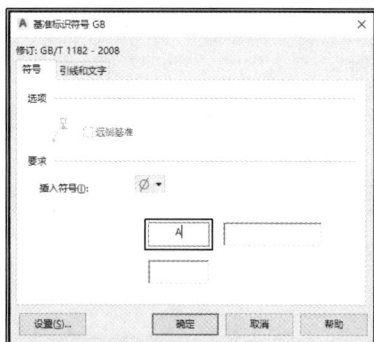

图 12-56　"基准标识符号"对话框

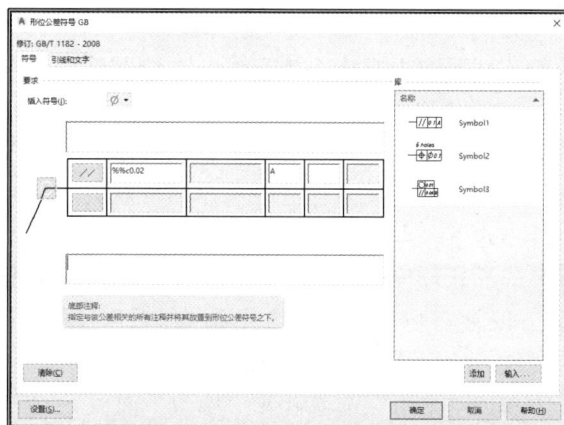

图 12-57　"形位公差符号"对话框

单击对话框的 ━ 特征符号，选择╱╱；在公差框格中输入 0.02，如果公差值前面有直径符号或公差值后面有其他符号，通过单击 ∅ ▾ 下拉按钮来选择；基准框格中输入"A"后，单击 确定 按钮。

绘图结果如图 12-58 所示。

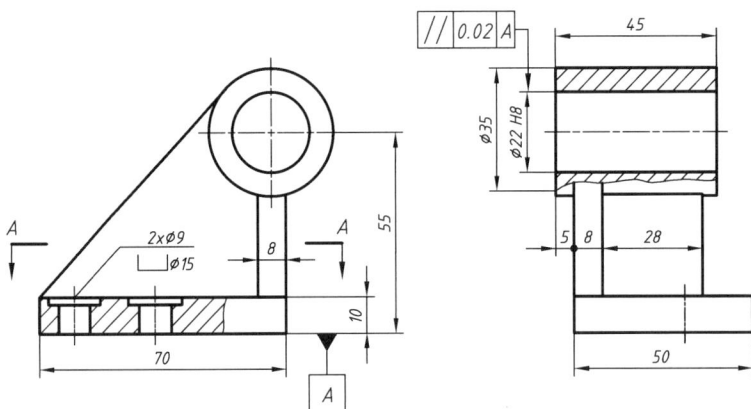

图 12-58　几何公差的绘制

9．表面粗糙度标注

① 标注 2×∅9 锪孔的表面粗糙度。

单击"注释"选项卡 ➤ "符号"面板 ➤ "表面粗糙度" √ 。

命令:_amsurfsym

选择装入的对象或[库(L)]:　　//单击锪孔标注的引线

指定下一个点或[曲面(F)/符号(S)]<符号>:✓

指定旋转角度:　　//单击锪孔标注的引线和横线的转折点

符号尚未装入

弹出的图 12-59 "表面粗糙度"对话框，选择"去除材料"符号，选择粗糙度值为 *Ra* 12.5，单击 确定 按钮，完成表面粗糙度代号的绘制。

如果表面粗糙度对话框的标准为"GB/T 131-93"，则系统不提供粗糙度值选择功能。更改的方式是在没有命令执行时，在绘图区的空白处单击右键，选择快捷菜单的"选项"命令，打开"选项"对话框，展开"AM 标准"选项卡中的"表面粗糙度"标准元素，将"GB/T 131-2006"激活，并"置为当前"标注样式。

表面粗糙度代号标注附着在图形对象上，移动光标指定表面粗糙度放置的起始点位置，继续指定下一点，表面粗糙度以引线形式标注。

表面粗糙度代号标注附着在图形对象上，移动光标指定放置粗糙度的起始点后，直接按 Enter 键，则隐藏指引线，系统提示选择边，确定粗糙度的标注方向。

② 当表面粗糙度代号被线穿过时，应在两点间断开穿过的对象，防止标注被遮挡。

单击"常用"选项卡 ➤ "修改"面板 ➤ "打断" 凹 。

命令:_break

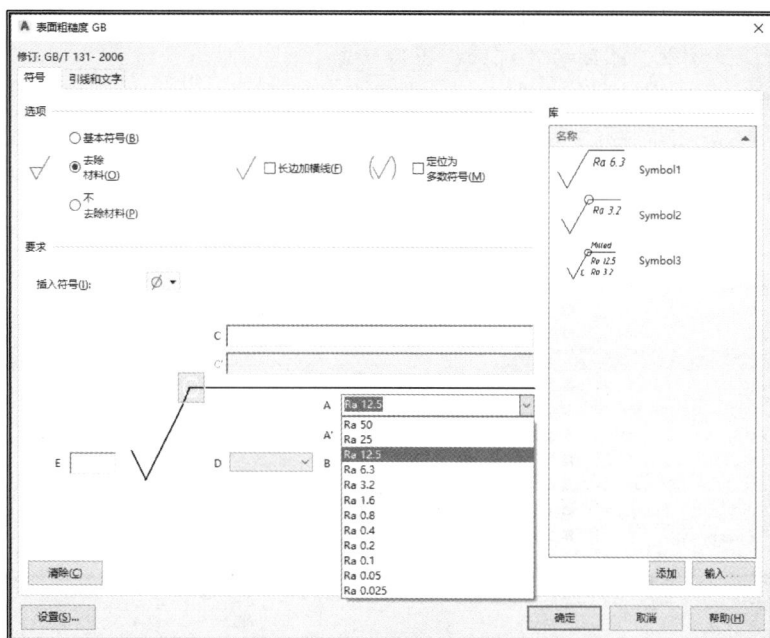

图 12-59　"表面粗糙度"对话框

选择对象:　　//如图 12-60 所示，选择要打断的图形对象，
选择点作为打断的第一个点

指定第二个打断点或[第一点(F)]:　　//移动光标，预览打断
结果，在合适位置单击左键

③ 大多数表面相同粗糙度的标注。

单击"注释"选项卡 ➤ "符号"面板 ➤ "表面粗
糙度" √ 。

命令:_amsurfsym

选择装入的对象或[库(L)]:　　//在标题栏附近单击左键，确
定粗糙度的标注位置

没有选中任何对象

指定下一个点或[曲面(F)/符号(S)] <符号>:↙

指定旋转角度:0↙

符号尚未装入

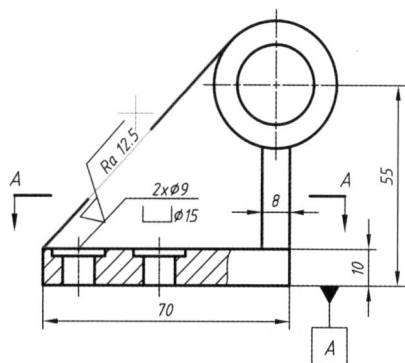

图 12-60　图形对象打断

弹出的"表面粗糙度"对话框，选择 ⊙ 不去除材料(P) 标注样式，勾选 ☑定位为多数符号(M)，删除表面粗
糙度值，单击对话框左下角的 设置(S)... 按钮，将"多数符号"标注样式设定为 ⊙简化(M)，单
击 确定 按钮，返回"表面粗糙度"对话框，单击 确定 按钮。

10. 利用表格绘制标题栏

① 单击"常用"选项卡 ➤ "图层"面板 ➤ "图层"下拉菜单 □· ➤ "文字" A。将
"AM_6"设定为当前图层。

② 单击"常用"选项卡 ➤ "图层"面板 ➤ "Mechanical 图层管理器" 。

打开图 12-61 所示的"图层管理器"对话框，将图层"AM_6"的线宽由 0.35mm 改为 0.25mm，为在"文字"图层放置标题栏设好线宽。

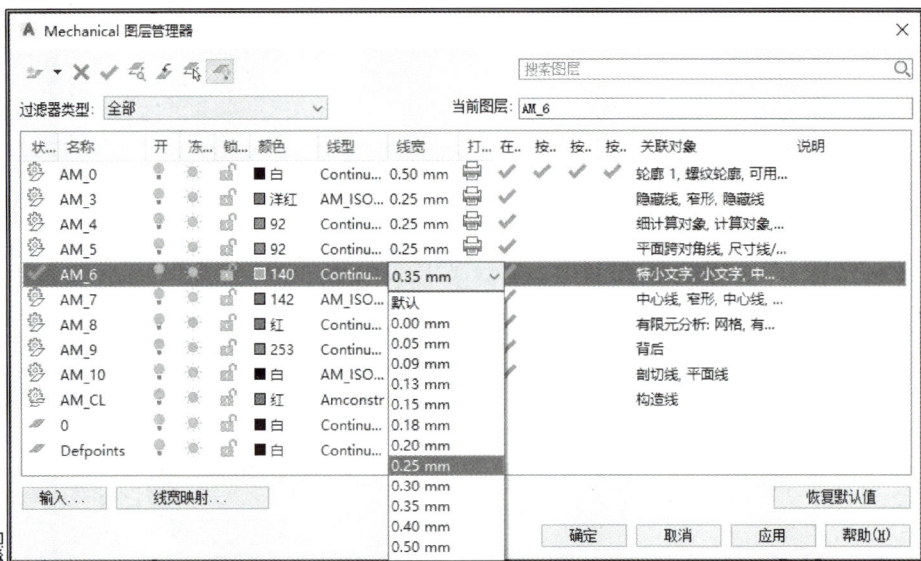

图 12-61 "图层管理器"对话框

③ 单击"注释"选项卡 ➤ "图纸"面板 ➤ "表" ⊞ 。

在弹出图 12-62 所示的"插入表格"对话框中，设置"列数"为 3，"列宽"为 15，"数据行数"为 1，"行高"为 1，"设置单元样式"所有行全部为"数据"。

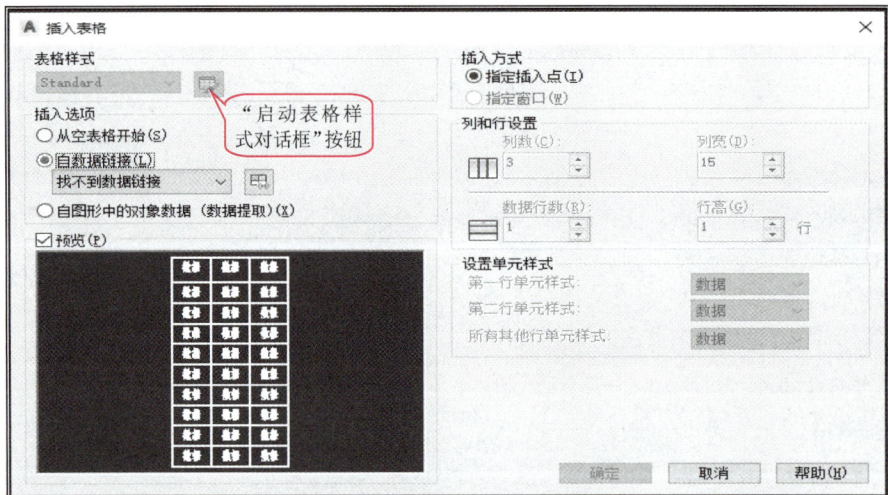

图 12-62 "插入表格"对话框

④ 单击"插入表格"对话框左上方的"启动表格样式对话框"按钮 ，弹出"表格样式"对话框，单击 新建(N)... 按钮，在弹出的"创建新的表格样式"对话框中，输入新建表格样式名"标题栏"，单击 继续 按钮，弹出图 12-63a 所示"新建表格样式: 标题栏"对话框。

选择"单元样式"为"数据"，在"常规"选项卡中，选择"对齐"为"正中"，选择

"格式"为"文字"。选择"页边距"的"水平"和"垂直"值均为"0"。

在"文字"选项卡中，设置"文字高度"为5，如图12-63b所示。

在"边框"选项卡中选择所有边框的"线宽"及"线型"均 ——— ByLayer ∨，然后单击 田 按钮选取所有边框按钮，如图 12-64a 所示。选择"线宽"为图样中粗实线的宽度 0.5mm，单击 ▣ 按钮选取外边框按钮，如图12-64b 所示。在左侧表格样式预览框中显示设定的样式。设定完成后，单击 确定 按钮。

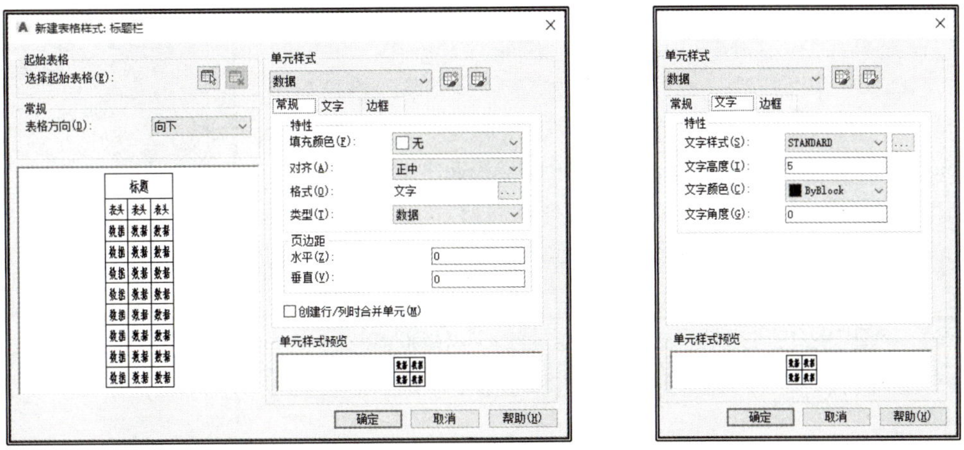

a)　　　　　　　　　　　　　　　　　b)

图 12-63　单元格样式设定一

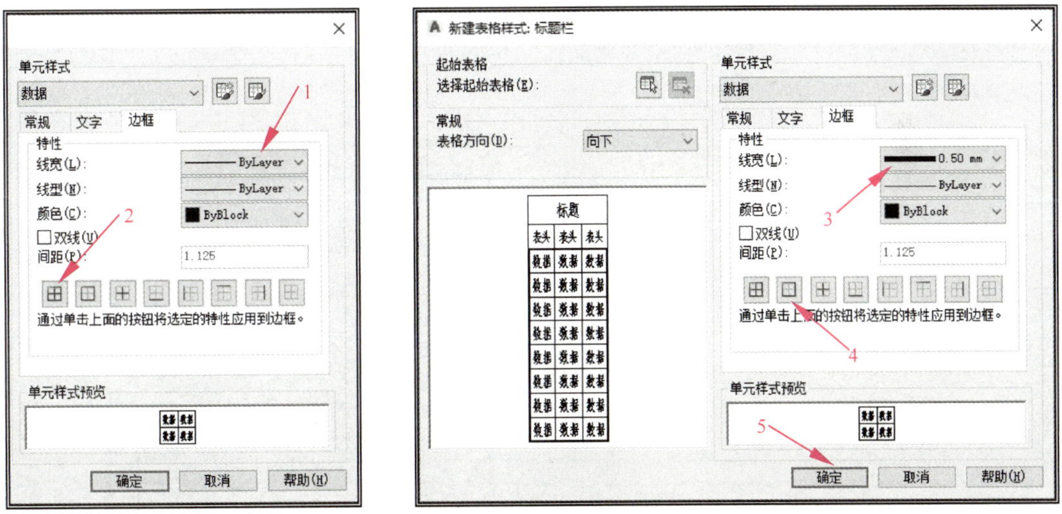

a)　　　　　　　　　　　　　　　　　b)

图 12-64　单元格样式设定二

返回"当前表格样式"对话框，单击"置为当前(U)"按钮，将"标题栏"设定为当前样式，单击 关闭 按钮，再单击"插入表格"对话框的 确定 按钮，返回到绘图状态。此时表格挂在十字光标上并随之移动，单击左键在绘图区指定插入点，插入表格。

⑤ 编辑表格成为图纸标题栏样式。

a）修改行高。单击表格第一行中的任一单元格，单击右键，在弹出的快捷菜单中，选择"特性"，弹出图 12-65 所示"特性"选项板，将"单元高度"值设定为 10，按 Enter 键确认。同样方式设定其他两行高度为 9。

　　b）修改列宽。选择第二列任意单元格，在特性栏中设置"单元宽度"为 40，按 Enter 键确认。设置第三列"单元宽度"为 60。

　　将"特性选项板"拖动到绘图区的左侧固定，单击"特性选项板"顶部的"▣"自动隐藏按钮，光标离开后选项板自动隐藏。

　　c）合并单元格。如图 12-66 所示，在要合并的第一个单元格单击左键不松开，拖动光标到要合并的最后一个单元格再松开，完成相邻单元格的选择。单击功能区"表格单元"上下文选项卡 ▶ "合并"面板 ▶ "合并单元" ▶ "合并全部" ▦ 合并全部。

　　同样步骤合并第三行第一列和第二列单元格。

　　d）修改线宽。选中第三列的全部单元格，单击功能区"表格单元"上下文选项卡 ▶ "单元样式"面板 ▶ "编辑边框" ⊞ 编辑边框。弹出图 12-67 所示"单元边框特性"对话框。

　　选择边框"线宽"为粗实线宽度 0.50mm，单击"左边框" ▯ 按钮，再单击 确定 按钮。

　　⑥ 移动表格到图框的右下角。

　　单击"常用"选项卡 ▶ "修改"面板 ▶ "移动" ✛。

命令:_move

选择对象:找到 1 个　　　　//选择标题栏，右键确认

选择对象:

指定基点或[位移(D)] <位移>:　　　//单击标题栏的右下角

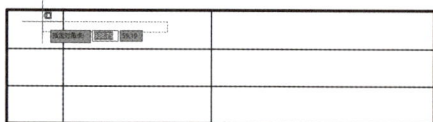

图 12-65　特性选项板

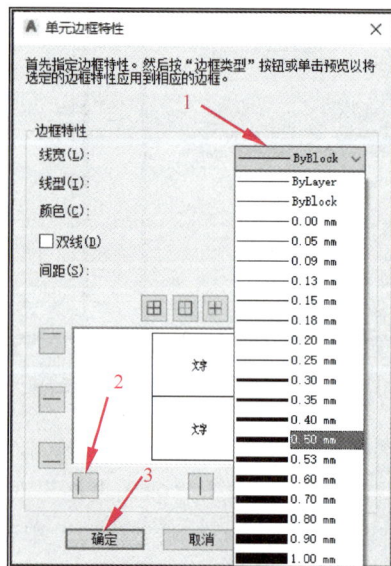

图 12-66　单元格选定

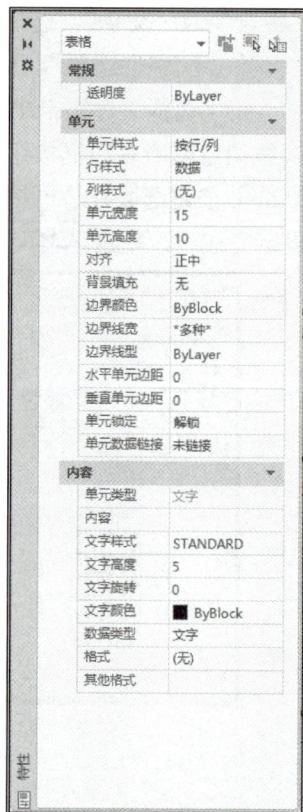

图 12-67　"单元边框特性"对话框

指定第二个点或<使用第一个点作为位移>:　　//单击图框的右下角

⑦ 同样方法步骤，用"标题栏"样式绘制四行三列，边框为粗实线的表格，所有行高为 7mm，中间列单元格宽度为 30，右边列单元格宽度为 20。移动表格的右下角与上一个表格的左下角重合。

⑧ 左键双击要输入文字内容的单元格，键入需要的文字。

11．书写技术要求

单击"常用"选项卡 ➤ "注释"面板 ➤ "多行文字" A。

命令:_mtext

当前文字样式:"长仿宋"　文字高度:　2.5　注释性:　否

指定第一角点:　　//单击图框内一点，指定矩形的一个角点

指定对角点或[高度(H)/对正(J)/行距(L)/旋转(R)/样式(S)/宽度(W)/栏(C)]:　　//单击矩形的另一个角点，指定多行文字的输入宽度，在功能区显示如图 12-68 所示的"文字编辑器"上下文选项卡

在"样式"面板中可以设定输入文字样式和文字高度。"格式"和"段落"面板类似于 Word 文字编辑，不再赘述。"插入"面板用于文字输入过程中插入特殊字符等。

在绘图区出现图 12-69 所示的文字输入窗口，在窗口中输入"技术要求"的文字内容，窗口顶部的标尺上有用于编辑文字段落的制表位、首行缩进、悬挂缩进等，文字输入完毕，单击"关闭文字编辑器" ✔ 按钮。

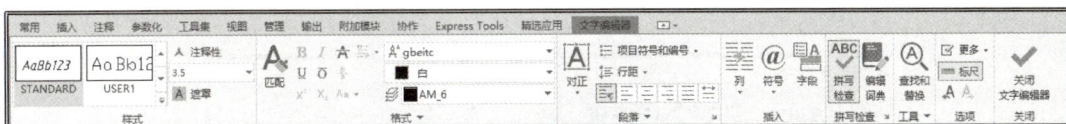

图 12-68　"文字编辑器"选项卡

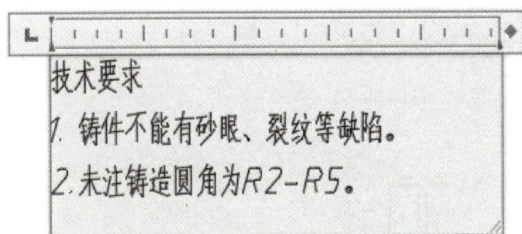

图 12-69　文字输入窗口

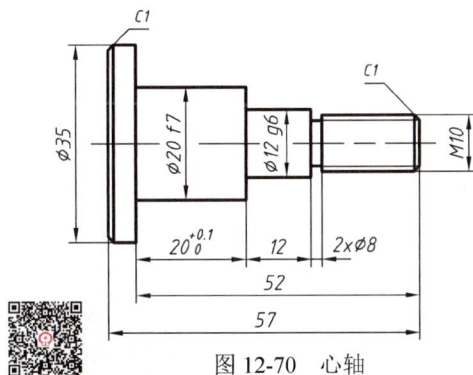

图 12-70　心轴

12．保存图形文件

对全图进行检查修改，保存文件。

【例 12-7】　绘制图 12-70 所示心轴零件图。

绘图步骤

1．新建文件

新建一个以"am_gb.dwt"为模板的图形文件，设定"文字样式"、"标注样式"等绘图环境，用"心轴"为文件名存盘。

261

2．绘制图形

单击"工具集"选项卡 ➤ "轴"面板 ➤ "轴生成器" 🔛 。

命令:_amshaft2d

指定起点或选择中心线[新建轴(N)]:　　//在绘图区合适位置单击左键，确定绘制轴的起点

指定中心线终点:　　//向右沿水平引导线移动光标，在合适位置单击左键，确定轴的摆放位置，弹出图 12-71 所示的"轴生成器"对话框。单击"外轮廓"面板中精确绘制"圆柱体"命令

指定长度<50>:5✓　　//输入 φ35 圆柱的长度，按 空格 键或 Enter 键

指定直径<40>:35✓　　//输入圆柱的直径，按 空格 键或 Enter 键，返回"轴生成器"对话框

……　　//重复执行添加"圆柱体"命令绘制完成 φ20×20、φ12×12 和 φ8×2 的圆柱。单击轴生成器的添加外螺纹图标，在弹出的"螺纹"对话框中，单击选择列表"GB/T 196-81-外螺纹（普通螺纹）"选项，弹出图 12-72 所示"GB/T 196-81-外螺纹（普通螺纹）"对话框，选择"M10"螺纹规格，长度 l=18，单击 确定 按钮，返回轴生成器对话框（注意，GB/T 196—2003 是现行标准，但 AM 目前还是 GB/T 196—81）。单击添加外轮廓的"倒角"命令

选择对象:　　//单击 φ35×5 圆柱体的倒角部位，系统在倒角处提示圆圈

指定长度(最大 5) <2.5>:1✓　　//输入倒角宽度

指定角度(0-83)或[距离(D)] <45>:✓　　//返回轴生成器对话框，单击 关闭(C) 按钮

绘图结果如图 12-73 所示。如绘制的螺纹收尾不符合图样要求，利用修改命令进行修正，不再赘述。

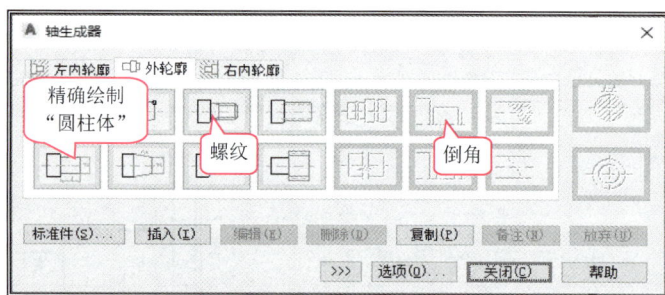

图 12-71 "轴生成器"对话框

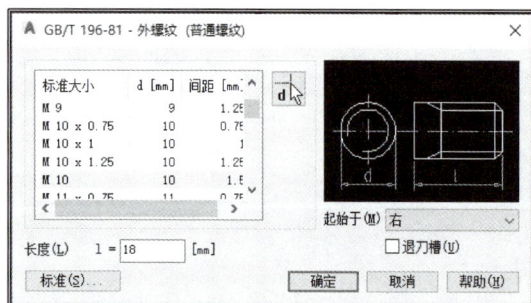

图 12-72 "GB/T 196-81-外螺纹（普通螺纹）"对话框

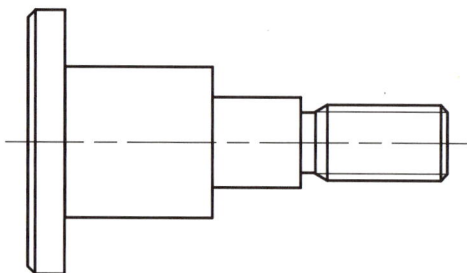

图 12-73 轴生成器绘图结果

3．标注尺寸

（绘制过程略）

4. 保存图形文件

对全图进行检查修改，保存文件。

第四节　装配图的绘制

在 AM 中绘制装配图，可以在"Mechanical"和"结构"两个工作空间进行绘制。

（1）在"Mechanical"工作空间，先绘出各零件，或将不同文件的图样复制、粘贴到当前文件中，根据装配关系利用绘图和修改等命令画出装配图。

（2）在"结构"工作空间，将不同的图形组合成零件的不同视图，利用局部隐藏功能实现装配图的自动绘制。

【例 12-8】　绘制图 12-74 所示齿轮架装配图，标准件按简化画法绘制。

绘图步骤

1. 新建文件

新建一个以"am_gb.dwt"为模板的图形文件，设定"文字样式""标注样式"等绘图环境，用"齿轮架"为文件名存盘。

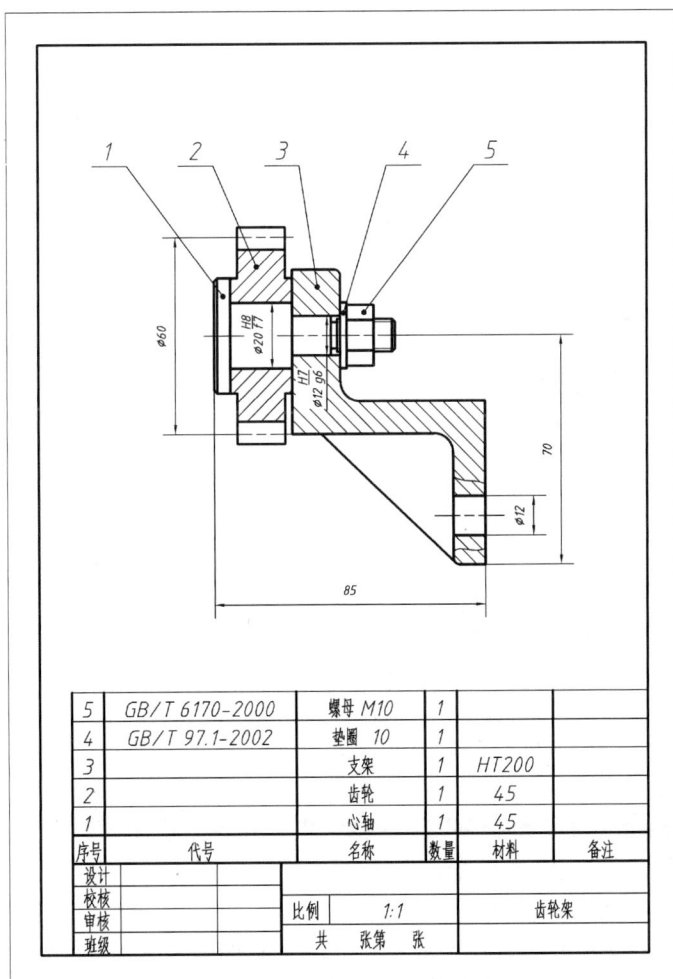

5	GB/T 6170-2000	螺母 M10	1		
4	GB/T 97.1-2002	垫圈 10	1		
3		支架	1	HT200	
2		齿轮	1	45	
1		心轴	1	45	
序号	代号	名称	数量	材料	备注
设计					
校核		比例	1:1	齿轮架	
审核					
班级		共　张第　张			

图 12-74　齿轮架

263

2．绘制图形

① 利用所学的命令绘制 A4 幅面及图框、标题栏绘制图 12-75 所示的非标零件并进行装配，装配结果如图 12-76 所示。

② 设定标准工具集的默认表示形式。没有执行命令的情况下，在绘图区的空白位置单击右键，单击弹出的快捷菜单中的"选项"命令，选择图 12-77 所示"选项"对话框中的"AM: 工具集"选项卡，将"标注工具集的默认表示"设定为"简化"，单击 确定 按钮。

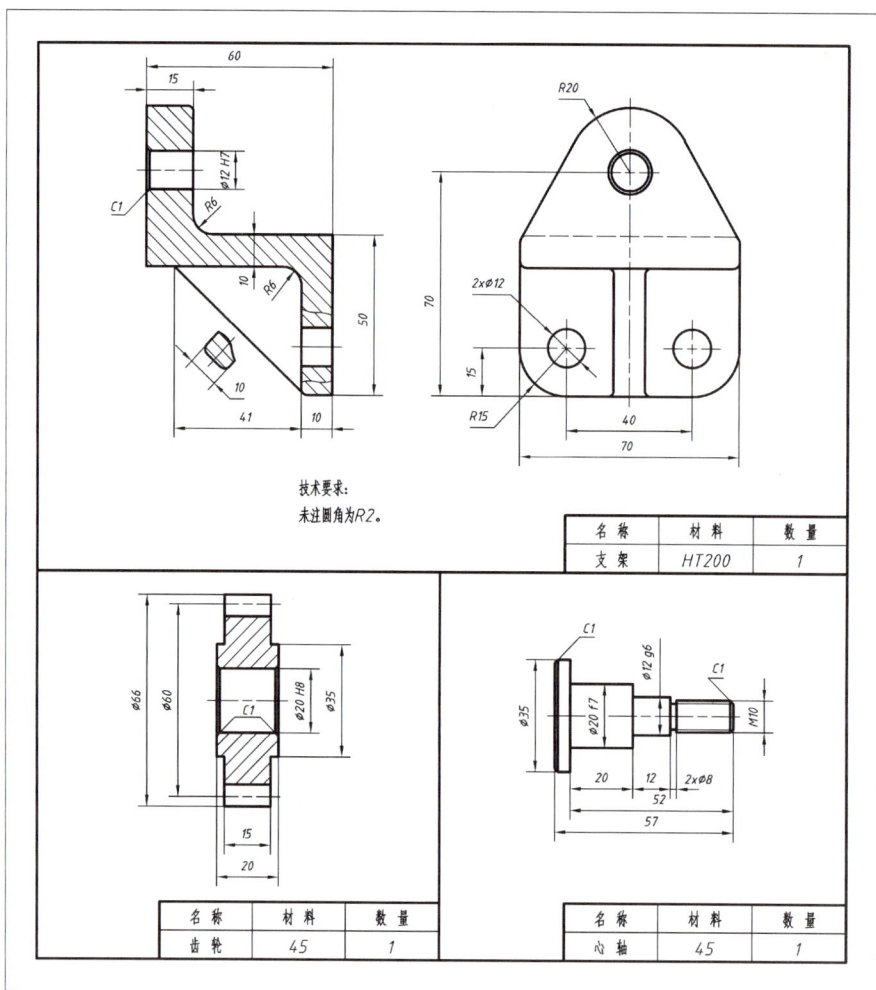

图 12-75　齿轮架零件图

③ 单击"工具集"选项卡 ▶ "紧固件"面板 ▶ "垫圈" ◎。

命令: _amwasher2d

在弹出图 12-78a 所示的"选择垫圈"对话框中，选择"普通"类型"GB/T 97.1-2002"垫圈的"前视"图形，返回到绘图界面。

指定插入点:　//单击垫圈的插入点

指定旋转角<0>:　//光标水平右移，然后单击，确定垫圈的旋转角度，弹出图 12-78b 所示的"公称直径"对话框，选择 10mm 的尺寸，单击 完成 按钮

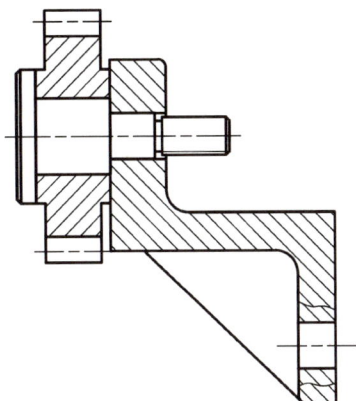

图 12-76　非标件装配绘制

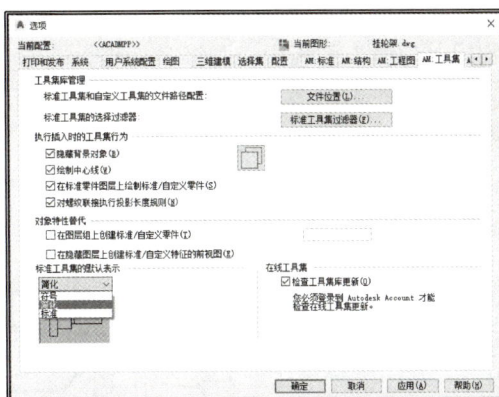

图 12-77　标准件绘图样式的设定

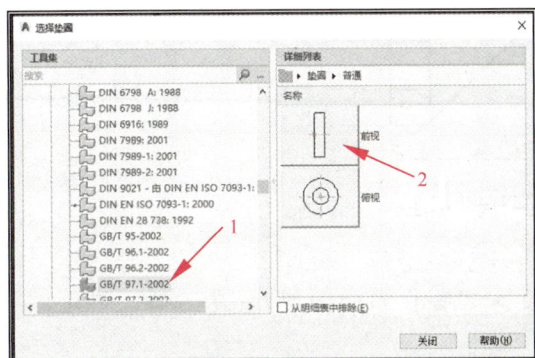

a)

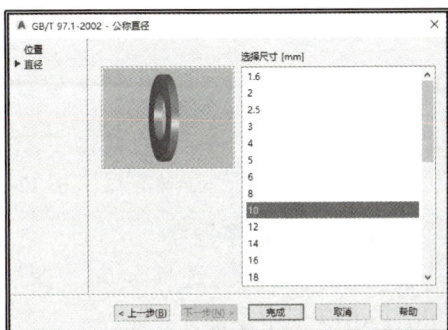

b)

图 12-78　插入垫圈选择对话框

④ 单击"工具集"选项卡 ▶ "紧固件"面板 ▶ "螺母" 🔩。

绘图步骤同"垫圈"的插入，选择"GB/T 6170-2000"标准（现行标准为 GB/T 6170-2015，但软件中目前为 GB/T 6170-2000）、"六角螺母"的"前视"，规格为 M10。

3．标注必要的尺寸

① 删除支架的剖面线，结果如图 12-79 所示。

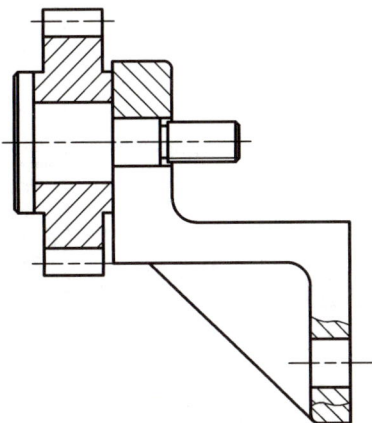

图 12-79　支架剖面线的填充

265

② 完成必要的尺寸标注。

③ 利用"修改"面板中"打断"命令，将穿过 ϕ20H8/f7 中心线打断，符合绘图要求。

④ 利用"填充"命令，在"填充"图层绘制第①步删除的支架剖面线，ϕ12H7/g6 的尺寸自动被隔离开，结果如图 12-80 所示。

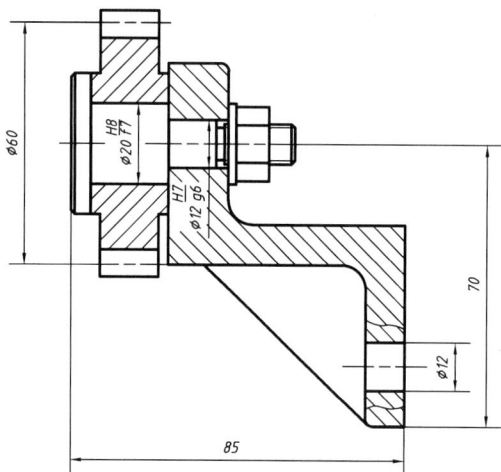

图 12-80 装配图尺寸标注

4．编写零部件序号

① 单击"常用"选项卡 ➤ "图层"面板 ➤ "零件参照图层开/关" ⊠。显示图层"AM_PAREF"中零部件参照。

② 编写非标件的序号。零部件序号是基于零件参照创建的，因此非标件要先创建零件参照，才能创建零件序号。

单击"注释"选项卡 ➤ "引出序号"面板 ➤ "引出序号" ⌀。

命令:_amballoon

当前 BOM 表=MAIN

选择零件/部件或[自动(T)/全部自动(A)/设置 BOM 表(B)/合并(C)/箭头插入(I)/手动(M)/单个(O)/重新编号(R)/重新组织(E)/注释视图(V)]:M　　//单击"手动"选项

选择对象或[块(B)/复制(C)/参照(R)]:　　　//单击心轴的轮廓线，弹出图 12-81 所示的"零件参照"对话框，填写在明细栏中显示的"零部件特性"信息，"代号"用于填写国标号或图号，"数量"表示装配图中该零件的个数

选择引出序号的起始点:　　//单击心轴轮廓线内部，不要拾取图形元素，确定序号引线的起点

指定下一点:　　//单击心轴序号数字的放置点，单击右键确认，完成心轴序号线的创建

同样的步骤完成"齿轮"和"支架"的零件参照和序号的创建。

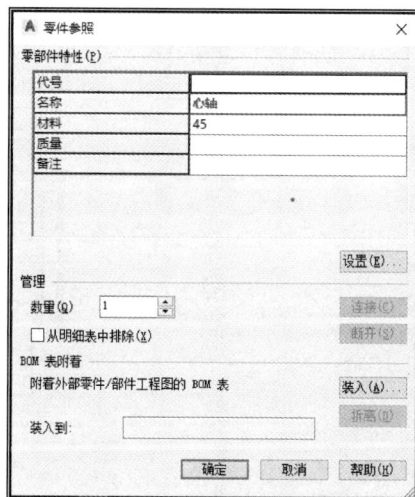

图 12-81 "零件参照"对话框

③ 编写标准件的引出序号。

用 AM "工具集"插入标准件，标准件图形作为一个块插入，同时为标准件创建了一个零件参照。

单击"注释"选项卡 ➤ "引出序号"面板 ➤ "引出序号"。

命令:_amballoon

当前 BOM 表=MAIN

选择零件/部件或[自动(T)/全部自动(A)/设置 BOM 表(B)/合并(C)/箭头插入(I)/手动(M)/单个(O)/重新编号(R)/重新组织(E)/注释视图(V)]: O   //单击"单个"选项

选择拾取对象：   //单击垫圈的零件参照

输入选项[下一个(N)/接受(A)]<接受(A)>:   //右键单击确认

选择引出序号的起始点：   //单击垫圈序号的起点，若拾取了零件的轮廓，引线端点变成箭头

指定下一点：   //单击垫圈序号数字的放置点

指定下一点：   //单击右键确认

选择拾取对象：   //单击螺母序号的起点

输入选项[下一个(N)/接受(A)]<接受(A)>:   //单击右键确认

选择引出序号的起始点：   //单击螺母序号的起点

指定下一点：   //单击螺母序号数字的放置点

指定下一点：   //单击右键确认

选择拾取对象:↙   //单击右键确认，或按 空格 键

如图 12-82 所示，零件序号完成后，序号并没有按顺序连续编写，需要重新对零部件序号进行编排。

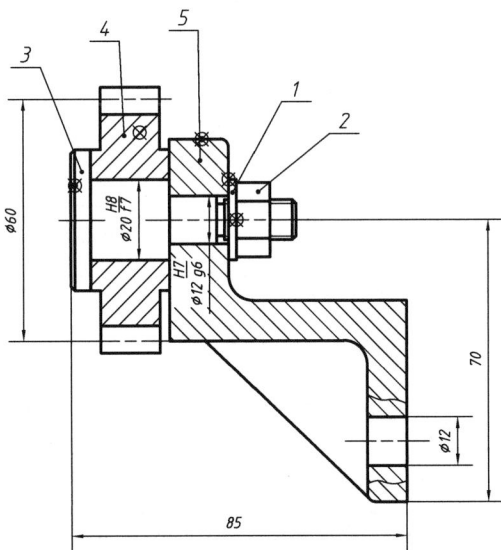

图 12-82 零件序号创建

④ 重编引出序号。

单击"注释"选项卡 ➤ "引出序号"面板 ➤ "重编引出序号"。

267

命令:_amballoon_renum

当前 BOM 表=MAIN

输入起始表项号: <1>:↙　　　//设定引出序号编排的起始号

输入增量: <1>:↙　　　//设定引出序号的编排的增量数

选择引出序号:　　　//单击序号排排的第一个序号,第二个序号,……,编排完成后,右键单击确认

⑤ 水平或垂直对齐零部件序号。

单击"注释"选项卡 ➤ "引出序号"面板 ➤ "重新组织引出序号" 🔗 。

命令:_amballoon_reorg

当前 BOM 表=MAIN

选择引出序号:指定对角点:找到 3 个　　　//选择零部件序号 3、4、5

选择引出序号:指定对角点:找到 2 个, 总计 5 个　　　//选择零部件序号 1、2

选择引出序号:↙

选择一个点或[角度(A)/独立(S)/水平(H)/竖直(V)/周边(R)]<竖直(V)>:H　　//单击"水平"选项,如图12-83
所示,然后单击水平放置零部件序号的位置

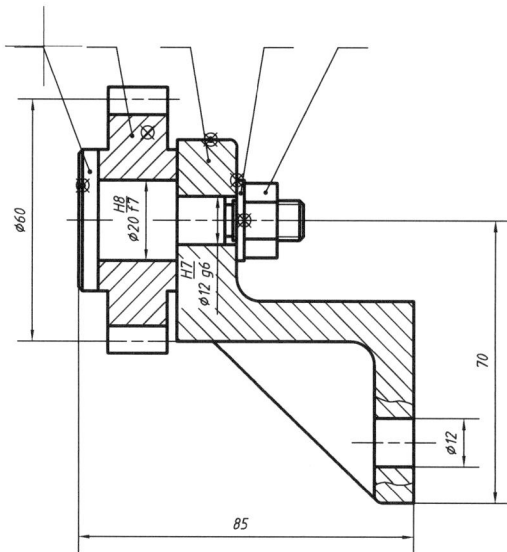

图 12-83　重新组织零部件序号

⑥ 单击"常用"选项卡 ➤ "图层"面板 ➤ "零件参照图层开/关" 🔲 。关闭图层
"AM_PAREF"中零部件参照的显示。

5．创建明细栏

① 未执行命令时,在绘图空白处单击右键,然后单击右键快捷菜单的"选项"命令,
选择"选项"对话框的"AM:标准"选项卡,左键双击"标准元素"列表中的"BOM 表",
弹出图 12-84 所示"BOM 表设置(GB)"对话框,选择"明细栏"选项卡。

单击"可用的零部件特性"列表中没有在"明细栏"中显示的选项,可拖拉到明细栏中。

单击明细栏中特性前的灰色方块，选择零件特性，用左侧的 上移(U) 、 下移(W) 、 删除(R) 按钮排列特性在明细栏中的显示顺序或进行删除。

设定零件特性值在标题栏中的对齐方式为"居中"，设定明细栏各特性所在列的宽度，设定结果如图 12-84 所示，单击 确定 按钮，单击"选项"对话框中的 确定 按钮。

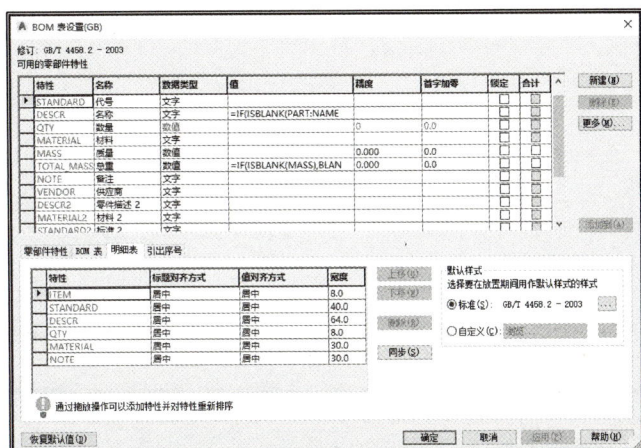

图 12-84 明细栏项目设定

② 将文字图层置于当前图层，并将文字"AM_6"图层线宽设定为 0.2mm。

③ 单击"注释"选项卡 ➤ "图纸"面板 ➤ "明细表" ⊞。

命令:_ampartlist

指定要创建或设为当前的 BOM 表[Main/?] <MAIN>:↙

当前 BOM 表=MAIN

弹出图 12-85a 的"明细表"对话框，单击对话框中的"排序" ᴬ↓ 按钮，选择图 12-85b 中的依据"序号"降序排列，单击 确定 按钮返回。单击 设置(S)... 按钮，选中明细栏粗体

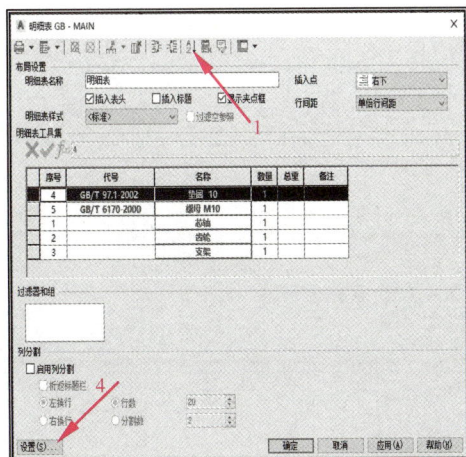

a)

b)

图 12-85 明细栏创建设定

样式选项☑**粗体样式（显示线宽）(L)**，两次单击 确定 按钮。

指定位置：   //单击标题栏的右上角，完成明细表的绘制

明细表已经装入到几何图形

6. 保存文件

对全图进行检查修改，保存文件。

附　录

附录A　螺　纹

表 A-1　普通螺纹直径、螺距与公差带（摘自 GB/T 193—2003、GB/T 197—2018）　（单位：mm）

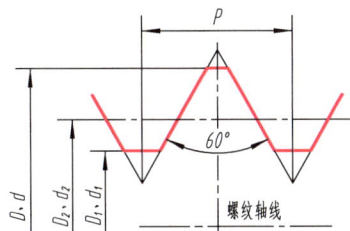

D——内螺纹大径（公称直径）
d——外螺纹大径（公称直径）
D_2——内螺纹中径
d_2——外螺纹中径
D_1——内螺纹小径
d_1——外螺纹小径
P——螺距

标记示例：

M16-6e（粗牙普通外螺纹、公称直径为 16mm、螺距为 2mm、中径及大径公差带均为 6e、中等旋合长度、右旋）

M20×2-6G-LH（细牙普通内螺纹、公称直径为 20mm、螺距纹 2mm、中径及小径公差带均为 6G、中等旋合长度、左旋）

| 公称直径（D、d） | | | 螺　　距（P） | |
第一系列	第二系列	第三系列	粗　牙	细　牙
4	—	—	0.7	0.5
5	—	—	0.8	
6	—	—	1	0.75
—	7	—		
8	—	—	1.25	1、0.75
10	—	—	1.5	1.25、1、0.75
12	—	—	1.75	1.25、1
—	14	—	2	1.5、1.25、1
—	—	15	—	1.5、1
16	—	—	2	
—	18	—		
20	—	—	2.5	2、1.5、1
—	22	—		
24	—	—	3	
—	—	25	—	
—	27	—	3	
30	—	—	3.5	（3）、2、1.5、1
—	33	—		（3）、2、1.5
—	—	35	—	1.5
36	—	—	4	3、2、1.5
—	39	—		

| 螺纹种类 | 精度 | 外螺纹的推荐公差带 | | | 内螺纹的推荐公差带 | | |
		S	N	L	S	N	L
普通螺纹	精密	(3h4h)	(4g) *4h	(5g4g) (5h4h)	4H	5H	6H
	中等	(5g6g) (5h6h)	*6e *6f *6g\ 6h	(7e6e) (7g6g) (7h6h)	(5G) *5H	*6G *6H\	(7G) *7H

注：1. 优先选用第一系列直径，其次选择第二系列直径，最后选择第三系列直径。尽可能地避免选用括号内的螺距。
　　2. 公差带优先选用顺序为：带*的公差带、一般字体公差带、括号内公差带。大量生产的紧固件螺纹采用方框内的公差带。
　　3. 精度选用原则：精密——用于精密螺纹，中等——用于一般用途螺纹。

表 A-2　管螺纹

55° 密封管螺纹（摘自 GB/T 7306.1、7306.2—2000）　　　　55° 非密封管螺纹（摘自 GB/T 7307—2001）

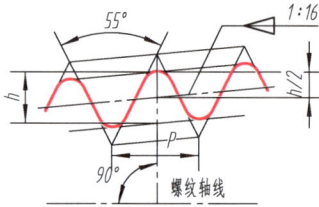

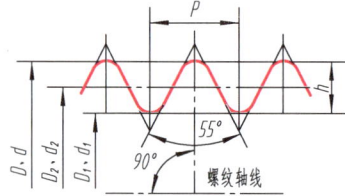

标记示例：

R₁1/2（尺寸代号为 1/2，与圆柱内螺纹相配合的右旋圆锥外螺纹）　　　**G1/2LH**（尺寸代号为 1/2，左旋内螺纹）

Rc1/2LH（尺寸代号为 1/2，左旋圆锥内螺纹）　　　　　　　　　　　**G1/2A**（尺寸代号为 1/2，A 级右旋外螺纹）

尺寸代号	大径 d、D /mm	中径 d_2、D_2 /mm	小径 d_1、D_1 /mm	螺距 P /mm	牙高 h /mm	每 25.4 mm 内的牙数 n
1/4	13.157	12.301	11.445	1.337	0.856	19
3/8	16.662	15.806	14.950			
1/2	20.955	19.793	18.631	1.814	1.162	14
3/4	26.441	25.279	24.117			
1	33.249	31.770	30.291	2.309	1.479	11
1¼	41.910	40.431	38.952			
1½	47.803	46.324	44.845			
2	59.614	58.135	56.656			
2½	75.184	73.705	72.226			
3	87.884	86.405	84.926			

附录 B　常用的标准件

表 B-1　六角头螺栓　　　　　　　　　（单位：mm）

六角头螺栓　C 级（摘自 GB/T 5780—2016）　　　　　六角头螺栓　全螺纹　C 级（摘自 GB/T 5781—2016）

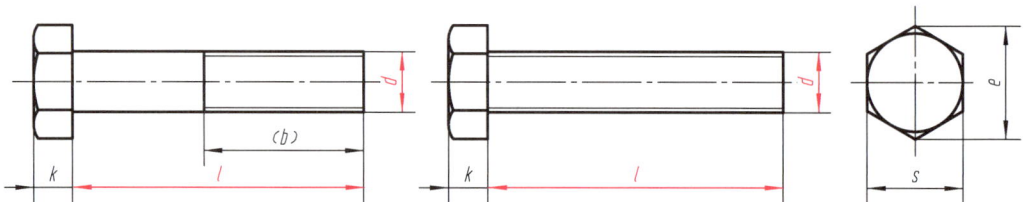

标记示例：

螺栓　GB/T 5780　M20×100（螺纹规格为 M20、公称长度 l=100mm、性能等级为 4.8 级、表面不经处理、产品等级为 C 级的六角头螺栓）

螺纹规格 d		M5	M6	M8	M10	M12	M16	M20	M24	M30	M36	M42
b 参考	$l_{公称}$≤125	16	18	22	26	30	38	46	54	66	—	—
	125<$l_{公称}$≤200	22	24	28	32	36	44	52	60	72	84	96
	$l_{公称}$>200	35	37	41	45	49	57	65	73	85	97	109
$k_{公称}$		3.5	4.0	5.3	6.4	7.5	10	12.5	15	18.7	22.5	26
s_{max}		8	10	13	16	18	24	30	36	46	55	65
e_{min}		8.63	10.89	14.2	17.59	19.85	26.17	32.95	39.55	50.85	60.79	71.3
l 范围	GB/T 5780	25~50	30~60	40~80	45~100	55~120	65~160	80~200	100~240	120~300	140~360	180~420
	GB/T 5781	10~50	12~60	16~80	20~100	25~120	30~160	40~200	50~240	60~300	70~360	80~420
$l_{公称}$		\多7列多: 10、12、16、20~65（5 进位）、70~160（10 进位）、180~420（20 进位）										

表 B-2　1 型六角螺母　C 级（摘自 GB/T 41—2016）　　　　　　（单位：mm）

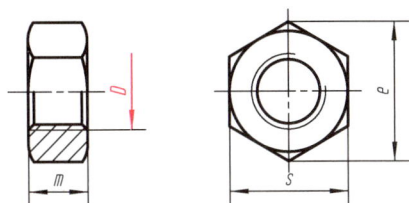

标记示例:

螺母　GB/T 41　M10

（螺纹规格为 M10、性能等级为 5 级、表面不经处理、产品等级为 C 级的 1 型六角螺母）

螺纹规格 D	M5	M6	M8	M10	M12	M16	M20	M24	M30	M36	M42	M48	M56
s_{max}	8	10	13	16	18	24	30	36	46	55	65	75	85
e_{min}	8.63	10.89	14.20	17.59	19.85	26.17	32.95	39.55	50.85	60.79	71.3	82.6	93.56
m_{max}	5.6	6.4	7.9	9.5	12.2	15.9	19	22.3	26.4	31.9	34.9	38.9	45.9

表 B-3　垫圈　　　　　　　　　　　　　　　　　　　　　　（单位：mm）

平垫圈　A 级（摘自 GB/T 97.1—2002）　　　　　　平垫圈　C 级（摘自 GB/T 95—2002）

平垫圈　倒角型　A 级（摘自 GB/T 97.2—2002）　　标准型弹簧垫圈（摘自 GB/T 93—1987）

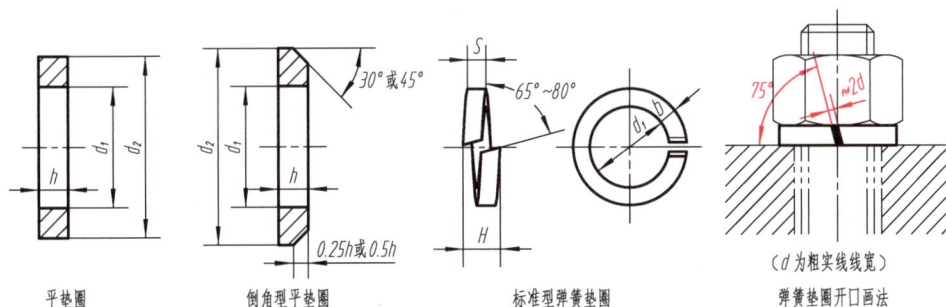

平垫圈　　　　　　倒角型平垫圈　　　　　标准型弹簧垫圈　　　　弹簧垫圈开口画法

标记示例:

垫圈　GB/T 95　8（标准系列、公称规格 8mm、硬度等级为 100HV 级、不经表面处理，产品等级为 C 级的平垫圈）

垫圈　GB/T 93　10（规格 10mm、材料为 65Mn、表面氧化的标准型弹簧垫圈）

公称尺寸 d(螺纹规格)		4	5	6	8	10	12	16	20	24	30	36	42	48
GB/T 97.1—2002 （A 级）	d_1	4.3	5.3	6.4	8.4	10.5	13	17	21	25	31	37	45	52
	d_2	9	10	12	16	20	24	30	37	44	56	66	78	92
	h	0.8	1	1.6	1.6	2	2.5	3	3	4	4	5	8	8
GB/T 97.2—2002 （A 级）	d_1	—	5.3	6.4	8.4	10.5	13	17	21	25	31	37	45	52
	d_2	—	10	12	16	20	24	30	37	44	56	66	78	92
	h	—	1	1.6	1.6	2	2.5	3	3	4	4	5	8	8
GB/T 95—2002 （C 级）	d_1	4.5	5.5	6.6	9	11	13.5	17.5	22	26	33	39	45	52
	d_2	9	10	12	16	20	24	30	37	44	56	66	78	92
	h	0.8	1	1.6	1.6	2	2.5	3	3	4	4	5	8	8
GB/T 93—1987	d_{1min}	4.1	5.1	6.1	8.1	10.2	12.2	16.2	20.2	24.5	30.5	36.5	42.5	48.5
	$S=b$	1.1	1.3	1.6	2.1	2.6	3.1	4.1	5	6	7.5	9	10.5	12
	H_{max}	2.75	3.25	4	5.25	6.5	7.75	10.25	12.5	15	18.75	22.5	26.25	30

注：1. A 级适用于精装配系列，C 级适用于中等精度装配系列。

　　2. C 级垫圈没有 $Ra3.2\mu m$ 和去毛刺的要求。

表 B-4 平键及键槽各部分尺寸（摘自 GB/T 1095—2003、1096—2003） （单位：mm）

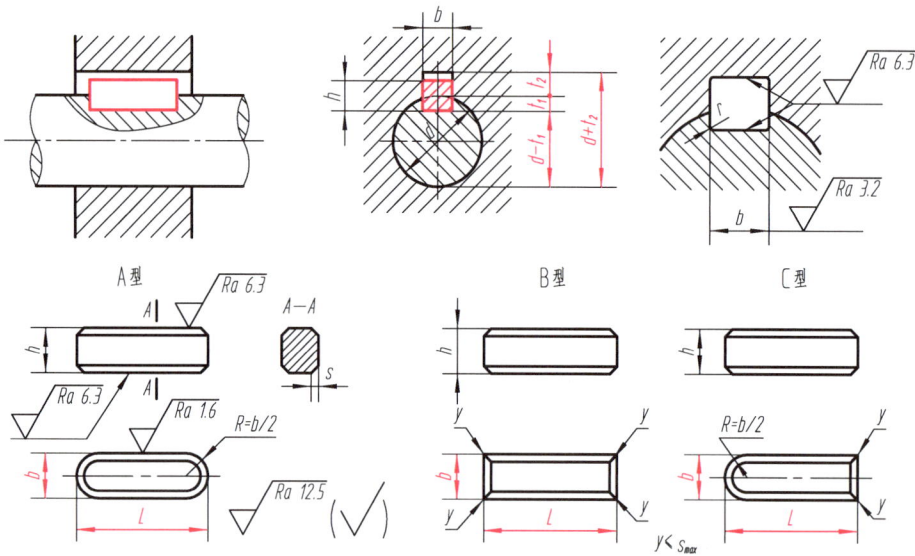

标记示例：

GB/T 1096 键 16×10×100（普通 A 型平键、宽度 b=16mm、高度 h=10mm、长度 L=100mm）

GB/T 1096 键 B16×10×100（普通 B 型平键、宽度 b=16mm、高度 h=10mm、长度 L=100mm）

GB/T 1096 键 C16×10×100（普通 C 型平键、宽度 b=16mm、高度 h=10mm、长度 L=100mm）

键		键 槽											
		宽 度 b						深 度				半径 r	
键尺寸 $b \times h$	标准长度范围 L	基本尺寸 b	极 限 偏 差					轴 t_1		毂 t_2			
			正常联结		紧密联结	松联结		基本尺寸	极限偏差	基本尺寸	极限偏差	最小	最大
			轴 N9	毂 JS9	轴和毂 P9	轴 H9	毂 D10						
4×4	8~45	4	0 −0.030	±0.015	−0.012 −0.042	+0.030 0	+0.078 +0.030	2.5	+0.1 0	1.8	+0.1 0	0.08	0.16
5×5	10~56	5						3.0		2.3			
6×6	14~70	6						3.5		2.8		0.16	0.25
8×7	18~90	8	0 −0.036	±0.018	−0.015 −0.051	+0.036 0	+0.098 +0.040	4.0		3.3			
10×8	22~110	10						5.0		3.3			
12×8	28~140	12	0 −0.043	±0.0215	−0.018 −0.061	+0.043 0	+0.120 +0.050	5.0		3.3		0.25	0.40
14×9	36~160	14						5.5		3.8			
16×10	45~180	16						6.0	+0.2 0	4.3	+0.2 0		
18×11	50~200	18						7.0		4.4			
20×12	56~220	20	0 −0.052	±0.026	−0.022 −0.074	+0.052 0	+0.149 +0.065	7.5		4.9		0.40	0.60
22×14	63~250	22						9.0		5.4			
25×14	70~280	25						9.0		5.4			
28×16	80~320	28						10		6.4			
L 系列	8~22（2 进位）、25、28、32、36、40、45、50、56、63、70~110（10 进位）、125、140~220（20 进位）、250、280、320												

表 B-5　圆柱销　不淬硬钢和奥氏体不锈钢（摘自 GB/T 119.1—2000）　　　（单位：mm）

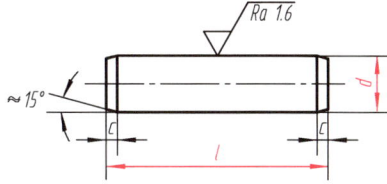

标记示例：

销　GB/T 119.1　10m6×50（公称直径 d=10mm、公差为 m6、公称长度 l=50mm、材料为钢、不经淬火、不经表面处理的圆柱销）

销　GB/T 119.1　6m6×30-A1（公称直径 d=6mm、公差为 m6、公称长度 l=30mm、材料为 A1 组奥氏体不锈钢、表面简单处理的圆柱销）

d公称	2	2.5	3	4	5	6	8	10	12	16	20	25
c≈	0.35	0.4	0.5	0.63	0.8	1.2	1.6	2.0	2.5	3.0	3.5	4.0
l范围	6～20	6～24	8～30	8～40	10～50	12～60	14～80	18～95	22～140	26～180	35～200	50～200
l公称	6～32（2 进位）、35～100（5 进位）、120～200（20 进位）（公称长度大于 200，按 20 递增）											

表 B-6　圆锥销（摘自 GB/T 117—2000）　　　（单位：mm）

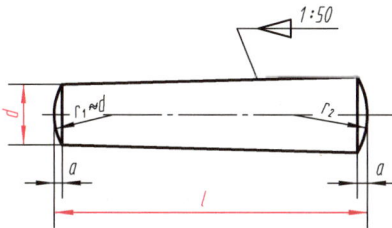

A 型（磨削）：锥面表面粗糙度 Ra=0.8μm

B 型（切削或冷镦）：锥面表面粗糙度 Ra=3.2μm

$$r_2 \approx \frac{a}{2} + d + \frac{0.021^2}{8a}$$

标记示例：

销　GB/T 117　6×30（公称直径 d=6mm、公称长度 l=30mm、材料为 35 钢、热处理硬度 28～38HRC、表面氧化处理的 A 型圆锥销）

d公称	2	2.5	3	4	5	6	8	10	12	16	20	25
a≈	0.25	0.3	0.4	0.5	0.63	0.8	1.0	1.2	1.6	2.0	2.5	3.0
l范围	10～35	10～35	12～45	14～55	18～60	22～90	22～120	26～160	32～180	40～200	45～200	50～200
l公称	10～32（2 进位）、35～100（5 进位）、120～200（20 进位）（公称长度大于 200，按 20 递增）											

表 B-7 滚动轴承

深沟球轴承(摘自 GB/T 276—2013)

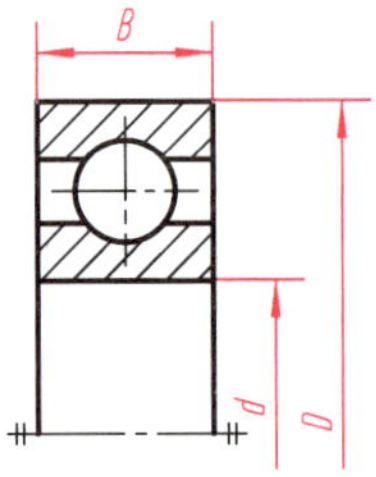

标记示例:

滚动轴承 6310 GB/T 276—2013

（深沟球轴承、内径 $d=50$ mm、直径系列代号为 3）

圆锥滚子轴承(摘自 GB/T 297—2015)

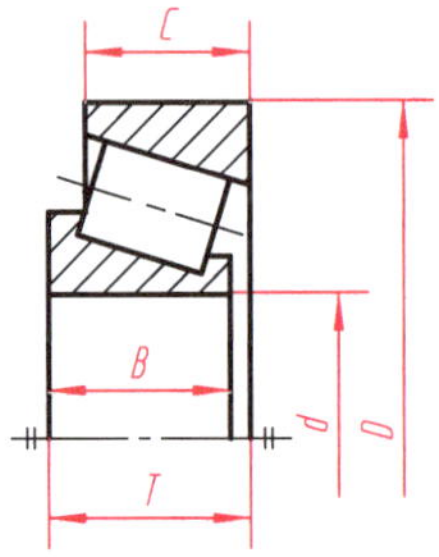

标记示例:

滚动轴承 30212 GB/T 297—2015

（圆锥滚子轴承、内径 $d=60$ mm、宽度系列代号为 0，直径系列代号为 2）

推力球轴承(摘自 GB/T 301—2015)

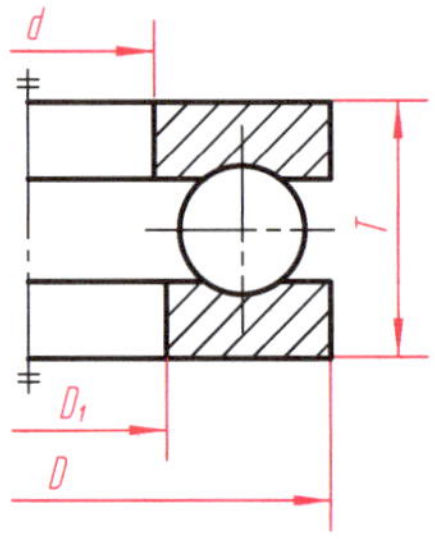

标记示例:

滚动轴承 51305 GB/T 301—2015

（推力球轴承、内径 $d=25$ mm、高度系列代号为 1，直径系列代号为 3）

轴承型号	尺 寸/mm			轴承型号	尺 寸/mm					轴承型号	尺 寸/mm			
	d	D	B		d	D	B	C	T		d	D	T	D_1
尺寸系列〔（0）2〕				尺寸系列〔02〕						尺寸系列〔12〕				
6202	15	35	11	30203	17	40	12	11	13.25	51202	15	32	12	17
6203	17	40	12	30204	20	47	14	12	15.25	51203	17	35	12	19
6204	20	47	14	30205	25	52	15	13	16.25	51204	20	40	14	22
6205	25	52	15	30206	30	62	16	14	17.25	51205	25	47	15	27
6206	30	62	16	30207	35	72	17	15	18.25	51206	30	52	16	32
6207	35	72	17	30208	40	80	18	16	19.75	51207	35	62	18	37
6208	40	80	18	30209	45	85	19	16	20.75	51208	40	68	19	42
6209	45	85	19	30210	50	90	20	17	21.75	51209	45	73	20	47
6210	50	90	20	30211	55	100	21	18	22.75	51210	50	78	22	52
6211	55	100	21	30212	60	110	22	19	23.75	51211	55	90	25	57
6212	60	110	22	30213	65	120	23	20	24.75	51212	60	95	26	62
尺寸系列〔（0）3〕				尺寸系列〔03〕						尺寸系列〔13〕				
6302	15	42	13	30302	15	42	13	11	14.25	51304	20	47	18	22
6303	17	47	14	30303	17	47	14	12	15.25	51305	25	52	18	27
6304	20	52	15	30304	20	52	15	13	16.25	51306	30	60	21	32
6305	25	62	17	30305	25	62	17	15	18.25	51307	35	68	24	37
6306	30	72	19	30306	30	72	19	16	20.75	51308	40	78	26	42
6307	35	80	21	30307	35	80	21	18	22.75	51309	45	85	28	47
6308	40	90	23	30308	40	90	23	20	25.25	51310	50	95	31	52
6309	45	100	25	30309	45	100	25	22	27.25	51311	55	105	35	57
6310	50	110	27	30310	50	110	27	23	29.25	51312	60	110	35	62
6311	55	120	29	30311	55	120	29	25	31.50	51313	65	115	36	67
6312	60	130	31	30312	60	130	31	26	33.50	51314	70	125	40	72
尺寸系列〔（0）4〕				尺寸系列〔13〕						尺寸系列〔14〕				
6403	17	62	17	31305	25	62	17	13	18.25	51405	25	60	24	27
6404	20	72	19	31306	30	72	19	14	20.75	51406	30	70	28	32
6405	25	80	21	31307	35	80	21	15	22.75	51407	35	80	32	37
6406	30	90	23	31308	40	90	23	17	25.25	51408	40	90	36	42
6407	35	100	25	31309	45	100	25	18	27.25	51409	45	100	39	47
6408	40	110	27	31310	50	110	27	19	29.25	51410	50	110	43	52
6409	45	120	29	31311	55	120	29	21	31.50	51411	55	120	48	57
6410	50	130	31	31312	60	130	31	22	33.50	51412	60	130	51	62
6411	55	140	33	31313	65	140	33	23	36.00	51413	65	140	56	68
6412	60	150	35	31314	70	150	35	25	38.00	51414	70	150	60	73
6413	65	160	37	31315	75	160	37	26	40.00	51415	75	160	65	78

注：圆括号中的尺寸系列代号在轴承型号中省略。

附录 C 极限与配合

表 C-1 标准公差数值（摘自 GB/T 1800.1—2020）

公称尺寸/mm		标 准 公 差 等 级																		
		IT1	IT2	IT3	IT4	IT5	IT6	IT7	IT8	IT9	IT10	IT11	IT12	IT13	IT14	IT15	IT16	IT17	IT18
大于	至	标 准 公 差 数 值																	
		μm											mm						
—	3	0.8	1.2	2	3	4	6	10	14	25	40	60	0.1	0.14	0.25	0.4	0.6	1	1.4
3	6	1	1.5	2.5	4	5	8	12	18	30	48	75	0.12	0.18	0.3	0.48	0.75	1.2	1.8
6	10	1	1.5	2.5	4	6	9	15	22	36	58	90	0.15	0.22	0.36	0.58	0.9	1.5	2.2
10	18	1.2	2	3	5	8	11	18	27	43	70	110	0.18	0.27	0.43	0.7	1.1	1.8	2.7
18	30	1.5	2.5	4	6	9	13	21	33	52	84	130	0.21	0.33	0.52	0.84	1.3	2.1	3.3
30	50	1.5	2.5	4	7	11	16	25	39	62	100	160	0.25	0.39	0.62	1	1.6	2.5	3.9
50	80	2	3	5	8	13	19	30	46	74	120	190	0.3	0.46	0.74	1.2	1.9	3	4.6
80	120	2.5	4	6	10	15	22	35	54	87	140	220	0.35	0.54	0.87	1.4	2.2	3.5	5.4
120	180	3.5	5	8	12	18	25	40	63	100	160	250	0.4	0.63	1	1.6	2.5	4	6.3
180	250	4.5	7	10	14	20	29	46	72	115	185	290	0.46	0.72	1.15	1.85	2.9	4.6	7.2
250	315	6	8	12	16	23	32	52	81	130	210	320	0.52	0.81	1.3	2.1	3.2	5.2	8.1
315	400	7	9	13	18	25	36	57	89	140	230	360	0.57	0.89	1.4	2.3	3.6	5.7	8.9
400	500	8	10	15	20	27	40	63	97	155	250	400	0.63	0.97	1.55	2.5	4	6.3	9.7
500	630	9	11	16	22	32	44	70	110	175	280	440	0.7	1.1	1.75	2.8	4.4	7	11
630	800	10	13	18	25	36	50	80	125	200	320	500	0.8	1.25	2	3.2	5	8	12.5
800	1000	11	15	21	28	40	56	90	140	230	360	560	0.9	1.4	2.3	3.6	5.6	9	14
1000	1250	13	18	24	33	47	66	105	165	260	420	660	1.05	1.65	2.6	4.2	6.6	10.5	16.5
1250	1600	15	21	29	39	55	78	125	195	310	500	780	1.25	1.95	3.1	5	7.8	12.5	19.5
1600	2000	18	25	35	46	65	92	150	230	370	600	920	1.5	2.3	3.7	6	9.2	15	23
2000	2500	22	30	41	55	78	110	175	280	440	700	1100	1.75	2.8	4.4	7	11	17.5	28
2500	3150	26	36	50	68	96	135	210	330	540	860	1350	2.1	3.3	5.4	8.6	13.5	21	33

表 C-2 轴的基本偏差

公称尺寸 /mm (大于)	至	\(a^{①}\)	\(b^{①}\)	c	cd	d	e	ef	f	fg	g	h	js	IT5 和 IT6 (j)	IT7 (j)	IT8 (j)
—	3	−270	−140	−60	−34	−20	−14	−10	−6	−4	−2	0		−2	−4	−6
3	6	−270	−140	−70	−46	−30	−20	−14	−10	−6	−4	0		−2	−4	
6	10	−280	−150	−80	−56	−40	−25	−18	−13	−8	−5	0		−2	−5	
10	14	−290	−150	−95	−70	−50	−32	−23	−16	−10	−6	0		−3	−6	
14	18															
18	24	−300	−160	−110	−85	−65	−40	−25	−20	−12	−7	0		−4	−8	
24	30															
30	40	−310	−170	−120	−100	−80	−50	−35	−25	−15	−9	0		−5	−10	
40	50	−320	−180	−130												
50	65	−340	−190	−140		−100	−60		−30		−10	0		−7	−12	
65	80	−360	−200	−150												
80	100	−380	−220	−170		−120	−72		−36		−12	0		−9	−15	
100	120	−410	−240	−180												
120	140	−460	−260	−200		−145	−85		−43		−14	0		−11	−18	
140	160	−520	−280	−210												
160	180	−580	−310	−230												
180	200	−660	−340	−240		−170	−100		−50		−15	0		−13	−21	
200	225	−740	−380	−260												
225	250	−820	−420	−280												
250	280	−920	−480	−300		−190	−110		−56		−17	0		−16	−26	
280	315	−1050	−540	−330												
315	355	−1200	−600	−360		−210	−125		−62		−18	0		−18	−28	
355	400	−1350	−680	−400												
400	450	−1500	−760	−440		−230	−135		−68		−20	0		−20	−32	
450	500	−1650	−840	−480												

（js 栏）偏差 = ±ITn/2，式中，n 是标准公差等级数

① 公称尺寸 ≤ 1mm 时，不使用基本偏差 a 和 b。

数值（摘自 GB/T 1800.1—2020） （基本偏差单位：µm）

差 数 值

下 极 限 偏 差, ei

IT4至IT7	≤IT3 >IT7	所有标准公差等级													
k	k	m	n	p	r	s	t	u	v	x	y	z	za	zb	zc
0	0	+2	+4	+6	+10	+14		+18		+20		+26	+32	+40	+60
+1	0	+4	+8	+12	+15	+19		+23		+28		+35	+42	+50	+80
+1	0	+6	+10	+15	+19	+23		+28		+34		+42	+52	+67	+97
+1	0	+7	+12	+18	+23	+28		+33		+40		+50	+64	+90	+130
									+39	+45		+60	+77	+108	+150
+2	0	+8	+15	+22	+28	+35		+41	+47	+54	+63	+73	+98	+136	+188
							+41	+48	+55	+64	+75	+88	+118	+160	+218
+2	0	+9	+17	+26	+34	+43	+48	+60	+68	+80	+94	+112	+148	+200	+274
							+54	+70	+81	+97	+114	+136	+180	+242	+325
+2	0	+11	+20	+32	+41	+53	+66	+87	+102	+122	+144	+172	+226	+300	+405
					+43	+59	+75	+102	+120	+146	+174	+210	+274	+360	+480
+3	0	+13	+23	+37	+51	+71	+91	+124	+146	+178	+214	+258	+335	+445	+585
					+54	+79	+104	+144	+172	+210	+254	+310	+400	+525	+690
+3	0	+15	+27	+43	+63	+92	+122	+170	+202	+248	+300	+365	+470	+620	+800
					+65	+100	+134	+190	+228	+280	+340	+415	+535	+700	+900
					+68	+108	+146	+210	+252	+310	+380	+465	+600	+780	+1000
+4	0	+17	+31	+50	+77	+122	+166	+236	+284	+350	+425	+520	+670	+880	+1150
					+80	+130	+180	+258	+310	+385	+470	+575	+740	+960	+1250
					+84	+140	+196	+284	+340	+425	+520	+640	+820	+1050	+1350
+4	0	+20	+34	+56	+94	+158	+218	+315	+385	+475	+580	+710	+920	+1200	+1550
					+98	+170	+240	+350	+425	+525	+650	+790	+1000	+1300	+1700
+4	0	+21	+37	+62	+108	+190	+268	+390	+475	+590	+730	+900	+1150	+1500	+1900
					+114	+208	+294	+435	+530	+660	+820	+1000	+1300	+1650	+2100
+5	0	+23	+40	+68	+126	+232	+330	+490	+595	+740	+920	+1100	+1450	+1850	+2400
					+132	+252	+360	+540	+660	+820	+1000	+1250	+1600	+2100	+2600

表 C-3　孔的基本偏差

公称尺寸/mm 大于	至	A①	B①	C	CD	D	E	EF	F	FG	G	H	JS	J IT6	J IT7	J IT8	K③④ ≤IT8	K③④ >IT8	M②③④ ≤IT8	M②③④ >IT8
—	3	+270	+140	+60	+34	+20	+14	+10	+6	+4	+2	0	偏差=±ITn/2，式中 n 为标准公差等级数	+2	+4	+6	0	0	-2	-2
3	6	+270	+140	+70	+46	+30	+20	+14	+10	+6	+4	0		+5	+6	+10	-1+Δ		-4+Δ	-4
6	10	+280	+150	+80	+56	+40	+25	+18	+13	+8	+5	0		+5	+8	+12	-1+Δ		-6+Δ	-6
10	14	+290	+150	+95	+70	+50	+32	+23	+16	+10	+6	0		+6	+10	+15	-1+Δ		-7+Δ	-7
14	18	+290	+150	+95	+70	+50	+32	+23	+16	+10	+6	0		+6	+10	+15	-1+Δ		-7+Δ	-7
18	24	+300	+160	+110	+85	+65	+40	+28	+20	+12	+7	0		+8	+12	+20	-2+Δ		-8+Δ	-8
24	30	+300	+160	+110	+85	+65	+40	+28	+20	+12	+7	0		+8	+12	+20	-2+Δ		-8+Δ	-8
30	40	+310	+170	+120	+100	+80	+50	+35	+25	+15	+9	0		+10	+14	+24	-2+Δ		-9+Δ	-9
40	50	+320	+180	+130	+100	+80	+50	+35	+25	+15	+9	0		+10	+14	+24	-2+Δ		-9+Δ	-9
50	65	+340	+190	+140		+100	+60		+30		+10	0		+13	+18	+28	-2+Δ		-11+Δ	-11
65	80	+360	+200	+150		+100	+60		+30		+10	0		+13	+18	+28	-2+Δ		-11+Δ	-11
80	100	+380	+220	+170		+120	+72		+36		+12	0		+16	+22	+34	-3+Δ		-13+Δ	-13
100	120	+410	+240	+180		+120	+72		+36		+12	0		+16	+22	+34	-3+Δ		-13+Δ	-13
120	140	+460	+260	+200		+145	+85		+43		+14	0		+18	+26	+41	-3+Δ		-15+Δ	-15
140	160	+520	+280	+210		+145	+85		+43		+14	0		+18	+26	+41	-3+Δ		-15+Δ	-15
160	180	+580	+310	+230		+145	+85		+43		+14	0		+18	+26	+41	-3+Δ		-15+Δ	-15
180	200	+660	+340	+240		+170	+100		+50		+15	0		+22	+30	+47	-4+Δ		-17+Δ	-17
200	225	+740	+380	+260		+170	+100		+50		+15	0		+22	+30	+47	-4+Δ		-17+Δ	-17
225	250	+820	+420	+280		+170	+100		+50		+15	0		+22	+30	+47	-4+Δ		-17+Δ	-17
250	280	+920	+480	+300		+190	+110		+56		+17	0		+25	+36	+55	-4+Δ		-20+Δ	-20
280	315	+1050	+540	+330		+190	+110		+56		+17	0		+25	+36	+55	-4+Δ		-20+Δ	-20
315	355	+1200	+600	+360		+210	+125		+62		+18	0		+29	+39	+60	-4+Δ		-21+Δ	-21
355	400	+1350	+680	+400		+210	+125		+62		+18	0		+29	+39	+60	-4+Δ		-21+Δ	-21
400	450	+1500	+760	+440		+230	+135		+68		+20	0		+33	+43	+66	-5+Δ		-23+Δ	-23
450	500	+1650	+840	+480		+230	+135		+68		+20	0		+33	+43	+66	-5+Δ		-23+Δ	-23

① 公称尺寸≤1mm 时，不适用基本偏差 A 和 B，不使用标准公差等级大于 IT8 的基本偏差 N。

② 特例：对于公称尺寸大于 250～315mm 的公差带代号 M6，ES=-9μm（计算结果不是-11μm）。

③ 为确定 K、M、N 和 P～ZC 的值，见 GB/T 1800.1—2020 中的 4.3.2.5。

④ 对于 Δ 值，见本表右边的最后六列。

数值（摘自 GB/T 1800.1—2020）　　　　　　　　　　（基本偏差和 Δ 值的单位：μm）

差　数　值 上极限偏差，ES															Δ值 标准公差等级					
≤IT8 N[1][3]	>IT8	≤IT7 P至ZC[3]	P	R	S	T	U	V	X	Y	Z	ZA	ZB	ZC	IT3	IT4	IT5	IT6	IT7	IT8
-4	-4	在＞IT7的标准公差等级的基本偏差数值上增加一个Δ值	-6	-10	-14		-18		-20		-26	-32	-40	-60	0	0	0	0	0	0
-8+Δ	0		-12	-15	-19		-23		-28		-35	-42	-50	-80	1	1.5	1	3	4	6
-10+Δ	0		-15	-19	-23		-28		-34		-42	-52	-67	-97	1	1.5	2	3	6	7
-12+Δ	0		-18	-23	-28		-33		-40		-50	-64	-90	-130	1	2	3	3	7	9
								-39	-45		-60	-77	-108	-150						
-15+Δ	0		-22	-28	-35		-41	-47	-54	-63	-73	-98	-136	-188	1.5	2	3	4	8	12
						-41	-48	-55	-64	-75	-88	-118	-160	-218						
-17+Δ	0		-26	-34	-43	-48	-60	-68	-80	-94	-112	-148	-200	-274	1.5	3	4	5	9	14
						-54	-70	-81	-97	-114	-136	-180	-242	-325						
-20+Δ	0		-32	-41	-53	-66	-87	-102	-122	-144	-172	-226	-300	-405	2	3	5	6	11	16
				-43	-59	-75	-102	-120	-146	-174	-210	-274	-360	-480						
-23+Δ	0		-37	-51	-71	-91	-124	-146	-178	-214	-258	-335	-445	-585	2	4	5	7	13	19
				-54	-79	-104	-144	-172	-210	-254	-310	-400	-525	-690						
-27+Δ	0		-43	-63	-92	-122	-170	-202	-248	-300	-365	-470	-620	-800	3	4	6	7	15	23
				-65	-100	-134	-190	-228	-280	-340	-415	-535	-700	-900						
				-68	-108	-146	-210	-252	-310	-380	-465	-600	-780	-1000						
-31+Δ	0		-50	-77	-122	-166	-236	-284	-350	-425	-520	-670	-880	-1150	3	4	6	9	17	26
				-80	-130	-180	-258	-310	-385	-470	-575	-740	-960	-1250						
				-84	-140	-196	-284	-340	-425	-520	-640	-820	-1050	-1350						
-34+Δ	0		-56	-94	-158	-218	-315	-385	-475	-580	-710	-920	-1200	-1550	4	4	7	9	20	29
				-98	-170	-240	-350	-425	-525	-650	-790	-1000	-1300	-1700						
-37+Δ	0		-62	-108	-190	-268	-390	-475	-590	-730	-900	-1150	-1500	-1900	4	5	7	11	21	32
				-114	-208	-294	-435	-530	-660	-820	-1000	-1300	-1650	-2100						
-40+Δ	0		-68	-126	-232	-330	-490	-595	-740	-920	-1100	-1450	-1850	-2400	5	5	7	13	23	34
				-132	-252	-360	-540	-660	-820	-1000	-1250	-1600	-2100	-2600						

表 C-4 优先选用的轴的公差带（摘自 GB/T 1800.2—2020）　　（偏差单位：μm）

代号		a	b	c	d	e	f	g	h				js	k	n	p	r	s
公称尺寸 /mm		公 差 等 级																
大于	至	11	11	11	9	8	7	6	6	7	9	11	6	6	6	6	6	6
—	3	-270 / -330	-140 / -200	-60 / -120	-20 / -45	-14 / -28	-6 / -16	-2 / -8	0 / -6	0 / -10	0 / -25	0 / -60	±3	+6 / 0	+10 / +4	+12 / +6	+16 / +10	+20 / +14
3	6	-270 / -345	-140 / -215	-70 / -145	-30 / -60	-20 / -38	-10 / -22	-4 / -12	0 / -8	0 / -12	0 / -30	0 / -75	±4	+9 / +1	+16 / +8	+20 / +12	+23 / +15	+27 / +19
6	10	-280 / -370	-150 / -240	-80 / -170	-40 / -76	-25 / -47	-13 / -28	-5 / -14	0 / -9	0 / -15	0 / -36	0 / -90	±4.5	+10 / +1	+19 / +10	+24 / +15	+28 / +19	+32 / +23
10	18	-290 / -400	-150 / -260	-95 / -205	-50 / -93	-32 / -59	-16 / -34	-6 / -17	0 / -11	0 / -18	0 / -43	0 / -110	±5.5	+12 / +1	+23 / +12	+29 / +18	+34 / +23	+39 / +28
18	30	-300 / -430	-160 / -290	-110 / -240	-65 / -117	-40 / -73	-20 / -41	-7 / -20	0 / -13	0 / -21	0 / -52	0 / -130	±6.5	+15 / +2	+28 / +15	+35 / +22	+41 / +28	+48 / +35
30	40	-310 / -470	-170 / -330	-120 / -280	-80 / -142	-50 / -89	-25 / -50	-9 / -25	0 / -16	0 / -25	0 / -62	0 / -160	±8	+18 / +2	+33 / +17	+42 / +26	+50 / +34	+59 / +43
40	50	-320 / -480	-180 / -340	-130 / -290														
50	65	-340 / -530	-190 / -380	-140 / -330	-100 / -174	-60 / -106	-30 / -60	-10 / -29	0 / -19	0 / -30	0 / -74	0 / -190	±9.5	+21 / +2	+39 / +20	+51 / +32	+60 / +41	+72 / +53
65	80	-360 / -550	-200 / -390	-150 / -340													+62 / +43	+78 / +59
80	100	-380 / -600	-220 / -440	-170 / -390	-120 / -207	-72 / -126	-36 / -71	-12 / -34	0 / -22	0 / -35	0 / -87	0 / -220	±11	+25 / +3	+45 / +23	+59 / +37	+73 / +51	+93 / +71
100	120	-410 / -630	-240 / -460	-180 / -400													+76 / +54	+101 / +79
120	140	-460 / -710	-260 / -510	-200 / -450	-145 / -245	-85 / -148	-43 / -83	-14 / -39	0 / -25	0 / -40	0 / -100	0 / -250	±12.5	+28 / +3	+52 / +27	+68 / +43	+88 / +63	+117 / +92
140	160	-520 / -770	-280 / -530	-210 / -460													+90 / +65	+125 / +100
160	180	-580 / -830	-310 / -560	-230 / -480													+93 / +68	+133 / +108
180	200	-660 / -950	-340 / -630	-240 / -530	-170 / -285	-100 / -172	-50 / -96	-15 / -44	0 / -29	0 / -46	0 / -115	0 / -290	±14.5	+33 / +4	+60 / +31	+79 / +50	+106 / +77	+151 / +122
200	225	-740 / -1030	-380 / -670	-260 / -550													+109 / +80	+159 / +130
225	250	-820 / -1110	-420 / -710	-280 / -570													+113 / +84	+169 / +140
250	280	-920 / -1240	-480 / -800	-300 / -620	-190 / -320	-110 / -191	-56 / -108	-17 / -49	0 / -32	0 / -52	0 / -130	0 / -320	±16	+36 / +4	+66 / +34	+88 / +56	+126 / +94	+190 / +158
280	315	-1050 / -1370	-540 / -860	-330 / -650													+130 / +98	+202 / +170
315	355	-1200 / -1560	-600 / -960	-360 / -720	-210 / -350	-125 / -214	-62 / -119	-18 / -54	0 / -36	0 / -57	0 / -140	0 / -360	±18	+40 / +4	+73 / +37	+98 / +62	+144 / +108	+226 / +190
355	400	-1350 / -1710	-680 / -1040	-400 / -760													+150 / +114	+244 / +208
400	450	-1500 / -1900	-760 / -1160	-440 / -840	-230 / -385	-135 / -232	-68 / -131	-20 / -60	0 / -40	0 / -63	0 / -155	0 / -400	±20	+45 / +5	+80 / +40	+108 / +68	+166 / +126	+272 / +232
450	500	-1650 / -2050	-840 / -1240	-480 / -880													+172 / +132	+292 / +252

表 C-5　优先选用的孔的公差带（摘自 GB/T 1800.2—2020）　　　（偏差单位：μm）

代号（公称尺寸/mm）		A	B	C	D	E	F	G	H				JS	K	N	P	R	S
大于	至	11	11	11	10	9	8	7	7	8	9	11	7	7	7	7	7	7
—	3	+330 / +270	+200 / +140	+120 / +60	+60 / +20	+39 / +14	+20 / +6	+12 / +2	+10 / 0	+14 / 0	+25 / 0	+60 / 0	±5	0 / −10	−4 / −14	−6 / −16	−10 / −20	−14 / −24
3	6	+345 / +270	+215 / +140	+145 / +70	+78 / +30	+50 / +20	+28 / +10	+16 / +4	+12 / 0	+18 / 0	+30 / 0	+75 / 0	±6	+3 / −9	−4 / −16	−8 / −20	−11 / −23	−15 / −27
6	10	+370 / +280	+240 / +150	+170 / +80	+98 / +40	+61 / +25	+35 / +13	+20 / +5	+15 / 0	+22 / 0	+36 / 0	+90 / 0	±7.5	+5 / −10	−4 / −19	−9 / −24	−13 / −28	−17 / −32
10	18	+400 / +290	+260 / +150	+205 / +95	+120 / +50	+75 / +32	+43 / +16	+24 / +6	+18 / 0	+27 / 0	+43 / 0	+110 / 0	±9	+6 / −12	−5 / −23	−11 / −29	−16 / −34	−21 / −39
18	30	+430 / +300	+290 / +160	+240 / +110	+149 / +65	+92 / +40	+53 / +20	+28 / +7	+21 / 0	+33 / 0	+52 / 0	+130 / 0	±10.5	+6 / −15	−7 / −28	−14 / −35	−20 / −41	−27 / −48
30	40	+470 / +310	+330 / +170	+280 / +120	+180 / +80	+112 / +50	+64 / +25	+34 / +9	+25 / 0	+39 / 0	+62 / 0	+160 / 0	±12.5	+7 / −18	−8 / −33	−17 / −42	−25 / −50	−34 / −59
40	50	+480 / +320	+340 / +180	+290 / +130	+180 / +80	+112 / +50	+64 / +25	+34 / +9	+25 / 0	+39 / 0	+62 / 0	+160 / 0	±12.5	+7 / −18	−8 / −33	−17 / −42	−25 / −50	−34 / −59
50	65	+530 / +340	+380 / +190	+330 / +140	+220 / +100	+134 / +60	+76 / +30	+40 / +10	+30 / 0	+46 / 0	+74 / 0	+190 / 0	±15	+9 / −21	−9 / −39	−21 / −51	−30 / −60	−42 / −72
65	80	+550 / +360	+390 / +200	+340 / +150	+220 / +100	+134 / +60	+76 / +30	+40 / +10	+30 / 0	+46 / 0	+74 / 0	+190 / 0	±15	+9 / −21	−9 / −39	−21 / −51	−32 / −62	−48 / −78
80	100	+600 / +380	+440 / +220	+390 / +170	+260 / +120	+159 / +72	+90 / +36	+47 / +12	+35 / 0	+54 / 0	+87 / 0	+220 / 0	±17.5	+10 / −25	−10 / −45	−24 / −59	−38 / −73	−58 / −93
100	120	+630 / +410	+460 / +240	+400 / +180	+260 / +120	+159 / +72	+90 / +36	+47 / +12	+35 / 0	+54 / 0	+87 / 0	+220 / 0	±17.5	+10 / −25	−10 / −45	−24 / −59	−41 / −76	−66 / −101
120	140	+710 / +460	+510 / +260	+450 / +200	+305 / +145	+185 / +85	+106 / +43	+54 / +14	+40 / 0	+63 / 0	+100 / 0	+250 / 0	±20	+12 / −28	−12 / −52	−28 / −68	−48 / −88	−77 / −117
140	160	+770 / +520	+530 / +280	+460 / +210	+305 / +145	+185 / +85	+106 / +43	+54 / +14	+40 / 0	+63 / 0	+100 / 0	+250 / 0	±20	+12 / −28	−12 / −52	−28 / −68	−50 / −90	−85 / −125
160	180	+830 / +580	+560 / +310	+480 / +230	+305 / +145	+185 / +85	+106 / +43	+54 / +14	+40 / 0	+63 / 0	+100 / 0	+250 / 0	±20	+12 / −28	−12 / −52	−28 / −68	−53 / −93	−93 / −133
180	200	+950 / +660	+630 / +340	+530 / +240	+355 / +170	+215 / +100	+122 / +50	+61 / +15	+46 / 0	+72 / 0	+115 / 0	+290 / 0	±23	+13 / −33	−14 / −60	−33 / −79	−60 / −106	−105 / −151
200	225	+1030 / +740	+670 / +380	+550 / +260	+355 / +170	+215 / +100	+122 / +50	+61 / +15	+46 / 0	+72 / 0	+115 / 0	+290 / 0	±23	+13 / −33	−14 / −60	−33 / −79	−63 / −109	−113 / −159
225	250	+1110 / +820	+710 / +420	+570 / +280	+355 / +170	+215 / +100	+122 / +50	+61 / +15	+46 / 0	+72 / 0	+115 / 0	+290 / 0	±23	+13 / −33	−14 / −60	−33 / −79	−67 / −113	−123 / −169
250	280	+1240 / +920	+800 / +480	+620 / +300	+400 / +190	+240 / +110	+137 / +56	+69 / +17	+52 / 0	+81 / 0	+130 / 0	+320 / 0	±26	+16 / −36	−14 / −66	−36 / −88	−74 / −126	−138 / −190
280	315	+1370 / +1050	+860 / +540	+650 / +330	+400 / +190	+240 / +110	+137 / +56	+69 / +17	+52 / 0	+81 / 0	+130 / 0	+320 / 0	±26	+16 / −36	−14 / −66	−36 / −88	−78 / −130	−150 / −202
315	355	+1560 / +1200	+960 / +600	+720 / +360	+440 / +210	+265 / +125	+151 / +62	+75 / +18	+57 / 0	+89 / 0	+140 / 0	+360 / 0	±28.5	+17 / −40	−16 / −73	−41 / −98	−87 / −144	−169 / −226
355	400	+1710 / +1350	+1040 / +680	+760 / +400	+440 / +210	+265 / +125	+151 / +62	+75 / +18	+57 / 0	+89 / 0	+140 / 0	+360 / 0	±28.5	+17 / −40	−16 / −73	−41 / −98	−93 / −150	−187 / −244
400	450	+1900 / +1500	+1160 / +760	+840 / +440	+480 / +230	+290 / +135	+165 / +68	+83 / +20	+63 / 0	+97 / 0	+155 / 0	+400 / 0	±31.5	+18 / −45	−17 / −80	−45 / −108	−103 / −166	−209 / −272
450	500	+2050 / +1650	+1240 / +840	+880 / +480	+480 / +230	+290 / +135	+165 / +68	+83 / +20	+63 / 0	+97 / 0	+155 / 0	+400 / 0	±31.5	+18 / −45	−17 / −80	−45 / −108	−109 / −172	−229 / −292

参 考 文 献

［1］ 闻邦椿. 机械设计手册 ［M］. 6 版. 北京：机械工业出版社，2018.

［2］ 成大先. 机械设计手册 ［M］. 6 版. 北京：化学工业出版社，2016.

［3］ 焦永和，张彤，张昊. 机械制图手册 ［M］. 6 版. 北京：机械工业出版社，2022.

［4］ 胡建生. 工程制图 ［M］. 7 版. 北京：化学工业出版社，2022.

［5］ 胡建生. 机械制图：少学时 ［M］. 5 版. 北京：机械工业出版社，2023.

郑 重 声 明